数字电子技术简明教程

主　编　张可菊　杨冶杰
副主编　李　姿　陈玉玲　刘寅生
参　编　赵成龙　牛　强　周冬生

北京理工大学出版社
BEIJING INSTITUTE OF TECHNOLOGY PRESS

内 容 简 介

本书共有7章，内容包括数字电路概述，数制与编码，逻辑运算，逻辑代数的公式、基本定律和规则，逻辑表达式的代数化简法和卡诺图化简法等；基本逻辑门电路，集成逻辑门电路等；组合逻辑电路的分析和设计，常用集成组合逻辑电路，组合逻辑电路的竞争与冒险等；基本 *RS* 触发器，同步触发器，边沿触发器等；时序逻辑电路的分析方法和设计方法，计数器，寄存器，集成时序逻辑电路的应用等；555 定时器的电路结构及其逻辑功能以及它的综合应用；数/模转换器，模/数转换器。

本书以培养应用型人才为目标，突出集成数字电子电路的应用与对学生实践能力的培养，力求知识点浅显易懂。本书可作为应用型本科电类各专业数字电子技术课程的教材，也可供电子技术领域的工程技术人员学习参考。

图书在版编目（CIP）数据

数字电子技术简明教程 / 张可菊，杨冶杰主编. —北京：北京理工大学出版社，2020.7（2022.4重印）

ISBN 978-7-5682-8644-2

Ⅰ. ①数…　Ⅱ. ①张…②杨…　Ⅲ. ①数字电路-电子技术-教材　Ⅳ. ①TN79

中国版本图书馆 CIP 数据核字（2020）第 112930 号

出版发行 / 北京理工大学出版社有限责任公司
社　　址 / 北京市海淀区中关村南大街 5 号
邮　　编 / 100081
电　　话 / （010）68914775（总编室）
（010）82562903（教材售后服务热线）
（010）68944723（其他图书服务热线）
网　　址 / http：//www. bitpress. com. cn
经　　销 / 全国各地新华书店
印　　刷 / 三河市天利华印刷装订有限公司
开　　本 / 787 毫米×1092 毫米　1/16
印　　张 / 18
字　　数 / 399 千字
版　　次 / 2020 年 7 月第 1 版　2022 年 4 月第 2 次印刷
定　　价 / 45.00 元

责任编辑 / 高　芳
文案编辑 / 赵　轩
责任校对 / 刘亚男
责任印制 / 李志强

前言

“数字电子技术简明教程”是电类和计算机类相关专业一门重要的专业基础课，理论性和实践性都很强。

本着“精选内容、加强基本能力培养、便于自学、紧密联系工程实际、强化应用”的宗旨，坚持理论与实践相融合的教学理念，以技能和能力的培养为基础，我们编写了这套教材。本书重点放在基本理论、方法概念和电子器件的外部特性及其应用知识方面，适当提高了起点，尽量接近工程实际。

全书分为7章，分别介绍了数字逻辑基础、逻辑门电路、组合逻辑电路、触发器、时序逻辑电路、脉冲信号的产生和变换、数/模与模/数转换器。书中学习目标与重点部分指明每章的教学要求与学习内容需掌握的程度，学习要点给出每章的主要内容、知识要点、重要的概念与结论。

（1）本书突出以中规模集成电路为重点的原则，加强集成的指导思想，使学生掌握数字逻辑的分析方法和设计思想，培养学生分析问题和解决问题的能力。

（2）在内容的选取上，首先确保学生掌握基本的理论基础，满足本科教学的基本要求；其次力求少而精，做到主次分明，详略得当。处理好与交叉学科的关系，并按新的教学系统重新组织，突出特色，强化应用。

（3）本书的理念与实践并重，知识与技能并重。数字电子技术是一门操作性较强的课程，为此，本书始终贯穿理论与实践相结合的指导思想，每章后面都有大量的习题，使课堂教学与实际相结合。

本书由具有多年教学经验的教师编写，许多内容都是在教案、讲义的基础上编写的，并由具有丰富教学、实践经验的教师主审，以确保教材质量。

第1章由沈阳工学院的张可菊和赵成龙编写，第2章由沈阳工学院的陈玉玲和牛强编写，第3章由张可菊和沈阳理工大学的刘寅生编写，第4章由沈阳工学院的李姿和周冬生编写，第5章由辽宁石油化工大学的杨冶杰编写，第6章由陈玉玲编写，第7章由李姿和刘寅生编写。全书由张可菊进行整理和统稿。本书的出版得到了沈阳工学院信息与控制学院领导及电工电子教研室老师的大力帮助与支持，在此表示感谢。

在多年的教学实践中，作者查阅了大量的数字电子技术课程教材和相关资料，无法一一列举，在此向相关作者表示感谢。鉴于作者的水平有限，书中难免有疏漏，敬请相关专家学者指正，也恳请读者提出批评意见和改进建议。

编　者

2019 年 9 月

目　录

第1章

数字逻辑基础

内容提要

对数字信号进行传输、处理的电子线路称为数字电路。数字电路主要研究电路的输出和输入之间的逻辑关系，也称为数字逻辑电路。逻辑代数是分析和研究数字逻辑电路的基本工具。本章重点讨论两个问题：一是数制和编码，介绍常用数制转换方法和数字电路中的常用编码；二是逻辑代数的基本概念，逻辑代数的三种基本逻辑关系及运算，组合逻辑关系及运算，逻辑代数的主要定律和常用的运算法则，逻辑表达式的代数化简法和卡诺图化简法，逻辑表达式的表示方法以及它们之间的相互转换。

学习目标

◆熟悉各种常用的数制以及它们的表示方法，掌握数制之间的转换
◆理解并掌握基本和常用的逻辑关系和逻辑运算
◆熟练掌握逻辑代数的基本公式、基本定理和基本规则
◆熟练掌握逻辑表达式的代数化简法和卡诺图化简法
◆熟悉逻辑表达式的表示方法以及它们之间的相互转换

学习要点

◆数制和码制
◆逻辑表达式的表示
◆逻辑代数的公式与定理
◆逻辑表达式化简

1.1　数字电路概述

数字电路经历了由电子管、半导体分立器件到集成电路的发展过程，数字电路的主流形式是数字集成电路，而逻辑代数是数字电路的基础。

1.1.1　逻辑代数

逻辑代数是分析和设计逻辑电路的数学基础。逻辑代数是由英国科学家乔治·布尔创立的，故又称布尔代数。

逻辑代数是用于描述客观事物逻辑关系的数学方法。逻辑代数与普通代数的相似之处在于它们都是用字母表示变量，用代数式描述客观事物间的关系。不同的是，逻辑代数是描述客观事物间的逻辑关系，逻辑函数表达式中的逻辑变量的取值和逻辑函数值都只有两个值，即0和1。这两个值不具有数量大小的意义，仅表示客观事物的两种相反的状态，如开关的闭合和断开，三极管的饱和导通与截止，电位的高与低，真与假等。因此，逻辑代数有其自身独立的规律和运算法则，而不同于普通代数。

1.1.2　模拟电路与数字电路的比较

自然界中的物理量按其变化规律可以分为模拟量和数字量两大类。其中一类物理量，无论从时间上还是从信号的大小上看其变化都是连续的，通常称为模拟信号或者模拟量，如温度、速度、电压等都是模拟信号，处理模拟信号的电路称为模拟电路。另一类物理量的变化在时间和数值上都是不连续的，称为数字信号或者数字量，如人口统计、记录生产流水线上的个数等，处理数字信号的电路称为数字电路（或称为逻辑电路、开关电路）。

电子电路的两大分支是数字电路和模拟电路，由于它们传递、加工和处理的信号不同，所以在电路结构、器件工作状态、输出和输入关系、电路分析方法等方面都有很大的不同。数字电路的发展与模拟电路一样经历了由电子管、半导体分立器件到集成电路等几个时期，但其发展比模拟电路发展得更快。从20世纪60年代开始，数字集成器件以双极型工艺制成了小规模逻辑器件；随后发展到中规模逻辑器件；70年代末，微处理器的出现使数字集成电路的性能产生了质的飞跃。

（1）数字电路与数字电子技术广泛应用于电视、雷达、通信、电子计算机、自动控制、航天等科学技术领域。专用模拟电路市场是指在消费类电子产品、计算机、通信、汽车和工业等其他部门应用的电路。

（2）以二进制为基础的数字电路，可靠性较强，电源电压的小的波动对其没有影响，温度和工艺偏差对其工作的可靠性影响也比模拟电路小得多。

（3）与模拟电路相比，数字电路主要进行数字信号（信号以0与1两个状态表示）的处理，因此抗干扰能力较强。数字集成电路有各种门电路、触发器以及由它们构成的各种组合逻辑电路和时序逻辑电路。

（4）一个数字系统一般由控制部件和运算部件组成，在时钟脉冲的驱动下，控制部件控制运算部件完成所要执行的动作。通过模拟/数字转换器、数字/模拟转换器，数字电路可以和模拟电路互相连接。

随着计算机科学与技术的飞速发展，用数字电路进行信号处理的优势更加突出。为了充分发挥和利用数字电路在信号处理上的强大功能，可以先将模拟信号转换成数字信号，然后用数字电路进行处理，最后再将处理结果转换为模拟信号输出。

1.1.3　数字电路的特点和优点

1. 数字电路的特点

数字电路有以下三个特点：

(1) 基本工作信号是阶跃信号，分别对应 0、1 两种离散状态；

(2) 基本工作状态是开关状态，分别对应“0”“1”数码；

(3) 基本工具是逻辑代数，基本方法是逻辑分析和逻辑设计。

2. 数字电路的优点

数字电路有以下五个优点：

(1) 电路结构简单，便于集成化；

(2) 工作可靠，抗干扰能力强；

(3) 数字信息便于长期保存和加密；

(4) 数字集成电路产品系列全、通用性强、成本低；

(5) 数字电路不仅能够完成数值运算，而且能够完成逻辑运算。

思考题

1. 数字量和模拟量的区别是什么？
2. 数字电路与模拟电路相比主要有哪些优点？

1.2　数制与编码

通常，数码有两种功能：一是表示数量的大小，二是作为事物的代码。当数码用来表示数量的大小时，对应的即为数制；当数码用来作为事物的代码时，对应的即为码制。数制是多位数码中每一位的构成方法和由低位向高位的进位规则，也是人们在日常生活和科技研究中采用的计数方法。

1.2.1　数制的基本概念

数字信号通常用多位数码的形式表示，不同的数码表示大小不同的数量。多位数码中每一位的构成方法以及从低位到高位的进位规则称为进位计数制，简称数制。日常生活中常用的是十进制，在数字电路中广泛采用的是二进制、八进制和十六进制。

1. 数制的构成

任何一种数制都包含进位基数和数位的权值两个因素。

1）进位基数

在一个数位上，规定使用数码符号的个数称为该数制的进位基数或进位模数，记作 R。例如十进制，每个数位规定使用数码为0，1，2，…，8，9，共10个，故其进位基数 $R=10$。

2）数位的权值

某个数位上数码为1时所表示的数值，称为该数位的权值，简称位权。各数位的位权都可以用 R^i 表示，R 为进位基数，i 为各数位的序号。各数位的序号规定为：整数部分，从小数点开始，由右向左依次为0，1，2，…，$n-1$；小数部分，从小数点开始，由左向右依次为-1，-2，…，m。

2. 数的按位权展开式

任何一个 R 进制数 $(N)_R$，各数位的数码为 a_i，有

$$(N)_R = a_{n-1}a_{n-2}\cdots a_2a_1a_0.a_{-1}a_{-2}\cdots a_{-m}$$

该数的按位权展开式为

$$\begin{aligned}(N)_R &= a_{n-1}R^{n-1} + a_{n-2}R^{n-2} + \cdots + a_2R^2 + a_1R^1 + a_0R^0 + a_{-1}R^{-1} + \\ &\quad a_{-2}R^{-2} + \cdots + a_{-m}R^{-m} \\ &= \sum_{i=-m}^{n-1} a_iR^i \end{aligned} \tag{1.1}$$

1.2.2 常用数制

1. 十进制

十进制是以10为进位基数的计数制。

（1）使用数码为0，1，2，…，8，9共10个，进位基数 $R=10$。

（2）运算法则为逢十进一，借一当十。

（3）位权是以10为底的指数函数，即整数部分各位的位权依次为 10^0，10^1，10^2，10^3，…；小数部分各位的位权依次为 10^{-1}，10^{-2}，10^{-3}，…。

对于一个有 n 位整数和 m 位小数的十进制数 N，可用下列按位权展开式表示：

$$(N)_{10} = K_{n-1}10^{n-1} + K_{n-2}10^{n-2} + \cdots + K_0 10^0 + K_{-1}10^{-1} + \cdots + K_{-m}10^{-m} = \sum_{i=-m}^{n-1} K_i 10^i \tag{1.2}$$

式中，K_i 为第 i 位数码，可为0～9中的任何一个数；10^i 为十进制数第 i 位的位权。

例如，十进制数538.42按位权展开式为

$$(538.42)_{10} = 5\times10^2 + 3\times10^1 + 8\times10^0 + 4\times10^{-1} + 2\times10^{-2}$$

2. 二进制

二进制是以2为进位基数的计数制。

（1）使用数码为0和1，只有2个，进位基数 $R=2$。

（2）运算法则为逢二进一，借一当二。

（3）位权是以2为底的指数函数，即整数部分各位的位权依次为 2^0，2^1，2^2，2^3，…；小数部分各位的位权依次为 2^{-1}，2^{-2}，2^{-3}，…。

对于一个有 n 位整数和 m 位小数的二进制数 N，其按位权展开式为

$$(N)_2 = \sum_{i=-m}^{n-1} K_i 2^i \tag{1.3}$$

例如，二进制数 1011. 11 按位权展开式为

$$\begin{aligned}(1011.11)_2 &= 1 \times 2^3 + 0 \times 2^2 + 1 \times 2^1 + 1 \times 2^0 + 1 \times 2^{-1} + 1 \times 2^{-2} \\ &= 2^3 + 2^1 + 2^0 + 2^{-1} + 2^{-2}\end{aligned}$$

运算规则如下。

加法规则：0+0=0，0+1=1，1+0=1，1+1=10

乘法规则：0·0=0，0·1=0，1·0=0，1·1=1

3. 八进制

八进制是以 8 为进位基数的计数制。

（1）使用数码为 0，1，2，…，7 共 8 个，进位基数 $R=8$。

（2）运算法则为逢八进一，借一当八。

（3）位权是以 8 为底的指数函数，即整数部分各位的位权依次为 8^0，8^1，8^2，8^3，…；小数部分各位的位权依次为 8^{-1}，8^{-2}，8^{-3}，…。

例如，八进制数 357. 24 和 437. 25 按位权展开式为

$$(357.24)_8 = 3 \times 8^2 + 5 \times 8^1 + 7 \times 8^0 + 2 \times 8^{-1} + 4 \times 8^{-2}$$

$$(437.25)_8 = 4 \times 8^2 + 3 \times 8^1 + 7 \times 8^0 + 2 \times 8^{-1} + 5 \times 8^{-2}$$

4. 十六进制

十六进制是以 16 为进位基数的计数制。

（1）使用数码为 0，1，2，…，9，A（10），B（11），C（12），D（13），E（14），F（15）共 16 个，进位基数 $R=16$。

（2）运算法则为逢十六进一，借一当十六。

（3）位权是以 16 为底的指数函数，即整数部分各位的位权依次为 16^0，16^1，16^2，16^3，…；小数部分各位的位权依次为 16^{-1}，16^{-2}，16^{-3}，…。

例如，十六进制数 D3A. 2F 按位权展开式为

$$(D3A.2F)_{16} = 13 \times 16^2 + 3 \times 16^1 + 10 \times 16^0 + 2 \times 16^{-1} + 15 \times 16^{-2}$$

目前，由于在微型计算机中普遍采用 8 位、16 位和 32 位二进制并行运算，而 8 位、16 位和 32 位的二进制数可以用 2 位、4 位和 8 位的十六进制数表示，因而用十六进制符号书写程序十分简便。

上述四个数制的进制表见表 1. 1。

表 1.1 四个数制的进制表

常用进制	英文符号	数码符号	进位规则	进位基数
二进制	B	0，1	逢二进一	2
八进制	Q	0，1，2，3，4，5，6，7	逢八进一	8
十进制	D	0，1，2，3，4，5，6，7，8，9	逢十进一	10
十六进制	H	0，1，2，3，4，5，6，7，8，9，A，B，C，D，E，F	逢十六进一	16

1.2.3 不同数制的标记

以前我们只用到了十进制数，但是现在不同了，同时使用多种数制，需要区分不同数制的数。

1. 数制的下标表示法

数制的下标表示法为：把数用括号括起来，在括号的右下角标上相应数制的进位基数。

例如 $(367)_{10}$，$(11011)_2$，$(135)_8$，$(10001)_{16}$ 分别表示十进制数、二进制数、八进制数和十六进制数。通常十进制数的下标可以省略。

2. 数制的后缀表示法

数制的后缀表示法为：数字后加上相应的一个大写字母，表示出数制。后缀 D 表示十进制数，后缀 B 表示二进制数，后缀 Q 表示八进制数，后缀 H 表示十六进制数。

例如 367D，11011B，135Q，10001H 分别表示十进制数、二进制数、八进制数和十六进制数。

表 1.2 中列出了二进制、八进制、十进制、十六进制这四个数制的对照关系。

表 1.2 二进制、八进制、十进制、十六进制对照表

十进制	二进制	八进制	十六进制	十进制	二进制	八进制	十六进制
0	0000	0	0	8	1000	10	8
1	0001	1	1	9	1001	11	9
2	0010	2	2	10	1010	12	A
3	0011	3	3	11	1011	13	B
4	0100	4	4	12	1100	14	C
5	0101	5	5	13	1101	15	D
6	0110	6	6	14	1110	16	E
7	0111	7	7	15	1111	17	F

1.2.4 不同进制数之间的转换

计算机内部都是采用二进制数表示数据信息的，而我们常用的是十进制数。计算机在与外部交换信息的过程中，必然要进行信息的不同数制之间的转换。

1. 十进制数转换为二进制数

将十进制数转换为二进制数有两种方法。

1）进位基数乘除法

用进位基数乘除法在转换时，整数部分通常采用连续除 2 取余法，小数部分采用连续乘 2 取整法。

（1）整数部分的转换。除 2 取余法是将要转换的十进制整数部分连续除以 2 直到商为 0 为止，把得到的余数按从低位到高位的顺序排列，即最后得到的余数为最高位。

【例 1.1】 $(23)_{10} = (\qquad)_2$

解：利用除 2 取余法。

2⌊23	………	余1	b_0	↑ 读取次序
2⌊11	………	余1	b_1	
2⌊5	………	余1	b_2	
2⌊2	………	余0	b_3	
2⌊1	………	余1	b_4	
0				

得到 $(23)_{10}=(10111)_2$

（2）小数部分的转换。乘 2 取整法是将要转换的十进制小数部分连续乘以 2 取整，直到乘积为整数为止。按从高位到低位的顺序排列，即最先得到的整数为最高位。

当把一个既有整数又有小数的十进制数转换为二进制数时，必须把十进制数的整数部分和小数部分分开，分别用“除 2 取余法”和“乘 2 取整法”转换为二进制整数和二进制小数，然后再合并为完整的二进制数。

【例 1.2】　将十进制数 23.75 转换成二进制数。

解：（1）整数部分根据“除 2 取余法”的原理，按如下步骤转换：

2⌊23	余1	↑ 读取次序
2⌊11	余1	
2⌊5	余1	
2⌊2	余0	
2⌊1	余1	
0		

则 $(23)_{10}=(10111)_2$

（2）小数部分根据“乘 2 取整法”的原理，按如下步骤转换：

算式	整数	
$0.75\times2=1.5$	整1	↓ 读取次序
$0.5\times2=1$	整1	

则 $(0.75)_{10}=(0.11)_2$

得到的最终转换结果为：$(23.75)_{10}=(10111.11)_2$

【例 1.3】　将十进制数 23.6875 转换成二进制数。

解：小数部分根据“乘 2 取整法”的原理，按如下步骤转换：

算式	整数	
$0.6875\times2=1.375$	整1	↓ 读取次序
$0.375\times2=0.75$	整0	
$0.75\times2=1.5$	整1	
$0.5\times2=1$	整1	

则 $(23.6875)_{10}=(10111.1011)_2$

显然用此种方法将十进制数转换为二进制数很麻烦，尤其是十进制数值较大时，要连续除以和乘以 2 几十次，非常烦琐。下面介绍一种能够简单、方便地将十进制数转换为二进制数的方法。

2）利用二进制数的位权转换法

表 1.3 列出了二进制数各数位及其对应位权的数据表。

表 1.3　二进制数各数位及其对应位权的数据表

二进制数	1	1	1	1	1	1	1	1	.	1	1	1	1
位权	2^7	2^6	2^5	2^4	2^3	2^2	2^1	2^0		2^{-1}	2^{-2}	2^{-3}	2^{-4}
对应十进制数	128	64	32	16	8	4	2	1		0.5	0.25	0.125	0.0625

由表 1.3 可知，二进制数各数位位权对应的十进制数具有鲜明的特点，以整数最低位位权 1 为基础，整数部分的位权由低位到高位依次乘以 2，即 1，2，4，8，16，…；小数部分由高位到低位依次除以 2，即 0.5，0.25，0.125，0.0625，…。

利用二进制数的位权转换法的基本原理是将要转换的十进制数分解成若干个二进制数位权的和，然后依据位权与二进制数的数位关系，转换为二进制数，即将分解的若干个二进制数的位权按降序排列，由最大位权开始，对应数位的位权存在，则该对应数位的数码为 1，对应数位的位权不存在，则该对应数位的数码为 0。

例如，十进制数 109.625 分解成二进制数位权的和为：64+32+8+ 4+1+0.5+0.125，则转换成二进制数为：$(1101101.101)_2$。

【例 1.4】　$(1876)_{10} = (\qquad\qquad)_2$

解：$(1876)_{10} = 1024 + 512 + 256 + 64 + 16 + 4 = (11101010100)_2$

【例 1.5】　$(875.568)_{10} = (\qquad\qquad)_2$

解：$(875.568)_{10} = 512 + 256 + 64 + 32 + 8 + 2 + 1 + 0.5 + 0.0625 + 0.0055$

$= (1101101011.1001)_2$

显然，利用二进制数的位权转换法将十进制数转换为二进制数，可以将十进制数整体分解为二进制数的位权，无需将整数和小数部分分别转换，这样使转换过程简单、容易、快捷，是十进制数转换为二进制数应重点掌握的方法。

2. 非十进制数转换为十进制数

将非十进制数转换为十进制数的方法是：首先将非十进制数按位权展开，然后按照十进制数的计数规则求和，即转换为十进制数。

【例 1.6】　$(1101001011.1011)_2 = (\qquad\qquad)_{10}$

解：$(101001011.1011)_2 = 2^8 + 2^6 + 2^3 + 2^1 + 2^0 + 2^{-1} + 2^{-3} + 2^{-4}$

$= 256 + 64 + 8 + 2 + 1 + 0.5 + 0.125 + 0.0625$

$= (331.6875)_{10}$

【例 1.7】　$(463)_8 = (\qquad\qquad)_{10}$

解：$(463)_8 = 4 \times 8^2 + 6 \times 8^1 + 3 \times 8^0$

$= 256 + 48 + 3$

$= (307)_{10}$

【例 1.8】　$(3FA)_{16}=(\qquad\qquad)_{10}$

解：$(3FA)_{16}=3\times16^2+15\times16^1+10\times16^0$

$=768+240+10$

$=(1018)_{10}$

3. 二进制数转换为八进制数

由于八进制数的进位基数 $8=2^3$，故每位八进制数由 3 位二进制数构成。二进制数和八进制数的对应关系如表 1.4 所示。

表 1.4　二进制数和八进制数的对应关系

八进制数	二进制数
0	000
1	001
2	010
3	011
4	100
5	101
6	110
7	111

二进制数转换为八进制数的方法是：首先将二进制数 3 位一段进行分段，分段方法是从小数点开始，整数部分从低位向高位分段，小数部分从高位向低位分段；然后将头、尾段不足 3 位的补足 3 位，头段在高位（前面）补 0，尾段在低位（后面）补 0；最后按段转换为八进制数。

【例 1.9】　$(10110011101.1011)_2=(\qquad\qquad)_8$

解：

将二进制数分段	10，	110，	011，	101.	101，	10
头、尾段补位	010，	110，	011，	101.	101，	100
	↓	↓	↓	↓	↓	↓
按段转换	2	6	3	5.	5	4

得到　$(10110011101.1011)_2=(2635.54)_8$

4. 二进制数转换为十六进制数

由于十六进制数的进位基数 $16=2^4$，故每位十六进制数由 4 位二进制数构成。二进制数和十六进制数的对应关系如表 1.5 所示。

表 1.5　二进制数和十六进制数的对应关系

十六进制数	二进制数	十六进制数	二进制数
0	0000	8	1000
1	0001	9	1001

续表

十六进制数	二进制数	十六进制数	二进制数
2	0010	A	1010
3	0011	B	1011
4	0100	C	1100
5	0101	D	1101
6	0110	E	1110
7	0111	F	1111

二进制数转换为十六进制数的方法是：首先将二进制数从小数点开始向前和向后4位一段进行分段；然后将头、尾段不足4位的补足4位；最后按段转换为十六进制数。

【例1.10】 $(10101110011101.101101)_2=(\qquad\qquad)_{16}$

解：

将二进制数分段	10，	1011，	1001，	1101．	1011，	01
头、尾段补位	0010，	1011，	1001，	1101．	1011，	0100
	↓	↓	↓	↓	↓	↓
按段转换	2	B	9	D．	B	4

得到 $(10101110011101.101101)_2=(2B9D.B4)_{16}$

5．八进制数、十六进制数转换为二进制数

八进制数、十六进制数转换为二进制数的方法是：按位转换，即八进制数的每一位转换为3位二进制数，十六进制数的每一位转换为4位二进制数。

【例1.11】 $(3517.46)_8=(\qquad\qquad)_2$

解：

八进制数	3	5	1	7.	4	6
	↓	↓	↓	↓	↓	↓
二进制数	011	101	001	111.	100	110

得到 $(3517.46)_8=(11101001111.10011)_2$

【例1.12】 $(C5EA.49)_{16}=(\qquad\qquad)_2$

解：

十六进制数	C	5	E	A．	4	9
	↓	↓	↓	↓	↓	↓
二进制数	1100	0101	1110	1010.	0100	1001

得到 $(C5EA.49)_{16}=(1100010111101010.01001001)_2$

1.2.5 二进制数的四则运算

二进制数由于只有0和1两个数，所以它的运算结果也只能是0或1，运算规则如下。

（1）加运算：0+0=0，0+1=1，1+0=1，1+1=10（逢2进1）。

（2）减运算：1−1=0，1−0=1，0−0=0，0−1=1（向高位借1当2）。

（3）乘运算：0×0=0，0×1=0，1×0=0，1×1=1。

（4）除运算：0/1=0，1/1=1。

1.2.6　编码

计算机数字系统只能识别 0 和 1，怎样才能表示更多的数码、符号、字母呢？用编码可以解决此问题。

码制即编码体制，是指用数码对不同事物、字符、状态进行编码的原则或规律。编码就是将各种数据、信息、文字、符号等，用二进制数码表示的过程。这些有特定含义的二进制数码称为二进制代码。

1．二–十进制代码（BCD 码）

4 位二进制数有 0000 ~ 1111 共 16 种组合，而十进制数只有 0 ~ 9 十个数符，故只需从 16 种组合中选择出 10 种组合表示十进制数。用 4 位二进制代码表示一位十进制数的编码，称为二–十进制代码，或称为 BCD 码。BCD 码有多种编码方式，常用的有 8421 码、5421 码、2421 码、余 3 码等，如表 1.6 所示。其中使用最多的是 8421BCD 码（以下简称 8421 码）。

表 1.6　二–十进制代码

十进制数	有权码			无权码	
	8421 码	5421 码	2421 码	余 3 码	格雷码
0	0000	0000	0000	0011	0000
1	0001	0001	0001	0100	0001
2	0010	0010	0010	0101	0011
3	0011	0011	0011	0110	0010
4	0100	0100	0100	0111	0110
5	0101	1000	1011	1000	0111
6	0110	1001	1100	1001	0101
7	0111	1010	1101	1010	0100
8	1000	1011	1110	1011	1100
9	1001	1100	1111	1100	1101

1）8421 码

8421 码是用 4 位二进制代码表示一位十进制数，即用 0000 ~ 1001 表示数字 0 ~ 9。8421 码是一种有权码，8421 就是指编码中从高位到低位的位权分别是 8、4、2、1。

例如，多位十进制数的 8421 码为 $(72)_{10} = (01110010)_{8421}$

2）2421 码和 5421 码

2421 码和 5421 码同样是用 4 位二进制代码表示一位十进制数，它们都是有权码。

2421 码中从高位到低位的位权分别是 2、4、2、1，即用 0000 ~ 0100 及 1011 ~ 1111 表示数字 0 ~ 9。5421 码中从高位到低位的位权分别是 5、4、2、1，即用 0000 ~ 0100 及 1000 ~ 1100 表示数字 0 ~ 9。

3）余 3 码

余 3 码没有固定的权值，称为无权码。它是由 8421 码加 3（0011）形成的。用 0011 ~ 1100 表示数字 0 ~ 9。

4）格雷码

格雷码是一种无权码，它的特点是相邻两组代码之间只有一位代码不同，其余各位都相同。如果用这种代码表示一个连续变化的物理量，而且当这个物理量变化时，代码也按表中的顺序变化，那么在代码发生变化时，只有一位改变状态。这样大大减少了状态变化中出错的可能性。

2. ASCII（American Standard Code for Information Interchange）

在计算机中，字符也是用二进制代码表示的。我们把表示各种字符（包括字母、标点符号、运算符号及其他特殊符号）的二进制代码称为字符编码。ASCII（美国信息交换标准代码）是一种应用广泛的字符编码法。ASCII 用 7 位二进制代码表示 128 个代码，可以表示大小写英文字母、十进制数、标点符号、运算符号、控制符号等，普遍用于计算机、键盘输入指令和数据。虽然标准 ASCII 是 7 位编码，但由于计算机的基本处理单位为字节（1byte = 8bit），所以一般仍以一个字节来存放一个 ASCII 字符，多余一位在计算机内部通常保持为 0（在数据传输时可用作奇偶校验位），如表 1.7 所示为美国信息交换标准代码。

表 1.7　美国信息交换标准代码（ASCII）

低 4 位代码	高 3 位代码							
	000	001	010	011	100	101	110	111
0000	NUL	DLE	SP	0	@	P	、	p
0001	SOH	DC1	!	1	A	Q	a	q
0010	STX	DC2	“	2	B	R	b	r
0011	ETX	DC3	#	3	C	S	c	s
0100	EOT	DC4	$	4	D	T	d	t
0101	ENQ	NAK	%	5	E	U	e	u
0110	ACK	SYN	&	6	F	V	f	v
0111	BEL	ETB	‘	7	G	W	g	w
1000	BS	CAN	(	8	H	X	h	x
1001	HT	EM	)	9	I	Y	i	y
1010	LF	SUB	*	:	J	Z	j	z
1011	VT	ESC	+	;	K	[	k	{
1100	FF	FS	,	<	L	\	l	|
1101	CR	GS	-	=	M	]	m	}
1110	SO	RS	.	>	N	^	n	~
1111	SI	US	/	?	O	_	o	DEL

1.2.7　二进制数的原码、反码和补码

1. 二进制数的原码和补码

各种数码都有原码和补码之分。前面介绍的十进制数和二进制数都属于原码。补码分为两种：一种称为基数的补码；另一种称为降基数的补码。这里仅介绍二进制数的原码及补码

表示法。

二进制数 N 的基数的补码又称为 2 的补码，常简称为补码，有

$$(N)_{补}=2^n-N$$

式中，n 是二进制数 N 的整数部分的位数。

2. 二进制数的原码、反码和补码表示法

二进制数的正负由符号位来区分，“0” 表示正数，“1” 表示负数，这种表示方法称为原码表示法。原码（True Form）表示法又称为符号-数值表示法。

例如：用原码表示 $(+7)_{10}=(0\quad 1\quad 1\quad 1)_2$

用原码表示 $(-7)_{10}=(1\quad 1\quad 1\quad 1)_2$

原码运算符号值需要单独处理，这样逻辑电路结构会变复杂。为简化运算电路，人们又发明了两种机器数表示方法，即反码和补码。用反码（One’s Complement）表示二进制数时，正数的反码与原码相同，负数的反码是在符号位不变的基础上，其余各位逐次取反。

例如：用反码表示 $(+7)_{10}=(0\quad 1\quad 1\quad 1)_2$

用反码表示 $(-7)_{10}=(1\quad 0\quad 0\quad 0)_2$

在计算机中，很多情况下采用补码（Two’s Complement）表示法。二进制正数的补码与它的原码相同，而二进制负数的补码是在符号位不变的前提下，将绝对值取反加 1，即反码加 1。

例如：用补码表示 $(+7)_{10}=(0\quad 1\quad 1\quad 1)_2$

用补码表示 $(-7)_{10}=(1\quad 0\quad 0\quad 1)_2$

【例 1.13】 写出+12 和-12 的 8 位原码和补码表示形式。

解： 原码分别为　（+12）= 0 0001100

（-12）= 1 0001100

补码分别为　（+12）= 0 0001100

（-12）= 1 1110100

思考题

1. 十六进制数如何转换成十进制数？
2. 什么是有权码？什么是无权码？

1.3　逻辑运算

数字电路中讨论的是输入和输出之间的逻辑关系（因果关系）。因此，数字电路也称逻辑电路，或称数字逻辑电路。在数字电路中，输入变量与输出变量都是逻辑变量，只有两种取值 0 或 1。其中 0 和 1 并不表示数量的大小，而只表示两种对立的逻辑状态，即 “是” 与 “非”、“开” 与 “关”、“真” 与 “假”、“高” 与 “低” 等。

根据 1 和 0 代表逻辑状态的含义不同，有正、负逻辑之分。在逻辑电路中，逻辑变量的 0 和 1 对应两种电平信号，高电平表示一种状态，低电平表示另一种状态，分别用 U_H 和 U_L 表示。若用逻辑 “1” 代表高电平，逻辑 “0” 代表低电平，则称为 “正逻辑”；若用逻辑 “0” 代表高电平，逻辑 “1” 代表低电平，则称为 “负逻辑”。在无特殊说明时，本书采用

"正逻辑"。描述事物逻辑关系的表达式称为逻辑表达式，逻辑表达式中的变量称为逻辑变量，这种变量的取值只有0和1两种可能，所以称其为二值变量。在逻辑变量中，常把表示事件条件的变量称为输入逻辑变量，把表示事件结果的变量称为输出逻辑变量。

1.3.1 基本逻辑运算

在实际中，我们遇到的逻辑问题是多种多样的，但都可以用三种基本的逻辑运算把它们概括出来。它们就是"与""或""非"逻辑运算。

1. 与运算

假设有一个事件，当决定该事件的全部条件都具备时，事件才发生，这样的因果关系称为与逻辑关系，也称为与运算，或逻辑相乘。

实现与运算的电路如图1.1所示。用逻辑变量A和B表示开关的状态，当A和B等于1时表示开关闭合，等于0时表示开关断开。用逻辑变量Y表示灯的状态，Y等于1表示灯亮，等于0表示灯灭。与运算可以用表1.8表示，表1.8列出了满足与运算关系的输入逻辑变量A和B，以及输出逻辑变量Y的全部取值组合，称为真值表。真值表是用表格形式描述逻辑关系的方法。

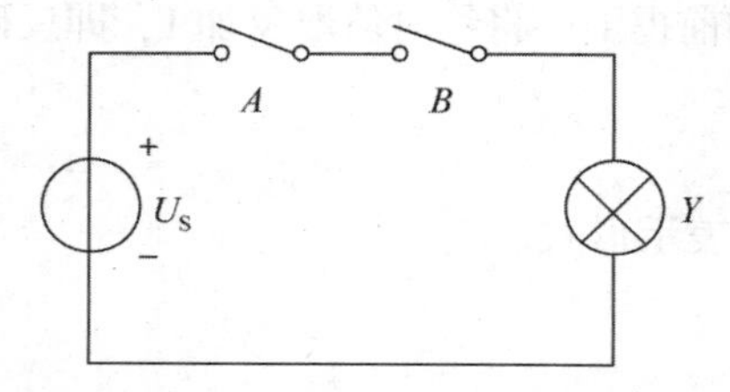

图1.1 实现与运算的电路

表1.8 与运算的真值表

A	B	Y
0	0	0
0	1	0
1	0	0
1	1	1

由表1.8可以得出与运算的口诀为"有0出0，全1出1"。

同样，由表1.8得到与运算的逻辑表达式为

$$Y = A \cdot B \tag{1.4}$$

式中的"·"表示逻辑相乘，读作"与"，即"Y等于A与B"，在不需要特别强调的地方常将"·"省掉。

能够实现逻辑运算的电路称为门电路。实现与运算的门电路称为与门，与门的国标逻辑符号见表1.16，波形图如图1.2所示。

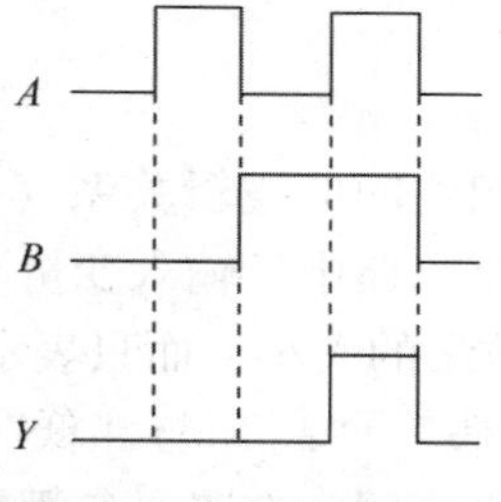

图1.2 与门的波形图

2. 或运算

假设有一个事件，当决定该事件的各个条件中，只要有一个条件具备，事件就发生；只

有所有条件都不满足时，事件才不发生，这样的因果关系称为或逻辑关系，也称为或运算，或逻辑相加。

实现或运算的电路如图 1.3 所示。用逻辑变量 A 和 B 表示开关的状态，用逻辑变量 Y 表示灯的状态，变量的逻辑含义同上。或运算的真值表如表 1.9 所示。

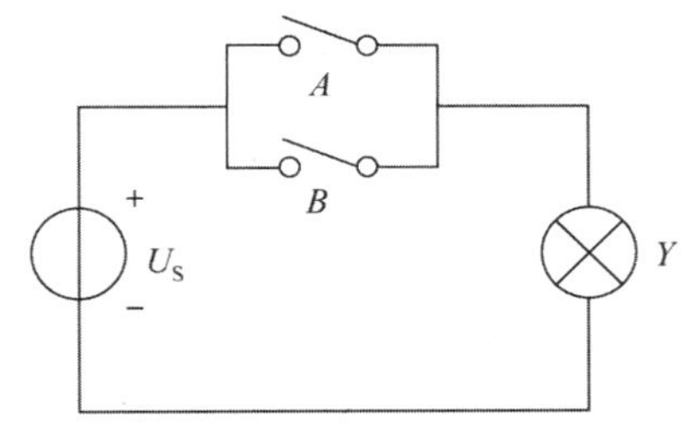

图 1.3　实现或运算的电路

表 1.9　或运算的真值表

A	B	Y
0	0	0
0	1	1
1	0	1
1	1	1

由表 1.9 可知，或运算的口诀为“有 1 出 1，全 0 出 0”。

或运算的逻辑表达式为

$$Y = A + B \tag{1.5}$$

式中的“+”表示逻辑加，读作“或”，即“Y 等于 A 或 B”。

实现或运算的电路称为或门，其国标逻辑符号见表 1.16，波形图如图 1.4 所示。

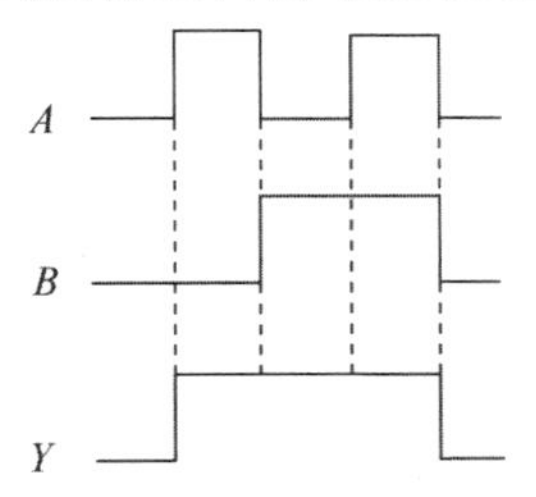

图 1.4　或门的波形图

3. 非运算

假设有一个事件，当决定该事件的条件具备时，事件不发生；当条件不具备时，事件发生，这样的因果关系称为非逻辑关系，也称为非运算，或逻辑取反。

实现非运算的电路如图 1.5 所示。非运算的真值表如表 1.10 所示。

由表 1.10 可知，非运算的口诀为“是 0 出 1，是 1 出 0”。非运算的逻辑表达式为

$$Y = \overline{A} \tag{1.6}$$

式中的“$\overline{A}$”表示取反，读作“A 非”，或“A 反”。

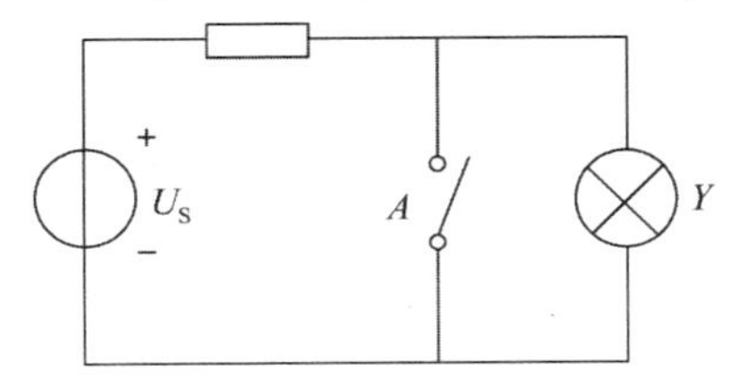

图 1.5　实现非运算的电路

表 1.10　非运算的真值表

A	Y
0	1
1	0

实现非运算的电路称为非门，其国标逻辑符号见表 1. 16。

1. 3. 2　组合逻辑运算

在数字系统中，除了基本的与、或、非运算之外，常用的逻辑运算还有通过这三种基本逻辑运算组合而成的逻辑运算，这种运算通常称为复合运算。常见的复合运算有：与非运算、或非运算、与或非运算、异或运算、同或运算等。

1. 与非运算

与非运算是将与运算和非运算组合成的逻辑运算。由于与、或、非运算的优先关系为先与再或最后非，因此，与非运算是实现先与后非的逻辑运算。

与非运算的逻辑表达式为

$$Y = \overline{A \cdot B} \tag{1.7}$$

与非运算的真值表如表 1. 11 所示。

表 1. 11　与非运算的真值表

A	B	$Y = \overline{A \cdot B}$	A	B	$Y = \overline{A \cdot B}$
0	0	1	1	0	1
0	1	1	1	1	0

由表 1. 11 可知，与非运算关系的口诀为“有 0 出 1，全 1 出 0”。

与非门的国标逻辑符号见表 1. 16。

2. 或非运算

或非运算是将或运算和非运算进行组合，为先或运算后非运算。或非运算的逻辑表达式为

$$Y = \overline{A + B} \tag{1.8}$$

或非运算的真值表如表 1. 12 所示。

表 1. 12　或非运算的真值表

A	B	$Y = \overline{A + B}$	A	B	$Y = \overline{A + B}$
0	0	1	1	0	0
0	1	0	1	1	0

由表 1. 12 可知，或非运算关系的口诀为“全 0 出 1，有 1 出 0”。

或非门的国标逻辑符号见表 1. 16。

3. 与或非运算

与或非运算是与运算、或运算和非运算的组合。与或非运算的逻辑表达式为

$$Y = \overline{A \cdot B + C \cdot D} \tag{1.9}$$

与或非运算的真值表如表 1. 13 所示。

表 1.13　与或非运算的真值表

A	B	C	D	Y	A	B	C	D	Y
0	0	0	0	1	1	0	0	0	1
0	0	0	1	1	1	0	0	1	1
0	0	1	0	1	1	0	1	0	1
0	0	1	1	0	1	0	1	1	0
0	1	0	0	1	1	1	0	0	0
0	1	0	1	1	1	1	0	1	0
0	1	1	0	1	1	1	1	0	0
0	1	1	1	0	1	1	1	1	0

与或非门的国标逻辑符号见表 1.16。

4. 异或运算

异或运算为：当两输入变量相同时，输出为 0；当两输入变量不同时，输出为 1。异或运算的真值表如表 1.14 所示。

表 1.14　异或运算的真值表

A	B	Y	A	B	Y
0	0	0	1	0	1
0	1	1	1	1	0

异或运算的逻辑表达式为

$$Y = A \oplus B = A\overline{B} + \overline{A}B \tag{1.10}$$

异或门的国标逻辑符号见表 1.16。

5. 同或运算

同或运算为：当两输入变量相同时，输出为 1；当两输入变量不同时，输出为 0。同或运算的真值表如表 1.15 所示。

表 1.15　同或运算的真值表

A	B	Y	A	B	Y
0	0	1	1	0	0
0	1	0	1	1	1

同或运算的逻辑表达式为

$$Y = A \odot B = \overline{A}\,\overline{B} + AB \tag{1.11}$$

由表 1.14 和表 1.15 可知，同或运算和异或运算互为反运算。同或运算和异或运算的关系为

$$A \oplus B = \overline{A \odot B};\ A \odot B = \overline{A \oplus B} \tag{1.12}$$

$$A\overline{B} + \overline{A}B = \overline{AB + \overline{A}\,\overline{B}};\ AB + \overline{A}\,\overline{B} = \overline{A\overline{B} + \overline{A}B} \tag{1.13}$$

因此，同或门的国标逻辑符号有两种形式，见表1.16。

在数字电路中，基本和常用逻辑运算的应用十分广泛，它们是构成各种复杂逻辑运算的基础，这些逻辑运算的国际标准逻辑符号见表1.16。

表1.16　逻辑运算的国标逻辑符号与国际标准逻辑符号

逻辑运算	国标逻辑符号	国际标准逻辑符号
与	A, B — & — Y	A, B — Y
或	A, B — ≥1 — Y	A, B — Y
非	A — 1 — Y	A — Y
与非	A, B — & — Y	A, B — Y
或非	A, B — ≥1 — Y	A, B — Y
与或非	A, B, C, D — & ≥1 — Y	A, B, C, D — Y
异或	A, B — =1 — Y	A, B — Y
同或	A, B — = — Y或 A, B — =1 — Y	A, B — Y

思考题

1. 什么是逻辑变量和逻辑常量？

2. 基本的逻辑与、逻辑或运算法则是什么？由它们派生出来的一些简单的组合逻辑运算包括哪些？

1.4　逻辑代数的公式、基本定律和规则

逻辑代数是一门完整的科学，与普通代数一样，也有一些用于运算的基本公式、基本定

律和规则，它们是化简逻辑表达式、分析和设计逻辑电路的基本方法。

1.4.1　逻辑代数的基本公式

逻辑代数和普通代数一样，有一套完整的运算公式和规则，包括公理、定理和定律。其中有的定律与普通代数相似，有的定律与普通代数不同，使用时切勿混淆。逻辑代数的基本公式有常数与常数的与、或、非运算公式，基本定律有 0-1 律、自等律、重叠律、互补律、还原律等，这些公式和定律列于表 1.17 和表 1.18 中。这些公式和定律显然是正确的，无须证明。

表 1.17　常量与常量公式

与运算	或运算	异或运算	非运算
$0 \cdot 0=0$	$0+0=0$	$0 \oplus 0=0$	$\overline{0}=1$
$0 \cdot 1=0$	$0+1=1$	$0 \oplus 1=1$	
$1 \cdot 0=0$	$1+0=1$	$1 \oplus 0=1$	$\overline{1}=0$
$1 \cdot 1=1$	$1+1=1$	$1 \oplus 1=0$	

表 1.18　常量与变量公式

与运算	或运算	异或运算	非运算
$A \cdot 0=0$	$A+0=A$	$A \oplus 0=A$	$\overline{\overline{A}}=A$
$A \cdot 1=A$	$A+1=1$	$A \oplus 1=\overline{A}$	
$A \cdot A=A$	$A+A=A$	$A \oplus A=0$	
$A \cdot \overline{A}=0$	$A+\overline{A}=1$	$A \oplus \overline{A}=1$	

1.4.2　逻辑代数的基本定律

逻辑代数与普通代数一样，有交换律、结合律和分配律三大定律。

1. 交换律

交换律的公式为

$$A \cdot B = B \cdot A;\ A + B = B + A \tag{1.14}$$

2. 结合律

结合律的公式为

$$(A \cdot B) \cdot C = A \cdot (B \cdot C);\ (A + B) + C = A + (B + C) \tag{1.15}$$

3. 分配律

分配律的公式为

$$A \cdot (B + C) = A \cdot B + A \cdot C;\ A + B \cdot C = (A + B) \cdot (A + C) \tag{1.16}$$

分配律的第一个公式是显而易见的，第二个公式是从来没有见过的，下面证明第二个公式的正确性。

证明公式 $A + B \cdot C = (A + B) \cdot (A + C)$ 成立。

证明：右 = $(A+B)\cdot(A+C)=A+AC+AB+BC=A(1+C+B)+BC=A+B\cdot C$ = 左
因此公式 $A+B\cdot C=(A+B)\cdot(A+C)$ 成立。

4. 摩根定理

摩根定理又称为反演律，摩根定理有两种形式：

$$\overline{A\cdot B}=\overline{A}+\overline{B} \tag{1.17}$$

$$\overline{A+B}=\overline{A}\cdot\overline{B} \tag{1.18}$$

下面利用真值表证明摩根定理。利用真值表证明等式成立的基本原理是：如果等式两侧表达式的真值表相同，则这两个表达式一定相等，等式就一定成立。

式（1.17）两侧表达式的真值表和式（1.18）两侧表达式的真值表如表 1.19 所示。

由表 1.19 可见，摩根定理等式两侧表达式的真值表相同，摩根定理成立。

表 1.19　摩根定理的证明

A	B	$\overline{A}$	$\overline{B}$	$\overline{A\cdot B}$	$\overline{A}+\overline{B}$	$\overline{A+B}$	$\overline{A}\cdot\overline{B}$
0	0	1	1	1	1	1	1
0	1	1	0	1	1	0	0
1	0	0	1	1	1	0	0
1	1	0	0	0	0	0	0

摩根定理可推广到多个变量，其逻辑表达式为

$$\overline{A\cdot B\cdot C\cdot\cdots\cdot K}=\overline{A}+\overline{B}+\overline{C}+\cdots+\overline{K} \tag{1.19}$$

$$\overline{A+B+C+\cdots+K}=\overline{A}\cdot\overline{B}\cdot\overline{C}\cdot\cdots\cdot\overline{K} \tag{1.20}$$

1.4.3　逻辑代数的基本规则

1）代入规则

对于任何一个逻辑等式，以某个逻辑变量或逻辑表达式同时取代等式两端任何一个逻辑变量后，等式依然成立，这个规则称为代入规则。利用代入规则可以方便地扩展公式。例如，在反演律 $\overline{AB}=\overline{A}+\overline{B}$ 中用 BC 去代替等式中的 B，则有：$\overline{ABC}=\overline{A}+\overline{BC}=\overline{A}+\overline{B}+\overline{C}$，据此可以证明 n 个变量的摩根定理也成立。

2）对偶规则

对于任何一个逻辑表达式 Y，如果将表达式中的所有“·”换成“+”，“+”换成“·”，“0”换成“1”，“1”换成“0”，可得到一个新的逻辑表达式 Y'，称 Y' 和 Y 互为对偶函数，这个规则称为对偶规则。此外，若已知等式成立，则其对偶式也一定成立。利用对偶规则，可以使要证明及要记忆的公式数目减少一半。

【例 1.14】　试证明 $A+BC=(A+B)(A+C)$。

解：首先写出等式两边的对偶式，得到

$$A(B+C) \text{ 和 } AB+AC$$

根据乘法分配律可知，这两个对偶式是相等的，即得证。

3）反演规则

对于任何一个逻辑表达式 Y，如果将表达式中的所有“·”换成“+”，“+”换成

“·”，“0”换成“1”，“1”换成“0”，原变量换成反变量，反变量换成原变量，那么所得的表达式就是逻辑表达式 Y 的反函数（或称补函数）$\overline{Y}$，这个规则称为反演规则。

反演规则为由原函数求反函数提供了非常方便的方法。在使用反演规则时要注意两个问题：

（1）不能改变原来表达式中的运算顺序，须始终遵守“先括号内，然后与，再或，最后非”的运算优先次序；

（2）不属于单个变量上的反号应保持不变。

【例 1.15】　求逻辑表达式 $Y=\overline{A}C+B\overline{D}$ 的反函数。

解：$\overline{Y}=(A+\overline{C})\cdot(\overline{B}+D)$

【例 1.16】　求逻辑表达式 $Y=A\cdot\overline{B+C+\overline{D}}$ 的反函数。

解：$\overline{Y}=\overline{A}+\overline{\overline{B}\cdot\overline{C}\cdot D}$

1.4.4　逻辑代数的几个常用的重要公式

在逻辑代数中，常用于化简逻辑表达式的有几个重要的公式。

（1）合并公式为

$$AB+A\overline{B}=A \tag{1.21}$$

例如，应用合并公式化简：

$$ABC+A\overline{B}C=AC$$

$$A\overline{BC}+ABC=A$$

（2）吸收公式为

$$A+AB=A \tag{1.22}$$

例如，应用吸收公式化简：

$$AC+ABCD=AC$$

$$\overline{B}+A\overline{B}C\overline{D}=\overline{B}$$

（3）消去公式为

$$A+\overline{A}B=A+B \tag{1.23}$$

证明：利用分配律公式 $A+B\cdot C=(A+B)\cdot(A+C)$，得

$$A+\overline{A}B=(A+\overline{A})(A+B)=A+B$$

等式成立。

例如，应用消去公式化简：

$$AB+\overline{AB}C=AB+C$$

（4）添加公式为

$$AB+\overline{A}C+BC=AB+\overline{A}C \tag{1.24}$$

证明：

$$\begin{aligned}AB+\overline{A}C+BC&=AB+\overline{A}C+(A+\overline{A})BC\\&=AB+\overline{A}C+ABC+\overline{A}BC=AB+\overline{A}C\end{aligned}$$

添加公式的文字表述为：在一个逻辑表达式中有三个乘积项，其中两个乘积项分别含有同一个变量的原变量和反变量，这两个乘积项的其余因子刚好组成第三个乘积项，则第三个乘积项是多余的，可以消去。

添加公式还有下面的推广：

$$AB + \overline{A}C + BCDEF = AB + \overline{A}C \tag{1.25}$$

这个推广可以表述为：在一个逻辑表达式中有三个乘积项，其中两个乘积项分别含有同一个变量的原变量和反变量，这两个乘积项的其余因子都是第三个乘积项中的因子，则第三个乘积项可以消去。

思考题

1. 如何理解逻辑代数的几个定理？它们在逻辑代数的基本理论体系中起什么作用？
2. 为什么说逻辑表达式都可以用真值表证明？

1.5 逻辑表达式的代数化简法

如果逻辑表达式简单，实现它的电路也简单，那么电路工作也将稳定可靠。因此，设计时通常需要对逻辑表达式进行化简。

化简逻辑表达式经常用到的方法有两种：一种是代数化简法，另一种是卡诺图化简法。本节介绍逻辑表达式的代数化简法。

1.5.1 化简的标准和依据

逻辑表达式的代数化简法就是利用逻辑代数的定理、定律和公式化简逻辑表达式的方法，又称为公式化简法。

1. 化简的标准

逻辑表达式有多种不同的形式，其中使用最多、最容易得到的表达式的形式是与或式，因此这里只以与或式为对象，最简与或式的标准是：

（1）逻辑表达式中包含的与项最少；

（2）每个与项包含的变量个数最少。

如果用与门和或门组成逻辑电路，逻辑表达式中的与项最少，表明实现电路所用的与门个数最少；每个与项包含的变量个数最少，说明电路中门的输入端最少，逻辑电路必然最简单。

2. 代数化简法的依据

用代数法化简逻辑表达式最常用的公式有以下5个。

（1）合并公式：$AB + A\overline{B} = A$。

（2）吸收公式：$A + AB = A$。

（3）消去公式：$A+\overline{A}B=A+B$。

（4）添加公式：$AB+\overline{A}C+BC=AB+\overline{A}C$。

（5）摩根定理：$\overline{A\cdot B}=\overline{A}+\overline{B}$；$\overline{A+B}=\overline{A}\cdot\overline{B}$。

1.5.2　化简的基本方法

代数化简法就是运用逻辑代数的基本公式、定理和规则来化简逻辑表达式的一种方法。常用的化简方法有以下 4 种。

（1）并项法。并项法就是运用公式 $A+\overline{A}=1$，将两项合并为一项，消去一个变量。如

$$Y=AB\overline{C}+ABC=AB(\overline{C}+C)=AB$$

$$Y=A(BC+\overline{B}\,\overline{C})+A(B\overline{C}+\overline{B}C)=ABC+A\overline{B}\,\overline{C}+AB\overline{C}+A\overline{B}C=AB(C+\overline{C})+A\overline{B}(C+\overline{C})$$
$$=AB+A\overline{B}=A(B+\overline{B})=A$$

（2）吸收法。吸收法就是运用吸收公式 $A+AB=A$ 消去多余的与项。如

$$Y=A\overline{B}+A\overline{B}(C+DE)=A\overline{B}$$

（3）消去法。消去法就是运用消去公式 $A+\overline{A}B=A+B$ 消去多余的因子。如

$$Y=AB+\overline{A}C+\overline{B}C=AB+(\overline{A}+\overline{B})C=AB+\overline{AB}C=AB+C$$

$$Y=\overline{A}+AB+\overline{B}E=\overline{A}+B+\overline{B}E=\overline{A}+B+E$$

（4）配项法。配项法就是先通过乘以 $A+\overline{A}$（$=1$）或加上 $A\overline{A}$（$=0$），增加必要的乘积项，再用以上方法化简。如

$$Y=AB+\overline{A}C+BCD=AB+\overline{A}C+BCD(A+\overline{A})=AB+\overline{A}C+ABCD+\overline{A}BCD=AB+\overline{A}C$$

$$Y=AB\overline{C}+\overline{ABC}\cdot\overline{AB}=AB\overline{C}+\overline{ABC}\cdot\overline{AB}+AB\cdot\overline{AB}=AB(\overline{C}+\overline{AB})+\overline{ABC}\cdot\overline{AB}$$
$$=AB\cdot\overline{ABC}+\overline{ABC}\cdot\overline{AB}=\overline{ABC}(AB+\overline{AB})=\overline{ABC}$$

在化简逻辑表达式时，要灵活运用上述方法，才能将逻辑表达式化为最简。

【例 1.17】　化简逻辑表达式 $Y=A\overline{B}+A\overline{C}+A\overline{D}+ABCD$。

解：$Y=A(\overline{B}+\overline{C}+\overline{D})+ABCD=A\overline{BCD}+ABCD=A(\overline{BCD}+BCD)=A$

【例 1.18】　化简逻辑表达式 $Y=AD+A\overline{D}+AB+\overline{A}C+BD+A\overline{B}EF+\overline{B}EF$。

解：$Y=A+AB+\overline{A}C+BD+A\overline{B}EF+\overline{B}EF$（利用 $A+\overline{A}=1$）

$=A+\overline{A}C+BD+\overline{B}EF$（利用 $A+AB=A$）

$=A+C+BD+\overline{B}EF$（利用 $A+\overline{A}B=A+B$）

【例 1.19】　化简逻辑表达式 $Y=AB+A\overline{C}+\overline{B}C+\overline{C}B+\overline{B}D+\overline{D}B+ADE(F+G)$。

解：$Y=A\overline{\overline{B}C}+\overline{B}C+\overline{C}B+\overline{B}D+\overline{D}B+ADE(F+G)$　　（利用反演规则）

$=A+\overline{B}C+\overline{C}B+\overline{B}D+\overline{D}B+ADE(F+G)$　　（利用 $A+\overline{A}B=A+B$）

$=A+\overline{B}C+\overline{C}B+\overline{B}D+\overline{D}B$　　（利用 $A+AB=A$）

$$=A+\overline{B}C(D+\overline{D})+\overline{C}B+\overline{B}D+\overline{D}B(C+\overline{C})\quad（配项法）$$

$$=A+\overline{B}CD+\overline{B}C\overline{D}+\overline{C}B+\overline{B}D+\overline{D}BC+\overline{D}B\overline{C}$$

$$=A+\overline{B}C\overline{D}+\overline{C}B+\overline{B}D+\overline{D}BC\quad（利用 A+AB=A）$$

$$=A+C\overline{D}(\overline{B}+B)+\overline{C}B+\overline{B}D$$

$$=A+C\overline{D}+\overline{C}B+\overline{B}D\quad（利用 A+\overline{A}=1）$$

【例 1.20】 化简逻辑表达式 $Y=A\overline{B}+B\overline{C}+\overline{B}C+\overline{A}B$。

解法 1： $Y=A\overline{B}+B\overline{C}+\overline{B}C+\overline{A}B+A\overline{C}$ （增加冗余项 $A\overline{C}$）

$=A\overline{B}+\overline{B}C+\overline{A}B+A\overline{C}$ （消去 1 个冗余项 $B\overline{C}$）

$=\overline{B}C+\overline{A}B+A\overline{C}$ （再消去 1 个冗余项 $A\overline{B}$）

解法 2： $Y=A\overline{B}+B\overline{C}+\overline{B}C+\overline{A}B+\overline{A}C$ （增加冗余项 $\overline{A}C$）

$=A\overline{B}+B\overline{C}+\overline{A}B+A\overline{C}$ （消去 1 个冗余项 $\overline{B}C$）

$=A\overline{B}+B\overline{C}+A\overline{C}$ （再消去 1 个冗余项 $\overline{A}B$）

由上例可知，逻辑表达式的化简结果不是唯一的。代数化简法的优点是不受变量数目的限制。缺点是没有固定的步骤可循；需要熟练运用各种公式和定理；需要一定的技巧和经验；有时很难判定化简结果是否最简。因此，代数化简法一般适用于逻辑表达式较为简单的情况。当逻辑表达式较为复杂时，往往采用比较方便且有规律的卡诺图化简法。

思考题

1. 常见的逻辑表达式有几种形式？
2. 变换逻辑表达式有什么实际意义？
3. 逻辑表达式的代数化简法有哪几种？

1.6 逻辑表达式的卡诺图化简法

卡诺图化简法是将逻辑表达式用卡诺图来表示，在卡诺图上进行化简的方法。卡诺图化简法简便、直观，是逻辑表达式化简的一种常用方法。

逻辑表达式的一个最小项用一个方格表示，将所有的方格组成阵列图，方格之间具有几何相邻性和逻辑相邻性，这样的方格图通常称为卡诺图。

1.6.1 逻辑表达式的标准与或表达式

1. 最小项

对于有 n 个变量的逻辑表达式，如果有一个含有 n 个因子的乘积项，在该乘积项中每一个变量以原变量或反变量的形式出现，且仅出现一次，那么这个乘积项称为最小项。n 个变量的逻辑表达式有 2^n 个最小项。例如二变量逻辑表达式共有 4 个最小项：$\overline{A}\,\overline{B}$、$\overline{A}B$、$A\overline{B}$、$AB$。

2. 最小项编号

最小项用小写字母 m 表示，不同的最小项用下标区分，下标值叫作最小项的编号。最小项编号的方法是：把最小项为 1 时各变量取值组合成二进制码，该二进制码对应的十进制数就是该最小项的编号，用 m_i 表示。以三变量 A、B、C 为例，全部最小项和最小项编号如表 1.20 所示。

表 1.20　三变量逻辑表达式最小项编号

$\overline{A}\,\overline{B}\,\overline{C}$	$\overline{A}\,\overline{B}C$	$\overline{A}B\overline{C}$	$\overline{A}BC$	$A\overline{B}\,\overline{C}$	$A\overline{B}C$	$AB\overline{C}$	ABC
000	001	010	011	100	101	110	111
第 0 项	第 1 项	第 2 项	第 3 项	第 4 项	第 5 项	第 6 项	第 7 项
m_0	m_1	m_2	m_3	m_4	m_5	m_6	m_7

3. 最小项的性质

（1）每个最小项仅有一组变量的取值会使它的值为“1”，而其他变量取值都使它的值为“0”。例如：最小项 $\overline{A}B\overline{C}$，只有 $A=0$，$B=1$，$C=0$ 时，最小项的值才为 1。

（2）任意两个不同的最小项的乘积恒为“0”。

（3）全部最小项之和恒为“1”。

4. 标准与或表达式

用最小项之和的形式表示的逻辑表达式称为标准与或表达式。在标准与或表达式中，常用最小项的编号来表示最小项。例如三变量标准与或表达式 $Y=\overline{A}BC+A\overline{B}C+AB\overline{C}+ABC$，通常写成

$$Y(A, B, C)=m_3+m_5+m_6+m_7 \text{ 或 } Y=\sum_m(3, 5, 6, 7)$$

将一般与或表达式转换为标准与或表达式的方法为添加因子法，即利用自等律 $A\cdot 1=A$ 和互补律 $A+\overline{A}=1$，将与或表达式中各乘积项中缺少的因子补齐。

【例 1.21】　将 $Y(A, B, C)=A+B\overline{C}$ 转换为标准与或表达式。

解：

$$\begin{aligned}Y(A, B, C)&=A+B\overline{C}=A(B+\overline{B})(C+\overline{C})+(A+\overline{A})\overline{B}C\\&=ABC+AB\overline{C}+A\overline{B}C+A\overline{B}\,\overline{C}+A\overline{B}C+\overline{A}\,\overline{B}C\\&=ABC+AB\overline{C}+A\overline{B}C+A\overline{B}\,\overline{C}+\overline{A}\,\overline{B}C\\&=m_7+m_6+m_5+m_4+m_1\\&=\sum_m(1, 4, 5, 6, 7)\end{aligned}$$

1.6.2 用卡诺图表示逻辑表达式

1. 卡诺图的构成

两个变量 A、B 有 4 个最小项，每个最小项用 1 个小方块表示，4 个小方块构成的阵列图形称为二变量卡诺图，如图 1.6（a）所示。三变量的卡诺图如图 1.6（b）所示；四变量的卡诺图如图 1.6（c）所示；五变量的卡诺图如图 1.6（d）所示。

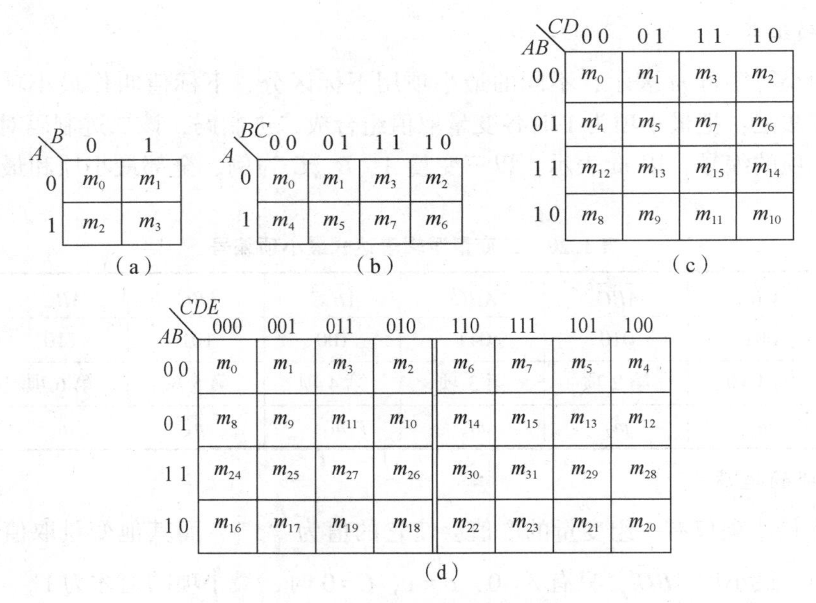

图 1.6　卡诺图的构成

(a) 二变量卡诺图；(b) 三变量卡诺图；(c) 四变量卡诺图；(d) 五变量卡诺图

2. 卡诺图的特点

(1) 卡诺图由 2^n 个小方块组成，n 为变量数。例如，三变量卡诺图由 8 个小方块组成；四变量卡诺图由 16 个小方块组成。2^n 个小方块排列成阵列形式，即 2 行 2 列，或 2 行 4 列，或 4 行 4 列等。

(2) 变量的取值不是按二进制数的顺序排列，而是按循环码排列，这样能够保证在几何位置上相邻的小方块在逻辑上也是具有相邻性的最小项。

所谓相邻的最小项是指两个最小项仅有一个因子不同，其余因子都相同，这样的两个最小项称为相邻项。例如最小项 $A\overline{B}C\overline{D}$ 和 $ABC\overline{D}$，在第 1 个最小项中有因子 $\overline{B}$，在第 2 个最小项中有因子 B，仅有一个因子不同，其他都相同，这两个最小项为相邻项。

以三变量卡诺图为例，变量 BC 的取值不是按顺序 00、01、10、11 排列，而是按循环码 00、01、11、10 排列，这样使最小项 m_1、m_3 不仅在几何位置上相邻，而且在逻辑上也为相邻项，$m_1 = \overline{A}\,\overline{B}C$，$m_3 = \overline{A}BC$，它们仅有一个因子不同，其余因子都相同，为相邻项。

(3) 卡诺图是一个上下、左右闭合的图形，即不但紧挨着的方块是相邻的，而且上下、左右相对应的方块以及四个顶角的方块也是相邻的。

以四变量卡诺图为例，卡诺图第一行与第四行对应的方块是相邻的，即 m_0 与 m_8、m_1 与 m_9、m_3 与 m_{11}、m_2 与 m_{10} 是相邻项；卡诺图第一列与第四列对应的方块是相邻的，即 m_0 与 m_2、m_4 与 m_6、m_{12} 与 m_{14}、m_8 与 m_{10} 是相邻项。

卡诺图的主要缺点是随着变量数目的增加，图形迅速复杂化，当逻辑变量在 5 个以上时，很少使用卡诺图。

3. 用卡诺图表示逻辑表达式

画逻辑表达式卡诺图的方法很多，可以根据逻辑表达式的真值表画卡诺图，也可以根据逻辑表达式的标准与或表达式画卡诺图，还可以由逻辑表达式的一般与或表达式直接画卡诺图。

1）根据真值表画卡诺图

由真值表画卡诺图的方法是：将真值表中各最小项的 0 或 1 的值，填写在卡诺图中相对应的小方块中，就画出了该逻辑表达式的卡诺图。

例如，有一个三变量逻辑表达式的真值表如表 1.21 所示。

表 1.21　三变量逻辑表达式真值表

A	B	C	Y	A	B	C	Y
0	0	0	0	1	0	0	1
0	0	1	1	1	0	1	0
0	1	0	1	1	1	0	0
0	1	1	0	1	1	1	1

由真值表可知，最小项 m_0、m_3、m_5、m_6 为 0，m_1、m_2、m_4、m_7 为 1，填入卡诺图中，得到该逻辑表达式的卡诺图如图 1.7 所示。一般在画卡诺图时，只填入为 1 的最小项，可以不用填入为 0 的最小项，显然卡诺图中空的小方块是为 0 的最小项。

2）根据标准与或表达式画卡诺图

首先将逻辑表达式变换为标准与或表达式；然后将标准与或表达式中的各最小项填入卡诺图对应的小方块中，标记为 1，即画出了逻辑表达式的卡诺图。

【例 1.22】　画出逻辑表达式 $Y(A, B, C) = \sum_m (3, 5, 6, 7)$ 的卡诺图。

解： 由逻辑表达式的标准与或表达式可知，该逻辑表达式是三变量的，为 1 的最小项有 m_3、m_5、m_6、m_7，填入卡诺图中，如图 1.8 所示。

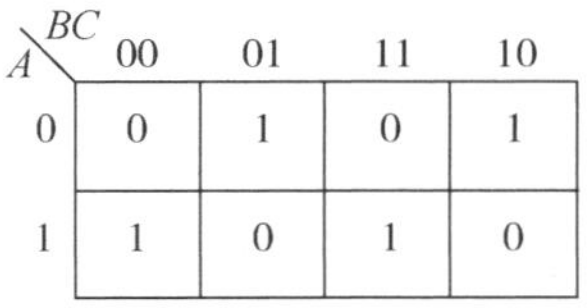

A \ BC	00	01	11	10
0	0	1	0	1
1	1	0	1	0

图 1.7　与表 1.21 对应的卡诺图

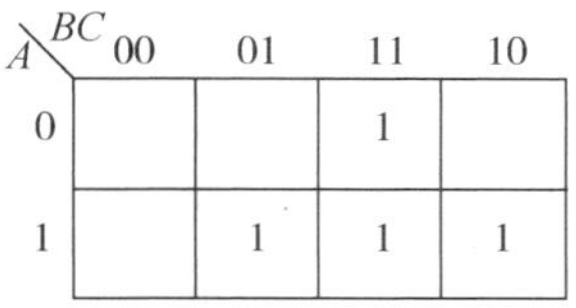

A \ BC	00	01	11	10
0			1	
1		1	1	1

图 1.8　例 1.22 卡诺图

3）由逻辑表达式画卡诺图

以上两种画卡诺图的方法不是有局限性，就是太烦琐。更普遍的情况是很容易得到逻辑表达式的一般与或表达式，完全可以不必变换成标准与或表达式，直接应用表达式画卡诺图。

逻辑表达式的一般与或表达式由若干个乘积项组成，关键是找到每个乘积项在卡诺图中对应的位置。方法是确定乘积项在卡诺图中的行和列，行和列交会点为乘积项对应的小方块，将这些方块标记为 1。

【例 1.23】　画出逻辑表达式 $Y = A\overline{B}C + \overline{A}D + BCD + A\overline{C}$ 的卡诺图。

解： 表达式第一个乘积项为 $A\overline{B}C$，乘积项等于 1 的变量取值为 101，即原变量取 1，反变量取 0。$AB = 10$，对应卡诺图第 4 行，$C = 1$，对应卡诺图第 3、4 列，行和列交会点为 m_{10}、m_{11} 两个方块，标记为 1。

第二个乘积项为 $\overline{A}D$，变量取值为 01，$A = 0$，对应第 1、2 行，$D = 1$，对应第 2、3 列，行和列交会点为 m_1、m_3、m_5、m_7 四个方块，标记为 1。

第三个乘积项为 BCD，变量取值为111，$B=1$，对应第2、3行，$CD=11$，对应第3列，行和列交会点为 m_7、m_{15} 两个方块，标记为1。

第四个乘积项为 $A\overline{C}$，变量取值为10，$A=1$，对应第3、4行，$C=0$，对应第1、2列，行和列交会点为 m_8、m_9、m_{12}、m_{13} 四个方块，标记为1。

画出的逻辑表达式卡诺图如图1.9所示。

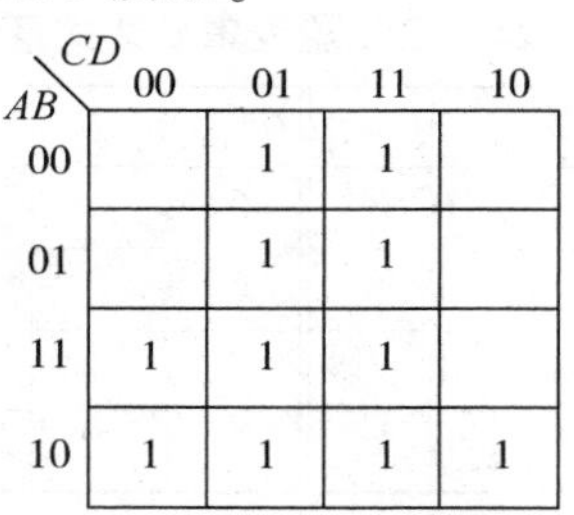

图1.9　例1.23卡诺图

1.6.3　逻辑表达式的卡诺图化简法

卡诺图化简法是将逻辑表达式用卡诺图来表示，在卡诺图上进行化简的方法。卡诺图化简法简便、直观，是逻辑表达式化简的一种常用方法。

1）卡诺图化简逻辑表达式的原理

我们知道，在卡诺图中凡是几何相邻的最小项均为逻辑相邻项。多个逻辑相邻项之间可以进行合并，在合并时可以消去取值不同的变量，留下取值相同的变量。

（1）2个相邻的最小项结合（用一个包围圈表示），可以消去1个取值不同的变量而合并为1项，如图1.10所示。

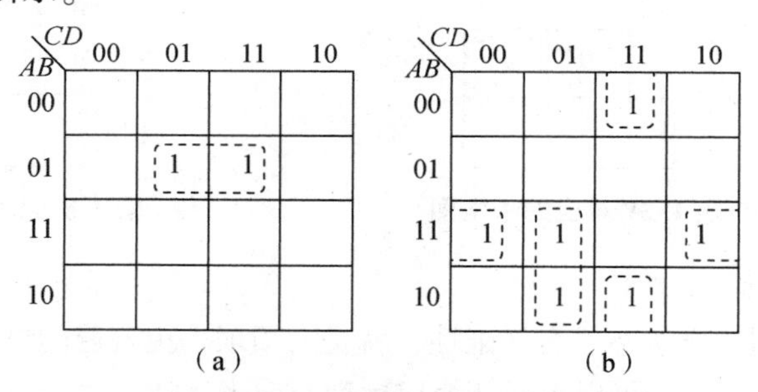

图1.10　2个相邻项合并的卡诺图

（2）4个相邻的最小项结合（用一个包围圈表示），可以消去2个取值不同的变量而合并为1项，如图1.11所示。

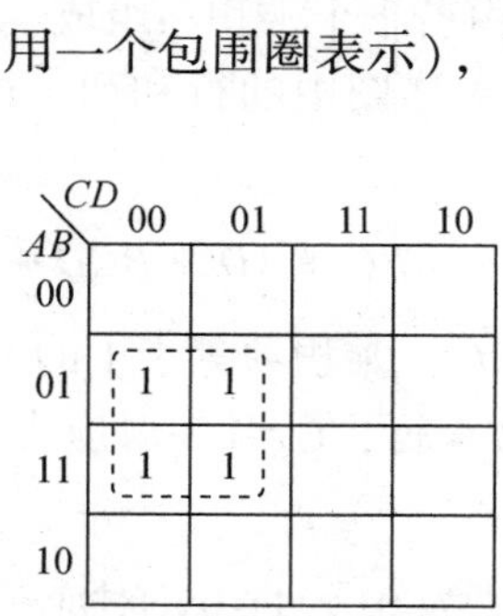

AB \ CD	00	01	11	10
00				
01	1	1		
11	1	1		
10				

图1.11　4个相邻项合并的卡诺图

4 个相邻项合并有 6 种不同的合并形式，另外 5 种合并形式如图 1.12（a）、（b）所示。

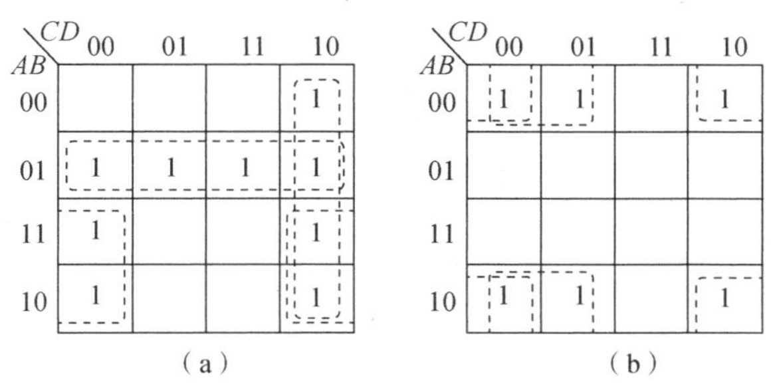

图 1.12　4 个相邻项合并的 5 种合并形式

（3）8 个相邻的最小项结合（用一个包围圈表示），可以消去 3 个取值不同的变量而合并为 1 项，如图 1.13（a）、（b）所示。

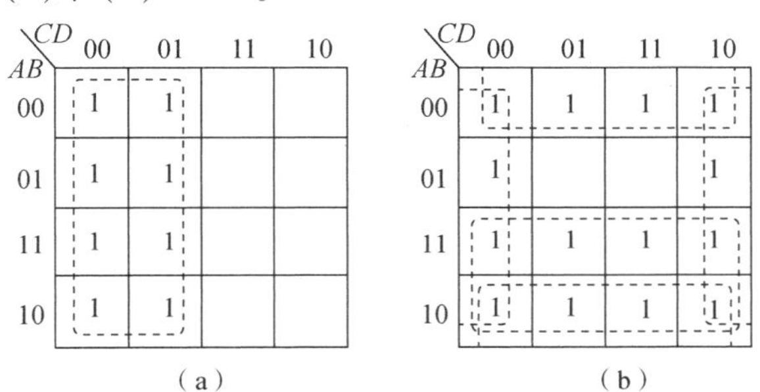

图 1.13　8 个相邻项合并的卡诺图

2）合并最小项的原则

由上述性质可知，2^n 个相邻的最小项结合，可以消去 n 个取值不同的变量而合并为 1 项。由这些相邻的最小项所形成的圈越大，消去的变量也就越多，从而所得到的逻辑表达式就越简单。因此，应用卡诺图化简逻辑表达式，应遵循以下原则。

（1）圈要尽可能大，这样消去的变量就多。但每个圈内只能含有 2^n 个相邻项（$n=0$，1，2，3，…）。要特别注意对边相邻性和四角相邻性。

（2）圈的个数尽量少，这样化简后的逻辑表达式的与项就少。

（3）卡诺图中所有取值为 1 的方格均要被圈过，即不能漏下取值为 1 的最小项。

（4）取值为 1 的方格可以被重复圈在不同的包围圈中，但在新画的包围圈中至少要含有 1 个未被圈过的取值为 1 的方格，否则该包围圈是多余的。

3）用卡诺图化简逻辑表达式的步骤

用卡诺图化简逻辑表达式的表骤如下。

（1）将逻辑表达式正确地用卡诺图表示出来。

（2）合并相邻的最小项，即根据前述原则画圈。

（3）写出化简后的逻辑表达式，每一个圈写一个最简与项，规则是：取值为 1 的变量用原变量表示，取值为 0 的变量用反变量表示，将这些变量相与；然后将所有的与项进行逻辑加，即得最简与或表达式。

【例 1.24】　用卡诺图化简逻辑表达式：$Y(A, B, C, D)=\sum_{m}(0, 2, 3, 4, 6, 7,$

10，11，13，14，15）。

解：由表达式画出的卡诺图如图 1.14 所示。画圈合并最小项，得最简与或表达式为

$$Y = C + \overline{A}\,\overline{D} + ABD$$

注意：图 1.14 中的包围圈 $\overline{A}\,\overline{D}$ 是利用了对边相邻性。

【例 1.25】 用卡诺图化简逻辑表达式：$Y = AD + A\overline{B}\,\overline{D} + \overline{A}\,\overline{B}\,\overline{C}\,\overline{D} + \overline{A}\,\overline{B}\,CD$。

解：（1）由表达式画出卡诺图如图 1.15 所示。

（2）画包围圈合并最小项，得最简的与或表达式为

$$Y = AD + \overline{B}\,\overline{D}$$

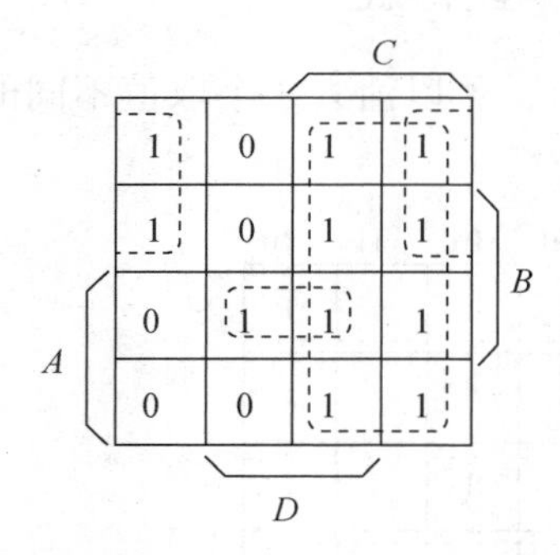

图 1.14　例 1.24 卡诺图

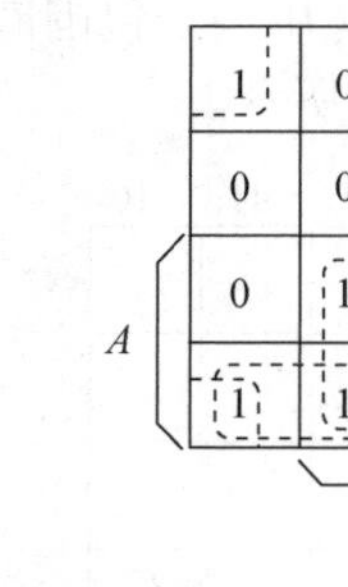

图 1.15　例 1.25 卡诺图

注意：图 1.15 中的虚线圈是多余的，应去掉；图中的包围圈 $\overline{B}\,\overline{D}$ 是利用了四角相邻性。

【例 1.26】 用卡诺图化简逻辑表达式 $Y = \overline{A}\,B\overline{C} + AB\overline{C} + ABC + \overline{B}\,C\overline{D} + A\overline{B}C$。

解：（1）画逻辑表达式的卡诺图。

（2）合并最小项，如图 1.16（a）所示。

（3）检查合并最小项的圈是否有效。检查发现合并最小项的 4 个圈中，只有 3 个有效，卡诺图中第三行 4 个相邻项的圈无效，此圈中没有其他圈中没有的最小项。将无效的圈去掉，正确合并最小项如图 1.16（b）所示。

（4）确定合并的最小项结果的乘积项，把各乘积项写成和的形式。逻辑表达式化简结果为

$$Y = AC + B\overline{C} + \overline{B}C\overline{D}$$

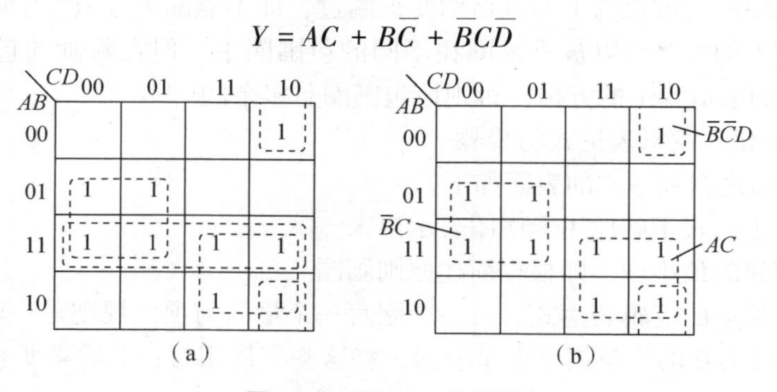

图 1.16　例 1.26 卡诺图

（a）错误合并最小项；（b）正确合并最小项

【例 1.27】　用卡诺图化简逻辑表达式 $Y=\bar{A}\bar{B}C+AD+B\bar{D}+C\bar{D}+A\bar{C}+\bar{A}\bar{D}$。

解：（1）画逻辑表达式的卡诺图。

（2）合并最小项，如图 1.17（a）所示。

（3）逻辑表达式化简结果为

$$Y=A+\bar{B}C+\bar{D}$$

用卡诺图化简逻辑表达式时，可以对为 1 的最小项合并，也可以对为 0 的最小项合并。它们的区别为：前者得到的是逻辑表达式的化简结果，后者得到的是逻辑表达式的反函数的化简结果。

下面把例 1.27 中的逻辑表达式，对为 0 的最小项合并化简，如图 1.17（b）所示。化简结果为

$$\bar{Y}=\bar{A}\bar{C}D+\bar{A}BD$$

$$Y=\overline{\bar{A}\bar{C}D+\bar{A}BD}=\overline{\bar{A}\bar{C}D}\cdot\overline{\bar{A}BD}=(A+C+\bar{D})(A+\bar{B}+\bar{D})=A+\bar{B}C+\bar{D}$$

（a）

AB \ CD	00	01	11	10
00	1		1	1
01	1			1
11	1	1	1	1
10	1	1	1	1

（b）

AB \ CD	00	01	11	10
00	1	0	1	1
01	1	0	0	1
11	1	1	1	1
10	1	1	1	1

图 1.17　例 1.27 卡诺图

（a）对为 1 的最小项合并；（b）对为 0 的最小项合并

无论是对为 1 的最小项合并，还是对为 0 的最小项合并，结果相同。因此，用卡诺图化简逻辑表达式时，对为 1 的最小项合并，还是对为 0 的最小项合并都可以，哪个容易就对哪个合并。

【分析】用卡诺图化简逻辑表达式，化简结果是否是唯一的，关键看合并最小项的方案是否唯一。如果只有一种合并最小项的方案，化简结果就是唯一的；如果合并最小项的方案有多种，化简结果就不是唯一的。

首先画出逻辑表达式的卡诺图如图 1.18（a）所示。

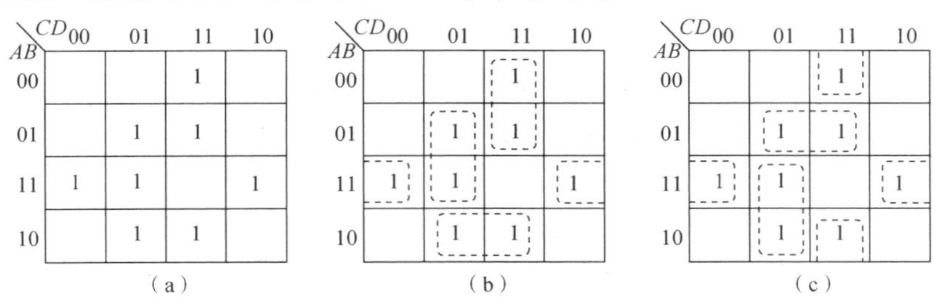

图 1.18　问题分析卡诺图

（a）卡诺图；（b）合并最小项方案一；（c）合并最小项方案二

分析卡诺图发现有两种合并最小项的方案，分别如图 1.18（b）、（c）所示，必然也就存在两种化简结果，分别为

$$Y = AB\overline{D} + \overline{A}CD + B\overline{C}D + A\overline{B}D$$

$$Y = AB\overline{D} + A\overline{C}D + \overline{B}CD + \overline{A}BD$$

由此可见，判断逻辑表达式化简结果是否唯一，用卡诺图很容易确定。

卡诺图化简法简单、直观、不易出错，有一定的步骤和方法可循。只要按照相应的方法就能以最快的速度得到最简结果。但是当变量个数超过 5 个时，进行卡诺图化简就困难了。卡诺图化简法适合少于 5 个变量逻辑表达式的化简。

1.6.4 具有约束条件的逻辑表达式的化简

前面所讨论的逻辑表达式其函数值是完全确定的，不是逻辑 1 就是逻辑 0。然而在实际的数字系统中，经常会遇到这样一些情况：一是电路输入的变量的某些组合对输出没有影响；二是由于外部条件的限制，输入变量的某些组合不会在电路上出现，或不允许出现。通常把上述第一种情况对应的最小项称为任意项，第二种情况对应的最小项称为约束项，这两种最小项都不会影响系统的逻辑功能，无关紧要，所以统称为无关项。

例如用 8421 码表示一位十进制数 0 ~ 9 时，输入端有 A、B、C、D 四位代码，共有 16 种组合，实际只需要其中 10 种组合 0000 ~ 1001，而 1010、1011、1100、1101、1110、1111 这 6 种组合是多余项，正常情况下，输入端是不会出现这 6 种取值情况的。这些不会出现的变量取值组合所对应的最小项就是无关项。

带有无关项的逻辑表达式的最小项表达式描述为 $Y = \sum\limits_{m}(\quad) + \sum\limits_{d}(\quad)$，其中字母 m 表示最小项，字母 d 表示无关项。也可以用由所有无关项加起来所构成的值为 0 的逻辑表达式表示，称为约束条件。

用 8421 码表示一位十进制数 0 ~ 9，其最小项表达式应为

$$Y = \sum_{m}(0, 1, 2, 3, 4, 5, 6, 7, 8, 9) + \sum_{d}(10, 11, 12, 13, 14, 15)$$

或 $Y = \sum\limits_{m}(0, 1, 2, 3, 4, 5, 6, 7, 8, 9)$

$$\sum_{d}(10, 11, 12, 13, 14, 15) = 0 \text{（约束条件）}$$

在真值表和卡诺图中，无关项所对应的函数值往往用符号“×”表示。在逻辑表达式化简时，无关项的取值可视具体情况取 0 或 1，如果无关项对化简有利，则取 1；如果无关项对化简不利，则取 0。化简具有无关项的逻辑表达式时，要充分利用无关项可以取 0 也可以取 1 的特点，尽量扩大卡诺图中的圈，使逻辑表达式更简。

【例 1.28】 十字路口有交通信号灯，设红、绿、黄灯分别用 A、B、C 来表示；灯亮用 1 表示，灯灭用 0 表示；停车时 $Y=1$，通车时 $Y=0$。写出此问题的逻辑表达式。

解：该问题的逻辑关系可以用表 1.22 所示的真值表来描述，逻辑表达式为

$$\begin{cases} Y = \overline{A}\,\overline{B}C + A\overline{B}\,\overline{C} \\ \overline{A}BC + A\overline{B}C + AB\overline{C} + ABC = 0\text{（约束条件）} \end{cases}$$

因为对应于最小项$\overline{A}\,\overline{B}\,\overline{C}$、$\overline{A}BC$、$A\overline{B}C$、$AB\overline{C}$和$ABC$，不允许有变量取值，所以这 4 个最小项就是该逻辑表达式的无关项。逻辑表达式也可写为：$Y=\sum_{m}(1,\ 4)+\sum_{d}(0,\ 3,\ 5,\ 6,\ 7)$。画出逻辑表达式的卡诺图如图 1.19 所示。

表 1.22　例 1.28 真值表

A	B	C	Y
0	0	0	×
0	0	1	1
0	1	0	0
0	1	1	×
1	0	0	1
1	0	1	×
1	1	0	×
1	1	1	×

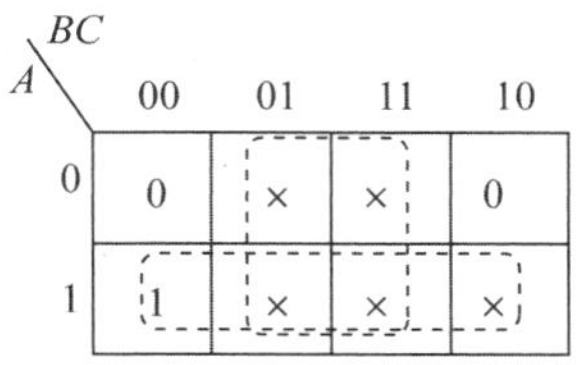

A \ BC	00	01	11	10
0	0	×	×	0
1	1	×	×	×

图 1.19　例 1.28 卡诺图

可以看出，无关项取 1 更利于化简，得 $Y=A+C$。

思考题

指出图 1.20 各个卡诺图中合并最小项的错误。

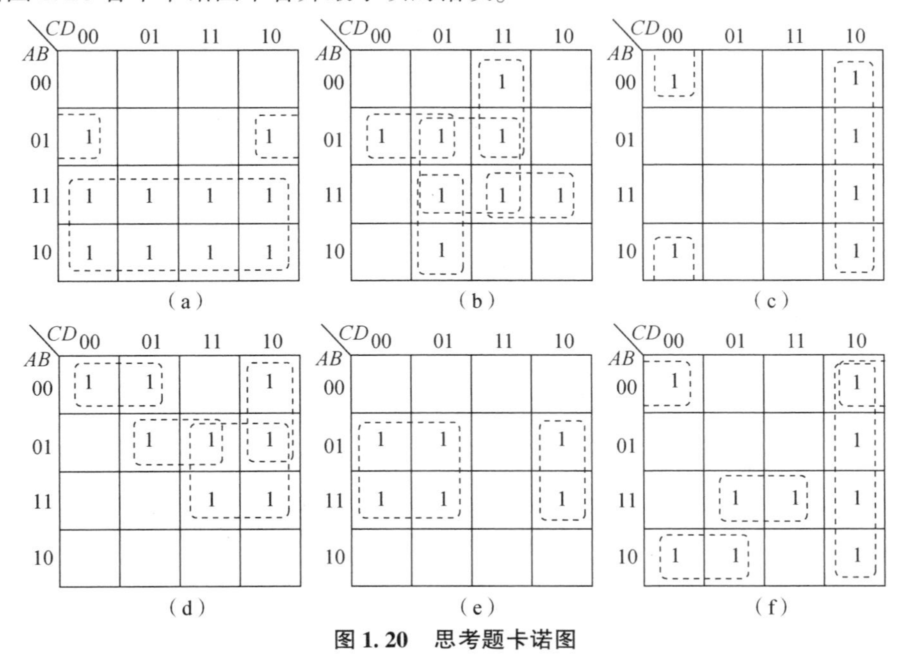

图 1.20　思考题卡诺图

1.7　逻辑表达式的表示方法

在数字系统中，无论逻辑电路是简单还是复杂，逻辑变量是少还是多，输入变量与输出变量之间的因果关系都可以用一个逻辑表达式来描述。逻辑表达式主要有逻辑真值表（简称真值表）、逻辑表达式（简称表达式）、逻辑图以及卡诺图四种表示方法。

1.7.1 逻辑表达式的五种形式

逻辑表达式主要用于逻辑关系的推演、变换和化简。

逻辑表达式有与或式、或与式、与非-与非式、或非-或非式、与或非式五种形式，如表 1.23 所示。

表 1.23 逻辑表达式的五种形式

名称	表达式	适用的门电路
与或式	$Y = AB + \overline{A}C$	与门、或门
或与式	$Y = (\overline{A} + B)(A + C)$	与门、或门
与非-与非式	$Y = \overline{\overline{AB} \cdot \overline{\overline{A}C}}$	与非门
或非-或非式	$Y = \overline{\overline{\overline{A} + B} + \overline{A + C}}$	或非门
与或非式	$Y = \overline{A\overline{B} + \overline{A}\,\overline{C}}$	与或非门

一般情况下，最容易得到逻辑表达式的与或式，如

$$Y = AB + \overline{A}C$$

逻辑表达式的与或式适合用与门和或门组成实现功能的逻辑电路。实现与或式的电路如图 1.21（a）所示，由两个与门和一个或门构成。

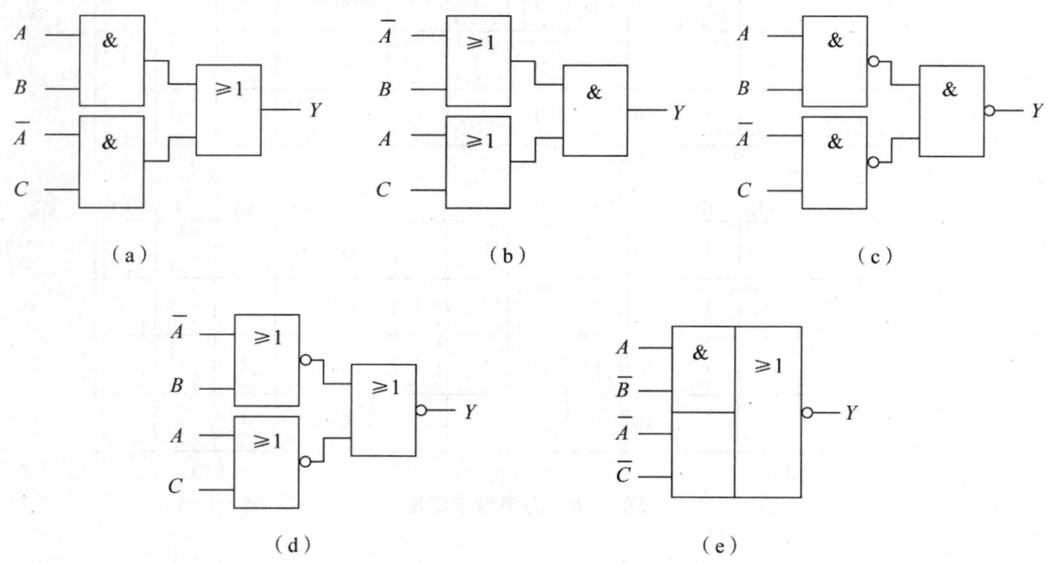

图 1.21 同一逻辑关系的五种表达式

（a）与或式；（b）或与式；（c）与非-与非式；（d）或非-或非式；（e）与或非式

当使用不同的门电路实现逻辑表达式的逻辑功能时，就需要将逻辑表达式变换成与门电

路适合的表达式形式。下面介绍由与或式变换成其他四种表达式形式的方法。

1. 变换为或与式

将与或式转换为或与式的方法是利用添加公式添加合适的乘积项，进行配项，实现变换。

添加公式：$AB + \bar{A}C = AB + \bar{A}C + BC$。则

$$Y = AB + \bar{A}C = AB + \bar{A}C + BC + A\bar{A} = A(\bar{A} + B) + C(\bar{A} + B)$$
$$= (\bar{A} + B)(A + C)$$

实现或与式的电路如图 1.21（b）所示，由两个或门和一个与门构成。

2. 变换为与非–与非式

将与或式变换为与非–与非式的方法是利用摩根定理对与或式二次求反。

摩根定理：$\overline{A + B} = \bar{A} \cdot \bar{B}$。则

$$Y = AB + \bar{A}C = \overline{\overline{AB + \bar{A}C}} = \overline{\overline{AB} \cdot \overline{\bar{A}C}}$$

实现与非–与非式的电路如图 1.21（c）所示，由三个与非门构成。

3. 变换为或非–或非式

将与或式变换为或非–或非式的方法是首先把与或式变换为或与式，然后再利用摩根定理对或与式二次求反。

摩根定理：$\overline{A \cdot B} = \bar{A} + \bar{B}$。则

$$Y = AB + \bar{A}C = (\bar{A} + B)(A + C) = \overline{\overline{(\bar{A} + B)(A + C)}} = \overline{\overline{\bar{A} + B} + \overline{A + C}}$$

实现或非–或非式的电路如图 1.21（d）所示，由三个或非门构成。

4. 变换为与或非式

将与或式变换为与或非式的方法是首先把与或式变换为或与式，然后再利用摩根定理对或与式二次求反得到或非–或非式，最后再次利用摩根定理把或非式变换为与或非式。

$$Y = AB + \bar{A}C = (\bar{A} + B)(A + C) = \overline{\overline{(\bar{A} + B)(A + C)}} = \overline{\overline{\bar{A} + B} + \overline{A + C}} = \overline{A\bar{B} + \bar{A}\,\bar{C}}$$

实现与或非式的电路如图 1.21（e）所示，由一个与或非门构成。

1.7.2　逻辑表达式表示方法之间的相互转换

为了更好地描述同一逻辑表达式的各种表示方法，我们举例说明：当三个输入变量 A、B、C 中有两个或两个以上为 1 时，输出 Y 为 1，否则为 0。对应这一逻辑关系有以下表示方法。

1. 真值表表示法

真值表是将输入变量（设有 n 个）的各种可能取值组合（2^n）与相应的函数值（输出变量）排列在一起组成的表格。一个确定的逻辑表达式只有一个真值表，即真值表具有唯一性。为避免遗漏，各变量的取值组合应按照二进制递增的次序排列。根据

逻辑命题，可得到如表 1. 24 所示的真值表。

表 1. 24　三变量判断真值表

输入变量			输出变量
A	B	C	Y
0	0	0	0
0	0	1	0
0	1	0	0
0	1	1	1
1	0	0	0
1	0	1	1
1	1	0	1
1	1	1	1

从表 1. 24 可以看出，把一个实际的逻辑问题抽象成一个逻辑表达式时，使用真值表是最方便的。它能够直观、明了地反映输入变量取值和函数值的对应关系。且当输入变量取值确定后，即可在真值表中查出相应的函数值。

2. *表达式表示法*

逻辑表达式是由逻辑变量和“与”“或”“非”三种运算符组合构成的。用它表示逻辑表达式，形式简洁，书写方便，便于推演、变换。上述逻辑命题可描述为

$$Y = f_{(A,\ B,\ C)} = AB + BC + AC + ABC$$

上式也可描述为：$Y=f_{(A,B,C)} = AB+BC+AC$ 或 $Y=f_{(A,B,C)} = \overline{\overline{A \cdot B + B \cdot C + A \cdot C}}$ 等。由此可以看出，逻辑表达式可以有多种表示形式，不具有唯一性。

（1）比较常见的表达式形式：

$$Y = AB + BC + AC \qquad \text{与或表达式}$$

$$= \overline{\overline{A \cdot B + B \cdot C + A \cdot C}}$$

$$= \overline{\overline{A \cdot B} \cdot \overline{B \cdot C} \cdot \overline{A \cdot C}} \qquad \text{与非-与非表达式}$$

$$= \overline{(\bar{A} + \bar{B}) \cdot (\bar{B} + \bar{C}) \cdot (\bar{A} + \bar{C})} \qquad \text{或与非表达式}$$

$$\bar{Y} = \overline{AB + BC + AC} \qquad \text{与或非表达式}$$

其中，与或表达式最为常见，与或表达式比较容易和其他形式的表达式进行相互转换。

（2）最小项和最小项表达式。若表达式中每一项都是最小项，则称为最小项表达式。最小项表达式是一种标准的与或表达式。所谓的最小项是指一个标准的乘积项。在 n 变量的逻辑表达式中，如果某个乘积项包含了表达式的全部变量，其中每个变量都以原变量或反变量的形式出现，且仅出现一次，则这个乘积项称为该逻辑表达式的一个标准乘积项。

根据最小项的定义可知：一个变量 A 可组成两个最小项，即 A 、$\bar{A}$ ；两个变量 A、B 可组成 4 个最小项，即 AB 、$A\bar{B}$ 、$\bar{A}B$ 、$\bar{A}\bar{B}$ ；三个变量 A、B、C 可组成 8 个最小项，即 $\bar{A}\bar{B}\bar{C}$、

$\overline{A}\,\overline{B}C$、$\overline{A}B\overline{C}$、$\overline{A}BC$、$A\overline{B}\,\overline{C}$、$A\overline{B}C$、$AB\overline{C}$、$ABC$。一般地，$n$ 个变量可以组成 2^n 个最小项。

3. 逻辑图表示法

逻辑图是以逻辑符号及连线表示逻辑关系而构成的图形。逻辑表达式中的每一个表达式都可以用相应的逻辑图来实现。表达式形式不同，逻辑图也就不同，所以逻辑图也不具有唯一性。例如，逻辑表达式 $Y=\overline{\overline{A\cdot B}\cdot\overline{B\cdot C}\cdot\overline{A\cdot C}}$ 的逻辑图如图 1.22 所示。

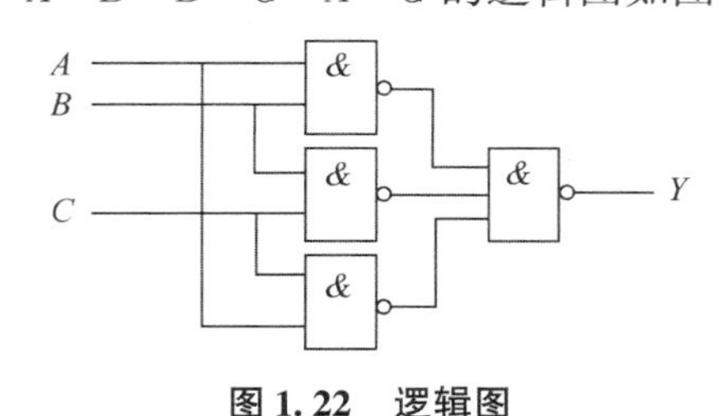

图 1.22　逻辑图

4. 卡诺图表示法

卡诺图是由美国工程师卡诺（Karnaugh）发明的一种图形表示法。真值表用表的形式表示逻辑关系，卡诺图用方格图的形式表示逻辑关系，卡诺图实际上是真值表的一种重新排列。卡诺图中逻辑变量的取值按照格雷码的顺序排列。从卡诺图的构成方法可知，每个方格对应一个最小项。图 1.22 所表示的逻辑表达式的卡诺图如图 1.23 所示。

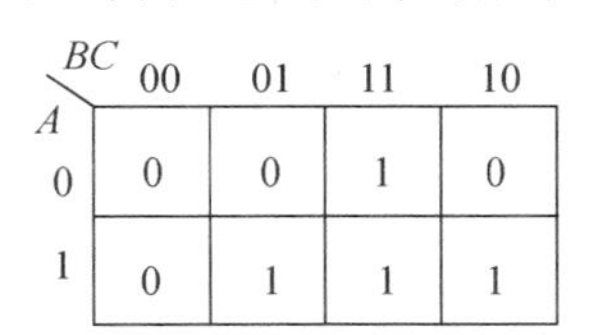

图 1.23　卡诺图

1.7.3　不同表示方法间的相互转换

（1）由真值表转换为逻辑表达式。方法为：在真值表中依次找出输出值等于 1 的变量组合，取值为 1 的写成原变量，取值为 0 的写成反变量，把组合中各个变量相乘，得到一个乘积项；然后，把这些乘积项相加，这样得到的逻辑表达式是标准与或逻辑式。以表 1.25 所示的真值表为例，由真值表可知，有 3 个 $Y=1$ 的项，变量组合分别为 $A\overline{B}C$、$AB\overline{C}$、ABC，逻辑表达式为

$$Y = A\overline{B}C + AB\overline{C} + ABC$$

表 1.25　真值表

输入变量			输出变量
A	B	C	Y
0	0	0	0
0	0	1	0

续表

输入变量			输出变量
0	1	0	0
0	1	1	0
1	0	0	0
1	0	1	1
1	1	0	1
1	1	1	1

（2）由逻辑表达式转换为真值表。方法为：画出真值表的表格，将变量及变量的所有取值组合按照二进制递增的次序列入表格左边，然后按照逻辑表达式，依次对变量的各种取值组合进行运算，求出相应的函数值，填入表格右边对应的位置，即得真值表；或者，找出使输出为 1 的各变量的取值组合。

（3）从真值表转换为卡诺图。方法为：卡诺图中的每一个小方格都对应一组变量取值，只要按真值表的取值对应填好即可。

（4）从逻辑表达式转换为卡诺图。方法为：如果给定逻辑表达式为最小项表达式，则只要将逻辑表达式中出现的最小项在卡诺图对应的小方格中填入 1，没出现的最小项在卡诺图对应的小方格中填入 0。

如果逻辑表达式不是最小项表达式，而是“与或表达式”，则可将其先化成最小项表达式，再填入卡诺图。也可直接填入，直接填入的具体方法是：分别找出每一个与项所包含的所有小方格，全部填入 1。

逻辑表达式的表示方法各有特点，但本质相同，可以相互转换。尤其是真值表与表达式之间的转换，以及表达式与逻辑图之间的转换，在逻辑电路的分析和设计中经常用到，必须熟练掌握。

本章小结

1. 数字信号通常用数码来表示。数码通过数制来表示数值的大小；通过码制表示不同的事物或事物的不同状态。和模拟集成电路相比，数字集成电路的主要优点是：工作稳定可靠，抗干扰能力强，集成度高，产品系列多，通用性强，便于保存和加密等。

2. 数字电路中使用二进制数、八进制数和十六进制数，以及表示各种信息的二进制代码。数字电路与外界交换信息时，产生了十进制数与二进制数之间的转换。因此，要熟悉几种数制转换的方法和法则，以及广泛使用的 8421 码。

3. 与、或、非是三种基本的逻辑运算，与非、或非、与或非、异或以及同或是由三种基本逻辑运算组合而成的五种常用的逻辑运算。要理解和掌握表示它们逻辑运算关系的真值表、逻辑表达式，以及逻辑门电路的符号。

4. 逻辑代数的公式、定律、定理和规则是推演、变换和化简逻辑表达式的依据，因此要熟悉公式结构特点，理解公式的含义，掌握公式的应用。

5. 逻辑表达式的代数化简法和卡诺图化简法是本章的重点，是必须熟练掌握的内容。

代数化简法不受逻辑表达式变量数以及类型的限制，但是没有一定的化简步骤可遵循，通常基本的化简方法有并项法、吸收法、消去法和配项法，需要对这些方法灵活使用和运用一定的技巧。相比之下，卡诺图化简法更容易掌握。首先，卡诺图化简法简单、直观，化简过程中的一些结果靠认真观察即可得出；其次，化简过程有明确具体的步骤，只要按照步骤操作，就能得到化简结果。卡诺图化简法要重点熟练掌握。卡诺图化简法适用于少于6个变量的逻辑表达式的化简。

6. 逻辑表达式常用的表示方法有真值表、逻辑表达式、逻辑图、卡诺图等。它们各有特点，但本质相通，可以相互转换。要熟练掌握真值表、卡诺图、逻辑表达式、逻辑图之间的转换，它们是后续多数字电路的分析与设计的基础。

7. 在数字系统中，加法运算是算数运算的基础，其他运算可以通过加法运算来实现。两个二进制数的减法运算是通过两数的补码进行加法运算来完成的，运算结果仍为补码。如运算结果为负，则还需将数值部分再求补码后才能得到原码。

一、填空题

1. 编码为 $(00110100)_{8421BCD}$ 的十进制数为（　　）$_{10}$。

2. 73D 转化为二进制数为（　　）B。

3. 10110011B 转化为十进制数为（　　）D。

4. F4H 转化为十进制数为（　　）D。

5. A6H 转化为二进制数为（　　）B。

6. 十六进制数 $(DA5)_{16}$ 转换成二进制数为（　　）$_2$。

7. 八进制数 $(723)_8$ 转换成二进制数为（　　）$_2$。

8. 将二进制数 $(1011011)_2$ 转换成十进制数为（　　）$_{10}$。

9. 十六进制数 $(2DE)_{16}$ 的转化为二进制数为（　　）$_2$。

10. 37D 转化为二进制数为（　　）B。

11. 逻辑代数中最基本的运算是（　　）。

12. 逻辑表达式 $F=\overline{A}+B+\overline{C}D$ 的反函数 $\overline{F}=$（　　）。

13. 逻辑表达式 $F=A\oplus B$，它的与或表达式为 $F=$（　　）。

14. 欲对100进行二进制编码，则至少需要（　　）位二进制数。

15. “逻辑相邻”是指两个最小项（　　）因子不同，而其余因子相同。

16. 逻辑表达式 $F(A,\ B)=\overline{A\overline{B}+\overline{A}B+\overline{A}\,\overline{B}+AB}=$（　　）。

17. 逻辑表达式 $F(A,\ B,\ C)=(\overline{A}+B+\overline{C})(\overline{A}+B+C)$ 的最简与或式为 $F=$（　　）。

18. 逻辑表达式 $Y=AB\overline{C}+\overline{A}CD+\overline{A}BD$ 的标准与或式是（　　）。

19. 写出题图1.1中的逻辑表达式（　　）。

20. 写出题图1.2中的逻辑表达式（　　）。

题图 1.1　　　　题图 1.2

二、选择题

1. 下列数中，最小数是（　　）。

A. $(26)_{10}$　　B. $(1000)_{8421BCD}$　　C. $(10010)_2$　　D. $(37)_8$

2. 在何种输入情况下，“与非”运算的结果是逻辑 0？（　　）。

A. 全部输入是 0　　B. 任一输入是 0　　C. 仅一输入是 0　　D. 全部输入是 1

3. 下列逻辑表达式中等于 A 的是（　　）。

A. $A+1$　　B. $\bar{A}+A$　　C. $\bar{A}+AB$　　D. $A(A+B)$

4. 与 $A+BC$ 相等的逻辑表达式是（　　）。

A. $A+B$　　B. $A+C$　　C. $(A+B)(A+C)$　　D. $B+C$

5. 逻辑表达式 $F=A\bar{B}+B\bar{D}+A\bar{B}\,\bar{C}+ABC\bar{D}$ 化简后为（　　）。

A. $F=\bar{A}B+\bar{B}C$　　B. $F=A\bar{B}+C\bar{D}$　　C. $F=A\bar{B}+B\bar{D}$　　D. 以上各项都不是

6. 下面逻辑表达式中，不正确的是（　　）。

A. $A\bar{B}+BD+CDE+\bar{A}D=A\bar{B}+D$　　B. $A\bar{B}+B\bar{C}+\bar{A}C=\bar{A}B+\bar{B}C+A\bar{C}$

C. $\overline{A\oplus B}=A\odot B$　　D. $ABCD+\bar{A}\,\bar{B}\,\bar{C}\,\bar{D}=1$

7. 指出四变量 A、B、C、D 的最小项应为（　　）。

A. $AB(C+D)$　　B. $A+\bar{B}+C+D$　　C. $A+B+C+D$　　D. $\bar{A}\,\bar{B}CD$

8. 某逻辑系统中有 A、B、C 三个逻辑变量，则 $Y=A\oplus B$ 中所含最小项的个数是（　　）。

A. 2 个　　B. 3 个　　C. 4 个　　D. 5 个

9. 已知 $F_1=\bar{A}B+\bar{C}D+BD$，$F_2=(B+\bar{C})(\bar{A}B+D)$，它们之间的逻辑关系是（　　）。

A. $F_1=F_2$　　B. $F_1=F_2+1$　　C. $F_1=F_2+AB$　　D. $F_1=F_2\cdot AB$

10. $\overline{AB+\bar{A}C}$ 等于（　　）。

A. $A\bar{B}+\bar{A}C$　　B. $\bar{A}B+A\bar{C}$　　C. $A\bar{B}+\bar{A}\,\bar{C}$　　D. $\bar{A}\,\bar{B}+AC$

11. 已知某门电路的输入及输出波形如题图 1.3 所示，试按正逻辑判断该门是（　　）。

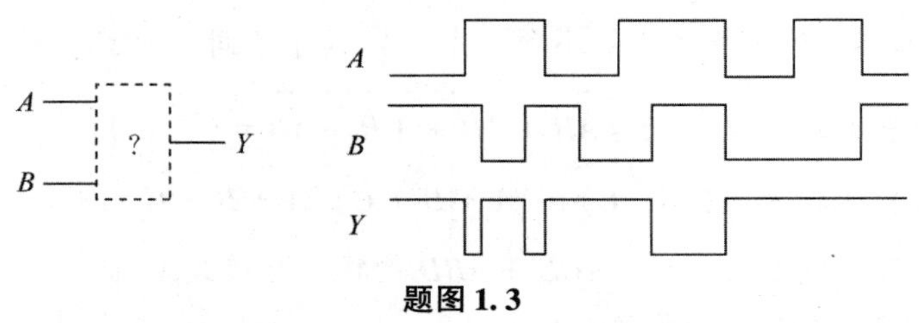

题图 1.3

A. 与门　　B. 或门　　C. 与非门　　D. 或非门

12. 在如下图所示的 4 种门电路中，与反相器不等效的电路是（　　）。

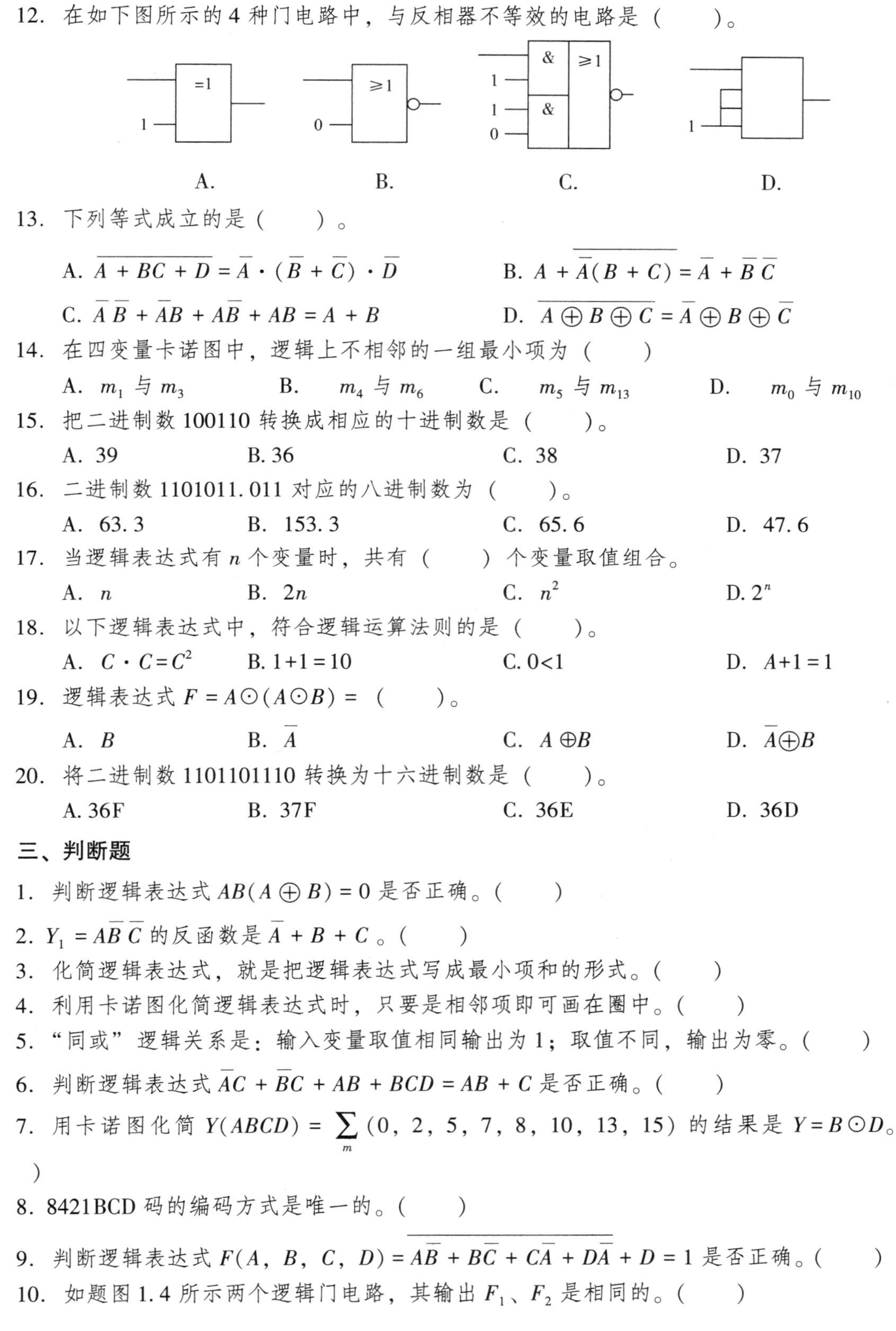

13. 下列等式成立的是（　　）。

A. $\overline{A+BC+D}=\bar{A}\cdot(\bar{B}+\bar{C})\cdot\bar{D}$　　B. $A+\overline{\bar{A}(B+C)}=\bar{A}+\bar{B}\bar{C}$

C. $\bar{A}\bar{B}+\bar{A}B+A\bar{B}+AB=A+B$　　D. $\overline{A\oplus B\oplus C}=\bar{A}\oplus B\oplus\bar{C}$

14. 在四变量卡诺图中，逻辑上不相邻的一组最小项为（　　）

A. m_1 与 m_3　　B. m_4 与 m_6　　C. m_5 与 m_{13}　　D. m_0 与 m_{10}

15. 把二进制数 100110 转换成相应的十进制数是（　　）。

A. 39　　B. 36　　C. 38　　D. 37

16. 二进制数 1101011.011 对应的八进制数为（　　）。

A. 63.3　　B. 153.3　　C. 65.6　　D. 47.6

17. 当逻辑表达式有 n 个变量时，共有（　　）个变量取值组合。

A. n　　B. $2n$　　C. n^2　　D. 2^n

18. 以下逻辑表达式中，符合逻辑运算法则的是（　　）。

A. $C\cdot C=C^2$　　B. $1+1=10$　　C. $0<1$　　D. $A+1=1$

19. 逻辑表达式 $F=A\odot(A\odot B)=$（　　）。

A. B　　B. $\bar{A}$　　C. $A\oplus B$　　D. $\bar{A}\oplus B$

20. 将二进制数 1101101110 转换为十六进制数是（　　）。

A. 36F　　B. 37F　　C. 36E　　D. 36D

三、判断题

1. 判断逻辑表达式 $AB(A\oplus B)=0$ 是否正确。（　　）

2. $Y_1=A\bar{B}\bar{C}$ 的反函数是 $\bar{A}+B+C$。（　　）

3. 化简逻辑表达式，就是把逻辑表达式写成最小项和的形式。（　　）

4. 利用卡诺图化简逻辑表达式时，只要是相邻项即可画在圈中。（　　）

5. "同或"逻辑关系是：输入变量取值相同输出为 1；取值不同，输出为零。（　　）

6. 判断逻辑表达式 $\bar{A}C+\bar{B}C+AB+BCD=AB+C$ 是否正确。（　　）

7. 用卡诺图化简 $Y(ABCD)=\sum_m(0,2,5,7,8,10,13,15)$ 的结果是 $Y=B\odot D$。（　　）

8. 8421BCD 码的编码方式是唯一的。（　　）

9. 判断逻辑表达式 $F(A,B,C,D)=\overline{A\bar{B}+B\bar{C}+C\bar{A}+D\bar{A}}+D=1$ 是否正确。（　　）

10. 如题图 1.4 所示两个逻辑门电路，其输出 F_1、F_2 是相同的。（　　）

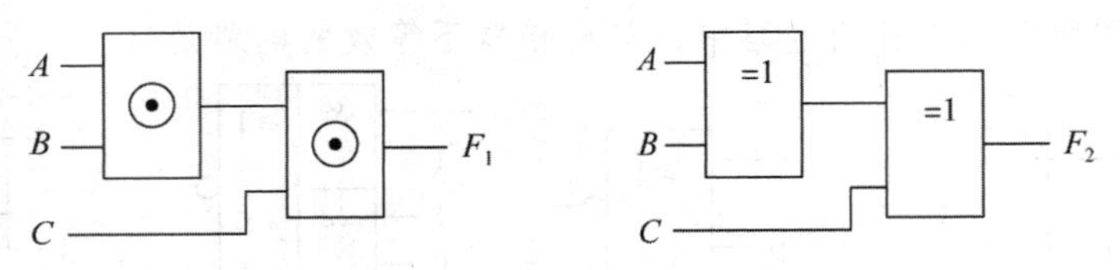

题图 1.4

11. 逻辑变量的取值，1 比 0 大。(　　)

12. 若两个函数具有不同的逻辑表达式，则两个函数必然不相等。(　　)

四、简化与化简

1. 用公式法化简逻辑表达式

(1) $Y = AD + A\bar{D} + AB + \bar{A}C + \bar{C}D + A\bar{B}EF$；

(2) $Y = AB + A\bar{C} + \bar{B}C + \bar{C}B + \bar{B}D + B\bar{D} + ADE + B\bar{D}(C + \bar{C})$；

(3) $Y = ABC + \bar{A} + \bar{B} + \bar{C}$；

(4) $Y = (A \oplus B)C + ABC + \bar{A}\,\bar{B}C$；

(5) $Y = A + ABC + A\bar{B}C + BC + \bar{B}C$；

(6) $Y = A\bar{B} + BD + CDE + \bar{A}D$；

(7) $Y = A + A\bar{B}\,\bar{C} + \bar{A}CD + (\bar{C} + \bar{D})E$；

(8) $Y = \bar{A}(C \oplus D) + B\bar{C}D + AC\bar{D} + A\bar{B}\,\bar{C}D$；

(9) $Y = \bar{D}\overline{(A\bar{B}\,\bar{D} + \bar{A}B\bar{D})}$；

(10) $Y = (\bar{A} + \bar{B} + \bar{C})(\bar{D} + \bar{E})(A + B + C + DE)$；

(11) $Y = A\bar{B} + B\bar{D} + A\bar{B}\,\bar{C} + AB\bar{C}\,\bar{D}$；

(12) $Y = \overline{\bar{A}BC + ABD + BE} + \overline{(DE + A\bar{D})\bar{B}}$；

(13) $Y = \overline{AC + \bar{A}BC + \bar{B}C} + \overline{A\bar{B}C + \bar{A}C + BC}$；

(14) $Y = AC + \bar{B}C + B\bar{D} + C\bar{D} + A(B + \bar{C}) + \bar{A}BC\bar{D} + A\bar{B}DE$；

(15) $Y = A\bar{B} + B\bar{D} + A\bar{B}\,\bar{C} + AB\bar{C}\,\bar{D}$；

(16) $Y = \overline{AB} + AC + BD$；

(17) $Y = \bar{A}B + A\bar{B} + \bar{A}\,\bar{B}C + ABC$；

(18) $Y = A\bar{C} + \bar{B}C + \bar{A}C + B\bar{C}$；

(19) $Y = \overline{AB} + \bar{A}D + \bar{B}E$；

(20) $Y = AB + AD + A\bar{D} + \bar{A}C + BD + ACEP + \bar{B}E + ED$。

2. 用卡诺图化简逻辑表达式

(1) $Y = A\bar{C} + \bar{A}C + B\bar{C} + \bar{B}C$；

(2) $Y=\bar{A}\bar{B}+AC+\bar{B}C$；

(3) $Y=ABC+ABD+\bar{C}\bar{D}+A\bar{B}C+\bar{A}C\bar{D}+A\bar{C}D$；

(4) $Y=\overline{(\bar{A}\bar{B}+ABD)}(B+\bar{C}D)$；

(5) $Y=\sum_{m}(0,1,2,3,4,6,7,8,9,10,11,14)$；

(6) $Y=\sum_{m}(0,2,5,7,8,10,13,15)$；

(7) $Y=ABC+ABD+A\bar{C}D+\bar{C}\bar{D}+A\bar{B}C+\bar{A}C\bar{D}$；

(8) $Y=ABC+ABD+\bar{A}B\bar{C}+CD+B\bar{D}$；

(9) $Y=\bar{A}B\bar{C}+AB\bar{C}+ABC+\bar{B}C\bar{D}$；

(10) $Y(A,B,C,D)=\bar{A}\bar{B}\bar{C}+\bar{A}C\bar{D}+A\bar{B}C\bar{D}+A\bar{B}\bar{C}$；

(11) $Y(A,B,C,D)=\sum_{m}(0,2,6,7,8,9,10,13,14,15)$；

(12) $Y(A,B,C,D)=\sum_{m}(1,3,5,7,13,15)$；

(13) $Y=\overline{AB+AD+\bar{B}C}$；

(14) $Y(A,B,C)=AB+\bar{A}C+\bar{A}B+B\bar{C}$；

(15) $Y=\bar{A}\bar{B}C+AD+B\bar{D}+C\bar{D}+A\bar{C}+\bar{A}\bar{D}$；

(16) $Y(A,B,C,D)=\sum_{m}(0,1,4,6,8,9,10,12,13,14,15)$；

(17) $Y=A\bar{B}+B\bar{C}\bar{D}+ABD+\bar{A}B\bar{C}D$；

(18) $Y=A\bar{B}\bar{C}\bar{D}+\bar{A}B+\bar{A}\bar{B}\bar{D}+B\bar{C}+BCD$；

(19) $Y=C+ABC$；

(20) $Y(A,B,C)=\sum_{m}(1,2,3,7)$。

3. 列真值表或逻辑表达式

(1) 列出逻辑表达式 $Y=AB+\bar{A}C$ 的真值表；

(2) 列出逻辑表达式 $Y=B+\bar{A}C$ 的真值表；

(3) 列出逻辑表达式 $Y=AB+AC$ 的真值表；

(4) 列出逻辑表达式 $Y=\overline{AB}+\overline{AC}$ 的真值表；

(5) 列出逻辑表达式 $Y=\bar{A}\bar{D}+BD+\bar{C}\bar{D}$ 的真值表；

(6) 列出逻辑表达式 $Y=A\bar{B}+B\bar{C}+\bar{A}C$ 的真值表；

(7) 一个三变量逻辑表达式的真值表如题表1.1所示，写出其标准与或表达式，并化简为最简与或式；

题表 1.1

A	B	C	Y	A	B	C	Y
0	0	0	0	1	0	0	1
0	0	1	1	1	0	1	1
0	1	0	0	1	1	0	0
0	1	1	0	1	1	1	0

(8) 一个三变量逻辑表达式的真值表如题表 1.2 所示，写出其标准与或表达式，并化简为最简与或式；

题表 1.2

A	B	C	Y	A	B	C	Y
0	0	0	0	1	0	0	1
0	0	1	1	1	0	1	1
0	1	0	0	1	1	0	1
0	1	1	0	1	1	1	1

(9) 一个三变量逻辑表达式的真值表如题表 1.3 所示，写出其标准与或表达式，并化简为最简与或式；

题表 1.3

A	B	C	Y	A	B	C	Y
0	0	0	0	1	0	0	0
0	0	1	0	1	0	1	1
0	1	0	0	1	1	0	1
0	1	1	1	1	1	1	1

(10) 一个三变量逻辑表达式的真值表如题表 1.4 所示，写出其标准与或表达式，并化简为最简与或式。

题表 1.4

A	B	C	Y	A	B	C	Y
0	0	0	0	1	0	0	0
0	0	1	0	1	0	1	1
0	1	0	0	1	1	0	1
0	1	1	1	1	1	1	1

第2章

逻辑门电路

内容提要

逻辑门电路是完成一些基本逻辑功能的电子电路，它是构成数字电路的基本单元电路。从生产工艺来看，门电路可以分为分立元件门电路和集成逻辑门电路两大类。从采用的半导体器件来看，常用的集成逻辑门电路可以分为两种：一种是双极型半导体构成的双极型集成电路，一种是金属氧化物半导体构成的 MOS 集成电路。本章首先简单介绍二极管、三极管和场效应管（MOS 管）的开关特性，然后介绍 TTL 门电路和 CMOS 门电路的结构、工作原理、特性及常用的几种类型门电路，最后介绍门电路的应用。

学习目标

◆了解二极管、三极管和 MOS 管的开关特性
◆熟悉 TTL 门电路的结构、工作原理、特性
◆熟悉 CMOS 门电路的结构、工作原理、特性
◆掌握常用门电路的使用方法和应用。

学习要点

◆二极管、三极管和 MOS 管的开关特性
◆TTL 门电路
◆CMOS 门电路

2.1 概述

实现基本逻辑运算和组合逻辑运算的单元电路称为门电路。基本的逻辑关系有与、或、

非三种，与此对应的基本门电路有与门、或门、非门，还有实现组合逻辑关系的与非门、或非门、与或非门、异或门等。

集成门电路按照内部元器件的不同，可分为 TTL 门电路和 CMOS 门电路两大类。

正逻辑和负逻辑：逻辑变量只有 1 和 0 两种逻辑状态，在逻辑电路中用高、低电平表示两种逻辑状态。可以用“1”表示高电平，用“0”表示低电平，称为正逻辑关系；也可以用“0”表示高电平，用“1”表示低电平，称为负逻辑关系。同一逻辑电路，可以采用正逻辑关系，也可以采用负逻辑关系，除非有特殊说明，通常一律采用正逻辑关系。

高电平和低电平：高电平和低电平是两种状态，是两个不同的、可以截然区别开来的电压范围。例如 2.4 ~ 5 V 范围内的电压称为高电平，用 U_H 表示；0 ~ 0.8 V 范围内的电压称为低电平，用 U_L 表示。

思考题

1. 什么是门电路？
2. 集成门电路按照内部元器件的不同分为哪几种？
3. 正逻辑与负逻辑有什么区别？
4. 电压 3.2 V 是门电路中的高电平还是低电平？通常区分高和低的电压范围是多少？

2.2 基本逻辑门电路

在门电路中，半导体二极管（以下简称二极管）、三极管和 MOS 管都工作在开关状态，下面分别研究它们的开关特性。

2.2.1 二极管的开关特性

二极管具有单向导电性，外加正向电压时导通，外加反向电压时截止，因此二极管可以近似看成一个受外加电压控制的开关。下面给出最简单的硅二极管开关电路，输入电压为 U_I，其低电压为 $U_{IL}=-2$ V，$U_{IH}=5$ V。电路如图 2.1 所示。

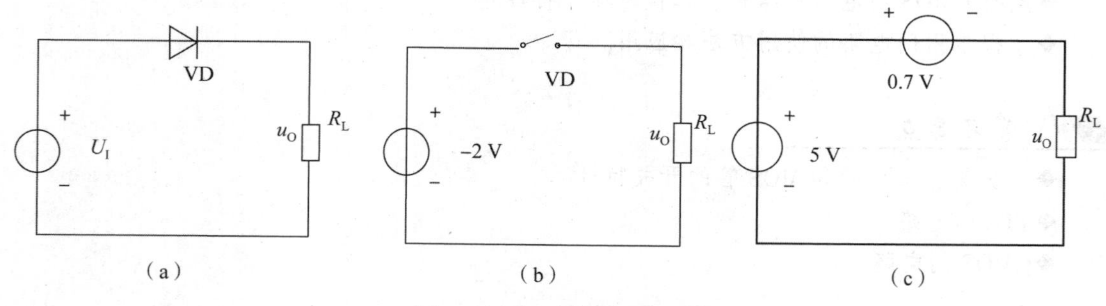

图 2.1 硅二极管开关电路

当 $U_I = U_{IL} = -2$ V 时，二极管反偏，VD 处在反向截止区，如同一个断开了的开关，等效电路如图 2.1（b）所示。显然输出电压为 0，即 $u_O = 0$。

当 $U_I = U_{IH} = 5$ V 时，二极管正向导通，VD 工作在正向导通区，其导通压降 $U_D \approx 0.7$ V，

如同一个具有 0.7 V 压降、闭合了的开关，等效电路如图 2.1（c）所示。显然输出电压等于 U_{IH} 减去 U_D，即

$$u_O = U_{IH} - U_D = 5\ \text{V} - 0.7\ \text{V} = 4.3\ \text{V}$$

分析可知，硅二极管具有开关特性，导通时可近似认为是 0.7 V 压降恒定元件，截止时电路电压为 0，如同一个断开了的开关。

【例 2.1】 二极管电路如图 2.2 所示，两个二极管正向导通时压降 $U_D=0.7$ V，当 U_A、U_B 各自分别为高电平 5 V 和低电平 0.2 V 时，试分析两个二极管的工作状态，输出端 U_P 以及电路的逻辑功能。

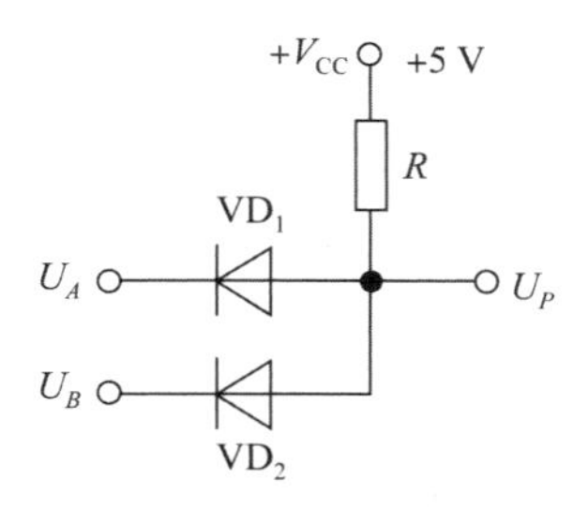

图 2.2　例 2.1 电路

解：（1）当 $U_A=5$ V，$U_B=5$ V 时，加在两个二极管的电压没有电压差。二极管均截止，$U_P=5$ V，输出高电平。

（2）当 $U_A=0.2$ V，$U_B=0.2$ V 时，加在两个二极管的电压是相等的正向电压，两个二极管同时导通，$U_P=0.2$ V+0.7 V=0.9 V，输出低电平。

（3）当 U_A 和 U_B 一个为 5 V，一个为 0.2 V 时，加在两个二极管的电压都是正向电压，两个二极管都开始向导通状态进程，但由于两个二极管的正向电压不同，导通进程快慢不同，正向电压大，进程快。输入端接低电平的二极管先导通，使得 $U_P=0.2$ V+0.7 V=0.9 V，输出低电平。此时输入端接高电平的二极管变为加反向电压，退出导通进程，成为截止状态。

由上述分析得到真值表，如表 2.1 所示。

表 2.1　例 2.1 真值表

U_A/V	U_B/V	U_P/V	A	B	P
0.2	0.2	0.9	0	0	0
0.2	5	0.9	0	1	0
5	0.2	0.9	1	0	0
5	5	5V	1	1	1

由真值表可知，A、B 两个逻辑变量只要有一个是低电平，结果输出即为低电平，因此该电路实现与逻辑关系，是二极管组成的与门电路。

2.2.2　三极管的开关特性

三极管最显著的特点是具有放大能力，能通过基极电流控制其工作状态，是一种具有放大特性的由基极电流控制的元件，同样也可以让三极管工作在截止和饱和状态，可以作为电

子开关的断开和接通状态。

1. 三极管的工作状态

三极管有截止、放大与饱和三种工作状态。各种工作状态下的条件和特点如表 2.2 所示，其中 β 为三极管的电流放大倍数。

表 2.2　三极管的工作状态

工作状态	条　件	电流关系	电路特点
截止	发射结反偏	$I_B \approx 0$, $I_C \approx 0$	开关断开（数字电子技术）
放大	发射结正偏 集电结反偏	$I_C = \beta I_B$	放大元件（模拟电子技术）
饱和	发射结正偏 集电结正偏	$I_C < \beta I_B$	开关闭合（数字电子技术）

2. 三极管的开关特性

三极管的开关电路如图 2.3 所示。在基极施加一定的输入电压，可以使集电极和发射极之间短路和开路，相当于集电极和发射极形成的开关接通和断开。具体分析如下。

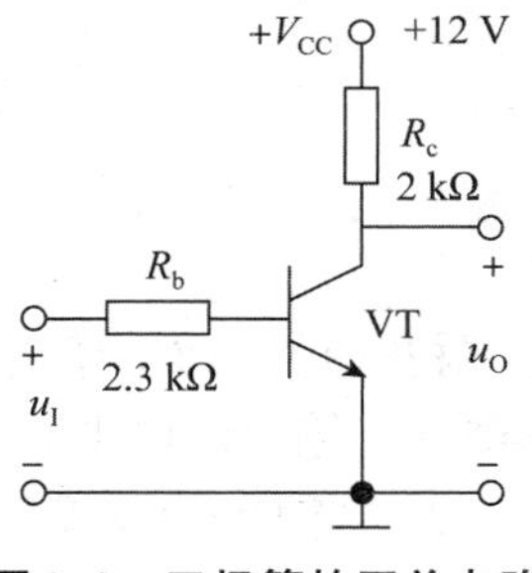

图 2.3　三极管的开关电路

1）截止状态

当 u_I 为低电平（0 V 或负电压）时，满足 $U_{BE}<0.5$ V，发射结反偏，三极管 VT 处于截止状态。此时电路的特点是 $i_B=0$，$i_C=0$，$u_O=+V_{CC}$，相当于开关断开，输出为高电平。

2）饱和状态

当 u_I 为高电平（5 V）时，选择合适的电阻 R_b、R_c，可以使三极管饱和，即满足 $U_{BE} \geqslant 0.7$ V，$i_B>I_{BS}$。电路刚好饱和时，称为临界饱和，此时的集电极电流称为集电极临界饱和电流 I_{CS}，基极电流称为基极临界饱和电流 I_{BS}，它们为

$$I_{CS}=\frac{V_{CC}-U_{CES}}{R_c} \approx \frac{V_{CC}}{R_c} \tag{2.1}$$

$$I_{BS}=\frac{I_{CS}}{\beta} \approx \frac{V_{CC}}{R_c\beta} \tag{2.2}$$

当 $i_B=I_{BS}$ 时，三极管处于临界饱和状态；当 $i_B>I_{BS}$ 时，三极管处于饱和状态。

当三极管处于饱和状态时，集电极与发射极之间电压为饱和压降，$u_O=U_{CES}=0.3$ V，相当于开关闭合，输出低电平。

这样，三极管工作在截止和饱和状态时，相当于开关断开和闭合。

由上述分析可知，三极管开关电路实现了非运算的逻辑功能，当 $u_I=U_{IL}$ 时，有 $u_O=U_{OH}$；当 $u_I=U_{IH}$ 时，有 $u_O=U_{OL}$。相当于一个反相器。

【例 2.2】　三极管开关电路如图 2.3 所示，如果 $V_{CC}=12$ V，$R_c=2$ kΩ，$R_b=2.3$ kΩ，$\beta=100$，输入电压 u_I 高电平 $U_{IH}=3$ V，低电平 $U_{IL}=-2$ V。试分析电路是否处于饱和与截止状态？

解：（1）当 $u_I=U_{IL}=-2$ V 时，发射结反偏，三极管处于截止状态，有

$$i_B \approx 0;\quad i_C \approx 0;\ u_O \approx V_{CC} = 12\ \text{V}$$

（2）当 $u_I = U_{IH} = 3$ V 时，发射结正偏，三极管处于导通状态，有

$$i_B = \frac{u_I - U_{BE}}{R_b} = \frac{3 - 0.7}{23}\ \text{mA} = 0.1\ \text{mA}$$

$$I_{BS} \approx \frac{V_{CC}}{\beta R_c} = \frac{12}{100 \times 2}\ \text{mA} = 0.06\ \text{mA}$$

因为 $i_B > I_{BS}$，所以三极管处于饱和状态，有

$$u_O = U_{CES} \approx 0.3\ \text{V}$$

2.2.3　MOS 管的开关特性

MOS 管最显著的特点也是具有放大能力。不过它是通过栅极电压 u_{GS} 控制的元件。门电路中利用 MOS 管工作在截止和导通状态，作为电子开关的断开和接通。MOS 管是金属-氧化物-半导体场效应管的简称，有时也用 MOSFET 表示，它是仅有一种载流子（自由电子或空穴）参与导电的电压控制器件，也称单极性器件。按照导电沟道极性的不同，分为 P 沟道和 N 沟道两种，P 沟道的 MOS 管称为 PMOS 管，N 沟道的 MOS 管称为 NMOS 管。

1. NMOS 管的开关特性

NMOS 管的开关电路如图 2.4 所示。设 N 沟道增强型 MOS 管的开启电压 $U_{TN} = 2$ V。

1）截止状态

当输入电压小于开启电压即 $u_I < U_{TN}$ 时，NMOS 管截止，漏极和源极之间形成的开关相当于断开，输出电压 $u_O = V_{DD}$，输出高电平。

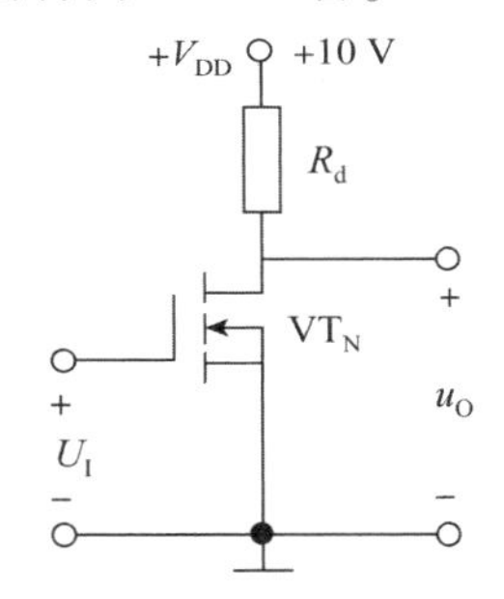

图 2.4　NMOS 管开关电路

2）导通状态

当输入电压大于开启电压即 $u_I > U_{TN}$ 时，NMOS 管导通，有

$$u_O = \frac{R_{ds}}{R_{ds} + R_d} V_{DD} \approx 0$$

式中，R_{ds} 是 NMOS 管导通时的沟道电阻，由于 $R_{ds} \ll R_d$，$u_O \approx 0$，故相当于开关闭合，输出低电平。

由上述分析可知，NMOS 管开关电路实现了电子开关的作用。

2. PMOS 管的开关特性

PMOS 管的开关电路如图 2.5 所示。设 P 沟道增强型 MOS 管的开启电压 $U_{TP} = -2$ V。

1）截止状态

当输入电压大于开启电压即 $u_I > U_{TP}$ 时，PMOS 管截止，漏极和源极之间形成的开关相当于断开，输出电压 $u_O = -V_{DD}$，输出低电平。

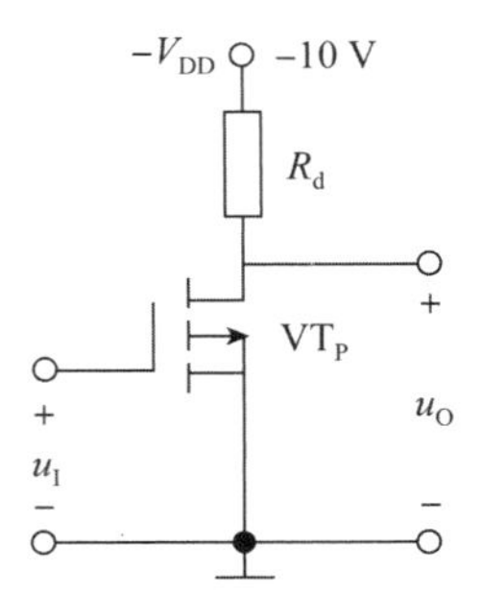

图 2.5　PMOS 管开关电路

2）导通状态

当输入电压小于开启电压即 $u_I < U_{TP}$ 时，PMOS 管导通，有

$$u_O=\frac{R_{ds}}{R_{ds}+R_d}(-V_{DD})\approx 0$$

式中，R_{ds} 是 PMOS 管导通时的沟道电阻，由于 $R_{ds}<<R_d$，$u_O\approx 0$，故相当于开关闭合，输出高电平。

由上述分析可知，PMOS 管开关电路实现了电子开关的作用。

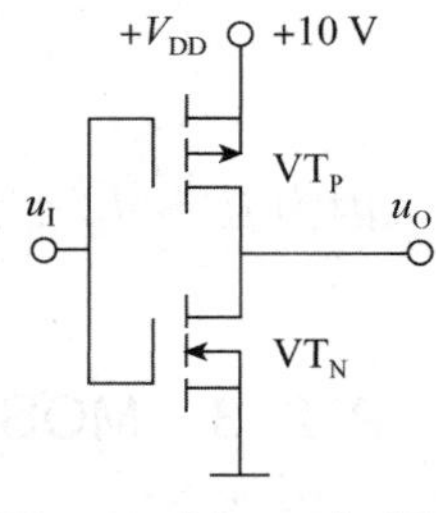

图 2.6　例 2.3 电路图

【例 2.3】 电路如图 2.6 所示，MOS 管 VT_N 的开启电压 $U_{TN}=2$ V，VT_P 的开启电压 $U_{TP}=-2$ V，MOS 管的导通电阻 $R_{ds}=0$。当 $u_I=3$ V 时，试分析两个 MOS 管的工作状态，输出电压 u_O 为多少？

解：由于 $u_I>U_{TN}$，所以 MOS 管 VT_N 为导通状态，导通时的沟道电阻 $R_{ds}=0$，u_O 与地短路，$u_O=0$ V。又由于 $u_I>U_{TP}$，所以 MOS 管 VT_P 为截止状态。

思考题

1. 二极管具有开关特性的条件是什么？
2. 三极管具有开关特性的条件是什么？
3. MOS 管具有开关特性的条件是什么？

2.3 TTL 集成逻辑门电路

TTL 门电路是将若干个三极管、二极管和电阻集成并封装在一块硅片上，使得门电路具有体积小、质量轻、功耗小、可靠性强、成本低等优点，因此 TTL 门电路得到了广泛应用。

2.3.1 TTL 与非门

1. 电路结构

TTL 与非门以 74LS00 集成芯片为例，在这个集成芯片中包括四个相同的二输入与非门，其中一个的电路如图 2.7 所示。

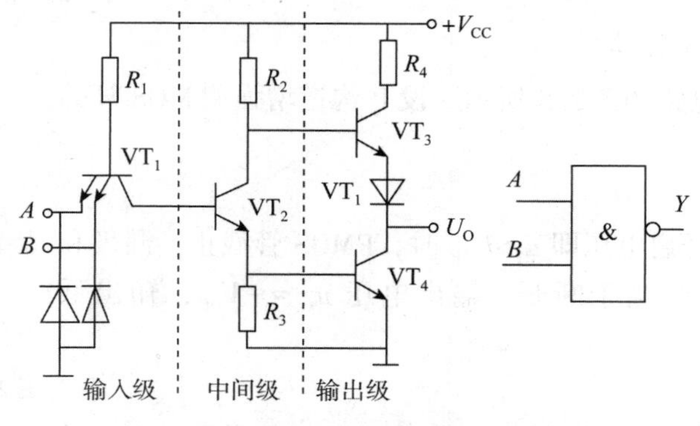

图 2.7　TTL 与非门和逻辑符号

TTL 与非门电路由输入级、中间级和输出级三部分组成。

（1）输入级由多发射极三极管 VT_1 和电阻 R_1 组成。多发射极三极管是在靠近基极处制造多个发射结，将每个发射结和集电结都视为二极管，发射极三极管等效成二极管电路，如图 2.8 所示，显然是一个二极管与门电路。

（2）中间级由三极管 VT_2 和电阻 R_2、R_3 组成。其主要作用是将 VT_2 的基极电流放大，增强对输出级的驱动能力。电路结构是共射组态的基本放大电路。

（3）输出级由三极管 VT_3、VT_4，二极管 VD_1，电阻 R_4 组成。

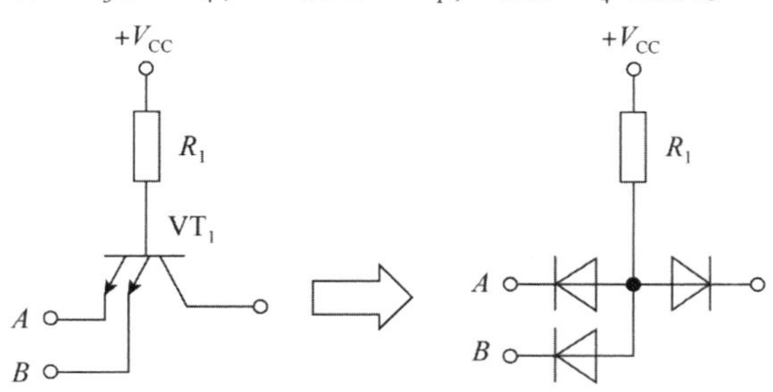

图 2.8　多发射极管等效一个与门

2. 工作原理

TTL 与非门输出级有两种稳定工作状态：开态和关态。VT_4 导通，VT_3、VD_1 截止，输出为低电平，称为开态；VT_4 截止，VT_3、VD_1 导通，输出为高电平，称为关态。这种输出级的电路结构形式称为推挽式输出级或图腾柱输出级，这种结构有利于提高开关速度和带负载能力。

1）开态

当输入端都为高电平（3.6 V）时，V_{CC} 通过 R_1、VT_1 的集电结向 VT_2 提供基极电流 i_{B2}，使 VT_2 饱和，VT_2 将 i_{B2} 放大后又驱动 VT_4 饱和，输出低电平 $U_{OL}=U_{CES4}=0.3\ V$。

此时 VT_2 的集电极对地电位 $u_{C2}=U_{CES2}+u_{BE4}=0.3\ V+0.7\ V=1\ V$，所以 VT_2 集电极和输出端的电位差不足 1 V，不能使 VT_3 和 VD_1 同时导通，故 VT_3 和 VD_1 截止。

由于 VT_3 和 VD_1 截止，VT_4 的集电极电流不能由电源 V_{CC} 提供，只能由外电路提供，并且是流入 VT_4 的，称为灌电流。

当输入端都为高电平（3.6 V）时，VT_1 的多发射结都处于反偏。因为 VT_2、VT_4 饱和导通，VT_1 的基极电位 $u_{B1}=u_{BC1}+u_{BE2}+u_{BE4}=2.1\ V$，而 $u_A=u_B=3.6\ V$，故 VT_1 的两个发射结都为反偏。

2）关态

当输入端至少有一个为低电平（0.3 V）时，V_{CC} 通过 R_1 向低电平输入端提供电流 i_{IL}，所以有 $u_{B1}=0.3\ V+0.7\ V=1\ V$，该电压不足以使 VT_2 和 VT_4 同时导通，故 VT_2 和 VT_4 截止。由于 VT_2 截止，V_{CC} 经 R_2 向 VT_3 基极提供电流，使 VT_3 饱和导通，于是有

$$V_{CC} = i_{B3}R_2 + u_{BE3} + u_{VD4} + u_O$$

$$u_O \approx V_{CC} - u_{BE3} - u_{VD1} = (5 - 0.7 - 0.7)\ V = 3.6\ V$$

因此关态时，输出为高电平 3.6 V。

通过上述分析可以确定电路实现了与非逻辑关系，即“有0出1，全1出0”，该电路是与非门。

3．与非门的几个重要参数

由电压传输特性曲线可以得到与非门的几个重要参数。

1）输出电压

输出电压分别为：

输出高电平电压 $U_{OH}=3.6$ V；

输出低电平电压 $U_{OL}=0.3$ V；

输出高电平电压最小值，规定 $U_{OHMIN}=2.4$ V；

输出低电平电压最大值，规定 $U_{OLMAX}=0.4$ V。

2）阈值电压 U_T

阈值电压一般指过渡区中点所对应的输入电压，对于中速系列 TTL 与非门，$U_T=1.4$ V。阈值电压又称为门槛电压。

U_T 是一个很重要的参数，在近似分析估算中，常把它作为决定与非门工作状态的关键值。当 $u_I>U_T$ 时，认为与非门开启，输出为低电平 U_{OL}；当 $u_I<U_T$ 时，认为与非门截止，输出为高电平 U_{OH}。

3）关门电平 U_{OFF} 和开门电平 U_{ON}

关门电平定义为输出电压下降到 U_{OHMIN} 时，所对应的输入电压为关门电平 U_{OFF}。

开门电平定义为输出电压刚刚下降到 U_{OL} 时，对应的输入电压为开门电平 U_{ON}。

显然，当 $u_I<U_{OFF}$ 时，u_O 为高电平 U_{OH}；当 $u_I>U_{ON}$ 时，u_O 为低电平 U_{OL}。

由于电压传输特性曲线中对应 U_{OFF} 和 U_{ON} 的曲线 *CD* 很陡，不便于测量，因此，在实际应用中，用输入低电平最大值 $U_{ILMAX}=0.8$ V 代替关门电压 U_{OFF}，用输入高电平最小值 $U_{IHMIN}=2$ V 代替开门电压 U_{ON}。

4．TTL 与非门的输入负载特性

与非门在实际应用中，其输入端接一个电阻接地，由于有输入电流流过电阻，故电阻上会产生压降，相当于在输入端输入电压，电阻取不同值时，输出会产生不同的结果。输入端电阻和电阻产生的输入电压的关系称为输入负载特性。其测试电路如图 2.9（a）所示，输入负载特性曲线如图 2.9（b）所示。

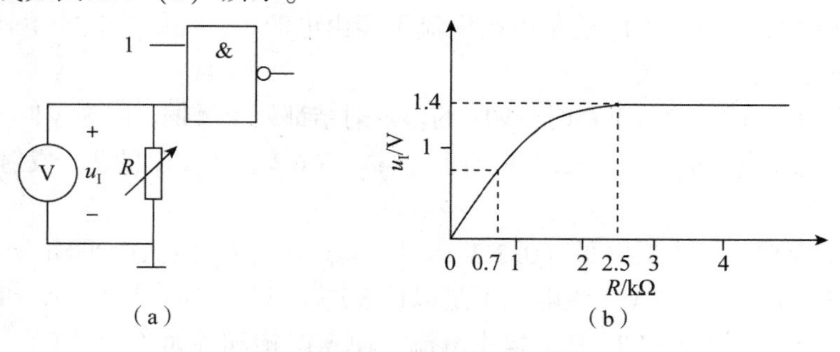

图 2.9　输入负载特性的测试

（a）测试电路；（b）输入负载特性曲线

（1）与非门输入端接电阻 $R=0$ 时，该输入端的电流为 I_{IS}，$u_I=0$，输出高电平。

（2）关门电阻 R_{off}：当 R 稍有增加时，R 上的压降也稍有增加，但这个压降 u_I 很小，仍保持输入低电平状态。随着 R 的增加，u_I 不断增大，当 R 的压降增大到关门电平 U_{OFF} 时，对应的电阻值称为关门电阻 R_{off}。当 $R<R_{off}$ 时，与非门处于关态。关门电阻 R_{off} 的大小与逻辑门内部元件参数有关，不同系列的逻辑门有所区别。通常选取关门电阻为 0.7 kΩ。

（3）开门电阻 R_{on}：如果把与非门的输入电阻继续增大，输入电压 u_I 随之增加，当 u_I 增加到 1.4 V 时，VT_2 和 VT_4 同时导通，将 u_{B1} 钳位在 2.1 V，即使 R 再增大，u_I 也不会再升高了，此时与非门转入开态，输出低电平。

把 u_I 增加到 1.4 V 时对应的电阻值称为开门电阻 R_{on}。当 $R>R_{on}$ 时，与非门处于开态。通常选取开门电阻为 2.5 kΩ。

（4）与非门输入端悬空，相当于接一个无穷大电阻 $R=\infty$，测得输入端电压 $u_I=1.4$ V，相当于输入端接高电平，与非门处于开态，输出低电平。

【例 2.4】 电路如图 2.10 所示，其中都为 TTL 门，试求各门电路的输出表达式。

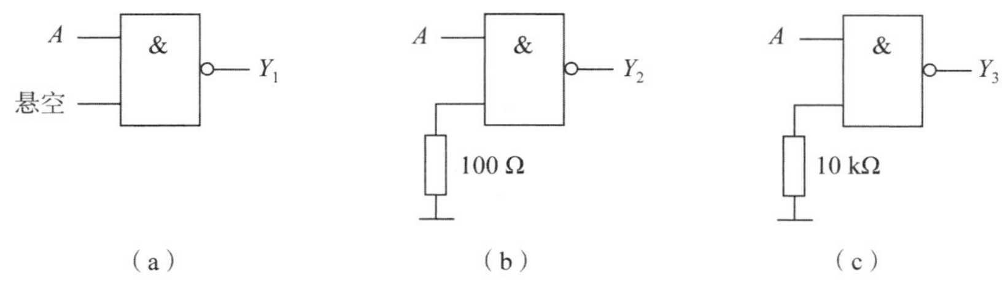

图 2.10　例 2.4 电路图

解：图 2.10（a）中的与非门有一个输入端悬空，相当于这个输入端接高电平，输出表达式为

$$Y_1=\overline{A\cdot 1}=\bar{A}$$

图 2.10（b）中与非门有一个输入端接电阻 R，$R<R_{off}$，相当于这个输入端接低电平，输出表达式为

$$Y_2=\overline{A\cdot 0}=1$$

图 2.10（c）中与非门有一个输入端接电阻 R，$R>R_{on}$，相当于这个输入端接高电平，输出表达式为

$$Y_3=\overline{A\cdot 1}=\bar{A}$$

5．TTL 与非门的主要参数

（1）输出高电平 U_{OH}。U_{OH} 是指与非门有一个（或几个）输入端为低电平时的输出电平值。标准值为 3.6 V，最小值为 2.4 V。

（2）输出低电平 U_{OL}。U_{OL} 是指与非门全部输入端为高电平时的输出电平值。标准值为 0.3 V，最大值为 0.4 V。

（3）阈值电压 U_T。U_T 是指在电压传输特性曲线过渡区中点所对应的输入电压，标准值为 1.4 V。

（4）输入短路电流 I_{IS}。I_{IS} 是指当有一个输入端接地，其余输入端悬空时，流出这个输入端的电流，标准值是 1.4 mA。

（5）输入漏电流。输入漏电流是指当一个输入端接高电平，其余输入端接地时，流入这个接高电平输入端的电流，标准值为 10 μA。

（6）开门电平 U_{ON}。U_{ON} 是指输出为标准低电平时，输入高电平的最小值，标准值为 2 V。

（7）关门电平 U_{OFF}。U_{OFF} 是指输出为标准高电平时，输入低电平的最大值，标准值为 0.8 V。

（8）扇出系数 N_O。N_O 是指能够驱动同类型门的个数，标准值为 8 个。

（9）空载导通功耗 P_O。P_O 是指输出为低电平且不加负载时的功耗。

（10）平均传输延迟时间 t_{pd}。t_{pd} 是指一个数字信号从输入端输入，经过门电路再从输出端输出所延迟的时间。产品型号不同，t_{pd} 差异很大，一般在几至几十 ns 量级。

（11）输入信号噪声容限 U_N。U_N 是衡量门电路抗干扰能力的参数，分为输入低电平时的噪声容限 U_{NL} 和输入高电平时的噪声容限 U_{NH}。

输入低电平时的噪声容限为：$U_{NL}=U_{OFF}-U_{IL}$。

输入高电平时的噪声容限为：$U_{NH}=U_{IH}-U_{ON}$。

2.3.2 其他类型的 TTL 门

除了上面介绍的 TTL 与非门外，还有 TTL 与门、或门、非门、或非门、与或非门、异或门等，它们的电路结构的基本部分和与非门很相似，其特性也基本相同，上述分析的相关参数都适用于这些门电路。对于这些逻辑门电路的结构、特性和参数不再赘述。下面主要介绍两种新的逻辑门电路——集电极开路门和三态门。

1. TTL 集电极开路门

TTL 门电路的输出级除了采用推挽式输出外，还可以采用集电极开路（Open Collector，缩写为 OC）输出。

1）电路结构和符号

OC 输出与非门（以下简称 OC 门）的电路结构和逻辑符号如图 2.11 所示。与 TTL 与非门电路相比较，就是去掉了三极管 VT_3、二极管 VD_1 和电阻 R_4，需要强调的是，OC 门必须外接负载电阻 R_C 和电源才能正常工作。

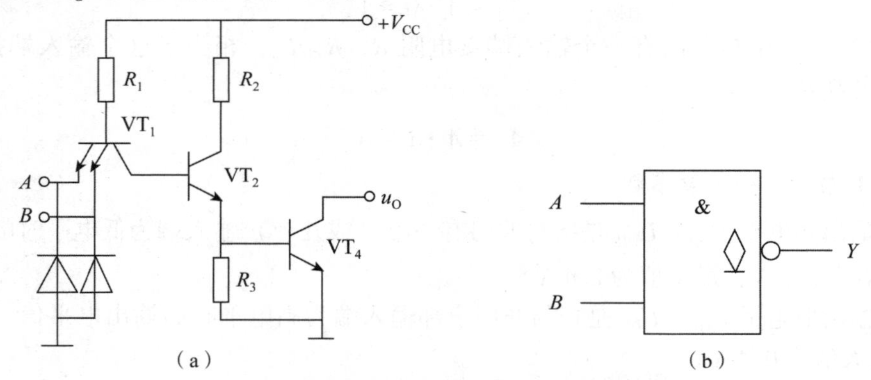

图 2.11　OC 输出与非门的电路结构和逻辑符号

（a）电路结构；（b）逻辑符号

当 VT_4 导通饱和时，输出低电平 $u_O=0.3$ V；当 VT_4 截止时，输出端悬空，无法得到高电平输出。为了使输出端为高电平，在 OC 门工作时必须在输出端与电源之间外接一个集电极电阻 R_C，这个电阻称为上拉电阻，如图 2.11 中的 R_2。

OC 门的输出电流较大，能够承受很大的负载，如显示器、继电器、电机等负载。典型的 OC 门产品有 OC 反相器 7406，输出电流高达 40 mA，是 TTL 反相器 7404 输出电流的 2.5 倍。

2）OC 门的应用

（1）实现线与。由于 OC 门内部输出端与电源是断开的，因此 OC 门的输出允许并联，这样就可以在输出线上实现与逻辑关系，通常把这种实现与逻辑的方式称为线与，如图 2.12 所示为两个 OC 门线与，有两个 OC 门线与，也就实现了与或非的逻辑关系，非常方便和经济。

$$Y = \overline{AB} \cdot \overline{CD} = \overline{AB + CD}$$

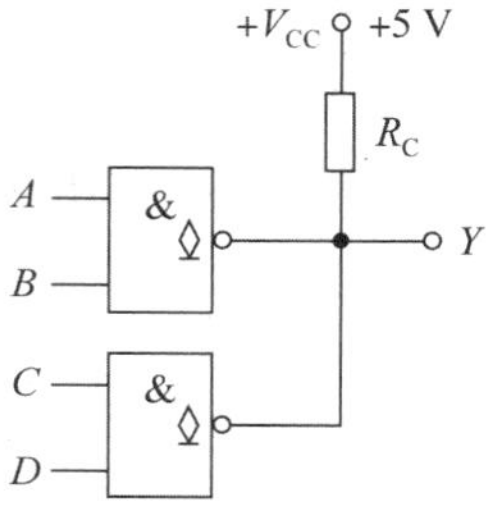

如果是一般的门电路，绝对不允许将输出端直接并联，由于 TTL 门电路的输出电阻很小，当把两个门的输出端直接连接时，如果一个门输出高电平，另一个门输出低电平，两个门都会有很大的电流流过，必然会使两个门电路烧毁。

图 2.12　OC 门实现线与

OC 门接上拉电阻 R_C 的阻值大小会影响门是否能够正常工作。如何选择上拉电阻 R_C 呢？

假设有 n 个 OC 门输出线与驱动 m 个 TTL 门，与 OC 门输出端相连的 m 个 TTL 门的总输入端数为 k。选择 R_C 的原则是保证 R_C 上的压降使 OC 门线与输出电压不超过允许电平范围。

① 首先要保证 OC 门输出高电平时要大于 U_{OHMIN}，应满足

$$R_{CMAX} = \frac{V_{CC} - U_{OHMIN}}{nI'_{OH} + kI_{IH}} \tag{2.3}$$

式（2.3）中的 I'_{OH} 为 OC 门输出高电平时内部 VT_4 管的穿透电流 I_{CEO}。

② 其次 OC 门线与输出低电平，负载电流和 R_C 上的电流灌入一个 OC 门时，最容易将低电平抬高，因此要保证 OC 门输出低电平时要小于 U_{OLMAX}，应满足

$$R_{CMIN} = \frac{V_{CC} - U_{OLMAX}}{I_{OL} - mI_{IS}} \tag{2.4}$$

于是得到选择 R_C 的范围为

$$R_{CMIN} \leqslant R_C \leqslant R_{CMAX} \tag{2.5}$$

如果希望电路延时小一些，可以选择接近于 R_{CMIN} 的较小电阻；如果希望功耗低一些，可以选择接近于 R_{CMAX} 的较大电阻。通常 OC 门的上拉电阻可选 5 ~ 10 kΩ。

（2）实现电平转换。在数字系统的接口部分经常需要进行电平转换，常用 OC 门来实现。如果将一个 OC 门的上拉电阻接到另一个电源 V_{CC2} = 10 V，如图 2.13 所示，则 OC 门输出高电平 U_{OH} = 10 V，输出低电平 U_{OL} 没有改变，从而可以很方便地实现 TTL 逻辑电平转换为其他电平。

（3）用作驱动。可用 OC 门驱动发光二极管、指示灯、继电器等。图 2.14 是用 OC 门驱动发光二极管的电路。

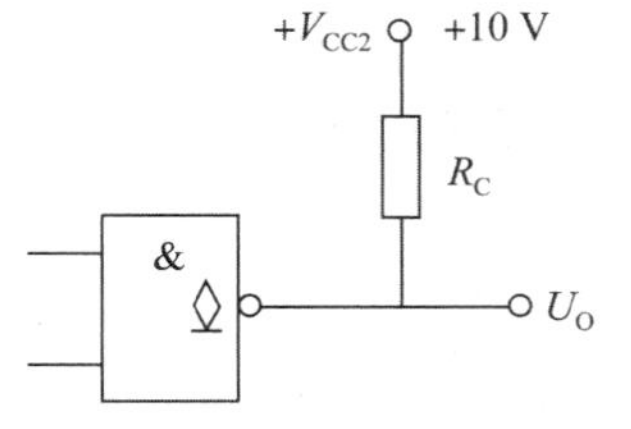

图 2.13　实现电平转换

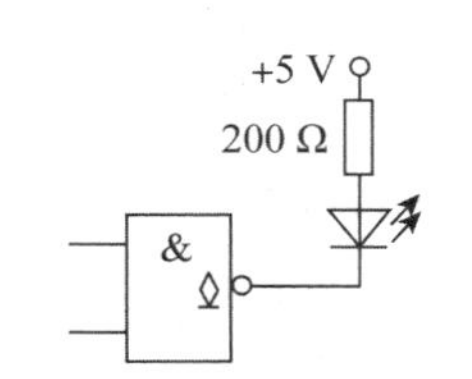

图 2.14　驱动发光二极管

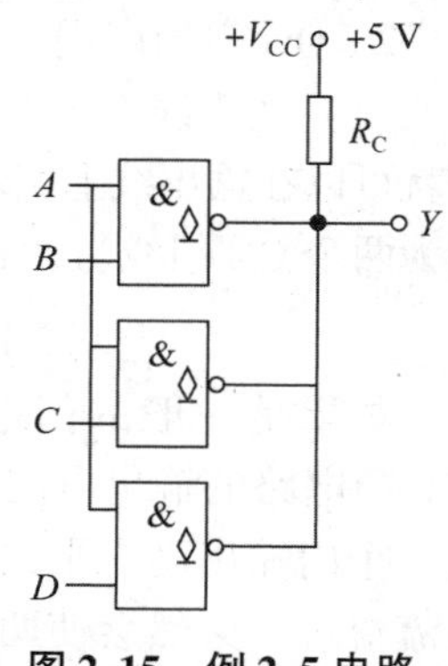

图 2.15　例 2.5 电路

【例 2.5】　用 OC 门实现逻辑函数 $Y=\overline{A(B+C+D)}$，试画出逻辑电路图。

解：$Y=\overline{A(B+C+D)}=\overline{AB+AC+AD}=\overline{AB}\cdot\overline{AC}\cdot\overline{AD}$

可以用三个 OC 门线与来实现，逻辑电路图如图 2.15 所示。

2. TTL 三态门

三态（TS）输出门与一般的门电路不同，它是在普通门的基础上，加上使能控制信号和控制电路构成的。它的输出除了有高电平、低电平外，还可以出现第三种状态——高阻状态，简称高阻态。

1）电路结构

三态输出与非门的电路结构和逻辑符号如图 2.16 所示。

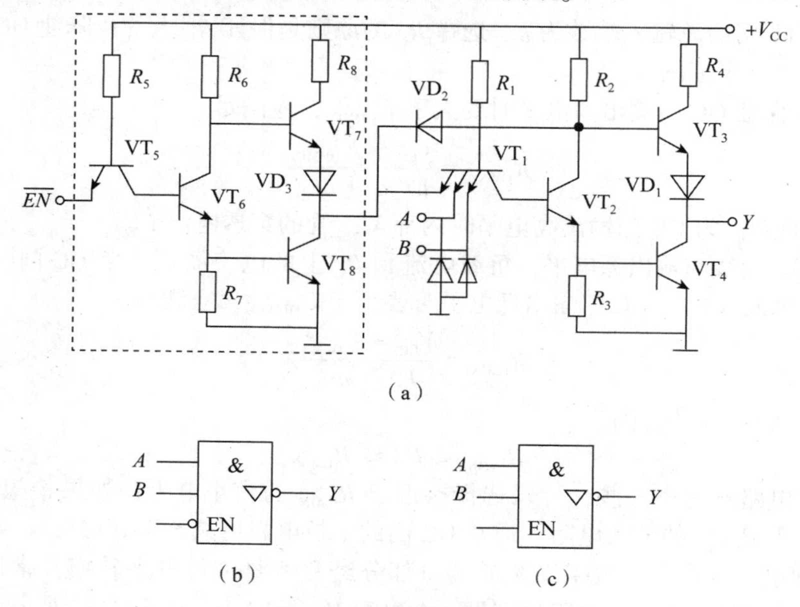

图 2.16　三态输出与非门

（a）电路结构；（b）逻辑符号；（c）逻辑符号

该电路由一个与非门和一个反相器组成。电路的右半部分为一个与非门，电路的左半部分虚线框内为一个非门，非门的输入端是 $\overline{EN}$，称为使能端。

（1）当 $\overline{EN}=0$ 时，左侧的非门输出一个高电平给右侧的与非门。这时二极管 VD_2 截止，断开非门和与非门，右侧的与非门不受左侧非门的影响，按照与非的逻辑关系把输入信号 A 和 B 传送到输出端，即当 $\overline{EN}=0$ 时，$Y=\overline{AB}$。

（2）当 $\overline{EN}=1$ 时，非门输出一个低电平给与非门的一个输入端，使与非门输出高电平，此种情况下 VT_4 截止。同时非门输出一个低电平 0.3 V，使二极管 VD_2 导通，$u_{B3}=0.3\ V+0.7\ V=1\ V$，不足以使 VT_3 和 VD_1 同时导通，于是 VT_3 和 VD_1 截止。这样 VT_4、VT_3 和 VD_1 都截止，于是电路输出端处于高阻状态。

结论：当 $\overline{EN}=0$ 时，$Y=\overline{AB}$，输出高电平或低电平；当 $\overline{EN}=1$ 时，输出为高阻态，实现三态功能。

按照使能端的不同，三态门有两种类型，一种是使能端低电平有效，如图 2.16（b）所示，在逻辑符号中使能端有一个小圈，用 $\overline{EN}$ 表示，其逻辑功能是当 $\overline{EN}=0$ 时，$Y=\overline{AB}$；当 $\overline{EN}=1$ 时，输出为高阻态。三态门的另一种是使能端高电平有效，如图 2.16（c）所示，在逻辑符号中使能端没有小圈，用 EN 表示，其逻辑功能是当 $EN=1$ 时，$Y=\overline{AB}$；当 $EN=0$ 时，输出为高阻态。

2）三态门的应用

（1）用于信号双向传输。利用三态门实现双向传输，如图 2.17 所示。

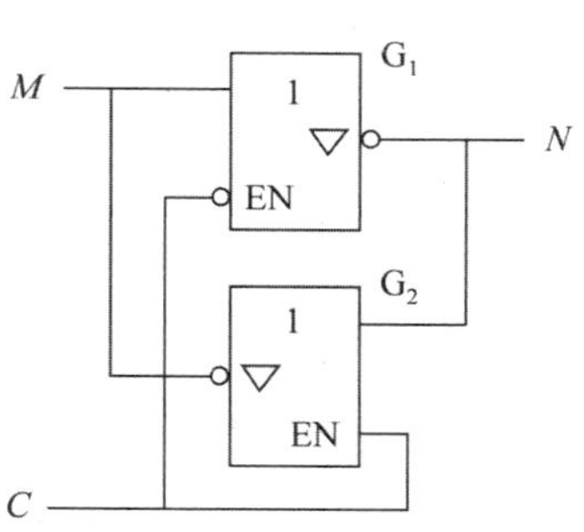

图 2.17　信号双向传输

图中 C 为控制端，M 和 N 为数据端。当 $C=0$ 时，门电路 G_1 导通，门电路 G_2 为高阻态，数据由 M 传向 N；当 $C=1$ 时，门电路 G_1 为高阻态，门电路 G_2 导通，数据由 N 传向 M。通过控制信号 C 的控制实现数据双向传输。

（2）构成信号总线传输。三态门最重要的用途就是实现用一条总线，分时轮流传送多组不同的信号，如图 2.18 所示。

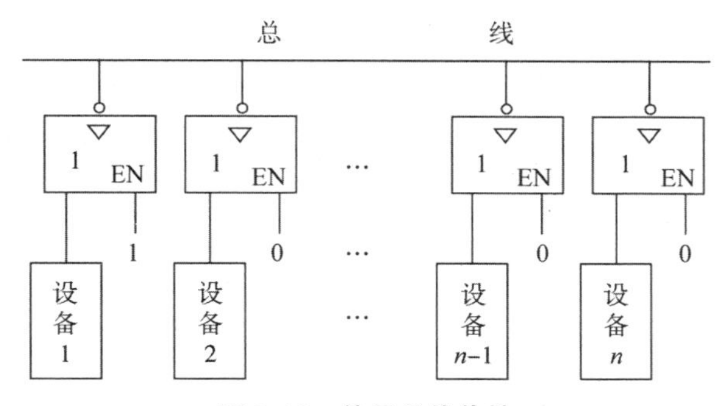

图 2.18　信号总线传输

有 n 个设备都可以连接到一条总线上，为了保证信号的正确传输，每一时刻总线上只能传输一个设备的信号，因此，采用分时传输的方式，即按顺序分成许多个小时间段，每一时间段分配给一个设备传送信号，如此循环。

三态门就起着控制各设备轮流传送信号的作用，每个设备通过一个三态门与总线连接。如图 2.18 所示，控制 n 个三态门的控制信号为 100…00，只有第一个三态门导通，允许设备 1 传送信号，其他三态门都为高阻态，不能传送信号；下一个时段，控制信号为 010…00，只有第二个三态门导通，允许设备 2 传送信号，其他三态门都为高阻态，不能传送信号……如此进行下去，实现了用三态门控制一线多用。

图中信号为单向传输，如果信号需要双向传输，只要将设备与总线连接的三态门改为用三态门组成的双向传输门就可以了。

【例 2.6】　一个使能端为低电平有效的三态输出二输入与非门，其输入信号和控制信号的波形如图 2.19（a）所示，试画出门电路输出波形图。

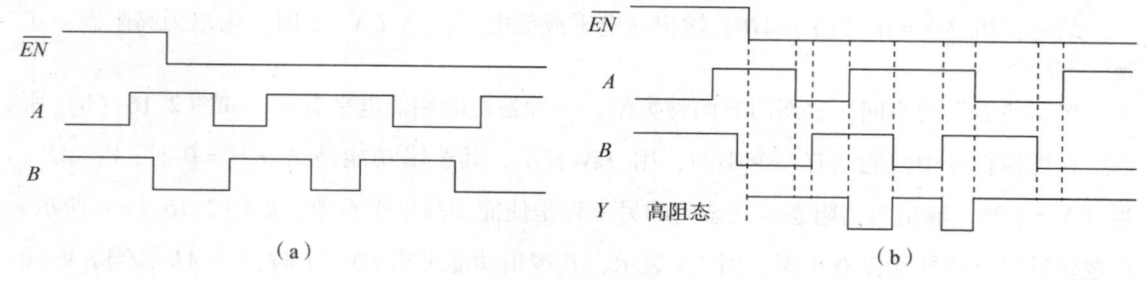

图 2.19 例 2.6 波形图

(a) 输入波形图；(b) 输出波形图

解： 三态与非门功能：当 $\overline{EN}=0$ 时，$Y=\overline{AB}$；当 $\overline{EN}=1$ 时，输出为高阻态。因此，只有在 $\overline{EN}=0$ 时才能画出输出波形图。采用分段画输出波形图的方法。

首先将 $\overline{EN}=0$ 时的输入信号分段，在 A、B 信号发生变化处分段，每段中 A、B 信号是固定值。然后逐段确定输出 Y 的值，并画出该段输出波形。如第一段 $A=1$，$B=0$，按与非的逻辑关系得到 $Y=1$；第二段 $A=0$，$B=0$，得到 $Y=1$……画出输出波形图如图 2.19（b）所示。

思考题

1. TTL 与非门输出级有哪两种工作状态？
2. TTL 门电路的输出高电平与低电平为多少？
3. TTL 门电路的开门电阻和关门电阻为多少？
4. OC 门有什么特点？OC 门的应用都有哪些？
5. 三态门有哪几种状态？三态门的应用有哪些方面？

2.4 CMOS 集成逻辑门电路

MOS 门电路与 TTL 门电路相比具有很多优点：① 工艺简单，集成度高；② MOS 管可以作为负载电阻使用；③ 输入阻抗高，可以超过 10^{10} Ω，扇出系数大；④ 功耗低，噪声小；⑤ 可以做成双向开关等。MOS 集成电路有 PMOS、NMOS 和 CMOS（由互补的 PMOS 和 NMOS 构成）集成电路三种。由于 CMOS 集成电路具有更低的功耗和更快的工作速度，因此已经成为集成电路的主流，广泛应用在大规模和超大规模集成电路中。

2.4.1 CMOS 非门

1. CMOS 非门的电路结构

CMOS 非门的电路结构如图 2.20 所示。在 CMOS 非门中的 NMOS 管和 PMOS 管一般都是增强型 MOS 管，两管的漏极连在一起作为非门的输出端，两个栅极连在一起作为非门的输入端。PMOS 管的源极接电源 V_{DD} 的正极，NMOS 管的源极接

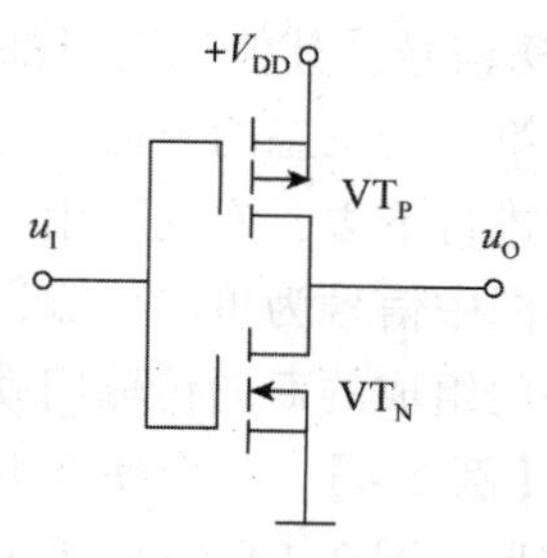

图 2.20 CMOS 非门的电路结构

地。CMOS 非门要求电源电压大于两个管子开启电压绝对值之和，即 $V_{DD}>|U_{TP}|+|U_{TN}|$。

2．CMOS 非门的工作原理

当 u_I 为高电平时，VT_N 管的栅极-源极电压 u_{GSN} 大于开启电压 U_{TN}，VT_N 管导通。对于 VT_P 管来说，栅极-源极电压 u_{GSP} 大于 VT_P 管开启电压 U_{TP}，因此 VT_P 管截止。VT_N 管导通，导通电阻很小，为几百欧，VT_P 管截止，截止电阻非常大，为几百兆欧，所以 $u_O\approx0$ V，输出为低电平。

当 u_I 为低电平时，VT_N 管的栅极-源极电压 u_{GSN} 小于开启电压 U_{TN}，VT_N 管截止。对于 VT_P 管来说，栅极-源极电压 u_{GSP} 小于 VT_P 管开启电压 U_{TP}，因此 VT_P 管导通。VT_N 管截止，截止电阻为几百兆欧，VT_P 管导通，导通电阻为几百欧，所以 $u_O\approx V_{DD}$，输出为高电平。

综上所述，当 u_I 为高电平时，输出为低电平；当 u_I 为低电平时，输出为高电平。该电路实现了非门的功能。

3．CMOS 非门的电压传输特性

CMOS 非门的电压传输特性如图 2.21 所示。

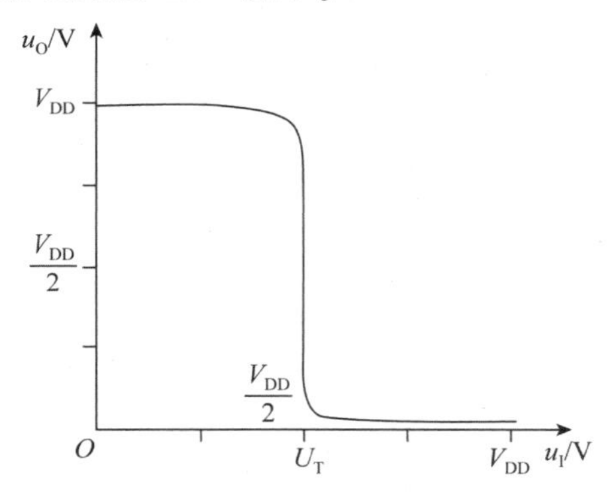

图 2.21　CMOS 非门电压传输特性

当 $u_I<V_{DD}/2$ 时，输出 $u_O\approx V_{DD}$；当 $u_I>V_{DD}/2$ 时，输出 $u_O\approx0$ V。可见，两管在 $u_I=V_{DD}/2$ 处转换状态，CMOS 门电路的阈值电压 $U_T=V_{DD}/2$。

4．CMOS 非门的输入负载特性

CMOS 非门的输入端接一个电阻后接地，由于 MOS 管栅极和源极之间几乎是绝缘的，非门的输入端电流为 0，电阻上的压降为 0，因此相当于在输入端输入低电平。无论是任何阻值的电阻，相当于在输入端输入电压都为 0。

【例 2.7】 CMOS 门电路如图 2.22 所示，试求各门电路的输出表达式。

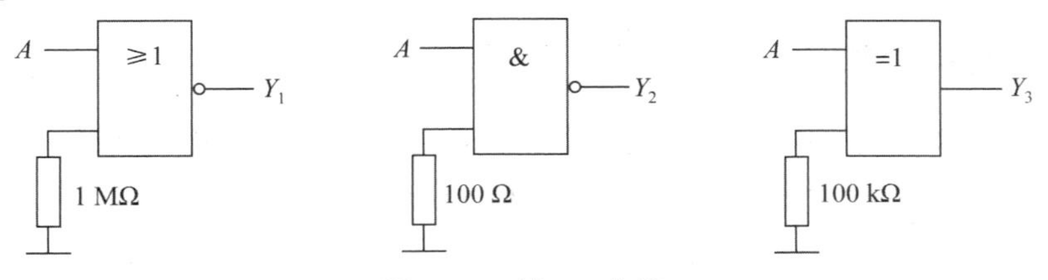

图 2.22　例 2.7 电路

解：由 CMOS 门电路的输入负载特性可知，由于 CMOS 门电路输入电流为 0，无论输入端接何种阻值的电阻，电阻上的压降为 0，即输入电压为 0。可得

$$Y_1 = \overline{A + 0} = \overline{A}$$

$$Y_2 = \overline{A \cdot 0} = 1$$

$$Y_3 = A \oplus 0 = A \cdot \overline{0} + \overline{A} \cdot 0 = A$$

5. CMOS 非门的特点

1）静态功耗低

当 CMOS 非门处于稳态时，无论是输出高电平还是低电平，VT_N 管和 VT_P 管必有一个截止，另一个导通。由于截止时截止电阻非常大，流过 VT_N 管和 VT_P 管的电流极小，故 CMOS 非门的静态功耗低。

2）开关速度比较快

当 CMOS 非门的输出由高电平变为低电平时，VT_N 管导通，由于 NMOS 管沟道电阻很小，给负载电容提供了一条快速放电回路。当 CMOS 非门的输出由低电平变为高电平时，VT_P 管导通，由于 PMOS 管沟道电阻很小，给负载电容提供了一条快速放电回路。所以，CMOS 非门的开关速度比较快。当负载电容较小时，CMOS 非门的平均延迟时间只有几十纳秒。

3）电源电压低

CMOS 非门和 TTL 非门输出同样数值的高电平时，TTL 非门电源为 5 V，CMOS 非门电源只需 3.6 V 即可。CMOS 非门的低电平为 0 V，TTL 非门的低电平为 0.3 V，CMOS 非门的低电平更低。所以，CMOS 非门可以在较低的供电电压下工作，同时供电电压范围很宽，可以从 1 V 多到近 20 V。

4）噪声容限高

CMOS 非门的阈值电压 $U_T = V_{DD}/2$，在同样 5 V 供电电压条件下，CMOS 非门的阈值电压高出 TTL 非门的阈值电压大约 1 V。因此，CMOS 非门的噪声容限高于 TTL 非门，即 CMOS 非门有更强的抗干扰能力。

CMOS 非门的缺点是比较容易受到静电的损伤。这是由于场效应管的栅极和源极之间几乎是绝缘的，电阻极大，而栅极和源极之间的电容又很小，所以一旦受到静电的影响，栅极和源极之间会产生很高的电压，这个电压很可能击穿栅极，使场效应管损坏。虽然 CMOS 门电路都有输入保护电路，但仍要注意静电的危害。

2.4.2 常用 CMOS 门电路

CMOS 非门是最基本的单元电路，常用的 CMOS 门电路还有与门、或门、与非门、或非门、与或非门、异或门等。下面以 CMOS 与非门和或非门为例，分析其电路结构及工作原理。

在 CMOS 非门的基础上很容易扩展得到 CMOS 与非门和或非门。扩展的规律是 NMOS 逻辑块“与逻辑串联，或逻辑并联”；PMOS 逻辑块“与逻辑并联，或逻辑串联”。

1. CMOS 与非门

1）电路结构

CMOS 与非门的电路结构如图 2.23 所示。

电路中两个 NMOS 驱动管 VT_1 和 VT_2 串联，两个 PMOS 负载管 VT_3 和 VT_4 并联。NMOS 管 VT_1 和 PMOS 管 VT_3 配对，连接到输入端 B；NMOS 管 VT_2 和 PMOS 管 VT_4 配对，连接到输入端 A。

电路结构满足“与逻辑 NMOS 逻辑块串联，PMOS 逻辑块并联”的组成规律。

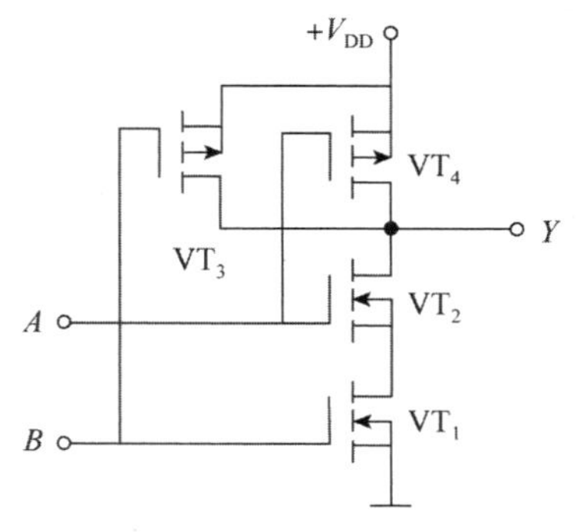

图 2.23　CMOS 与非门的电路结构

2）工作原理

（1）全 1 出 0。当 CMOS 与非门两个输入端都为高电平时，NMOS 管 VT_1 和 VT_2 同时满足栅极-源极电压大于开启电压 U_{TN}，VT_1 和 VT_2 同时导通，NMOS 管导通电阻很小，输出端视为与地连接。

PMOS 管 VT_3 和 VT_4 同时满足栅极-源极电压大于开启电压 U_{TP}，VT_3 和 VT_4 同时截止。PMOS 管截止电阻非常大，输出端与电源断开。

输出端与电源断开，与地接通，输出为低电平，为“全 1 出 0”。

（2）有 0 出 1。当 CMOS 与非门至少有一个输入端为低电平时，NMOS 管 VT_1 和 VT_2 至少有一个满足栅极-源极电压小于开启电压 U_{TN}，至少有一个截止，由于 VT_1 和 VT_2 串联，使输出端与地之间断开。

PMOS 管 VT_3 和 VT_4 至少有一个满足栅极-源极电压小于开启电压 U_{TP}，该 PMOS 管导通，由于两个 PMOS 管并联，只要有一个导通，输出端就与电源 V_{DD} 连通。

输出端与地之间断开，与电源 V_{DD} 连通，输出为高电平，为“有 0 出 1”。

综上所述，CMOS 与非门具有“有 0 出 1，全 1 出 0”的逻辑功能，为与非逻辑功能，$Y=\overline{AB}$，该电路为与非门。

2. CMOS 或非门

1）电路结构

CMOS 或非门的电路结构如图 2.24 所示。

电路中两个 NMOS 驱动管 VT_1 和 VT_2 并联，两个 PMOS 负载管 VT_3 和 VT_4 串联。NMOS 管 VT_1 和 PMOS 管 VT_3 配对，连接到输入端 B；NMOS 管 VT_2 和 PMOS 管 VT_4 配对，连接到输入端 A。

电路结构满足“或逻辑 NMOS 逻辑块并联，PMOS 逻辑块串联”的组成规律。

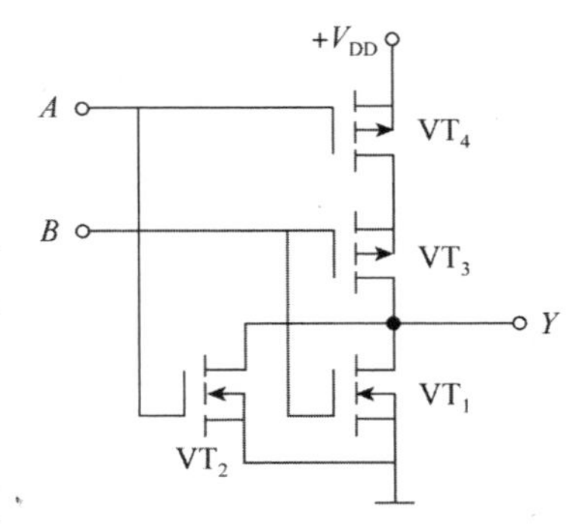

图 2.24　CMOS 或非门的电路结构

2）工作原理

（1）全 0 出 1。当 CMOS 或非门两个输入端都为低电平时，NMOS 管 VT_1 和 VT_2 同时满足栅极-源极电压小于开启电压 U_{TN}，VT_1 和 VT_2 同时截止，由于两管并联，使输出端与地之间断开。

PMOS 管 VT_3 和 VT_4 同时满足栅极-源极电压小于开启电压 U_{TP}，VT_3 和 VT_4 同时导通，两管串联，导通电阻很小，输出端与电源 V_{DD} 连接。

输出端与地之间断开，与电源 V_{DD} 连接，输出为高电平，为“全 0 出 1”。

（2）有 1 出 0。当 CMOS 或非门至少有一个输入端为高电平时，NMOS 管 VT_1 和 VT_2 至少有一个满足栅极-源极电压大于开启电压 U_{TN}，因此至少有一个导通。由于 VT_1 和 VT_2 并联，使得输出端与地连接。

PMOS 管 VT_3 和 VT_4 至少有一个满足栅极-源极电压大于开启电压 U_{TP}，该 PMOS 管截止。由于两个 PMOS 管串联，使输出端与电源 V_{DD} 断开。

输出端与电源 V_{DD} 断开，与地连接，输出为低电平，为“有 1 出 0”。

综上所述，CMOS 或非门满足“有 1 出 0，全 0 出 1”，实现了或非逻辑功能，$Y = \overline{A + B}$，该电路为或非门。

【例 2.8】 一个 CMOS 电路如图 2.25 所示，试分析其逻辑功能，写出其逻辑表达式。

解： 从电路结构上分析，MOS 管 VT_1、VT_2、VT_3、VT_4 组成 CMOS 与非门电路，输出 F 表达式为

$$F = \overline{AB}$$

MOS 管 VT_5、VT_6 组成 CMOS 非门电路，输出 Y 表达式为

$$Y = \overline{F} = \overline{\overline{AB}} = AB$$

故该电路为一个二输入端的与门电路，$Y = AB$。

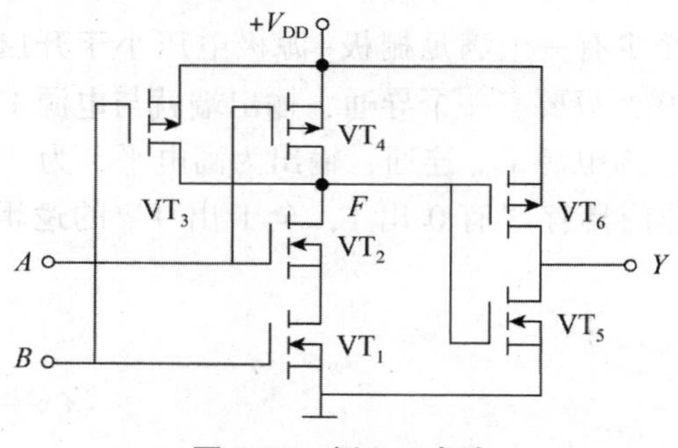

图 2.25　例 2.8 电路

2.4.3　CMOS 传输门

CMOS 门电路还有 CMOS 漏极开路门（简称 OD 门）、CMOS 三态门、CMOS 传输门等。其中 CMOS 漏极开路门和 CMOS 三态门的性能与 TTL 的集电极开路门、三态门基本相同，不再赘述。下面仅分析 CMOS 传输门的性能。

1. 电路结构

根据 NMOS 管和 PMOS 管的开关特性，将 NMOS 管和 PMOS 管并联在一起就构成 CMOS 传输门，其电路和逻辑符号如图 2.26 所示。

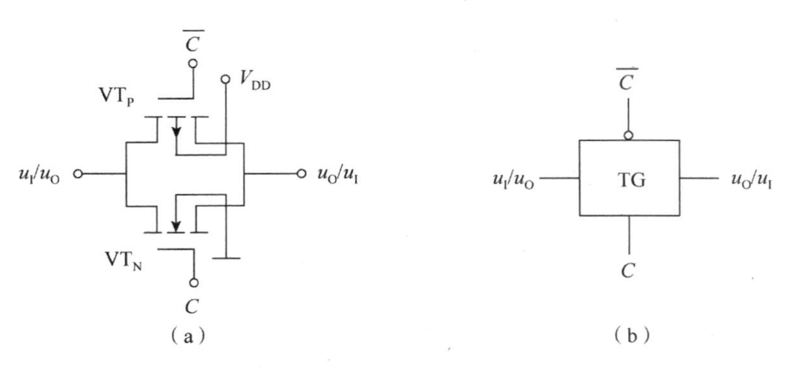

图 2.26　CMOS 传输门的电路结构和逻辑符号

(a) 电路结构；(b) 逻辑符号

两个管的源极相连作为输入/输出端 u_I/u_O，两个管的漏极相连作为输出/输入端 u_O/u_I。两管的栅极作为控制端，VT_N 管栅极的控制信号为 C，VT_P 管栅极的控制信号为 $\overline{C}$，控制传输门的导通和关断。由于 MOS 管的对称性，漏极与源极可以互换，可以实现信号的双向传输，也称双向开关。CMOS 传输门既可以传输数字信号，又可以传输模拟信号，有非常广泛的应用。

2. 工作原理

CMOS 传输门两个管的开启电压绝对值之和要小于等于电源电压，即 $V_{DD} \geq |U_{TP}| + |U_{TN}|$，输入电压满足 $0 \leq u_I \leq V_{DD}$。为了分析方便，假设电源电压 $V_{DD}=10$ V，VT_N 管开启电压 $U_{TN}=3$ V，VT_P 管开启电压 $U_{TP}=-3$ V。

1) 传输信号

如果控制端 C 加 10 V，$\overline{C}$ 加 0 V，如图 2.27 (a) 所示，当输入电压 u_I 在 0 ~ 3 V 范围内时，VT_N 导通，VT_P 截止；当 u_I 在 3 ~ 7 V 范围内时，VT_N 与 VT_P 同时导通；当 u_I 在 7 ~ 10 V 范围内时，VT_N 截止，VT_P 导通。所以输入电压 u_I 在 0 ~ 10 V 范围内时，至少有一个管导通，这相当于开关闭合，有 $u_O=u_I$，实现了信号传输。

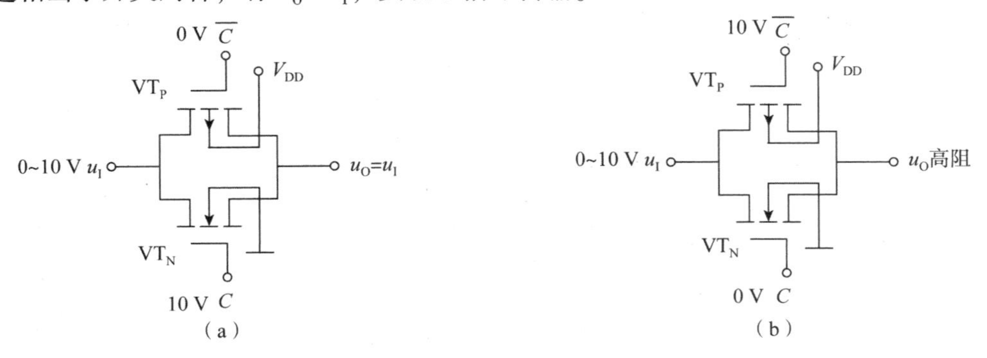

图 2.27　CMOS 传输门工作原理

(a) 电路导通；(b) 电路截止

2) 不传输信号

如果控制端 C 加 0 V，$\overline{C}$ 加 10 V，如图 2.27 (b) 所示，当输入电压 u_I 在 0 ~ 10 V 范围

内时，VT_N 管和 VT_P 管始终截止，这相当于开关断开，不能传输信号。

综上所述，CMOS 传输门的导通与截止取决于控制端电平。当 $C=1$ 和 $\overline{C}=0$ 时，传输门导通；当 $C=0$ 和 $\overline{C}=1$ 时，传输门截止。

3. CMOS 传输门的应用举例

CMOS 传输门和非门结合可以组成单刀开关，电路如图 2.28 所示。

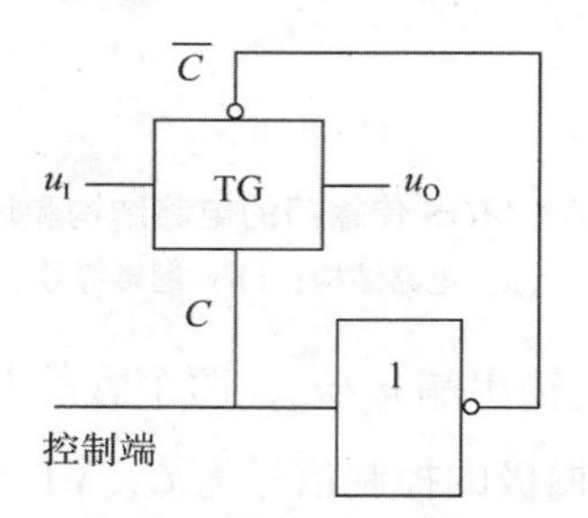

图 2.28　CMOS 传输门组成单刀开关

控制信号送到 C 端，经非门送到 $\overline{C}$ 端。当控制信号为 1 时，开关闭合；当控制信号为 0 时，开关断开。

使用多组这样的开关可以组成双刀开关或多路开关。

2.4.4　CMOS 门电路与 TTL 门电路的比较

CMOS 门电路与 TTL 门电路相比较，主要区别如下。

（1）TTL 门电路是由双极型三极管构成的，CMOS 门电路是由 MOS 管构成的。

（2）CMOS 门电路的电源电压范围宽（1.5～18 V），而 TTL 门电路的电源电压为 5 V。

（3）TTL 门电路输入端悬空相当于高电平，CMOS 门电路不允许输入端悬空，因为 CMOS 门电路输入电阻大，栅极电容上的感应电荷不易泄放，会造成输出状态不定，若有干扰信号，还容易击穿 MOS 管。

（4）TTL 门电路输入端与地之间接电阻时，输入电压随输入电阻的变化而变化。当 $R \geqslant R_{on}$ 时，输入电压 $u_I=1.4$ V，相当于高电平。当 $R \leqslant R_{off}$ 时，输入电压相当于低电平。CMOS 门电路输入端接电阻时，由于输入电流近似为 0，输入相当于低电平。

（5）TTL 门电路输出高电平为 3.6 V，输出低电平为 0.3 V，阈值电压为 1.4 V；CMOS 门电路输出高电平接近于 V_{DD}，输出低电平为 0 V，阈值电压为 $V_{DD}/2$。

（6）CMOS 门电路的扇出系数计算方法与 TTL 门电路不同。CMOS 门电路的扇出系数取决于工作速度，工作速度低，扇出系数大一些；工作速度高，扇出系数小一些。CMOS 门电路的扇出系数比 TTL 门电路的扇出系数大。

（7）CMOS 门电路的静态功耗很小，动态功耗随着工作速度的提高而增大，当工作速度达到 1 MHz 左右时，CMOS 门电路的功耗与 TTL 门电路差不多。CMOS 门电路适合制作大规模集成电路。

（8）CMOS 门电路的噪声容限比 TTL 门电路高，抗干扰能力强。

（9）CMOS 门电路的热稳定性比 TTL 门电路好。

思考题

1. CMOS 门电路的输出高电平与低电平各为多少?

2. CMOS 门电路在某输入端和地之间接一个 100 kΩ 的电阻，该输入端的输入电压为高电平还是低电平?

3. 简述 CMOS 传输门的工作原理。

4. TTL 门电路与 CMOS 门电路的区别有哪些?

2.5 TTL 门电路与 CMOS 门电路的应用

集成电路按三极管的性质分为 TTL 和 CMOS 两大类，TTL 以速度见长，CMOS 以功耗低而著称，其中 CMOS 电路以其优良的特性成为目前应用最广泛的集成电路。在实际使用两种门电路时，具有很多不一样的地方。

2.5.1 TTL 门电路与 CMOS 门电路的使用

由于 TTL 与 CMOS 两种电路的存在，经常会遇到门电路多余输入端的处理，以及不同门电路之间接口的匹配等问题，这在集成门电路使用中需要加以注意。

1. 集成门电路在使用时须共同注意的问题

TTL 门电路和 CMOS 门电路在使用时须共同注意以下 3 个问题。

(1) 集成门电路的输出端不允许和电源或地直接短接，否则门电路会过载烧毁。

(2) 几个门电路的输出端不允许直接并联使用（TTL OC 门和 CMOS OD 门例外），否则会造成门电路过载烧毁。

(3) 集成门电路的多余输入端应妥善处理，以防影响其逻辑功能的实现。尤其要注意 CMOS 门电路的多余输入端不允许悬空，否则有可能被击穿。TTL 门电路的多余输入端也不要悬空，以防干扰从悬空输入端窜入，影响电路的逻辑功能。

多余输入端的处理方法如下。

① 与门及与非门的多余输入端应接高电平，可以通过一个上拉电阻接电源正极，接标准高电平，或与其他输入端并联使用。

② 或门及或非门的多余输入端应接低电平，可以接地或与其他输入端并联使用。

③ 与或非门多余不用的与门的输入端全部接低电平。

2. TTL 门电路的使用

(1) 电源电压及电源干扰的消除。TTL 门电路对电源要求比较严格，要求电源为 (5±5%) V，以防损坏集成电路。严禁颠倒电源极性，否则会瞬间将集成电路烧毁。

为防止动态尖峰电流或脉冲电流通过公共电源内阻耦合到逻辑电路造成的干扰，需对电源进行滤波。通常在电路的电源端对地接入 10 ~ 100 μF 的电容对低频进行滤波。由于大电容存在一定的电感，它不能滤除高频干扰，在电路中每隔6～8个门电路需在电源端与地加接一个0.01～0.1 μF的电容对高频干扰进行滤波。

（2）TTL门电路由于功耗较大，在需要扇出系数较大的情况下，一定要考虑集成电路的带负载能力和总功耗是否能承受。

3. CMOS门电路的使用

CMOS门电路在使用时要特别注意防止较强的静电感应，使CMOS门电路输入端的MOS管被击穿，应注意遵守下列保护措施：

（1）组装调试时，使用设备必须可靠接地；

（2）在焊接时，电烙铁功率不宜过大，电烙铁要有良好的外接地线，以屏蔽交流电场；

（3）CMOS门电路要放在防静电材料中储存；

（4）防止电源电压过高，超过极限，防止电源极性接反，烧毁器件。

2.5.2 CMOS门电路与TTL门电路的接口

在一个系统或电路中，经常混合使用CMOS电路和TTL电路，必须注意采用合适的接口电路，使之相互匹配。

1. TTL输出驱动高速CMOS输入

工作在同一个5 V电源下，TTL电路的输出高电平与高速CMOS电路要求的输入高电平往往不兼容。例如，TTL电路的输出高电平为$U_{OH} \geqslant 2.4$ V，74HC系列高速CMOS电路要求的输入高电平为$U_{IH} \geqslant 3.5$ V。无法用TTL电路直接驱动高速CMOS电路。解决办法有两种。

1）提高TTL电路的输出高电平

在TTL输出端与V_{CC}之间接一个上拉电阻R（2～14 kΩ），如图2.29（a）所示，可以提高TTL的输出高电平。

如果后级CMOS电路使用较高的电源电压，可以采用OC门实现电平转换，满足高速CMOS电路输入高电平的需要，如图2.29（b）所示。

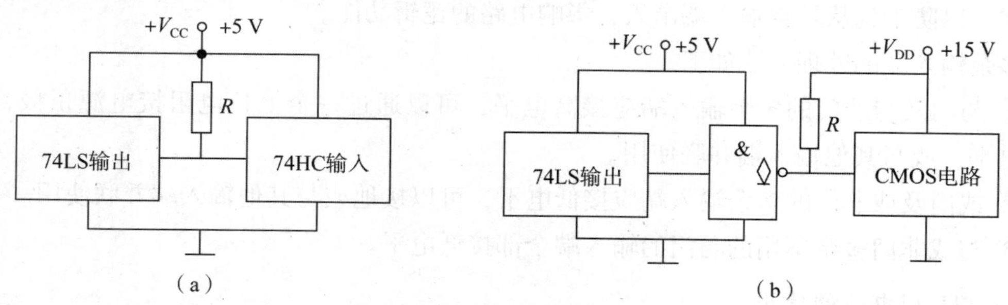

图2.29 TTL驱动CMOS接口电路

（a）接上拉电阻；（b）OC门电平转换电路

2）采用专用的电平转换接口电路

在TTL电路和74HC电路之间接一个74HCT电平转换器，如图2.30所示。

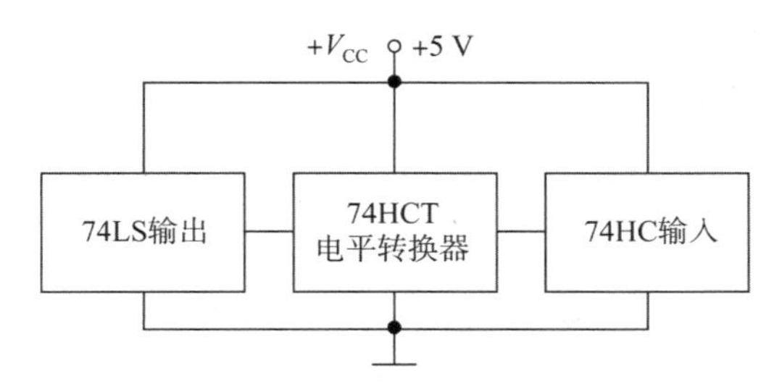

图 2.30　用电平转换器的 TTL 驱动 CMOS 接口电路

2．高速 CMOS 输出驱动 TTL 输入

由于高速 CMOS 输出电平与 TTL 输入电平兼容，如果都用相同的 5 V 电源，则两者可以直接连接，如图 2.31（a）所示。当 CMOS 电源电压较高时，采用三极管反相器作接口电路，如图 2.31（b）所示。

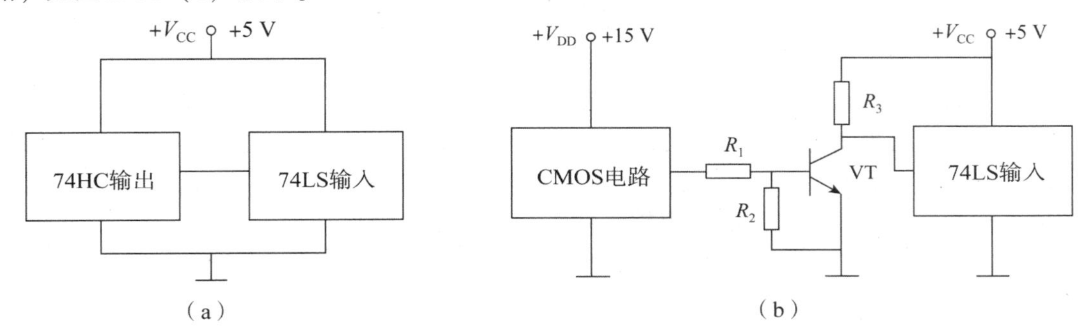

图 2.31　CMOS 驱动 TTL 接口电路

（a）直接连接；（b）采用三极管电路

2.5.3　门电路的应用举例

门电路的应用非常广泛，下面简要介绍门电路的几个应用。

1．倍压电路

用非门组成的二倍压电路如图 2.32 所示，利用二极管的单向导电性可将+10 V 电源变换成+20 V 电压，提供给一些需要小电压、小电流的场合使用。

电路结构：电路中两个非门组成频率为 100 kHz 的方波振荡器，C_2、VD_1、VD_2、C_3 构成充放电电路。

工作原理：当方波振荡器输出信号为低电平时，电源 V_{CC} 通过 VD_1 对 C_2 充电，充电电压为 10 V，极性为左负右正，此时 VD_2 被反向偏置，输出电压为电容 C_2 的端电压。当方波振荡器输出信号为高电平时，由于已充电完成的 C_2 上的电压不能突变，其右端的电压将达到 20 V，此时 VD_1 被反向偏置，20 V 电压通过 VD_2 给 C_3 充电，因此在输出端可得到约为 20 V 的直流电压。

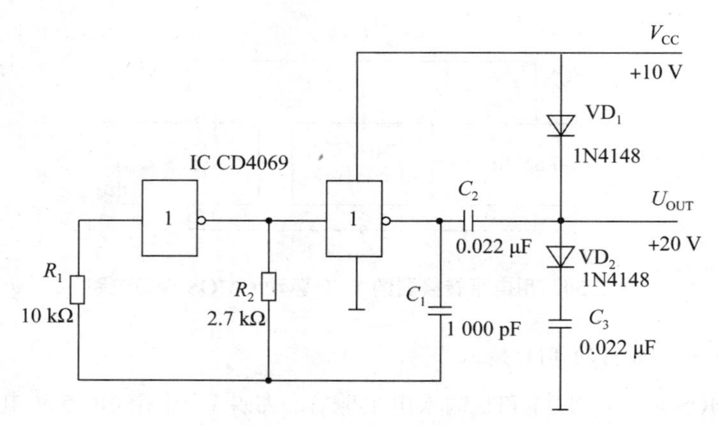

图 2.32　二倍压电路

2. 保险箱开门指示电路

保险箱开门指示电路如图 2.33 所示。电路中用与非门控制指示灯的亮和灭。指示灯为一个发光二极管，开关为一个碰撞开关，电路中使用的与非门为 TTL 与非门。

当保险箱的门关闭时，碰撞开关 S 闭合，与非门的接开关的输入端为低电平，与非门的输出端为高电平，发光二极管不亮；当保险箱的门打开时，碰撞开关 S 断开，与非门的接开关的输入端为高电平，与非门的两个输入端都为高电平，输出端为低电平，发光二极管点亮。电路实现了保险箱是否打开的指示作用。

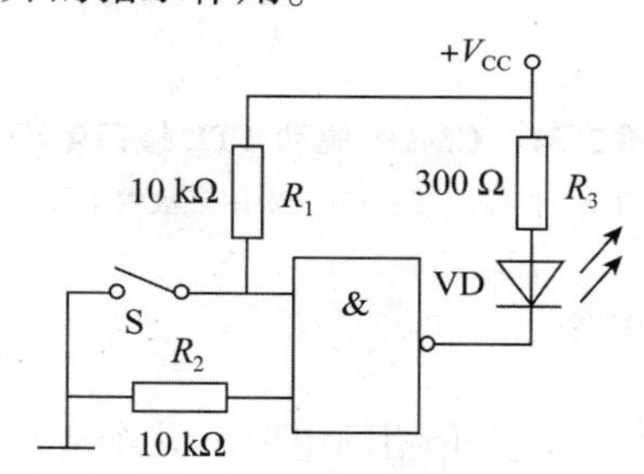

图 2.33　保险箱开门指示电路

3. 多路开关

使用三态门可以组成多路开关，实现从多路数据选择一路数据输出。以两路开关为例，其电路如图 2.34 所示。

当控制信号 $EN=1$ 时，三态门 G_1 工作，G_2 为高阻态，$Y=A_1$，选择 A_1 从输出端输出。

当 $EN=0$ 时，三态门 G_1 高阻态，G_2 工作，$Y=A_2$，选择 A_2 从输出端输出。

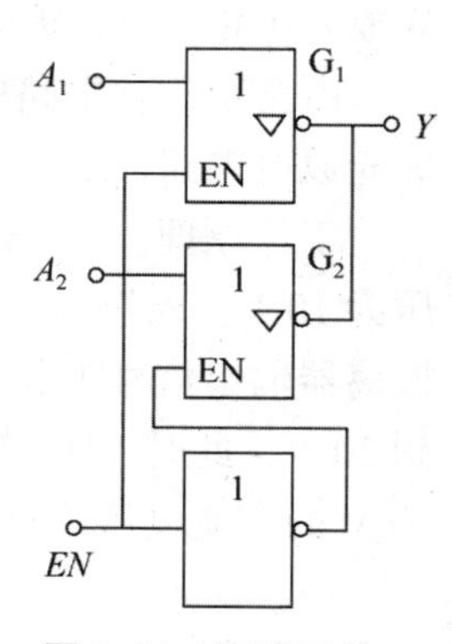

图 2.34　两路开关

4. 逻辑状态测试笔

如图 2.35 所示为用 CMOS 与非门组成的逻辑状态测试笔电路。其工作原理如下。

当测试探针 A 悬空时，G_1 门输入低电平，输出高电平，G_2 门输出低电平，发光二极管 LED_1 熄灭。与此同时，G_3 门输入高电平，输出低电平，G_4 门输出高电平，LED_2 也熄灭。

当测试探针 A 测得高电平时，VD_1 导通，G_1 门输入高电平，输出低电平，G_2 门输出高电平，发光二极管 LED_1 导通发出红光。又因 VD_2 截止，G_3 门输入高电平，输出低电平，G_4 门输出高电平，绿色发光二极管 LED_2 熄灭。

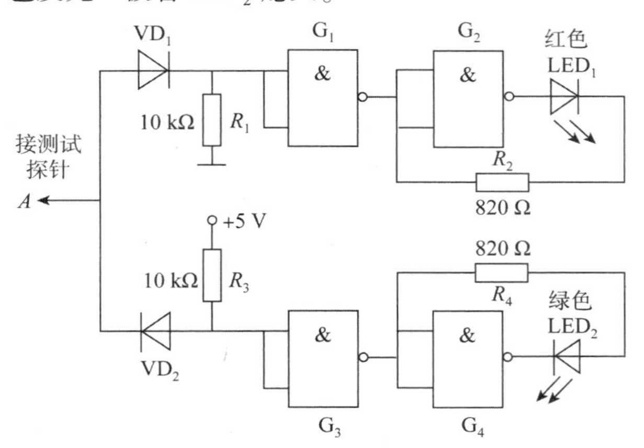

图 2.35　逻辑状态测试笔电路

当测试探针 A 测得低电平时，VD_2 导通，G_3 门输入低电平，G_4 门输出低电平，发光二极管 LED_2 导通发出绿光。又因 VD_1 截止，G_1 门输入低电平，G_2 门输出低电平，红色发光二极管 LED_1 熄灭。

当测试探针 A 测得的为周期性的低速脉冲（如秒脉冲）时，则发光二极管 LED_1 和 LED_2 会交替发光。

逻辑状态测试笔应选用高速 CMOS 与非门，不宜选用 TTL 与非门，这样电路才能正常工作。

思考题

1. 在组成电路时需要与门、或门和或非门，但手头只有最常用的集成与非门，你能够用与非门组成所需要的三种门电路吗？

2. 在组成电路时需要与门、或门和与非门，但手头只有最常用的集成或非门，你能够用或非门组成所需要的三种门电路吗？

3. TTL 门电路与 CMOS 门电路的多余输入端如何处理？

本章小结

1. 用以实现基本逻辑运算和组合逻辑运算的单元电路称为门电路。

2. 二极管、三极管、场效应管是组成门电路的主要元件，是利用它们的开关特性构成电子开关，即二极管单向导电性使其具有开关特性；三极管工作在截止与饱和状态使其具有开关特性；场效应管工作在截止与导通状态使其具有开关特性。

3. TTL 集成门电路的结构由输入级、中间级和输出级构成，其中输出级有推挽式、集电极开路和三态等结构，构成了形式多样的TTL集成门电路，基本门电路有与门、或门、非门、与非门、或非门、与或非门、异或门等，具有特色的门电路有集电极开路门、三态门等。

TTL集成门电路的电气特性主要有电压传输特性、输入负载特性、输出负载特性等，了解电气特性可以更好地使用门电路。

TTL集成门电路的参数有电压参数、电流参数和极限参数。应重点掌握门电路的输出电压、输入电压、阈值电压、输入短路电流、扇出系数等参数。

TTL集电极开路门采用集电极开路的输出方式，在使用时必须在输出端和电源之间接上拉电阻，它具有输出端可以并联的独有特性，因而可以实现线与。它具有比一般门电路更强的带负载能力，可以实现电平转换等。

TTL三态输出门具有三种输出状态，除了输出高、低电平外，还具有高阻状态，在控制阻断和连通方面有广泛应用。

4. CMOS门电路以CMOS非门为例，介绍了电路结构、工作原理，以及性能参数，并介绍了CMOS与非门、CMOS或非门及CMOS传输门。CMOS传输门是一种数字开关，由数字信号控制，既可以传输数字信号，又可以传输模拟信号，并具有双向传输的功能。

5. 最后介绍了使用集成门电路要注意的问题，尤其要注意门电路多余输入端如何处理，否则会影响门电路正常工作。同时本章列举了各种门电路的应用实例，应熟悉门电路的简单应用。

一、填空题

1. 数字集成电路中的三极管常工作在截止和（　　）状态。

2. TTL门电路输入端悬空时，应视为（　　）。

3. 门电路如题图2.1所示，Y_1为TTL电路的输出端，为实现逻辑表达式$Y_1=\overline{A+B}$的功能，请将多余输入端C进行处理（只需一种处理方法），C端应（　　）。

4. 门电路如题图2.2所示，Y_2为TTL电路的输出端，为实现逻辑表达式$Y_2=AB$的功能，请将多余输入端C进行处理（只需一种处理方法），C端应（　　）。

5. 门电路如题图2.3所示，Y_3为CMOS电路的输出端，为实现逻辑表达式$Y_3=\overline{AB}$的功能，请将多余输入端C进行处理（只需一种处理方法），C端应（　　）。

6. 门电路如题图2.4所示，Y_4为CMOS电路的输出端，为实现逻辑表达式$Y_4=A$的功能，请将多余输入端C进行处理（只需一种处理方法），C端应（　　）。

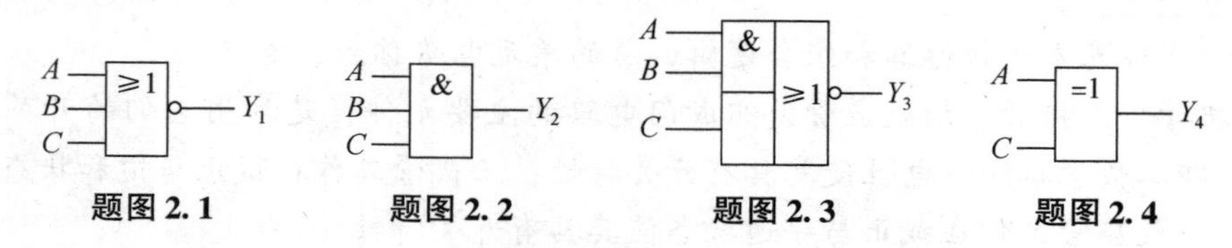

题图2.1　题图2.2　题图2.3　题图2.4

7. 三输入端TTL与非门如题图2.5所示，图中F点的电位为（　　）。

8. 如题图 2.6 所示电路由 TTL 门组成，该电路在稳态时，A 点的电位为（　　）。
9. 如题图 2.7 所示电路由 TTL 门组成，该电路在稳态时，B 点的电位为（　　）。
10. 如题图 2.8 所示，门电路的名称是（　　）。

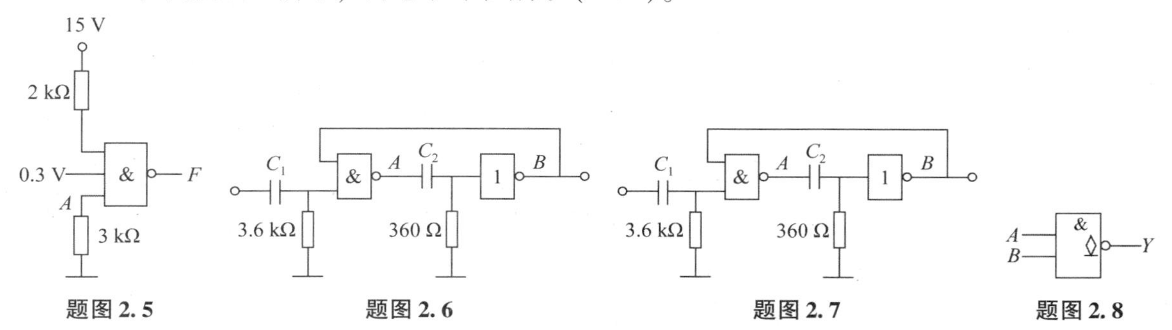

题图 2.5　题图 2.6　题图 2.7　题图 2.8

11. 集电极开路的门电路，在工作时需要外接负载电阻和电源，能实现（　　）。
12. 三态门的三态是指输出为（　　）、高电平和高阻三种状态。
13. 只要输入有一个是0，输出就为1，此种门电路为（　　）。
14. 只要输入有一个是1，输出就为0，此种门电路为（　　）。
15. 输入相同输出为0，输入不同输出为1，此种门电路为（　　）。
16. 输入相同输出为1，输入不同输出为0，此种门电路为（　　）。
17. 当输入所有条件只要其中一个满足时，其输出成立，此种门电路为（　　）。

二、选择题

1. 在数字电路中，三极管的工作状态为（　　）。

   A. 饱和　　B. 放大　　C. 饱和或放大　　D. 饱和或截止

2. 逻辑图如题图 2.9（a）所示，输入 A、B 的波形如题图 2.9（b）所示，试分析在 t_1 瞬间输出 F 为（　　）。

   A. “1”　　B. “0”　　C. 不定　　D. 以上各项都不是

3. 逻辑图和输入 A、B 的波形如题图 2.10 所示，当输出 F 为“1”的时刻，应是（　　）。

   A. t_1　　B. t_2　　C. t_3　　D. 以上各项都不是

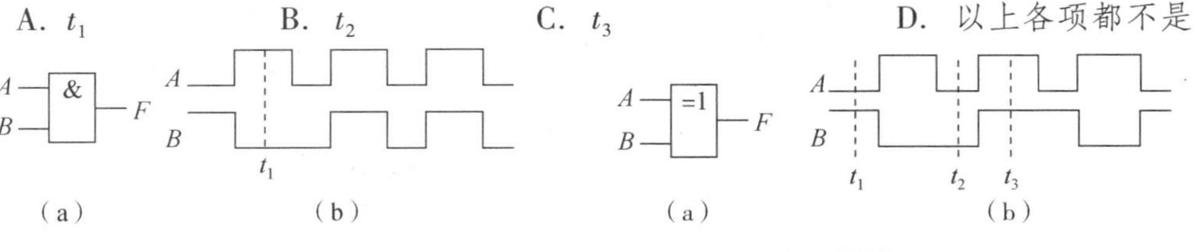

题图 2.9　　题图 2.10

4. 如题图 2.11 所示逻辑电路的逻辑表达式为（　　）。

   A. $F = A\overline{B} + \overline{A}B$　　B. $F = \overline{AB} + \overline{\overline{A}\,\overline{B}}$　　C. $F = AB + \overline{A}\,\overline{B}$　　D. 以上各项都不是

题图 2.11

5. 在如题图2.12所示TTL各电路中，关门电阻$R_{off}=0.7\ k\Omega$，开门电阻$R_{on}=2\ k\Omega$，能实现逻辑功能$F=\overline{AB}$的电路有（　　）。

A. 电路（a）　B. 电路（b）　C. 电路（c）　D. 电路（d）

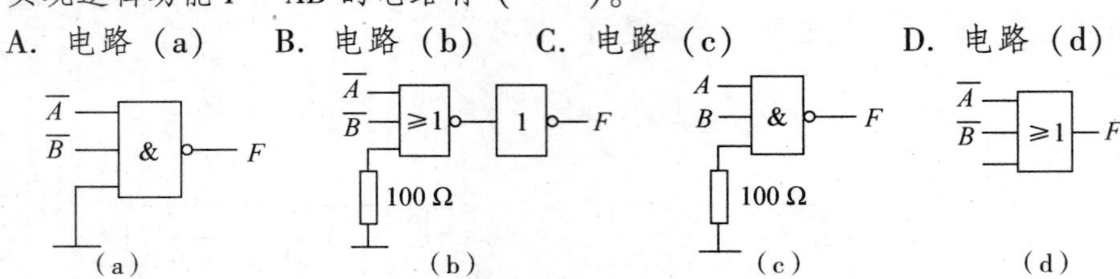

题图 2.12

6. TTL与非门中多余的输入端应接（　　）。

A. 低电平　B. 高电平　C. 地　D. 悬空

7. 逻辑图和输入A的波形如题图2.13所示，输出F的波形为（　　）。

A.（a）波形　B.（b）波形　C.（c）波形　D. 以上各项都不是

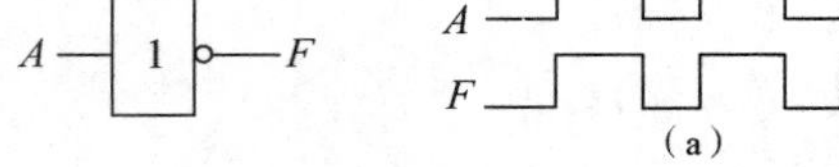

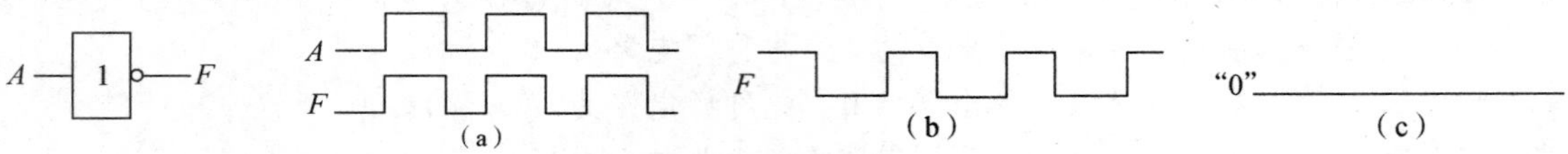

F

（b）

题图 2.13

8. 在正逻辑条件下，如题图2.14所示门电路的逻辑表达式为（　　）。

A. $F=A+B$　B. $F=AB$　C. $F=\overline{A+B}$　D. 以上各项都不是

9. CMOS电路如题图2.15所示，输出高电平$V_{OH}=5\ V$，低电平$V_{OL}=0\ V$，则图（a）和图（b）的输出为（　　）。

A. $F_a=5\ V$，$F_b=5\ V$　B. $F_a=5\ V$，$F_b=0\ V$

C. $F_a=0\ V$，$F_b=0\ V$　D. $F_a=0\ V$，$F_b=5\ V$

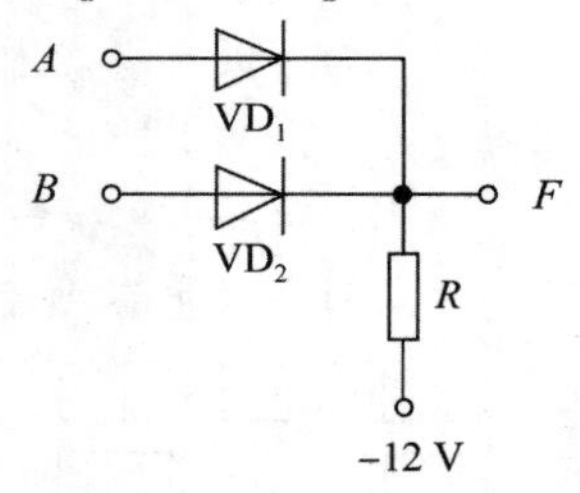

题图 2.14

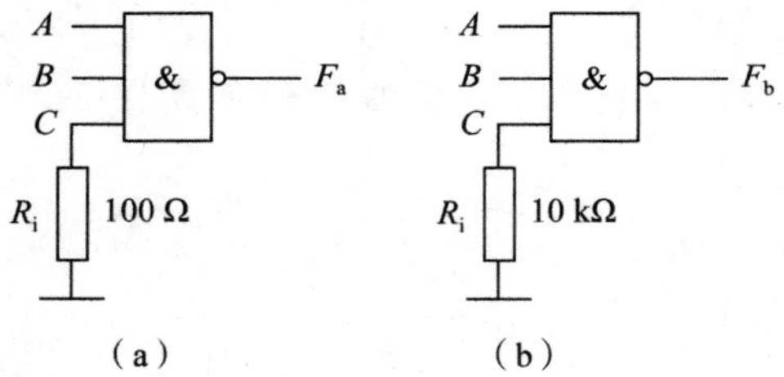

A　B　C　&　F_a　R_i　100 Ω　（a）

A　B　C　&　F_b　R_i　10 kΩ　（b）

题图 2.15

10. 如题图2.16所示CMOS电路中逻辑表达式为$Y=\overline{A}$的是（　　）。

A.（a）电路　B.（b）电路　C.（c）电路　D.（d）电路

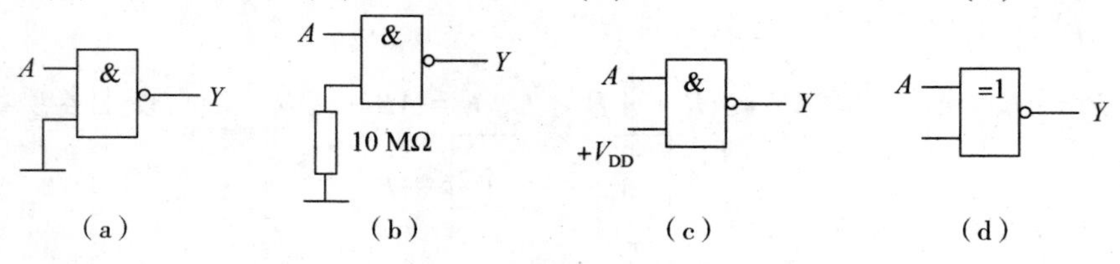

题图 2.16

11. 如题图 2.17 所示的电路是（　　）逻辑电路。

A. 或门　　B. 与门　　C. 或非门　　D. 与非门

12. 如题图 2.18 所示的电路是（　　）逻辑电路。

A. 或门　　B. 与门　　C. 或非门　　D. 与非门

13. 如题图 2.19 所示的电路是（　　）逻辑电路。

A. 异或门　　B. 同或门　　C. 或非门　　D. 与非门

14. 如题图 2.20 所示的电路是（　　）逻辑电路。

A. 异或门　　B. 同或门　　C. 或非门　　D. 与非门

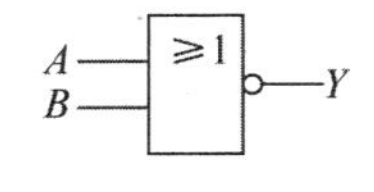

题图 2.17

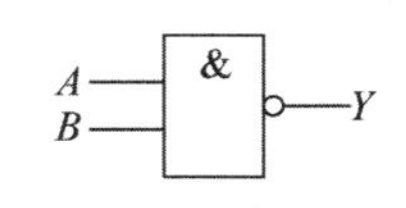

题图 2.18

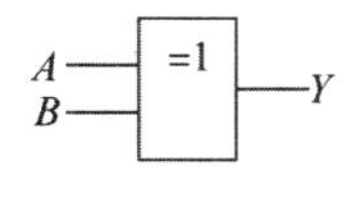

题图 2.19

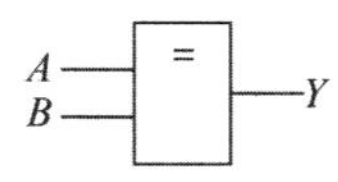

题图 2.20

15. 在如题图 2.21 所示三个逻辑电路中，能使 $Y=(A+B)(C+D)$ 的是图（　　）。

A.（a）　　B.（b）　　C.（c）　　D. 都不是

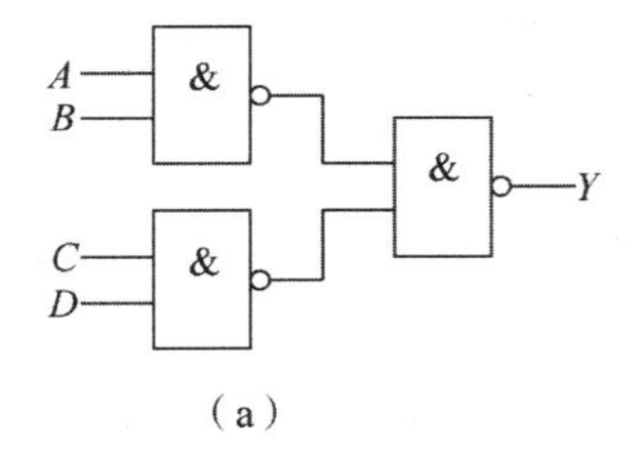

（a）

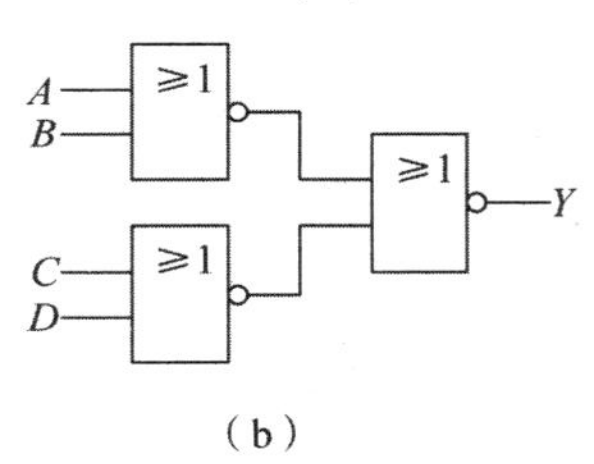

（b）

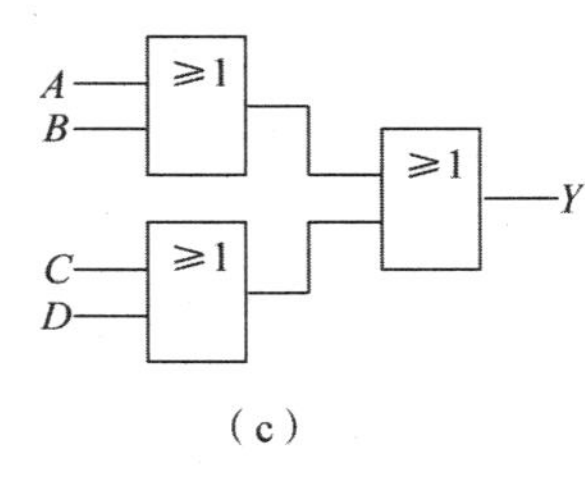

（c）

题图 2.21

16. 若输入变量 A、B 和输出变量 Y 的波形如题图 2.22 所示，则逻辑表达式为（　　）。

A. $Y=A\overline{B}+\overline{A}B$　　B. $Y=AB+\overline{A}\,\overline{B}$

C. $Y=A+\overline{B}$　　D. $Y=\overline{A}+B$

17. 如题图 2.23 所示组合电路的逻辑表达式为（　　）

A. $Y=AB\cdot\overline{B}C$　　B. $Y=\overline{AB\cdot\overline{B}C}$

C. $Y=AB+\overline{B}C$　　D. $Y=\overline{AB}+\overline{B}C$

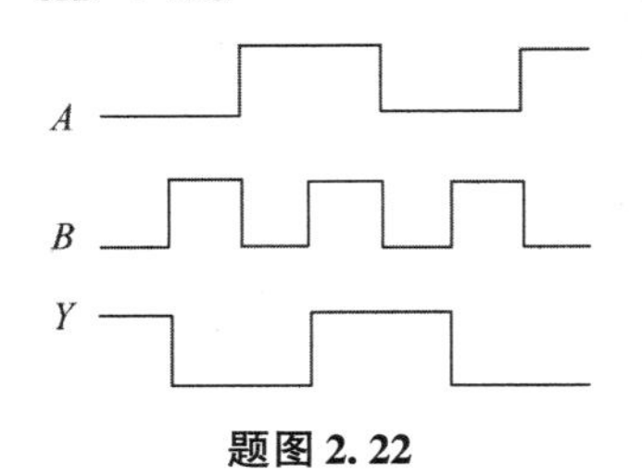

题图 2.22

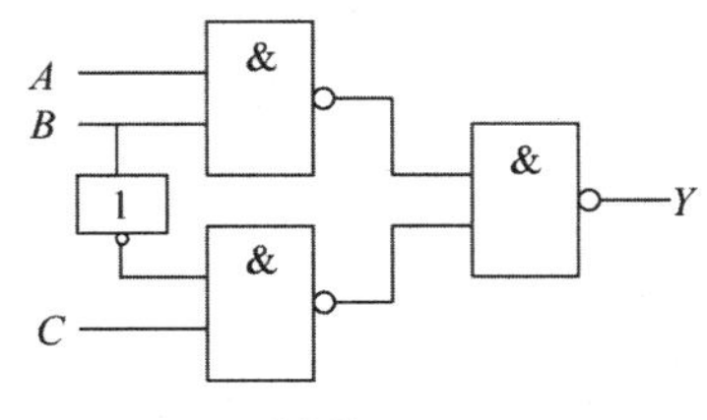

题图 2.23

18. 如题图2.24所示门电路，$Y=1$ 的是图（　　）。

A. (a)　　B. (b)　　C. (c)　　D. (d)

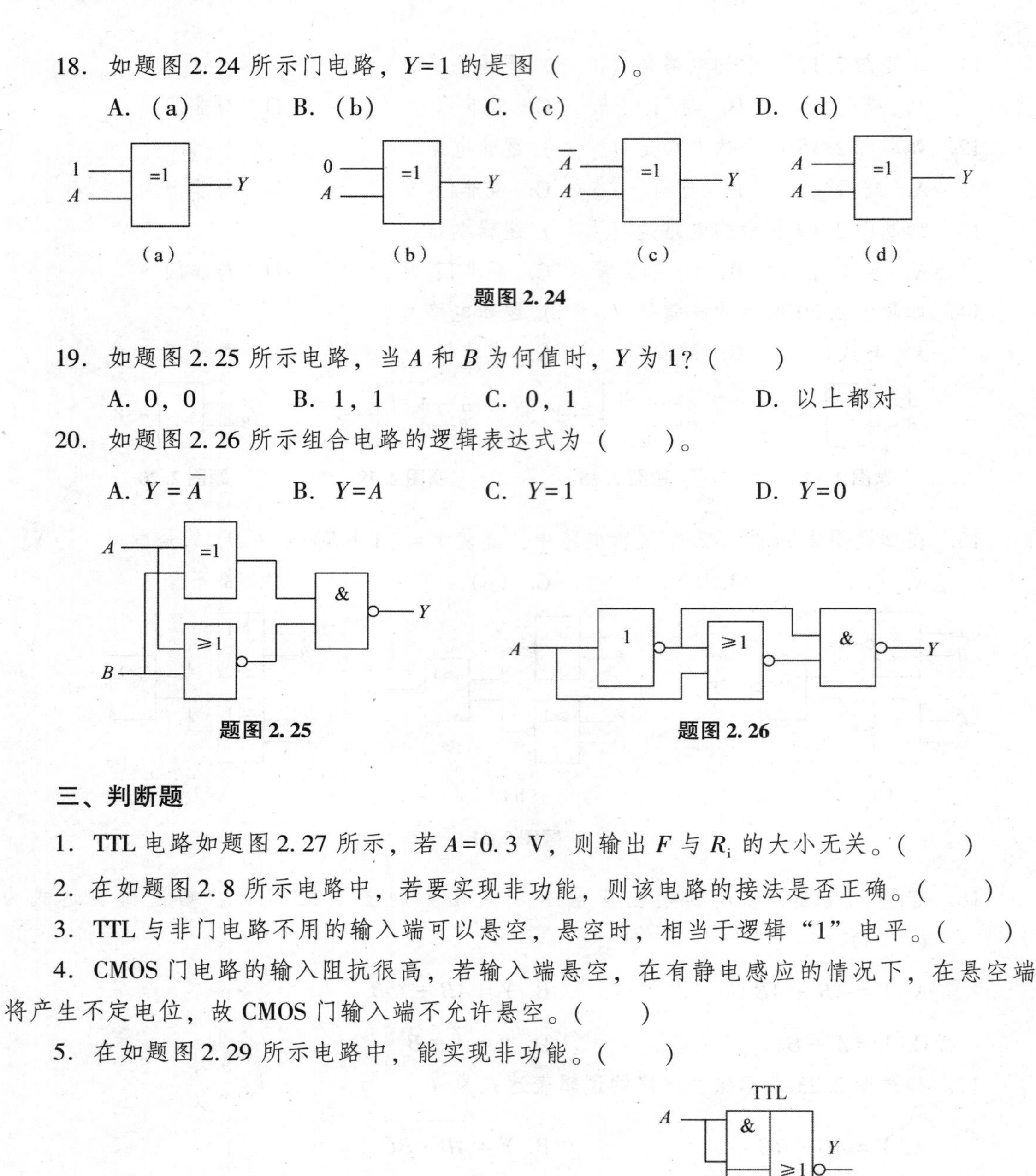

题图2.24

19. 如题图2.25所示电路，当 A 和 B 为何值时，Y 为1？（　　）

A. 0，0　　B. 1，1　　C. 0，1　　D. 以上都对

20. 如题图2.26所示组合电路的逻辑表达式为（　　）。

A. $Y=\overline{A}$　　B. $Y=A$　　C. $Y=1$　　D. $Y=0$

题图2.25　　题图2.26

三、判断题

1. TTL电路如题图2.27所示，若 $A=0.3$ V，则输出 F 与 R_i 的大小无关。（　　）

2. 在如题图2.8所示电路中，若要实现非功能，则该电路的接法是否正确。（　　）

3. TTL与非门电路不用的输入端可以悬空，悬空时，相当于逻辑“1”电平。（　　）

4. CMOS门电路的输入阻抗很高，若输入端悬空，在有静电感应的情况下，在悬空端将产生不定电位，故CMOS门输入端不允许悬空。（　　）

5. 在如题图2.29所示电路中，能实现非功能。（　　）

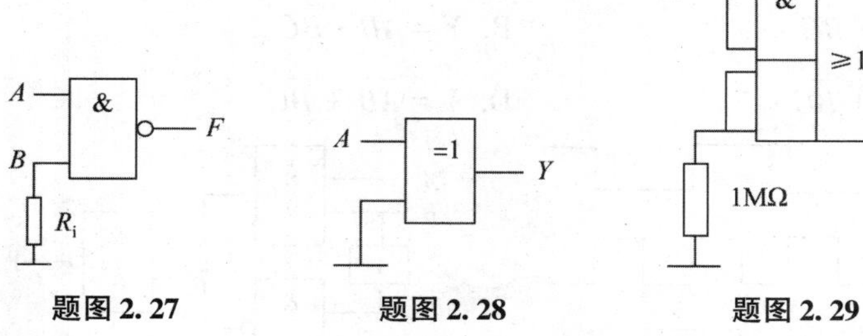

题图2.27　　题图2.28　　题图2.29

6. 在如题图2.30所示电路中，能实现非功能。（　　）

7. 在如题图2.31所示电路中，能实现非功能。（　　）

8. 在如题图2.32所示电路中，能实现非功能。（　　）

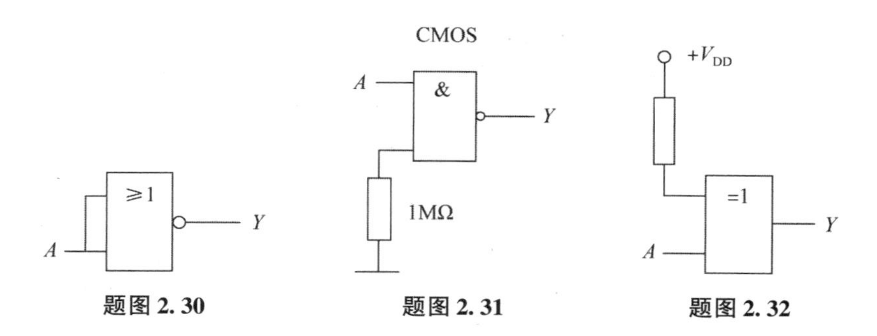

题图 2.30　　题图 2.31　　题图 2.32

9. TTL 门电路使用中应注意输出端不能和电源、地短接，否则门电路会过载烧毁。(　　)

10. CMOS 电路使用中应注意，多余输入端的处理方法：与门、与非门的接地或与其他输入端并联；或门、或非门的接电源或与其他输入端并联。(　　)

11. 和 TTL 电路相比，CMOS 电路最突出的优势在于功耗低。(　　)

12. TTL 门电路当 R_i<0.7 kΩ（关门电阻）时，输入端相当于低电平；当 R_i>2.5 kΩ（开门电阻）时，输入端相当于高电平。(　　)

四、根据给出的门电路和波形，写出逻辑表达式，并画出输出 *Y* 的波形

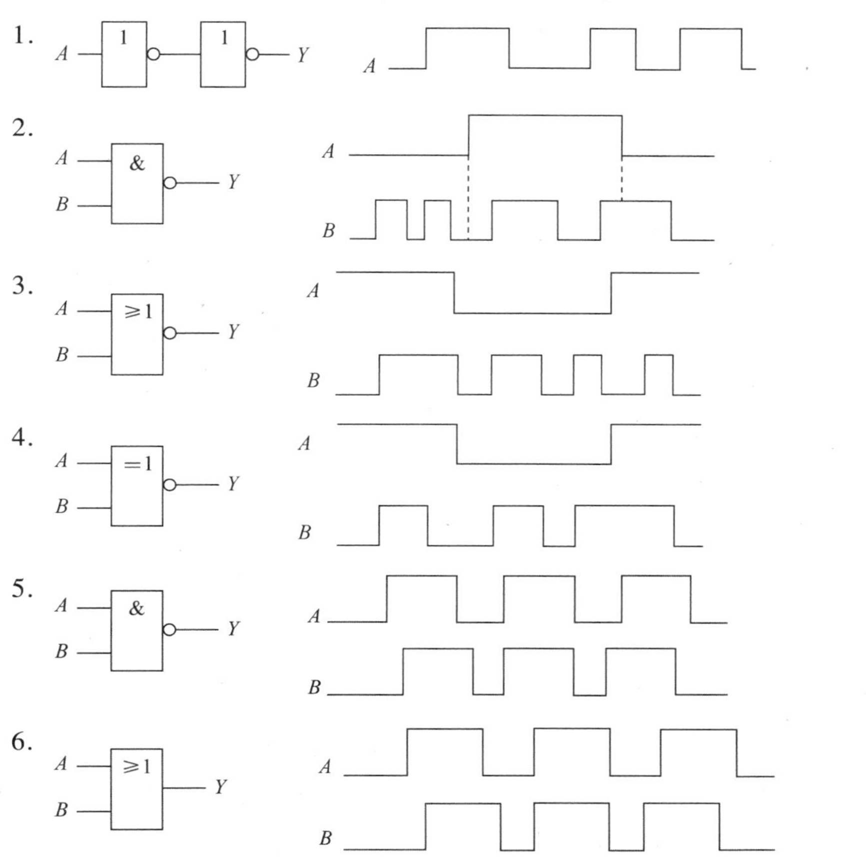

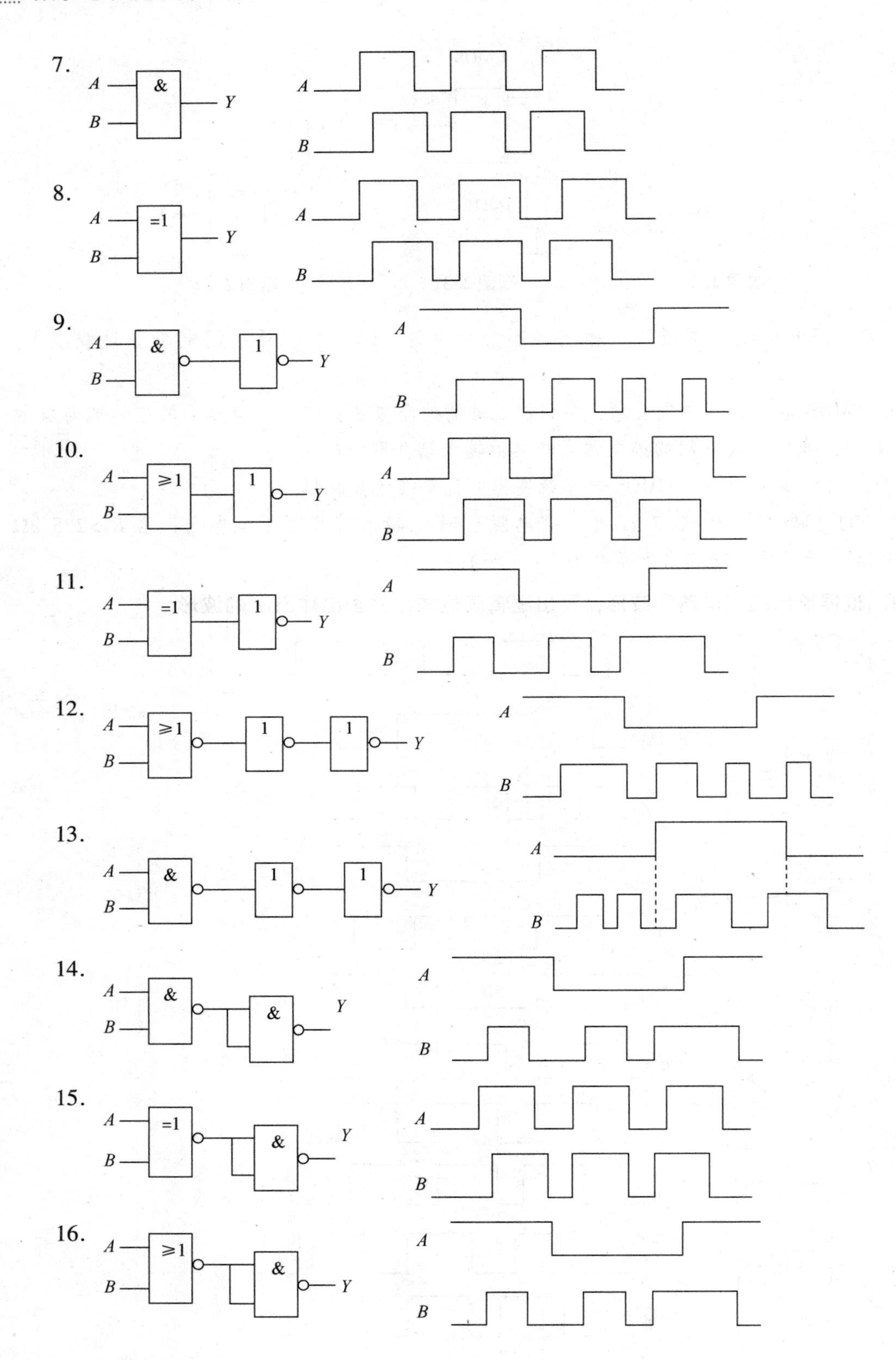
7.
A
B
&
Y
A
B
8.
A
B
=1
Y
A
B
9.
A
B
&
1
Y
A
B
10.
A
B
≥1
1
Y
A
B
11.
A
B
=1
1
Y
A
B
12.
A
B
≥1
1
1
Y
A
B
13.
A
B
&
1
1
Y
A
B
14.
A
B
&
&
Y
A
B
15.
A
B
=1
&
Y
A
B
16.
A
B
≥1
&
Y
A
B

17.

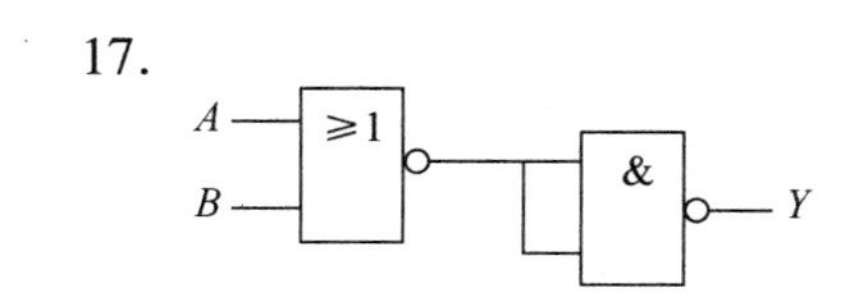

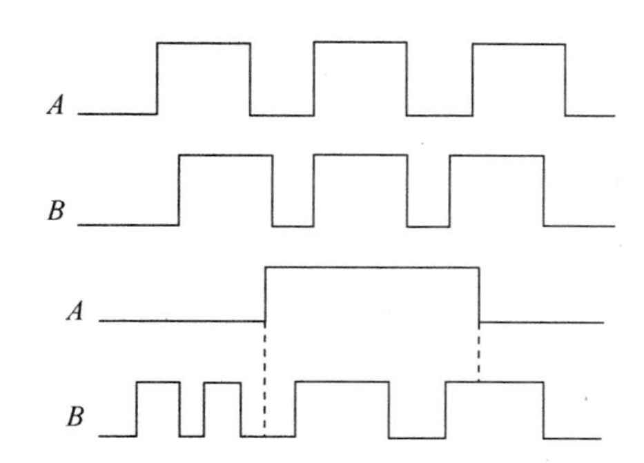

18.

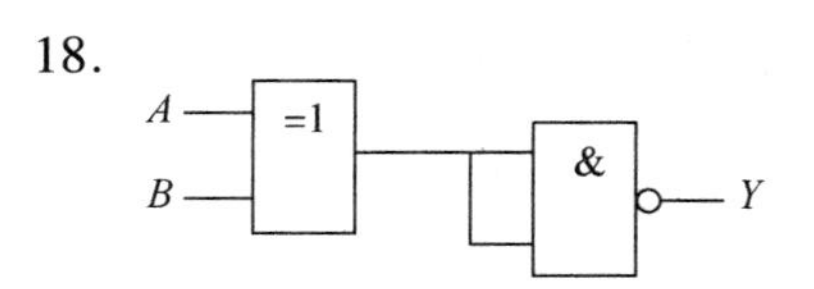

第3章

组合逻辑电路

内容提要

数字电路按功能可分为组合逻辑电路和时序逻辑电路。本章讨论组合逻辑电路。组合逻辑电路的输出信号只是该时刻输入信号的函数，与过去状态无关。这种电路无记忆功能，无反馈支路。

数字电子技术课程中主要研究逻辑电路分析和逻辑电路设计两类问题，因此本章主要讲述逻辑电路的分析和设计，接着介绍编码器、译码器、数据选择器、加法器等常用的中规模集成组合逻辑电路逻辑功能、使用方法，并详细讲述基于中规模集成组合器件实现逻辑函数的方法，最后简要说明竞争冒险现象及其消除方法。

学习目标

◆理解组合逻辑电路的组成和特点，掌握基于门级组合逻辑电路的分析方法和设计方法

◆熟悉编码器、译码器、数据选择器、数值比较器、加法器等常用的中规模集成组合逻辑器件基本结构、工作原理及使用方法

◆熟练掌握基于中规模集成逻辑器件实现组合逻辑函数的方法，能设计一些简单的、常用的组合逻辑电路

◆了解组合逻辑电路中的竞争冒险现象及其消除方法

学习要点

◆组合逻辑电路在逻辑功能和电路结构上的特点

◆组合逻辑电路的基本分析方法

◆组合逻辑电路的基本设计方法

◆应用集成组合逻辑器件设计实现比较复杂的逻辑运算关系

◆竞争冒险现象

3.1　概述

逻辑运算描述的是“因果”关系，“因”代表输入变量，“果”代表输出变量，因而逻辑电路就是描述各种“因果”关系。

1. 组合逻辑电路逻辑功能的定义

在任何时刻，输出状态只取决于该时刻各输入状态的组合，而与电路以前的状态无关的逻辑电路称为组合逻辑电路。组合逻辑电路的特点是：① 输出与输入之间没有反馈延时通路；② 电路中没有记忆元件。

组合逻辑电路是数字电路中最简单的一类逻辑电路，其功能上无记忆，结构上无反馈，一般由各种门电路组合而成。组合逻辑电路框图如图 3.1 所示，图中 X_0，X_1，…，X_{n-1} 是输入逻辑变量，Y_0，Y_1，…，Y_{m-1} 是输出逻辑变量。

图 3.1　组合逻辑电路框图

输入逻辑变量和输出逻辑变量之间的函数关系可表示为

$$Y_0 = F_0(X_0, X_1, \cdots, X_{n-1})$$
$$Y_1 = F_1(X_0, X_1, \cdots, X_{n-1})$$
$$\vdots$$
$$Y_{m-1} = F_{m-1}(X_0, X_1, \cdots, X_{n-1})$$

2. 组合逻辑电路的结构特点

（1）组合逻辑电路只由逻辑门电路组成。

（2）输出与输入之间没有反馈通道。

（3）电路中不包含记忆功能的元件，电路在任何时刻的输出仅取决于该时刻的输入，而与电路原来的状态无关。

3. 组合逻辑电路逻辑功能的表示方法

前面介绍的逻辑函数都是组合逻辑函数，因此表示逻辑函数的方法——真值表、表达式、卡诺图、逻辑图、波形图等，都是组合逻辑电路逻辑函数的表示方法。

4. 组合逻辑电路的分类

组合逻辑电路习惯上按照逻辑功能分类，可以分为加法器、比较器、编码器、译码器、数据选择器和分配器、只读存储器等。

3.2　小规模组合逻辑电路的分析和设计

组合逻辑电路的分析是已知逻辑电路图，求解电路的逻辑功能，即找出输出逻辑函数与输入逻辑变量之间的逻辑关系。组合逻辑电路的设计是分析的逆过程，即已知逻辑命题的功能要求，设计出符合要求的逻辑电路。

3.2.1 组合逻辑电路的分析方法

分析的主要任务是根据已知的逻辑电路，确定逻辑功能。组合逻辑电路的分析一般可采用下列步骤：（1）写出逻辑图输出端的逻辑表达式；（2）化简和变换逻辑表达式；（3）列出真值表；（4）根据真值表和逻辑表达式对逻辑电路进行分析，最后确定电路的逻辑功能，并可附加简单说明。

【例 3.1】 组合逻辑电路如图 3.2 所示，试分析该电路的逻辑功能。

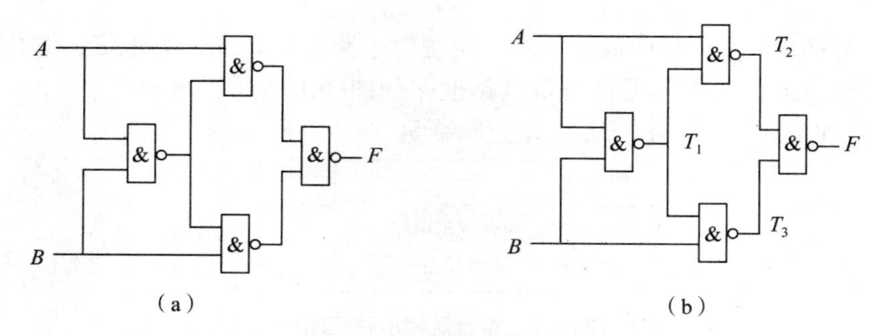

图 3.2 例 3.1 逻辑电路图

（a）逻辑电路；（b）分层分割电路

解：（1）可以采用“分层分割法”，即把复杂的逻辑电路分层分割成若干个小块，每一小块为一个门电路，从电路的输入到输出逐个写出每块电路的输出表达式，然后合并得到整个电路的逻辑表达式。把该电路分割为两层四个小块电路，分别设各块电路的输出为 T_1、T_2、T_3，如图 3.2（b）所示。从给出的逻辑电路由输入到输出的电路关系，写出各逻辑门的输出表达式：

$$T_1 = \overline{AB}\text{，}T_2 = \overline{A\overline{AB}}\text{，}T_3 = \overline{B\overline{AB}}\text{，}F = \overline{\overline{A\overline{AB}}\ \overline{B\overline{AB}}}$$

（2）进行逻辑变换和化简：

$$\begin{aligned} F &= \overline{\overline{A\overline{AB}}\ \overline{B\overline{AB}}} \\ &= A\overline{AB} + B\overline{AB} \\ &= A(\overline{A} + \overline{B}) + B(\overline{A} + \overline{B}) \\ &= A\overline{B} + \overline{A}B \end{aligned}$$

（3）写出真值表如表 3.1 所示。

（4）由表达式和真值表可知：图示逻辑电路实现的逻辑功能是“异或”运算。

表 3.1 例 3.1 的真值表

A	B	F	A	B	F
0	0	0	1	0	1
0	1	1	1	1	0

【例3.2】　组合逻辑电路如图3.3所示，试分析该电路的逻辑功能。

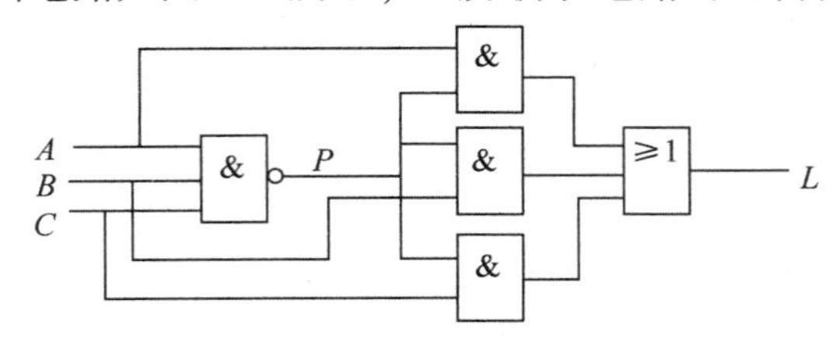

图3.3　例3.2逻辑电路

解：(1) 由逻辑电路逐级写出逻辑表达式。为了写表达式方便，借助中间变量 P：

$$P = \overline{ABC}$$

$$L = AP + BP + CP = A\overline{ABC} + B\overline{ABC} + C\overline{ABC}$$

(2) 化简与变换。因为下一步要列真值表，所以要通过化简与变换，使表达式有利于列真值表，一般应变换成与或式或最小项表达式。可得

$$L = \overline{ABC}(A + B + C) = \overline{ABC + \overline{A + B + C}} = \overline{ABC + \overline{A}\,\overline{B}\,\overline{C}}$$

(3) 由表达式列出真值表，如表3.2所示。

(4) 分析逻辑功能。由真值表可知，当 A、B、C 三个变量不一致时，电路输出为“1”，所以这个电路称为“不一致电路”。

表3.2　例3.2的真值表

A	B	C	L	A	B	C	L
0	0	0	0	1	0	0	1
0	0	1	1	1	0	1	1
0	1	0	1	1	1	0	1
0	1	1	1	1	1	1	0

【例3.3】　分析图3.4所示组合逻辑电路，试说明该电路的逻辑功能。

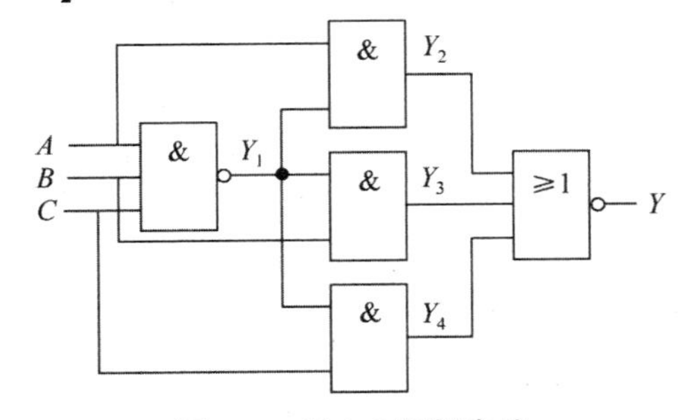

图3.4　例3.3逻辑电路

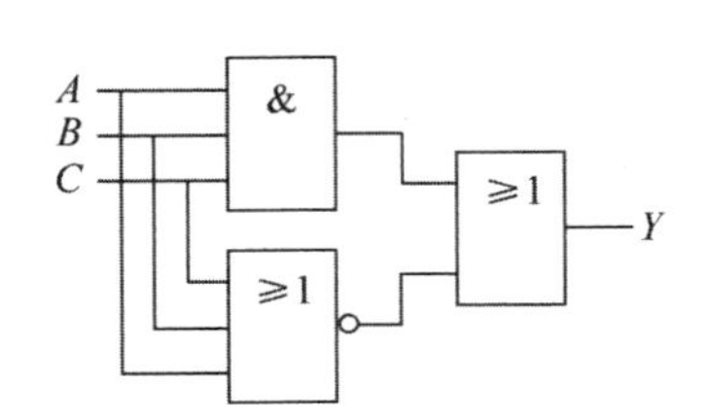

图3.5　例3.3改进逻辑电路

解：(1) 写出逻辑表达式并化简。采用“分层分割法”，得到

$$Y_1 = \overline{ABC}$$

$$Y_2 = AY_1 = A \cdot \overline{ABC}$$

$$Y_3 = BY_1 = B \cdot \overline{ABC}$$

$$Y_4 = CY_1 = C \cdot \overline{ABC}$$

$$Y = \overline{Y_2 + Y_3 + Y_4} = \overline{A \cdot \overline{ABC} + B \cdot \overline{ABC} + C \cdot \overline{ABC}} = \overline{\overline{ABC}(A + B + C)}$$

$$= ABC + \overline{A + B + C} = ABC + \overline{A}\,\overline{B}\,\overline{C}$$

（2）列真值表，如表3.3所示。

表3.3　例3.3的真值表

A	B	C	Y	A	B	C	Y
0	0	0	1	1	0	0	0
0	0	1	0	1	0	1	0
0	1	0	0	1	1	0	0
0	1	1	0	1	1	1	1

（3）根据真值表分析电路的逻辑功能。由真值表分析可知，当 A、B、C 三个变量取值一致时，输出高电平；当三个变量取值不一致时，输出低电平。因此该电路的逻辑功能是检测三个输入信号是否一致的电路，称为“一致电路”。

（4）检验该电路是否合理。由逻辑电路直接得到的表达式为

$$Y = \overline{A \cdot \overline{ABC} + A \cdot \overline{ABC} + C \cdot \overline{ABC}}$$

该式不是最简表达式，因此该逻辑电路不是合理的电路。

“一致电路”的最简表达式为 $Y = ABC + \overline{A + B + C}$，如果不限制使用门电路的种类，只要用三个门电路，即与门、或门和或非门即可组成电路，如图3.5所示。

【例3.4】 分析图3.6所示组合逻辑电路，试说明该电路的逻辑功能。

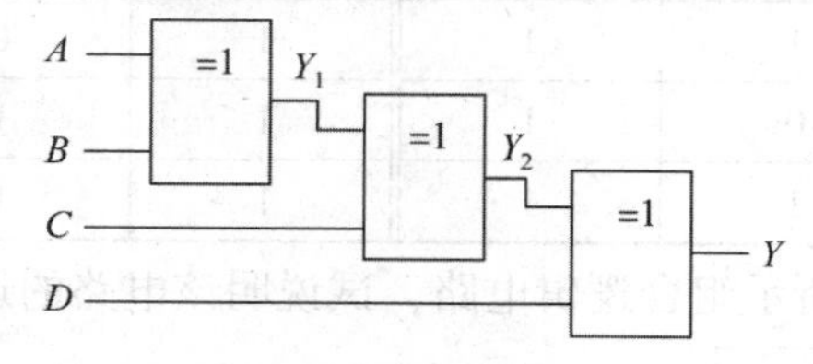

图3.6　例3.4逻辑电路

解：（1）写出逻辑表达式并化简。采用“分层分割法”，得到

$$Y_1 = A \oplus B$$

$$Y_2 = Y_1 \oplus C = A \oplus B \oplus C$$

$$Y = Y_2 \oplus D = A \oplus B \oplus C \oplus D$$

（2）列真值表，如表3.4所示。

表3.4　例3.4的真值表

A	B	C	D	Y	A	B	C	D	Y
0	0	0	0	0	1	0	0	0	1
0	0	0	1	1	1	0	0	1	0
0	0	1	0	1	1	0	1	0	0
0	0	1	1	0	1	0	1	1	1

续表

A	B	C	D	Y	A	B	C	D	Y
0	1	0	0	1	1	1	0	0	0
0	1	0	1	0	1	1	0	1	1
0	1	1	0	0	1	1	1	0	1
0	1	1	1	1	1	1	1	1	0

（3）根据真值表分析电路的逻辑功能。由真值表分析可知，当 A、B、C、D 四个变量中取值为 1 的个数为奇数时，输出高电平；当取值为 1 的个数为偶数时，输出低电平。因此该电路的逻辑功能是判奇电路。

判奇电路应用在数据传输过程中产生校验码，用于检验数据传输是否正确。

（4）检验该电路是否合理。由逻辑电路到表达式的过程看到，表达式 $Y = A \oplus B \oplus C \oplus D$ 显然是最简表达式，所以该电路是合理的。

该电路是四位数据的判奇电路，如果数据位数更多，只要增加异或门的个数即可。

思考题

1. 组合逻辑电路的结构特点是什么？
2. 总结分析组合逻辑电路的过程。

3.2.2　组合逻辑电路的设计方法

组合逻辑电路的设计过程与分析过程相反。根据给定的组合逻辑的要求，求出实现该功能的最简逻辑电路图，称为组合逻辑电路的设计。用小规模集成电路进行设计时，一般应以电路简单、所用器件最少为目标，并尽量减少所用集成器件的种类，因此在设计过程中要用到前面介绍的代数法和卡诺图法来化简或转换逻辑函数。主要设计步骤有：（1）根据逻辑功能的要求列出真值表；（2）由真值表求出逻辑表达式；（3）将逻辑表达式进行化简或变换，得到最简表达式；（4）画出逻辑电路。

具体过程如图 3.7 所示。

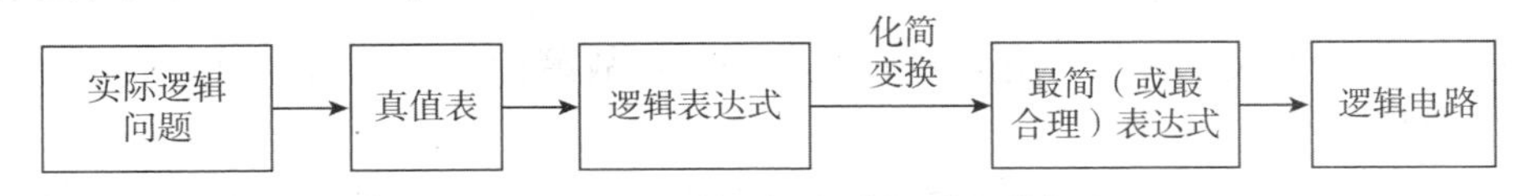

图 3.7　设计组合逻辑电路和过程的框图

【例 3.5】　设计一个检测三个阀门是否工作正常的电路，要求三个阀门中有两个或两个以上阀门开通时为工作正常，输出工作正常信号；否则为工作不正常，输出工作不正常信号。要求用与非门实现。

设计思路：按照逻辑抽象，列真值表；写输出逻辑表达式；化简及转换逻辑表达式；画逻辑电路的步骤设计。

解：（1）逻辑抽象，列真值表。由题意可知，该电路有三个输入变量，一个输出变量。设三个阀门为 A、B、C，其开通时为 1，关闭时为 0；输出为 Y，发出工作正常信号时为 1，否则为 0。由此可列出表 3.5 所示的真值表。

表 3.5　例 3.5 的真值表

输入			输出	输入			输出
A	*B*	*C*	*Y*	*A*	*B*	*C*	*Y*
0	0	0	0	1	0	0	0
0	0	1	0	1	0	1	1
0	1	0	0	1	1	0	1
0	1	1	1	1	1	1	1

（2）根据真值表写出输出逻辑表达式，即

$$Y = \overline{A}BC + A\overline{B}C + AB\overline{C} + ABC$$

（3）将输出逻辑表达式进行化简。用卡诺图进行化简，如图 3.8 所示，得到最简与或式为

$$Y = AB + BC + AC$$

由于要求用与非门实现，将与或式变换为与非-与非表达式，即

$$Y = AB + BC + AC = \overline{\overline{AB + BC + AC}} = \overline{\overline{AB} \cdot \overline{BC} \cdot \overline{AC}}$$

（4）画逻辑电路。实现的逻辑电路如图 3.9 所示。

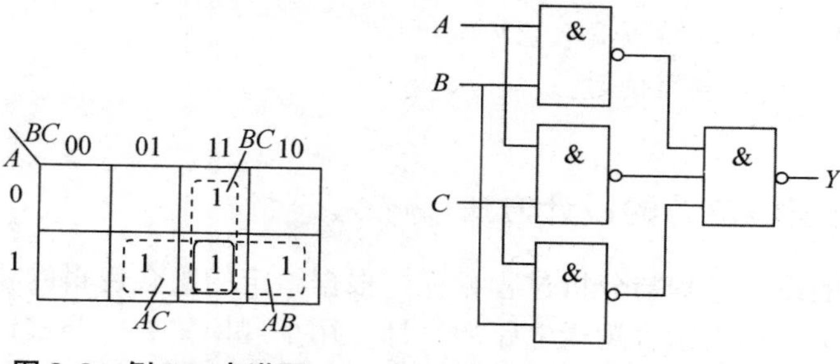

图 3.8　例 3.5 卡诺图　　**图 3.9　例 3.5 逻辑电路**

【例 3.6】　设计一个监测信号灯工作状态的逻辑电路。这组信号灯分别为红、黄、绿三盏，点亮状态只允许为红、黄、绿三种之一，其他状态表示电路出现故障。要求电路检测到信号灯出现时，输出故障信号。

解：（1）逻辑抽象，列真值表。红、黄、绿三个灯的状态为输入变量，用 *A*、*B*、*C* 表示，灯亮用逻辑值 1 表示，灯不亮用逻辑值 0 表示；故障信号为输出，用 *Y* 表示，正常状态为 0，发生故障为 1。

点亮状态只允许为红、黄、绿三种之一，其他状态表示电路出现故障。根据题意列出真值表如表 3.6 所示。

表 3.6　例 3.6 的真值表

输入			输出	输入			输出
A	*B*	*C*	*Y*	*A*	*B*	*C*	*Y*
0	0	0	1	1	0	0	0
0	0	1	0	1	0	1	1
0	1	0	0	1	1	0	1
0	1	1	1	1	1	1	1

（2）根据真值表写出输出逻辑表达式，即

$$Y=\bar{A}\,\bar{B}\,\bar{C}+\bar{A}BC+A\bar{B}C+AB\bar{C}+ABC$$

（3）将输出逻辑表达式进行化简。用卡诺图进行化简如图3.10所示，由卡诺图可得

$$Y=AB+BC+AC+\bar{A}\,\bar{B}\,\bar{C}=AB+BC+AC+\overline{A+B+C}$$

（4）画逻辑图。设计出的监测信号灯故障状态的逻辑电路如图3.11所示。

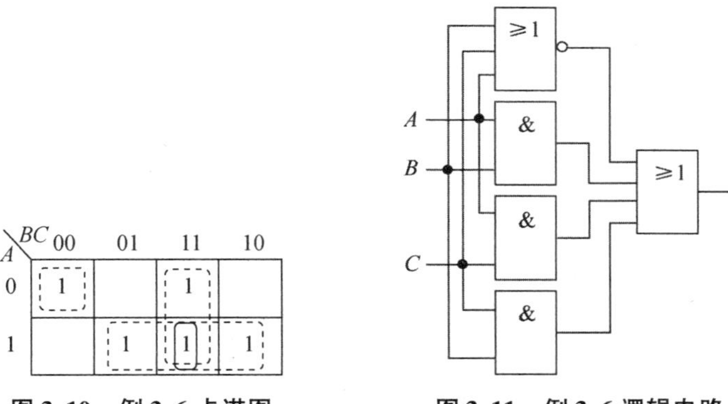

图3.10　例3.6卡诺图　　　　图3.11　例3.6逻辑电路

【例3.7】　设计一个电话机信号控制电路。电路有 I_0（火警）、I_1（盗警）和 I_2（日常业务）三种输入信号，通过排队电路分别从 Y_0、Y_1、Y_2 输出，在同一时间只能有一个信号通过。如果同时有两个以上信号出现时，应首先接通火警信号，其次为盗警信号，最后是日常业务信号。试按照上述要求设计该信号控制电路。要求用集成门电路74LS00（每片含4个二输入端与非门）实现。

解：（1）列真值表，如表3.7所示。对于输入，设有信号为逻辑“1”；无信号为逻辑“0”。对于输出，设允许通过为逻辑“1”；设不允许通过为逻辑“0”。

表3.7　例3.7的真值表

输入			输出			输入			输出		
I_0	I_1	I_2	Y_0	Y_1	Y_2	I_0	I_1	I_2	Y_0	Y_1	Y_2
0	0	0	0	0	0	0	1	×	0	1	0
1	×	×	1	0	0	0	0	1	0	0	1

（2）由真值表写出各输出的逻辑表达式：

$$Y_0=I_0,\qquad Y_1=\bar{I}_0I_1,\qquad Y_2=\bar{I}_0\,\bar{I}_1I_2$$

这三个表达式已经是最简，不需要化简，但需要用非门和与门实现，且 Y_2 需用三输入端与门才能实现，故不符合设计要求。

（3）根据要求，将上式转换为与非表达式：

$$Y_0=\overline{\overline{I_0}},\qquad Y_1=\overline{\overline{\bar{I}_0I_1}},\qquad Y_2=\overline{\overline{\bar{I}_0\,\bar{I}_1I_2}}=\overline{\overline{\overline{\overline{\bar{I}_0\,\bar{I}_1}}\cdot I_2}}$$

（4）画出逻辑电路如图3.12所示，可用两片集成与非门74LS00来实现。

可见，在实际设计逻辑电路时，有时并不是表达式最简单就能满足设计要求，还应考虑

所使用集成器件的种类，将表达式转换为能用所要求的集成器件实现的形式，并尽量使所用集成器件最少。

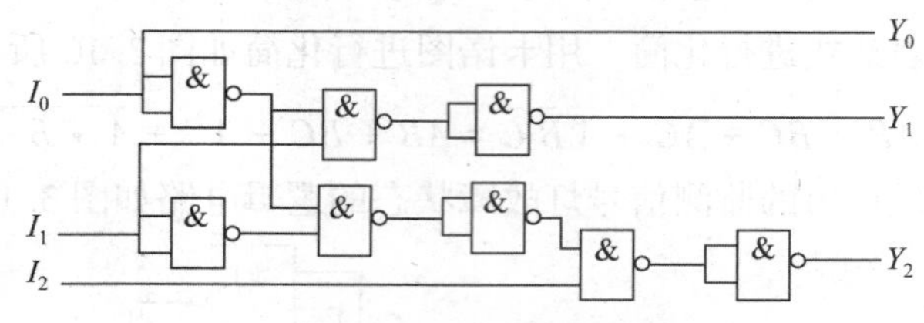

图 3.12　例 3.7 逻辑电路

【例 3.8】　设计一个三人（A、B、C）表决电路，结果按“少数服从多数”的原则决定。

每人有一个按键，如果赞成就按键，表示 1；否则不按，表示 0。表决结果用指示灯来表示，如果多数赞成，则指示灯亮，$Y=1$；否则指示灯不亮，$Y=0$。

解：（1）根据设计要求建立该逻辑命题的真值表，如表 3.8 所示。

（2）由真值表写出逻辑表达式：$Y=\overline{A}BC+A\overline{B}C+AB\overline{C}+ABC$。

（3）化简（采用卡诺图进行化简）。将该逻辑表达式填入卡诺图，如图 3.13 所示。合并最小项，得到最简的与或表达式：$Y=AB+BC+AC$。

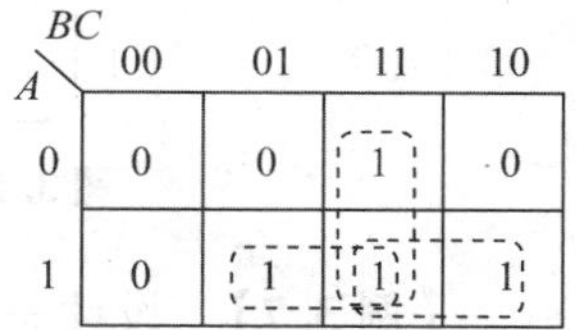

图 3.13　例 3.8 卡诺图

表 3.8　例 3.8 的真值表

A	B	C	Y	A	B	C	Y
0	0	0	0	1	0	0	0
0	0	1	0	1	0	1	1
0	1	0	0	1	1	0	1
0	1	1	1	1	1	1	1

（4）画出逻辑电路如图 3.14（a）所示。如果要求用与非门实现该逻辑电路，就应将表达式转换成与非-与非表达式：$Y=AB+BC+AC=\overline{\overline{AB}\cdot\overline{BC}\cdot\overline{AC}}$，逻辑电路如图 3.14（b）所示。

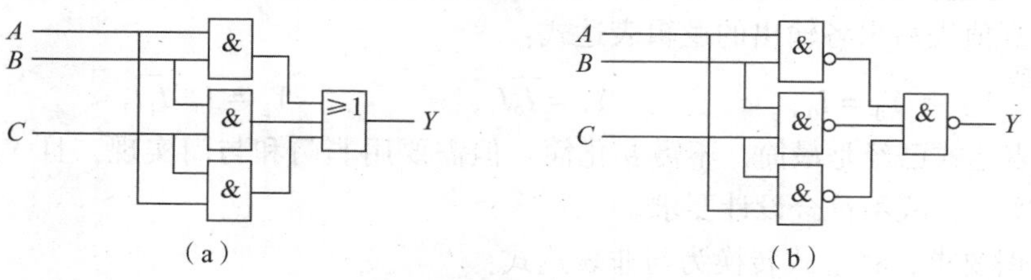

图 3.14　例 3.8 逻辑电路

（a）用与门和或门实现；（b）用与非门实现

3.3　组合逻辑电路的综合

设计组合逻辑电路时，一般应以电路简单、所用器件最少为目标，并尽量减少所用集成器件的种类。

【例 3.9】 设计一个将余 3 码变换成 8421BCD 码的组合逻辑电路。

解：（1）根据题目要求，列出真值表如表 3.9 所示。

表 3.9　例 3.9 中余 3 码变换成 8421BCD 码的真值表

输入（余 3 码）				输出（8421BCD 码）			
A_3	A_2	A_1	A_0	L_3	L_2	L_1	L_0
0	0	1	1	0	0	0	0
0	1	0	0	0	0	0	1
0	1	0	1	0	0	1	0
0	1	1	0	0	0	1	1
0	1	1	1	0	1	0	0
1	0	0	0	0	1	0	1
1	0	0	1	0	1	1	0
1	0	1	0	0	1	1	1
1	0	1	1	1	0	0	0
1	1	0	0	1	0	0	1

（2）用卡诺图进行化简，如图 3.15 所示。

余 3 码中有 6 个无关项，应充分利用，使其逻辑表达式尽量简单。

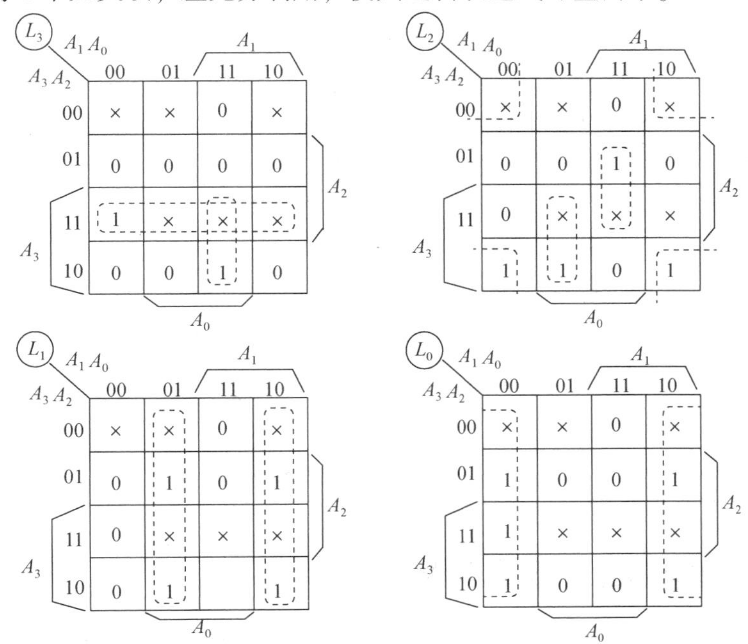

图 3.15　例 3.9 中余 3 码变换成 8421BCD 码的卡诺图

化简后得到的逻辑表达式为

$$L_0 = \overline{A_0}$$

$$L_1 = A_1\overline{A_0} + A_0\overline{A_1} = A_1 \oplus A_0$$

$$L_2 = \overline{A_2}\,\overline{A_0} + A_2A_1A_0 + A_3\overline{A_1}A_0 = \overline{\overline{\overline{A_2}\,\overline{A_0}} \cdot \overline{A_2A_1A_0} \cdot \overline{A_3\overline{A_1}A_0}}$$

$$L_3 = A_3A_2 + A_3A_1A_0 = \overline{\overline{A_3A_2} \cdot \overline{A_3A_1A_0}}$$

（3）由逻辑表达式画出逻辑电路，如图 3.16 所示。

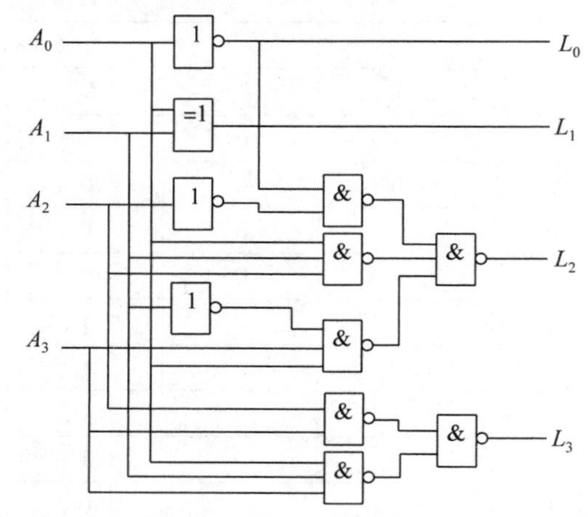

图 3.16　例 3.9 中余 3 码变换成 8421BCD 码的逻辑电路

思考题

1. 总结小规模组合逻辑电路的分析和设计步骤。
2. 用门电路设计一个同或电路，你能设计出几种合理的方案？
3. 说明图 3.17 所示各逻辑电路的逻辑功能，要求列出真值表，写出逻辑表达式。

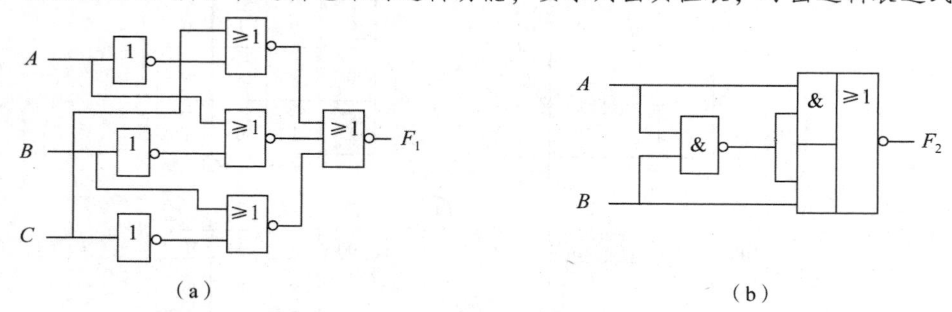

图 3.17　思考题 3 的逻辑电路

3.4　常用集成组合逻辑电路

上面介绍的是组合逻辑电路的一般设计方法，实际遇到的问题往往比较复杂。为了方便设计，很多器件生产厂家将一些在数字系统中经常被采用的若干组合逻辑电路设计标准化，制成了中规模集成电路产品，其中包括加法器、编码器、译码器、数据选择器、数据分配器、数值比较器和奇偶检测器等。这些集成电路具有通用性强、兼容性好、扩展容易等优点。

3.4.1　加法器

实现加法功能的电路称为加法器。几乎所有的数字系统都需要进行算术运算，而二进制的加、减、乘、除均可以利用加法来实现，所以加法器是数字系统中最基本的运算电路。

1．半加器

不考虑低位进位，只完成加数和被加数相加的电路，称为半加器。

设 A_i、B_i 为两个1位二进制，S_i 为本位和，C_i 为向高位的进位。根据半加器的功能得到真值表如表3.10所示。

表3.10　半加器的真值表

A_i	B_i	S_i	C_i	A_i	B_i	S_i	C_i
0	0	0	0	1	0	1	0
0	1	1	0	1	1	0	1

由表3.10得到半加器的逻辑表达式为

$$\begin{cases} S_i = A_i\overline{B_i} + \overline{A_i}B_i = A_i \oplus B_i \\ C_i = A_iB_i \end{cases} \tag{3.1}$$

半加器可以用一个异或门和一个与门组成，如图3.18（a）所示，半加器的逻辑符号如图3.18（b）所示。

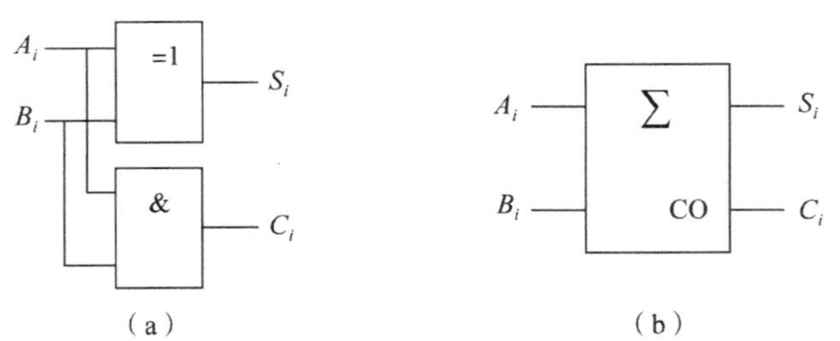

图3.18　半加器的逻辑电路和逻辑符号

（a）逻辑电路；（b）逻辑符号

2．全加器

1）全加器的工作原理

加法运算除了加数和被加数相加之外，还应加上来自相邻低位的进位，实现这种运算的电路称为全加器。也可以简单理解成实现三个数相加的运算器，C_{i-1} 为来自低位的进位，S_i 为本位和，C_i 为向高位的进位。根据全加器的功能得到真值表如表3.11所示。

表 3.11 全加器的真值表

A_i	B_i	C_{i-1}	S_i	C_i	A_i	B_i	C_{i-1}	S_i	C_i
0	0	0	0	0	1	0	0	1	0
0	0	1	1	0	1	0	1	0	1
0	1	0	1	0	1	1	0	0	1
0	1	1	0	1	1	1	1	1	1

由真值表得到全加器的逻辑表达式为

$$\begin{cases}S_i = \overline{A}_i\overline{B}_iC_{i-1} + \overline{A}_iB_i\overline{C}_{i-1} + A_i\overline{B}_i\overline{C}_{i-1} + A_iB_iC_{i-1} = A_i \oplus B_i \oplus C_{i-1} \\ C_i = \overline{A}_iB_iC_{i-1} + A_i\overline{B}_iC_{i-1} + A_iB_iC_{i-1} + A_iB_i\overline{C}_{i-1} = A_iB_i + A_iC_{i-1} + B_iC_{i-1}\end{cases} \tag{3.2}$$

由全加器的逻辑表达式得到全加器逻辑电路如图 3.19（a）所示，全加器逻辑符号如图 3.19（b）所示。

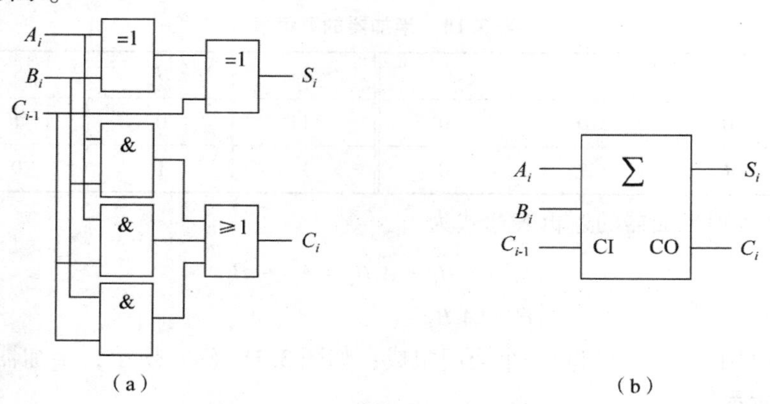

图 3.19 全加器的逻辑电路和逻辑符号

（a）逻辑电路；（b）逻辑符号

如果表达式整理成：$S_i = A_i \oplus B_i \oplus C_{i-1}$，$C_i = (A_i \oplus B_i)C_{i-1} + A_iB_i$。则全加器的逻辑电路有多种，图 3.20 也是全加器的逻辑电路。

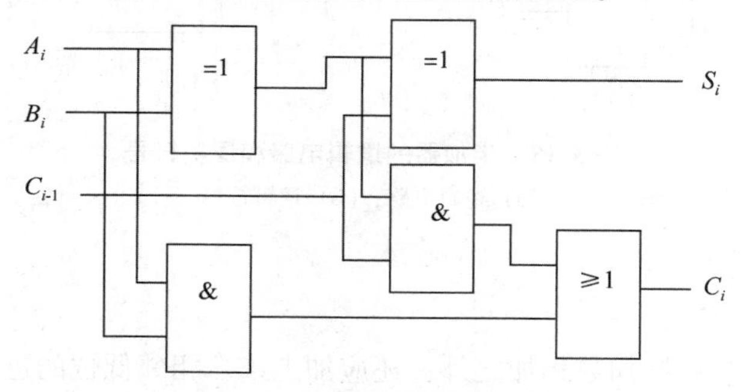

图 3.20 全加器的逻辑电路

2）集成双全加器 74LS183

74LS183 有两个完全独立的全加器，其引脚图如图 3.21（a）所示，其功能示意图如图 3.21（b）所示。

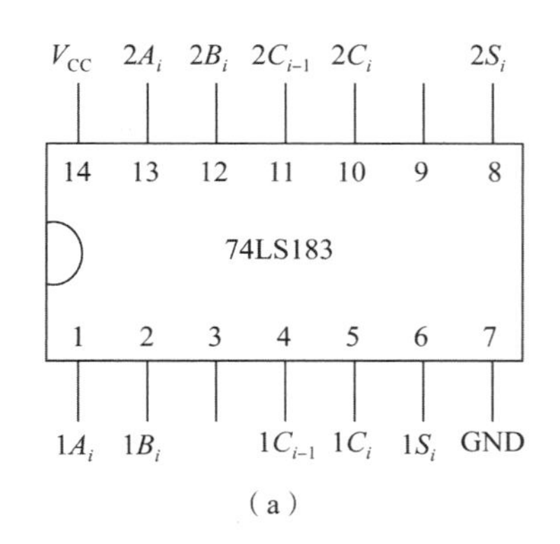

（a）

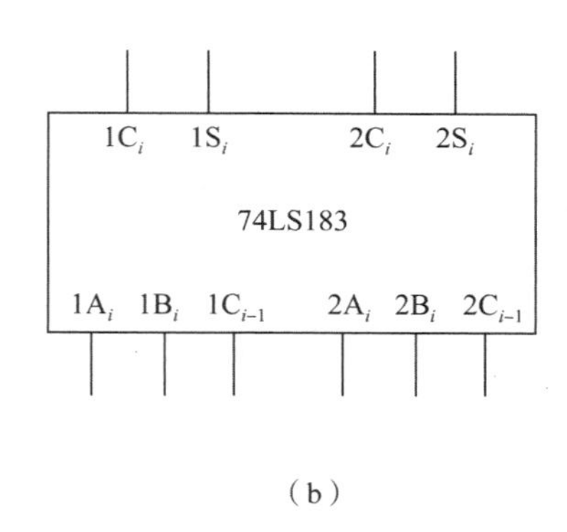

（b）

图 3.21　74LS183 引脚图和功能示意图

（a）引脚图；（b）功能示意图

各引出端的含义是：$1A_i$、$1B_i$、$2A_i$、$2B_i$ 是二进制数输入端；$1C_{i-1}$、$2C_{i-1}$ 是进位输入端；$1C_i$、$2C_i$ 是进位输出端；$1S_i$、$2S_i$ 是本位和输出端。

3．多位加法器

能够实现多位数相加的电路称为多位加法器。按进位方式不同可以分为串行进位加法器和超前进位加法器两种方式。

1）串行进位加法器

把 n 位全加器串联起来，低位全加器的进位输出连接到相邻的高位全加器的进位输入，就构成了串行进位加法器。4 位串行进位加法器如图 3.22 所示。

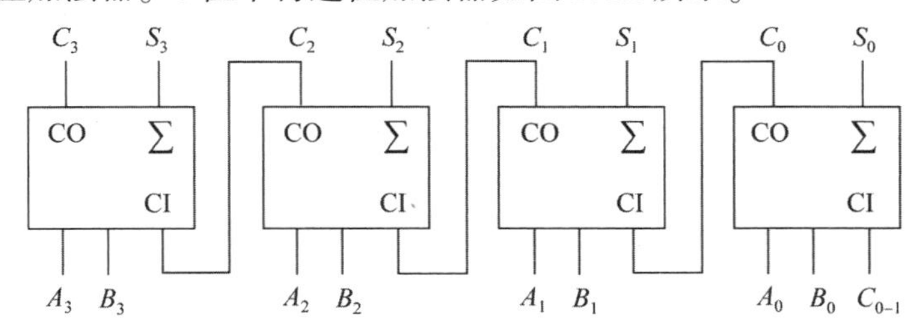

图 3.22　4 位串行进位加法器

由图 3.22 可知，进位信号是由低位向高位逐级传递的，这样低位必须产生进位输出之后高位才能进行加法运算。因此这种电路虽然结构简单，但运算速度比较慢，进行一次运算至少要经过 n 位全加器的传输延迟时间，才能得到稳定可靠的运算结果。

2）超前进位加法器

为了提高运算速度，必须减小由于进位信号逐级传递所耗费的时间，解决的方法是采用超前进位的方法。具有超前进位功能的加法器称为超前进位加法器，又称为并行进位加法器。其特点是依据相加的两个多位二进制数，同时产生各位相加时所需的低位进位，这样，各位就可以同时相加得到运算结果，无须等待 n 位全加器的传输延迟时间，运算速度大大提高。

常用的中规模集成 4 位二进制超前进位加法器 74LS283 的引脚图如图 3.23（a）所示，其功能示意图如图 3.23（b）所示。

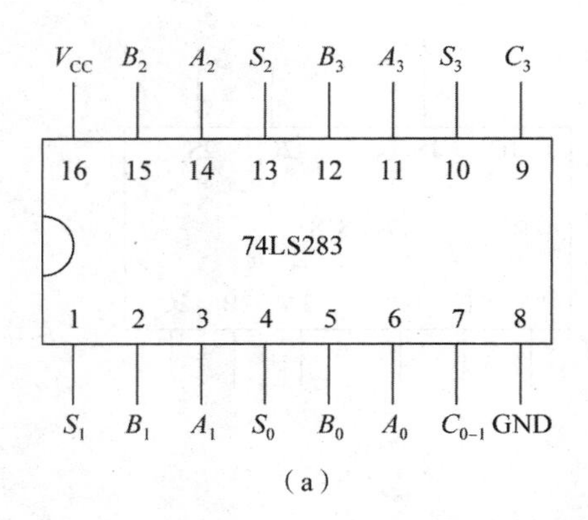

(a)

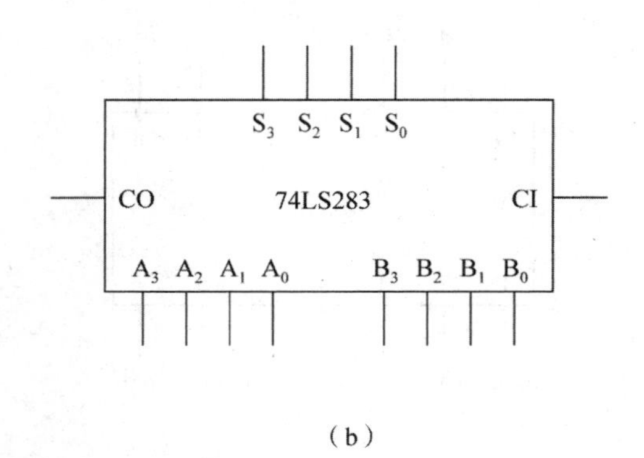

(b)

图 3.23　74LS283 引脚图和功能示意图

(a) 引脚图；(b) 功能示意图

各引出端的含义是：A_3、A_2、A_1、A_0、B_3、B_2、B_1、B_0 是 4 位二进制数输入端；C_{0-1} 是进位输入端；C_3 是进位输出端；S_3、S_2、S_1、S_0 是 4 位二进制数本位和输出端。

中规模集成 4 位二进制超前进位加法器除 74LS283 外，还有 74LS83A、74HC283、74HC583、CC4008 等。

4. 加法器的应用

加法器除了作为加法运算的器件外，还可以实现十进制代码之间的转换、二进制数减法运算、逻辑运算等。

【例 3.10】　试用 4 位加法器 74LS283 设计一个将 8421BCD 码转换为余 3 码的电路。

解：由于余 3 码等于 8421BCD 码加 0011，如取输入 $A_3A_2A_1A_0$ 为 8421BCD 码，$B_3B_2B_1B_0=0011$，进位输入 $CI=0$，则输出 $S_3S_2S_1S_0$ 为

$$S_3S_2S_1S_0=A_3A_2A_1A_0+0011$$

即输出一定是余 3 码，实现了代码转换。代码转换电路如图 3.24 所示。

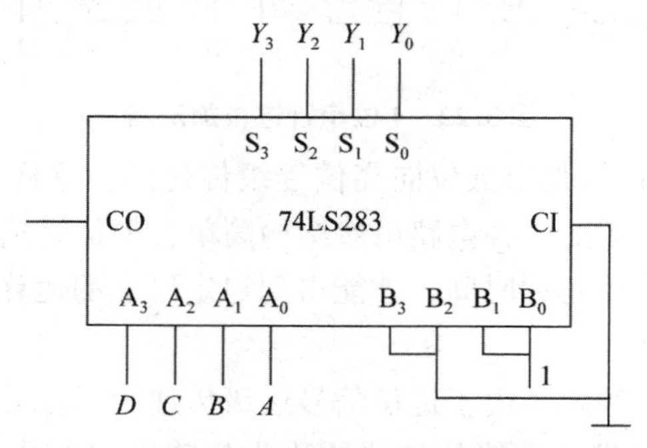

图 3.24　8421BCD 码转换为余 3 码的电路

前面我们介绍了设计一个将余 3 码转换成 8421BCD 码的组合逻辑电路，想一想如何用 4 位加法器 74LS283 设计一个将余 3 码转换为 8421BCD 码的电路。

【例 3.11】　试用 4 位加法器 74LS283 设计一个 8 位二进制加法器。

解：只要将两片 74LS283 进行级联，即可组成 8 位加法器。级联的方法是将低位片 74LS283 的进位输入端 CI 接地，其进位输出端 CO 和高位片 74LS283 的进位输入端 CI 相连。

两片的二进制数输入端共同组成 8 位二进制数输入端，输出端共同组成 8 位二进制数输出端。电路如图 3.25 所示。

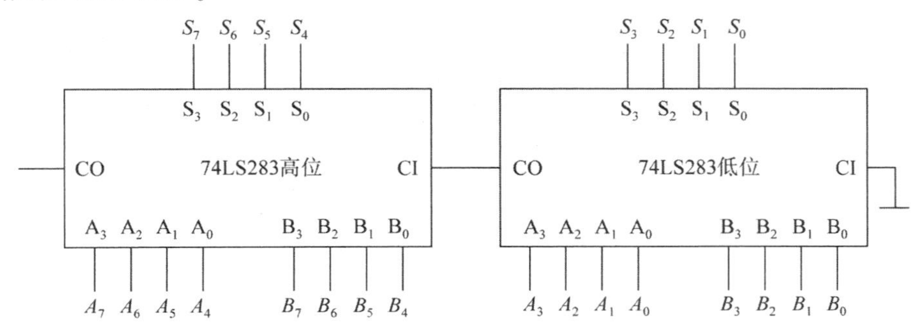

图 3.25　两片 74LS283 构成 8 位二进制加法器

【例 3.12】　试用 4 位加法器 74LS283 设计一个 4 位二进制减法器。

解：两个二进制数相减 $A-B$，可以变换为两个数相加 $A+[B]_{补}$，即 A 与 B 的补码相加。B 的补码为把 B 取反加 1。因此只要将二进制数 A 照常输入 74LS283，二进制数 B 通过非门后输入 74LS283，74LS283 的进位输入端 CI 接 1，即组成减法器，如图 3.26 所示。

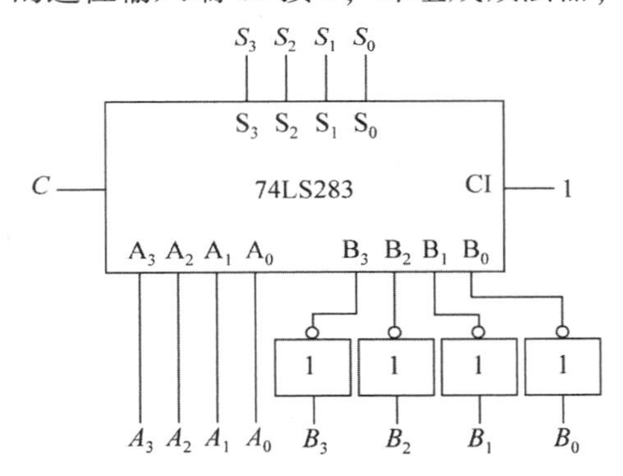

图 3.26　用 74LS283 构成 4 位二进制减法器

3.4.2　编码器

由于数字系统只能处理二值数码 0 和 1，因此像十进制数值、文字、符号、图片等需要数字系统进行加工处理的信息都要先表示为 0、1 的数码后才能够被处理。这种将信息用一组二进制 0、1 代码表示的方法称为编码，实现编码功能的电路称为编码器。常用的编码器有二进制编码器、二进制-十进制编码器和优先编码器三种。

1. 二进制编码器

二进制编码器是将多个输入信号编成对应的二进制代码。二进制编码器输入变量的个数是 2 的 n 次方。例如，2 位二进制编码器有 $2^2=4$ 个输入端，3 位二进制编码器有 $2^3=8$ 个输入端。编码器是一种多输入少输出的逻辑电路。

8 线-3 线编码器有 8 个输入端 I_0，I_1，…，I_7，有 3 个输出端 Y_0，Y_1，Y_2，其真值表如表 3.12 所示。

由真值表得到输出逻辑表达式为

$$\begin{cases} Y_2 = I_4 + I_5 + I_6 + I_7 \\ Y_1 = I_2 + I_3 + I_6 + I_7 \\ Y_0 = I_1 + I_3 + I_5 + I_7 \end{cases} \tag{3.3}$$

表 3.12　8 线-3 线编码器的真值表

输入								输出		
I_0	I_1	I_2	I_3	I_4	I_5	I_6	I_7	Y_2	Y_1	Y_0
1	0	0	0	0	0	0	0	0	0	0
0	1	0	0	0	0	0	0	0	0	1
0	0	1	0	0	0	0	0	0	1	0
0	0	0	1	0	0	0	0	0	1	1
0	0	0	0	1	0	0	0	1	0	0
0	0	0	0	0	1	0	0	1	0	1
0	0	0	0	0	0	1	0	1	1	0
0	0	0	0	0	0	0	1	1	1	1

由式（3.3）得到 8 线-3 线编码器如图 3.27 所示。

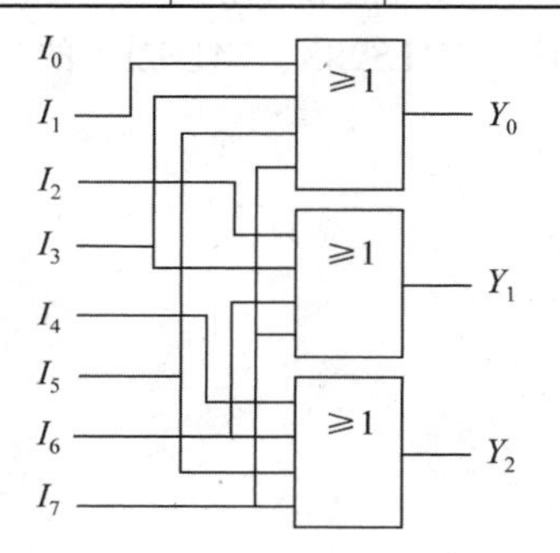

图 3.27　8 线-3 线编码器

2. 二-十进制编码器

二-十进制编码器是指用 4 位二进制代码表示 1 位十进制数的编码电路，也称 10 线-4 线编码器，最常见的就是 8421BCD 码编码器。

所谓 8421BCD 码是指用 4 位二进制数表示 1 位十进制数的编码方法。4 位二进制数有 0000 ~ 1111 共 16 种组合，而 1 位十进制数码只有 0 ~ 9 十个数符，只需从 16 种组合中选择出 10 种组合来对应 0 ~ 9 十个数符，8421BCD 码与十进制数的对应关系如表 3.13 所示。

表 3.13　8421BCD 码与十进制数的对应关系

十进制数	8421BCD 码	十进制数	8421BCD 码
0	0000	5	0101
1	0001	6	0110
2	0010	7	0111
3	0011	8	1000
4	0100	9	1001

图 3.28 所示为键控 8421BCD 码编码器，左端的 10 个按键 $S_0 \sim S_9$ 代表输入的 10 个十进制数符 0 ~ 9，输入为低电平有效，即某一按键按下，对应的输入信号为 0。输出对应的 8421BCD 码为 4 位 0、1 代码，所以有 4 个输出端 A、B、C、D（A 为最高位）。其中 GS 为有 0 输入的标志，低电平有效。当 $S_0 \sim S_9$ 有任意一个键按下时 $GS=0$，代表有信号输入。只有 $S_0 \sim S_9$ 均为高电平时 $GS=1$，代表无信号输入。

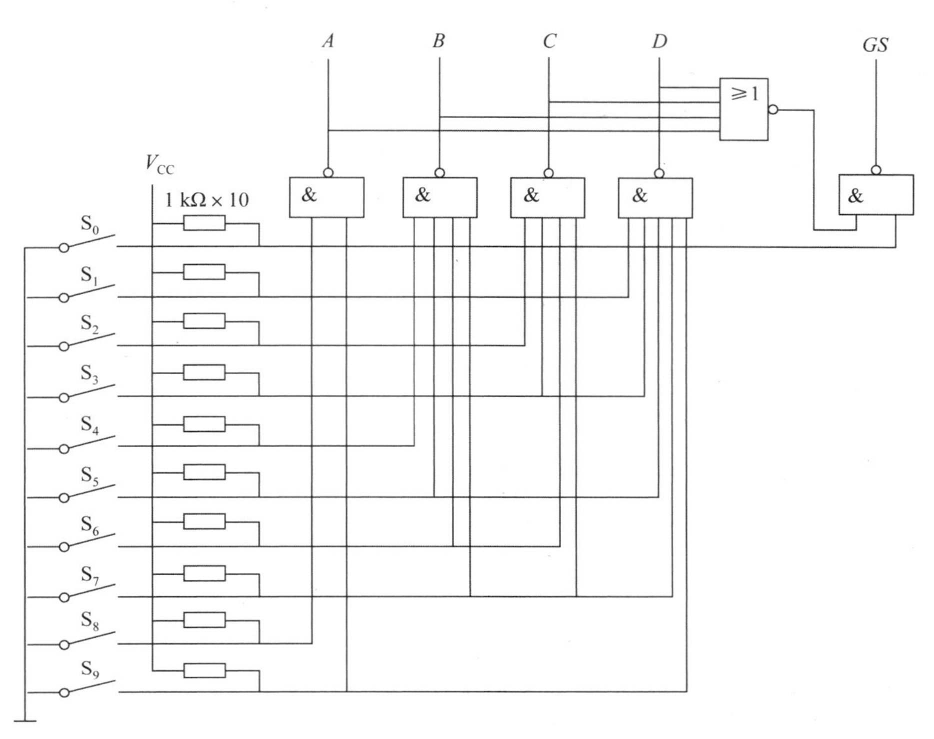

图 3.28　键控 8421BCD 码编码器

3．优先编码器

普通编码器存在输入的编码信号是相互排斥的严重缺点，优先编码是解决这个不足的最好方法。优先编码允许多个输入信号同时请求编码，但电路只对其中一个优先级别最高的有效信号进行编码，这样的逻辑电路称为优先编码器。在优先编码器中，是优先级别高的编码信号屏蔽级别低的编码信号。至于输入编码信号优先级别的高低，则是由设计者根据实际需要事先设定的。

1）集成 8 线–3 线优先编码器 74LS148

（1）优先编码器工作原理。8 线–3 线优先编码器有 8 个输入端 I_0，I_1，…，I_7，有 3 个输出端 Y_0，Y_1，Y_2。输入端的优先级别由高到低分配为 I_7，I_6，I_5，I_4，I_3，I_2，I_1，I_0，其真值表如表 3.14 所示。

表 3.14　8 线–3 线优先编码器真值表

输入								输出		
I_7	I_6	I_5	I_4	I_3	I_2	I_1	I_0	Y_2	Y_1	Y_0
1	×	×	×	×	×	×	×	1	1	1
0	1	×	×	×	×	×	×	1	1	0
0	0	1	×	×	×	×	×	1	0	1
0	0	0	1	×	×	×	×	1	0	0
0	0	0	0	1	×	×	×	0	1	1

续表

输入								输出		
0	0	0	0	0	1	×	×	0	1	0
0	0	0	0	0	0	1	×	0	0	1
0	0	0	0	0	0	0	1	0	0	0

由 8 线-3 线优先编码器真值表得到其输出逻辑表达式为

$$\begin{cases} Y_2 = I_7 + \bar{I}_7 I_6 + \bar{I}_7 \bar{I}_6 I_5 + \bar{I}_7 \bar{I}_6 \bar{I}_5 I_4 = I_7 + I_6 + I_5 + I_4 \\ Y_1 = I_7 + \bar{I}_7 I_6 + \bar{I}_7 \bar{I}_6 \bar{I}_5 \bar{I}_4 I_3 + \bar{I}_7 \bar{I}_6 \bar{I}_5 \bar{I}_4 \bar{I}_3 I_2 = I_7 + I_6 + \bar{I}_5 \bar{I}_4 I_3 + \bar{I}_5 \bar{I}_4 I_2 \\ Y_0 = I_7 + \bar{I}_7 \bar{I}_6 I_5 + \bar{I}_7 \bar{I}_6 \bar{I}_5 \bar{I}_4 I_3 + \bar{I}_7 \bar{I}_6 \bar{I}_5 \bar{I}_4 \bar{I}_3 \bar{I}_2 I_1 = I_7 + \bar{I}_6 I_5 + \bar{I}_6 \bar{I}_4 I_3 + \bar{I}_6 \bar{I}_4 \bar{I}_2 I_1 \end{cases} \tag{3.4}$$

以与或非形式组成逻辑电路，将逻辑表达式变换为与或非式，为

$$\begin{cases} \bar{Y}_2 = \overline{I_7 + I_6 + I_5 + I_4} \\ \bar{Y}_1 = \overline{I_7 + I_6 + \bar{I}_5 \bar{I}_4 I_3 + \bar{I}_5 \bar{I}_4 I_2} \\ \bar{Y}_0 = \overline{I_7 + \bar{I}_6 I_5 + \bar{I}_6 \bar{I}_4 I_3 + \bar{I}_6 \bar{I}_4 \bar{I}_2 I_1} \end{cases} \tag{3.5}$$

（2）集成 8 线-3 线优先编码器 74LS148 的功能。74LS148 的逻辑电路如图 3.29 所示。逻辑电路的特点是输入低电平有效，输出同样是低电平有效。

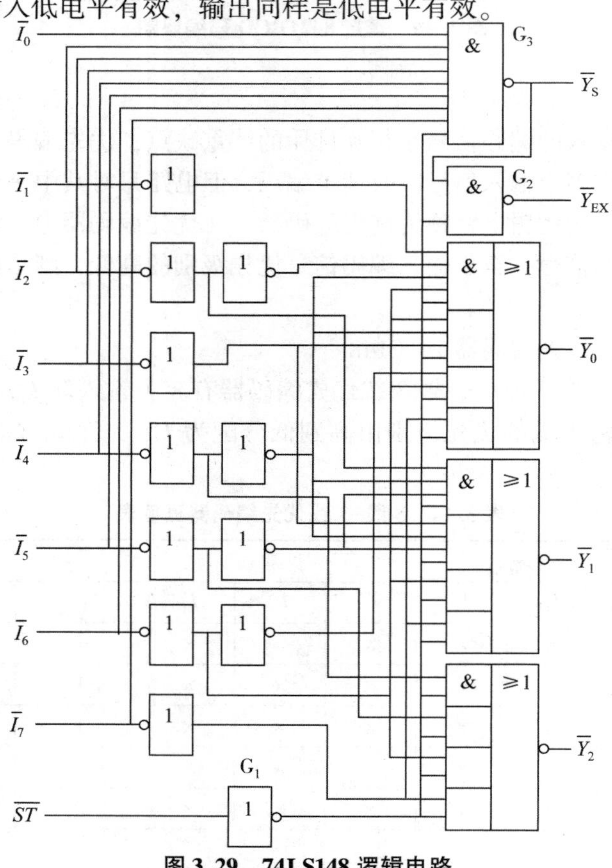

图 3.29　74LS148 逻辑电路

74LS148 引脚图如图 3.30（a）所示，其功能示意图如图 3.30（b）所示。各引出端的含义是：$\overline{I}_0$、$\overline{I}_1$、$\overline{I}_2$、$\overline{I}_3$、$\overline{I}_4$、$\overline{I}_5$、$\overline{I}_6$、$\overline{I}_7$ 是 4 信息输入端，低电平有效；$\overline{Y}_0$、$\overline{Y}_1$、$\overline{Y}_2$ 是编码输出端，输出 3 位二进制代码的反码；$\overline{ST}$ 为使能输入端，低电平有效；$\overline{Y}_{EX}$ 为扩展输出端，低电平有效；$\overline{Y}_S$ 为选通输出端，在级联时使用。

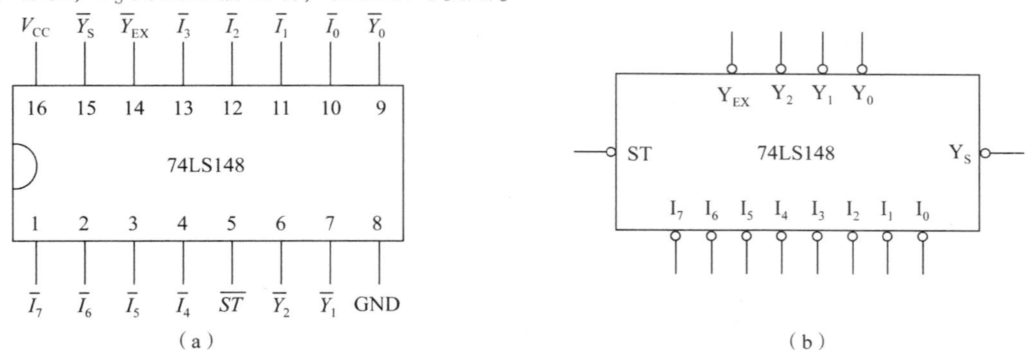

图 3.30　74LS148 的引脚图和功能示意图

（a）引脚图；（b）功能示意图

74LS148 的功能表如表 3.15 所示。

表 3.15　8 线–3 线优先编码器 74LS148 的功能表

输入									输出				
$\overline{ST}$	$\overline{I}_0$	$\overline{I}_1$	$\overline{I}_2$	$\overline{I}_3$	$\overline{I}_4$	$\overline{I}_5$	$\overline{I}_6$	$\overline{I}_7$	$\overline{Y}_2$	$\overline{Y}_1$	$\overline{Y}_0$	$\overline{Y}_{EX}$	$\overline{Y}_S$
1	×	×	×	×	×	×	×	×	1	1	1	1	1
0	1	1	1	1	1	1	1	1	1	1	1	1	0
0	×	×	×	×	×	×	×	0	0	0	0	0	1
0	×	×	×	×	×	×	0	1	0	0	1	0	1
0	×	×	×	×	×	0	1	1	0	1	0	0	1
0	×	×	×	×	0	1	1	1	0	1	1	0	1
0	×	×	×	0	1	1	1	1	1	0	0	0	1
0	×	×	0	1	1	1	1	1	1	0	1	0	1
0	×	0	1	1	1	1	1	1	1	1	0	0	1
0	0	1	1	1	1	1	1	1	1	1	1	0	1

由该表可知 74LS148 有如下功能。

① 当 $\overline{ST}=1$ 时，编码器不工作。这时 $\overline{Y}_2 \sim \overline{Y}_0$ 都输出高电平 1，扩展输出端 $\overline{Y}_{EX}=1$，选通输出端 $\overline{Y}_S=1$。

② 当 $\overline{ST}=0$ 时，编码器工作。当输入 $\overline{I}_0 \sim \overline{I}_7$ 都为高电平 1 时，$\overline{Y}_{EX}=1$，$\overline{Y}_S=0$，表示编码器工作正常，但没有有效信号输入。当 $\overline{I}_7=0$ 时，无论 $\overline{I}_6 \sim \overline{I}_0$ 有无编码有效信号输入，电路只对 $\overline{I}_7$ 编码，输出 $\overline{Y}_2\overline{Y}_1\overline{Y}_0=000$，为反码，其原码为 111；当 $\overline{I}_7=1$，$\overline{I}_6=0$ 时，电路只对 $\overline{I}_6$ 编码，输出 $\overline{Y}_2\overline{Y}_1\overline{Y}_0=001$，为反码，原码为 110，其余以此类推。只要有低电平 0 的编码信号输入，则 $\overline{Y}_{EX}=0$。因此，$\overline{Y}_{EX}=0$ 表示编码器工作正常，而 $\overline{Y}_{EX}=1$ 则表示没有编码信号 0 输入。

（3）编码器级联。当要对多于 8 个对象进行编码时，只要对多片 74LS148 进行级联即可。

【例 3.13】 试用两片 74LS148 设计一个 16 线-4 线优先编码器。

解：用两片 74LS148 设计的 16 线-4 线优先编码器如图 3.31 所示。

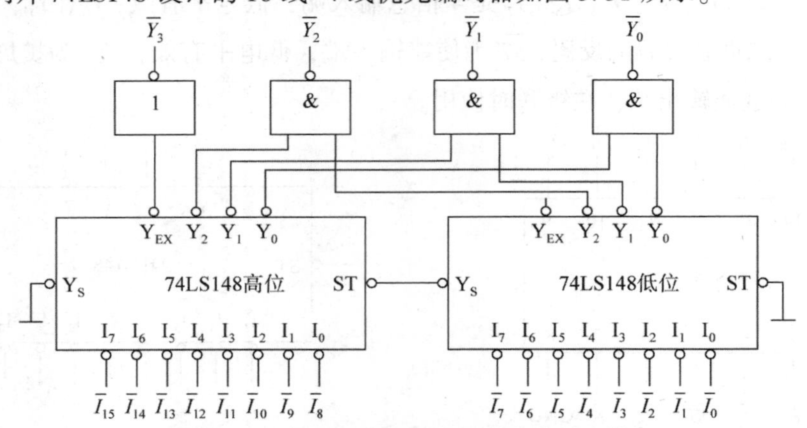

图 3.31 例 3.13 的 16 线-4 线优先编码器

（1）级联时使能输入端与选通输出端的连接：低位片的 $\overline{ST}=0$，保证低位片始终正常工作；低位片的选通输出端接高位片的使能输入端，当低位片有输入编码信号时，$\overline{Y}_S=1$ 使高位片不工作，当低位片无输入编码信号时，$\overline{Y}_S=0$ 使高位片工作。

（2）输入端：两片 74LS148 的 16 个输入端共同组成 16 线-4 线优先编码器的 16 个输入端，低位片为 $\overline{I}_0 \sim \overline{I}_7$，高位片为 $\overline{I}_8 \sim \overline{I}_{15}$。

（3）输出端：需要 4 个输出端。两片对应的 $\overline{Y}_2$、Y_1、$\overline{Y}_0$ 通过与非门组成低 3 位的输出，利用高位片的扩展输出端 $\overline{Y}_{EX}$ 通过非门扩展出输出 $\overline{Y}_3$。

常用的集成 8 线-3 线优先编码器还有 74148、74HC148、CC4532 等。

2）集成 10 线-4 线优先编码器 74LS147

将 0~9 十个十进制数转换为二进制代码的电路，称为二-十进制编码器，又称为 10 线-4 线编码器。74LS147 为集成 10 线-4 线优先编码器。

74LS147 的引脚图如图 3.32（a）所示，其逻辑功能示意图如图 3.32（b）所示。

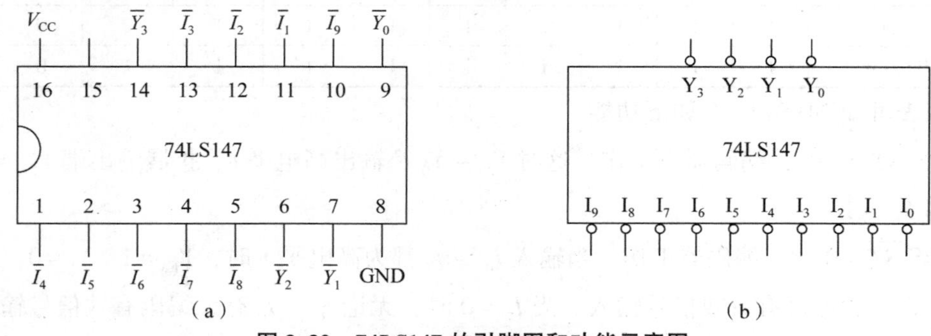

图 3.32 74LS147 的引脚图和功能示意图

（a）引脚图；（b）功能示意图

各引出端的含义是：$\overline{I}_1$，$\overline{I}_2$，$\overline{I}_3$，$\overline{I}_4$，$\overline{I}_5$，$\overline{I}_6$，$\overline{I}_7$，$\overline{I}_8$，$\overline{I}_9$ 是信息输入端，低电平有效；$\overline{Y}_0$，$\overline{Y}_1$，$\overline{Y}_2$，$\overline{Y}_3$ 是编码输出端，输出 8421BCD 码的反码。在 $\overline{I}_0 \sim \overline{I}_9$ 中，$\overline{I}_9$ 的优先级别最

高，$\overline{I}_8$ 次之，其余以此类推，$\overline{I}_0$ 的级别最低。在 74LS147 中没有 $\overline{I}_0$，因为当 $\overline{I}_1$ ～ $\overline{I}_9$ 都为高电平时，输出 $\overline{Y}_3\overline{Y}_2\overline{Y}_1\overline{Y}_0=1111$，其反码为 0000，相当于输入 $\overline{I}_0$。因此，虽然没有输入端 $\overline{I}_0$，却实际隐含了 $\overline{I}_0$。74LS147 的功能表如表 3.16 所示。

表 3.16　10 线-4 线优先编码器 74LS147 的功能表

输入									输出			
$\overline{I}_1$	$\overline{I}_2$	$\overline{I}_3$	$\overline{I}_4$	$\overline{I}_5$	$\overline{I}_6$	$\overline{I}_7$	$\overline{I}_8$	$\overline{I}_9$	$\overline{Y}_3$	$\overline{Y}_2$	$\overline{Y}_1$	$\overline{Y}_0$
1	1	1	1	1	1	1	1	1	1	1	1	1
×	×	×	×	×	×	×	×	0	0	1	1	0
×	×	×	×	×	×	×	0	1	0	1	1	1
×	×	×	×	×	×	0	1	1	1	0	0	0
×	×	×	×	×	0	1	1	1	1	0	0	1
×	×	×	×	0	1	1	1	1	1	0	1	0
×	×	×	0	1	1	1	1	1	1	0	1	1
×	×	0	1	1	1	1	1	1	1	1	0	0
×	0	1	1	1	1	1	1	1	1	1	0	1
0	1	1	1	1	1	1	1	1	1	1	1	0

常用的集成 10 线-4 线优先编码器还有 74147、74HC147、CC40147 等。

3.4.3　译码器

译码是编码的逆过程。编码是将一组输入信号编成对应的二进制代码，而译码是把输入的二进制代码翻译成相应的一组信号。实现译码的电路称为译码器。

常见的译码器主要有二进制译码器、二-十进制译码器和 BCD 显示译码器三种类型。

1. 二进制译码器的工作原理

将二进制代码翻译成特定信息的电路称为二进制译码器。二进制译码器若有 n 个输入信号，则对应有 2^n 个输出，这种译码器称为 n 线-2^n 线译码器。对应于每一种输入二进制代码，输出只能有一个为 1，其余全为 0（高电平有效）。二进制译码器输出端提供了输入变量的全部最小项又称为最小项译码器。

下面以 2 线-4 线译码器为例，论述译码器的工作原理。如果把 A_1、A_0 作为输入变量，把 Y_3、Y_2、Y_1、Y_0 作为输出变量，EN 作为使能端，则 2 线-4 线译码器的逻辑符号如图 3.33（a）所示，其真值表如表 3.17 所示。

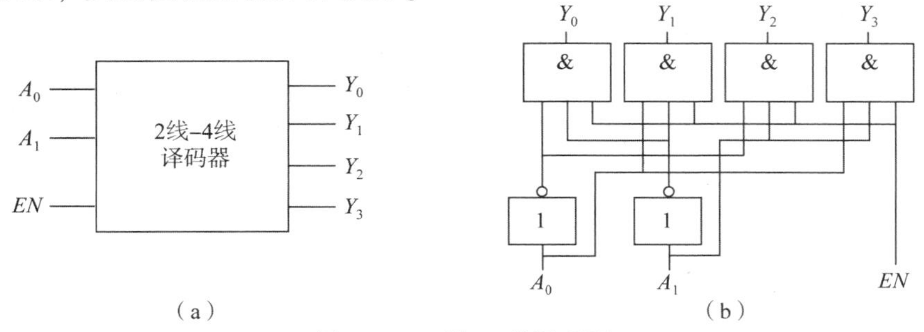

图 3.33　2 线-4 线译码器

（a）逻辑符号；（b）逻辑电路

表 3.17　2 线-4 线译码器真值表

输入			输出			
EN	A_1	A_0	Y_3	Y_2	Y_1	Y_0
0	×	×	0	0	0	0
1	0	0	0	0	0	1
1	0	1	0	0	1	0
1	1	0	0	1	0	0
1	1	1	1	0	0	0

由真值表得到 2 线-4 线译码器的逻辑表达式为

$$Y_0=\bar{A}_1\bar{A}_0=m_0;\ Y_1=\bar{A}_1A_0=m_1;\ Y_2=A_1\bar{A}_0=m_2;\ Y_3=A_1A_0=m_3 \tag{3.6}$$

由译码器的逻辑表达式可见，每一个逻辑表达式对应一个输入变量的最小项。2 线-4 线译码器的逻辑电路如图 3.33（b）所示。

2. 集成 3 线-8 线译码器 74LS138

74LS138 是常见的集成二进制译码器，各输出端的表达式为

$$\begin{cases}\bar{Y}_0=\overline{\bar{A}_2\bar{A}_1\bar{A}_0};\ \bar{Y}_1=\overline{\bar{A}_2\bar{A}_1A_0};\ \bar{Y}_2=\overline{\bar{A}_2A_1\bar{A}_0};\ \bar{Y}_3=\overline{\bar{A}_2A_1A_0}\\ \bar{Y}_4=\overline{A_2\bar{A}_1\bar{A}_0};\ \bar{Y}_5=\overline{A_2\bar{A}_1A_0};\ \bar{Y}_6=\overline{A_2A_1\bar{A}_0};\ \bar{Y}_7=\overline{A_2A_1A_0}\end{cases} \tag{3.7}$$

74LS138 的逻辑电路如图 3.34 所示。

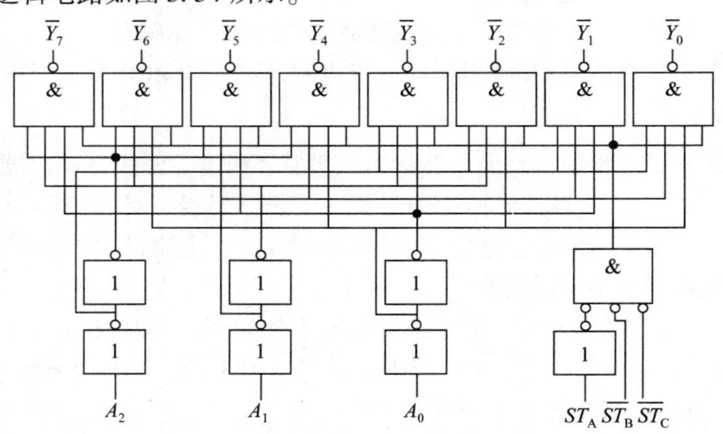

图 3.34　74LS138 逻辑电路

73LS138 的引脚图如图 3.35（a）所示，其逻辑功能示意图如图 3.35（b）所示。

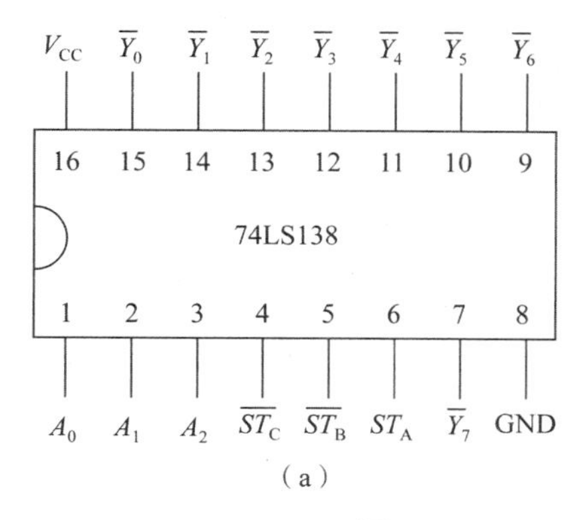

(a)

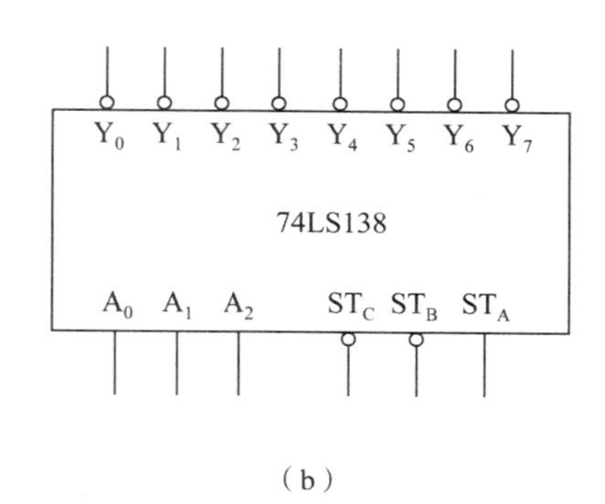

(b)

图 3.35　74LS138 的引脚图和功能示意图

(a) 引脚图；(b) 功能示意图

各引出端的含义是：A_0、A_1、A_2 为 3 位二进制代码输入端；$\overline{Y}_0$、$\overline{Y}_1$、$\overline{Y}_2$、$\overline{Y}_3$、$\overline{Y}_4$、$\overline{Y}_5$、$\overline{Y}_6$、$\overline{Y}_7$ 为译码输出端，低电平有效；ST_A、$\overline{ST}_B$、$\overline{ST}_C$ 为使能输入端，即选通控制信号。当 $ST_A=1$ 且 $\overline{ST}_B+\overline{ST}_C=0$ 时，译码器工作；当 $ST_A=0$ 或 $\overline{ST}_B+\overline{ST}_C=1$ 时，译码器禁止工作。

74LS138 的功能表如表 3.18 所示。

表 3.18　74LS138 的功能表

输入						输出							
ST_A	$\overline{ST}_B$	$\overline{ST}_C$	A_2	A_1	A_0	Y_0	Y_1	Y_2	Y_3	Y_4	Y_5	Y_6	Y_7
0	×	×	×	×	×	1	1	1	1	1	1	1	1
×	1	×	×	×	×	1	1	1	1	1	1	1	1
×	×	1	×	×	×	1	1	1	1	1	1	1	1
1	0	0	0	0	0	0	1	1	1	1	1	1	1
1	0	0	0	0	1	1	0	1	1	1	1	1	1
1	0	0	0	1	0	1	1	0	1	1	1	1	1
1	0	0	0	1	1	1	1	1	0	1	1	1	1
1	0	0	1	0	0	1	1	1	1	0	1	1	1
1	0	0	1	0	1	1	1	1	1	1	0	1	1
1	0	0	1	1	0	1	1	1	1	1	1	0	1
1	0	0	1	1	1	1	1	1	1	1	1	1	0

【例 3.14】　试用两片 74LS138 构成一个 4 线-16 线译码器。

解： 4 线-16 线译码器需要有 4 个输入端，16 个输出端。两片 74LS138 各有 8 个输出端，刚好组成 4 线-16 线译码器的 16 个输出端，即低位片输出为 $\overline{Y}_0\sim\overline{Y}_7$，高位片输出为 $\overline{Y}_8\sim\overline{Y}_{15}$。74LS138 只有 3 个输入端，可作为 4 线-16 线译码器 4 个输入端的低 3 位，即两片 74LS138 的 $A_2A_1A_0$ 对应连接，为 4 线-16 线译码器的 $A_2A_1A_0$。需要扩展一个输入端，可以用使能端扩展，将高位片的 ST_A 与低位片的 $\overline{ST}_B$ 或 $\overline{ST}_C$ 连接为输入端 A_3。两片其余的使能端照常连接，保证译码器正常工作的状态。4 线-16 线译码器逻辑电路如图 3.36 所示。

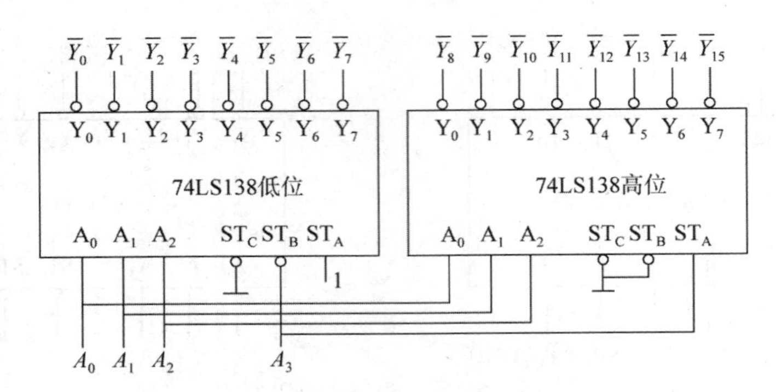

图 3.36　4 线-16 线译码器逻辑电路

工作过程为：当 $A_3A_2A_1A_0$ 为 0000 ~ 0111 时，由于 $A_3=0$，使低位片工作，高位片不工作，译码结果从 $\overline{Y}_0$ ~ $\overline{Y}_7$ 输出；当 $A_3A_2A_1A_0$ 为 1000 ~ 1111 时，由于 $A_3=1$，低位片不工作，高位片工作，译码结果从 $\overline{Y}_8$ ~ $\overline{Y}_{15}$ 输出。实现了 4 线-16 线译码器的功能。

常用的集成 3 线-8 线译码器还有 74137、74237、74239，集成 2 线-4 线译码器有 74139、74155、74239，集成 4 线-16 线译码器有 74154、74159（OC）、CC4514、CC4515 等。

3. 集成 4 线-10 线译码器 74LS42

把 4 位 8421BCD 码翻译成 0 ~ 9 十个十进制数的电路称为二-十进制译码器。二-十进制译码器的输入端有 4 个，用 A_3、A_2、A_1、A_0 表示；输出端有 10 个，用 Y_9 ~ Y_0 表示。由于二-十进制译码器有 4 个输入，10 个输出，又称为 4 线-10 线译码器。

74LS42 是常用的集成 4 线-10 线译码器，它是输出为低电平有效的译码器。74LS42 的引脚图及功能示意图分别如图 3.37（a）和图 3.37（b）所示。其功能表如表 3.19 所示。

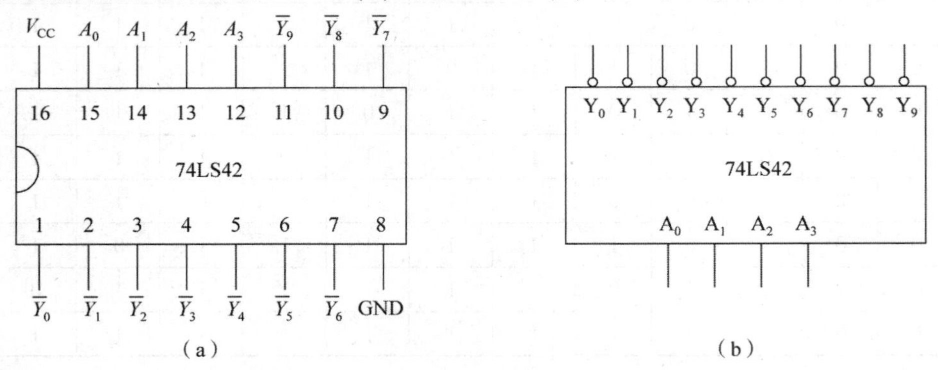

图 3.37　74LS42 的引脚图和功能示意图

(a) 引脚图；(b) 功能示意图

各引出端的含义是：A_0、A_1、A_2、A_3 为 8421BCD 码输入端；$\overline{Y}_0$、$\overline{Y}_1$、$\overline{Y}_2$、$\overline{Y}_3$、$\overline{Y}_4$、$\overline{Y}_5$、$\overline{Y}_6$、$\overline{Y}_7$、$\overline{Y}_8$、$\overline{Y}_9$ 为译码输出端，低电平有效。

表 3.19　74LS42 译码器的功能表

A_3	A_2	A_1	A_0	$\overline{Y}_9$	$\overline{Y}_8$	$\overline{Y}_7$	$\overline{Y}_6$	$\overline{Y}_5$	$\overline{Y}_4$	$\overline{Y}_3$	$\overline{Y}_2$	$\overline{Y}_1$	$\overline{Y}_0$
0	0	0	0	1	1	1	1	1	1	1	1	1	0
0	0	0	1	1	1	1	1	1	1	1	1	0	1
0	0	1	0	1	1	1	1	1	1	1	0	1	1
0	0	1	1	1	1	1	1	1	1	0	1	1	1
0	1	0	0	1	1	1	1	1	0	1	1	1	1
0	1	0	1	1	1	1	1	0	1	1	1	1	1
0	1	1	0	1	1	1	0	1	1	1	1	1	1
0	1	1	1	1	1	0	1	1	1	1	1	1	1
1	0	0	0	1	0	1	1	1	1	1	1	1	1
1	0	0	1	0	1	1	1	1	1	1	1	1	1

常用的集成 4 线-10 线译码器还有 74141、74145（OC）、CC4028 等。

4. 显示译码器

在数字系统中，常常需要将数字、字母、符号等直观地显示出来，供人们读取或监视系统的工作情况。能够显示数字、字母或符号的器件称为数字显示器。能把数字量翻译成数字显示器所能识别的信号的译码器称为数字显示译码器。

常用的数字显示器有多种类型，按显示内容可分为文字口、数字口、符号显示器等；按显示方式可分为字型重叠式显示器、点阵式显示器、分段式显示器等；按发光物质可分为半导体显示器［又称发光二极管（LED）显示器］、荧光显示器、液晶显示器、气体放电管显示器等。目前应用最广泛的是由发光二极管构成的七段数字显示器。七段数字显示器就是将七段发光二极管（加小数点为八段）按一定的方式排列起来，七段 a、b、c、d、e、f、g（小数点 dp）各对应一个发光二极管，利用不同发光段的组合，显示不同的阿拉伯数字。

1）七段数字显示器

（1）七段半导体数码管。图 3.38（a）所示为由七段发光二极管组成的半导体数码管的结构，七段发光二极管分别为 a、b、c、d、e、f、g 段，利用发光二极管的不同组合，可显示出 0 ~ 9 十个数字，如图 3.38（b）所示。数码管中另外还有一段表示小数点的发光二极管 dp 段。发光二极管简称 LED，所以，半导体数码管又称为 LED 数码管。

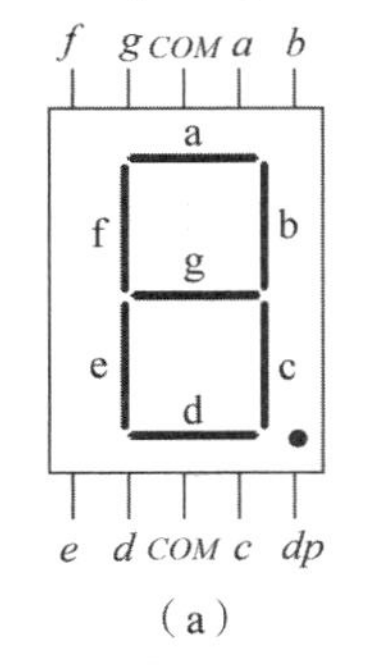

（a）

（b）

图 3.38　七段半导体数码管的结构和显示的数字

（a）数码管；（b）段组合数字

半导体数码管内部各发光二极管的接法有两种，如图 3.39 所示。图 3.39（a）为共阳极接法，$a \sim g$ 和 dp 通过限流电阻 R 接低电平时发光。图 3.39（b）为共阴极接法，$a \sim g$ 和 dp 通过限流电阻 R 接高电平时发光。

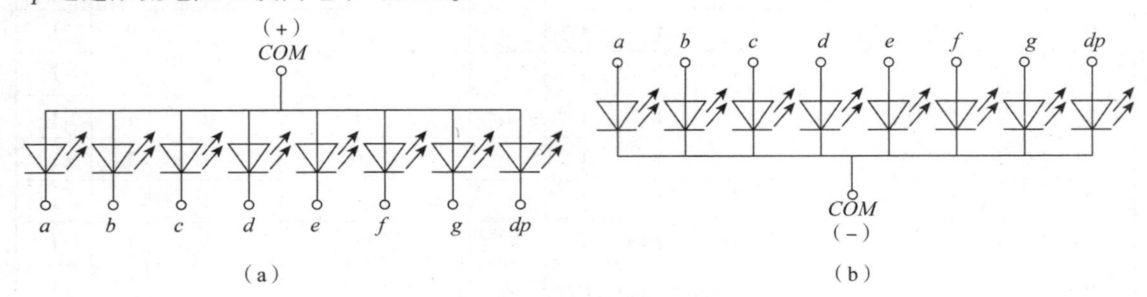

图 3.39　半导体数码管的内部接法

（a）共阳极接法；（b）共阴极接法

半导体数码管具有工作电压低、体积小、寿命长、可靠性高、响应时间短、亮度比较高等优点；缺点是工作电流比较大，每一段的工作电流约为 10 mA。

（2）七段液晶显示器。液晶是液态晶体的简称，又称 LCD。它是具有晶体光学特性的有机化合物，其透明度和显示的颜色受外加电场的控制而改变，利用这一特点可做成液晶显示器。将液晶密封在一个平板形玻璃容器中，玻璃上下印有电极，玻璃上表面电极是透明的，不影响光线照射。透明电极没有外加电压时，液晶分子呈现正交排列，光线可以顺利穿过液晶层，被底层的反射层反射，沿原路返回，形成亮视场，液晶呈现透明状态。当在电极上加上外加电压时，液晶分子在电场作用下发生偏转，吸收入射光，形成暗视场，使液晶呈现灰色状态。由此形成光线的反差，将字形和图案显示出来。当外加电场消失时，液晶又恢复成透明状态。为了显示数字，液晶正面的透明电极和背面的公共电极都做成“日”字形，7 段电极位置对应，正面 7 个电极在不同组合的正电压作用下，可显示 0 ~ 9 十个数字。

LCD 是一种被动显示器件，外界光线越强，则亮、暗的反差越大，显示字型越清楚；若外界光线弱，则反差小，显示模糊。

LCD 显示器的优点是工作电压较低（1.5 ~ 3 V）、体积小、寿命长、亮度高、响应速度快、工作可靠性高；缺点是工作电流大，每个字段的工作电流约为 10 mA。

2）BCD-七段显示译码器

BCD-七段显示译码器是将 BCD 码转换为驱动七段数码管的显示码的电路。

（1）驱动半导体数码管的显示译码器。半导体数码管有两种类型，共阳极连接数码管是低电平驱动，共阴极连接数码管是高电平驱动，因此驱动半导体数码管的显示译码器同样分为驱动共阳极连接数码管和驱动共阴极连接数码管的两种不同类型。常用于驱动共阳极连接数码管的集成显示译码器为 74LS47，驱动共阴极连接数码管的集成显示译码器为 74LS48。下面分别进行介绍。

① 集成显示译码器 74LS47。74LS47 是低电平驱动的显示译码器，用于驱动共阳极连接数码管。74LS47 的引脚图如图 3.40（a）所示，其功能示意图如图 3.40（b）所示。

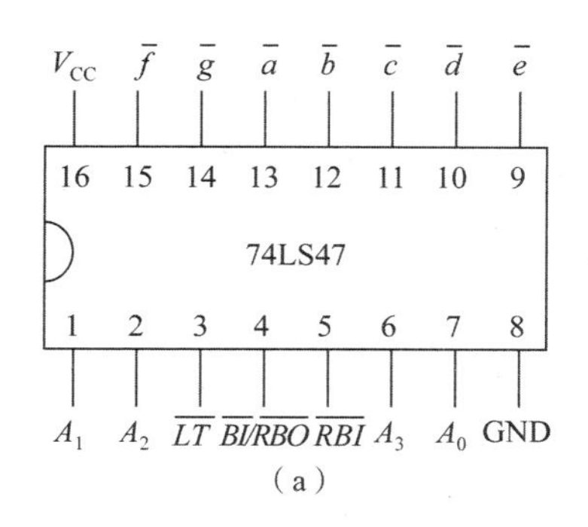

(a)

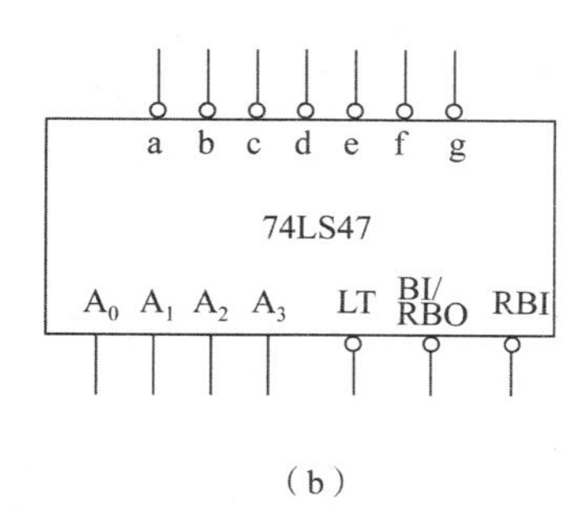

(b)

图 3.40 74LS47 的引脚图和功能示意图

(a) 引脚图；(b) 功能示意图

各引出端的含义是：A_0、A_1、A_2、A_3 为 8421BCD 码输入端；$\bar{a}$、$\bar{b}$、$\bar{c}$、$\bar{d}$、$\bar{e}$、$\bar{f}$、$\bar{g}$ 为译码输出端，低电平有效；$\overline{LT}$ 为试灯输入端，低电平有效；$\overline{RBI}$ 为灭零输入端，低电平有效；$\overline{BI}/\overline{RBO}$ 为灭灯输入端，低电平有效；$\overline{BI}/\overline{RBO}$ 同时又是灭灯输出端，低电平有效。

74LS47 的功能表如表 3.20 所示。

表 3.20 74LS47 的功能表

十进制数	输入							输出							显示数字
	$\overline{LT}$	$\overline{BI}/\overline{RBO}$	$\overline{RBI}$	A_3	A_2	A_1	A_0	$\bar{a}$	$\bar{b}$	$\bar{c}$	$\bar{d}$	$\bar{e}$	$\bar{f}$	$\bar{g}$	
0	1	1	1	0	0	0	0	0	0	0	0	0	0	1	0
1	1	1	×	0	0	0	1	1	0	0	1	1	1	1	1
2	1	1	×	0	0	1	0	0	0	1	0	0	1	0	2
3	1	1	×	0	0	1	1	0	0	0	0	1	1	0	3
4	1	1	×	0	1	0	0	1	0	0	1	1	0	0	4
5	1	1	×	0	1	0	1	0	1	0	0	1	0	0	5
6	1	1	×	0	1	1	0	1	1	0	0	0	0	0	6
7	1	1	×	0	1	1	1	0	0	0	1	1	1	1	7
8	1	1	×	1	0	0	0	0	0	0	0	0	0	0	8
9	1	1	×	1	0	0	1	0	0	0	1	1	0	0	9
10	1	1	×	1	0	1	0	1	1	1	0	0	1	0	c

续表

十进制数	输入							输出							显示数字
	$\overline{LT}$	$\overline{BI}/\overline{RBO}$	$\overline{RBI}$	A_3	A_2	A_1	A_0	$\overline{a}$	$\overline{b}$	$\overline{c}$	$\overline{d}$	$\overline{e}$	$\overline{f}$	$\overline{g}$	
11	1	1	×	1	0	1	1	1	1	0	0	1	1	0	
12	1	1	×	1	1	0	0	1	0	1	1	1	0	0	
13	1	1	×	1	1	0	1	0	1	1	0	1	0	0	
14	1	1	×	1	1	1	0	1	1	1	0	0	0	0	
15	1	1	×	1	1	1	1	1	1	1	1	1	1	1	熄灭

a. 消隐功能。当 $\overline{BI}/\overline{RBO}=0$ 时，无论其他输入端输入什么电平，$\overline{a}\sim\overline{g}$ 都输出高电平1，数码管熄灭，不显示字形，又称为消隐。

b. 灯测试功能。当 $\overline{LT}=0$，且 $\overline{BI}/\overline{RBO}=1$ 时，无论其他输入端处于何种状态，$\overline{a}\sim\overline{g}$ 都输出低电平0，数码管显示数字8。因此，$\overline{LT}$ 端主要用于检查译码器和数码显示器各字段能否正常显示。

c. 灭零功能。当 $\overline{BI}=1$、$\overline{LT}=1$，且 $\overline{RBI}=0$ 时，如果数据输入为 $A_3A_2A_1A_0=0000$，则数码管熄灭；如果数据输入为 $A_3A_2A_1A_0\neq0000$，则数码管照常显示相应字形。

d. 正常译码显示。当 $\overline{BI}=1$、$\overline{LT}=1$ 时，译码器工作。$\overline{a}\sim\overline{g}$ 输出由 $A_3\sim A_0$ 端输入的8421BCD码控制，并且显示相应的数字。如输入为1010～1110五个状态时，$\overline{a}\sim\overline{g}$ 输出如表3.20所示的字形，当输入为1111时，数码管熄灭。

图3.41为集成显示译码器74LS47和共阳极接法数码管的连接图。

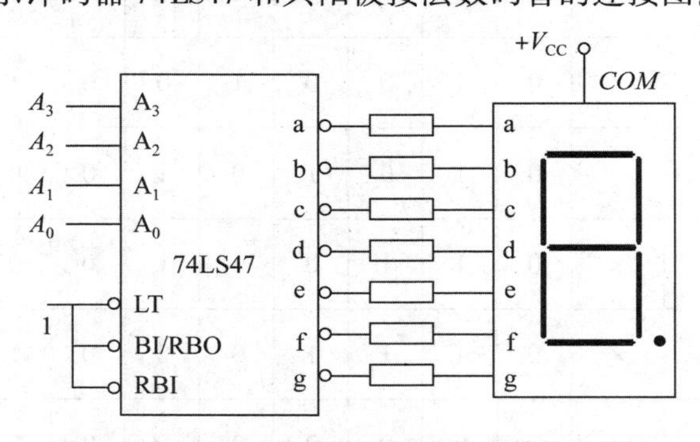

图3.41　74LS47和共阳极接法数码管的连接图

② 集成显示译码器74LS48。74LS48是高电平驱动的显示译码器，用于驱动共阴极连接数码管。74LS48的引脚图如图3.42（a）所示，其功能示意图如图3.42（b）所示。

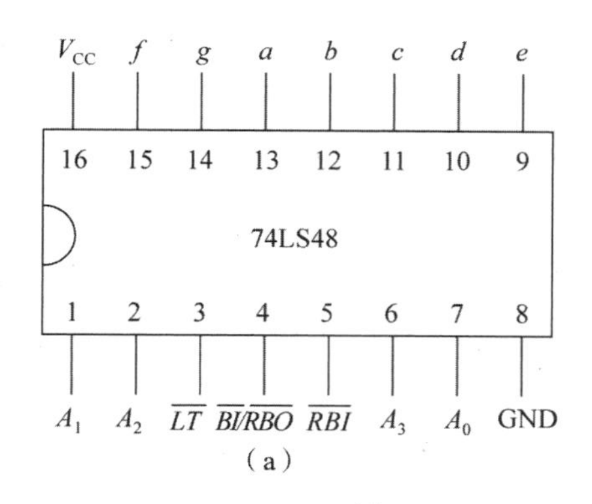

(a)

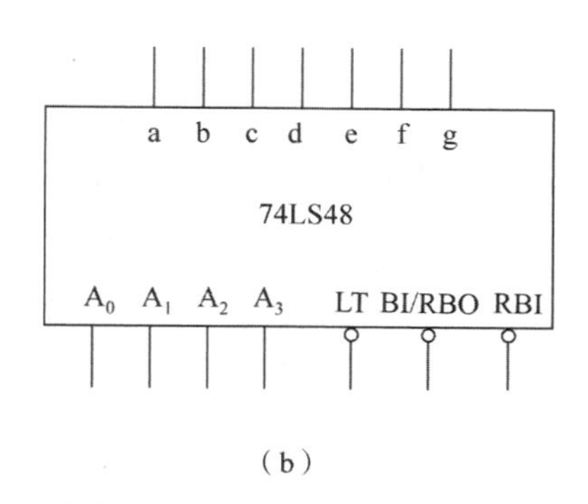

(b)

图 3.42　74LS48 的引脚图和功能示意图

(a) 引脚图；(b) 功能示意图

各引出端的含义是：A_0、A_1、A_2、A_3 为 8421BCD 码输入端；a、b、c、d、e、f、g 为译码输出端，高电平有效；$\overline{LT}$ 为试灯输入端，低电平有效；$\overline{RBI}$ 为灭零输入端，低电平有效；$\overline{BI}/\overline{RBO}$ 为灭灯输入端，低电平有效；$\overline{BI}/\overline{RBO}$ 同时又是灭灯输出端，低电平有效。

74LS48 的功能表如表 3.21 所示。

表 3.21　74LS48 的功能表

十进制数	输入							输出							显示数字
	$\overline{LT}$	$\overline{BI}/\overline{RBO}$	$\overline{RBI}$	A_3	A_2	A_1	A_0	a	b	c	d	e	f	g	
0	1	1	1	0	0	0	0	1	1	1	1	1	1	0	0
1	1	1	×	0	0	0	1	0	1	1	0	0	0	0	1
2	1	1	×	0	0	1	0	1	1	0	1	1	0	1	2
3	1	1	×	0	0	1	1	1	1	1	1	0	0	1	3
4	1	1	×	0	1	0	0	0	1	1	0	0	1	1	4
5	1	1	×	0	1	0	1	1	0	1	1	0	1	1	5
6	1	1	×	0	1	1	0	0	0	1	1	1	1	1	6
7	1	1	×	0	1	1	1	1	1	1	0	0	0	0	7
8	1	1	×	1	0	0	0	1	1	1	1	1	1	1	8
9	1	1	×	1	0	0	1	1	1	1	0	0	1	1	9
10	1	1	×	1	0	1	0	0	0	0	1	1	0	1	⊏

续表

十进制数	输入							输出							显示数字
	$\overline{LT}$	$\overline{BI}/\overline{RBO}$	$\overline{RBI}$	A_3	A_2	A_1	A_0	a	b	c	d	e	f	g	
11	1	1	×	1	0	1	1	0	0	1	1	0	0	1	
12	1	1	×	1	1	0	0	0	1	0	0	0	1	1	
13	1	1	×	1	1	0	1	1	0	0	1	0	1	1	
14	1	1	×	1	1	1	0	0	0	0	1	1	1	1	
15	1	1	×	1	1	1	1	0	0	0	0	0	0	0	熄灭

图 3.43 为显示译码器 74LS48 和共阴极接法数码管的连接图。

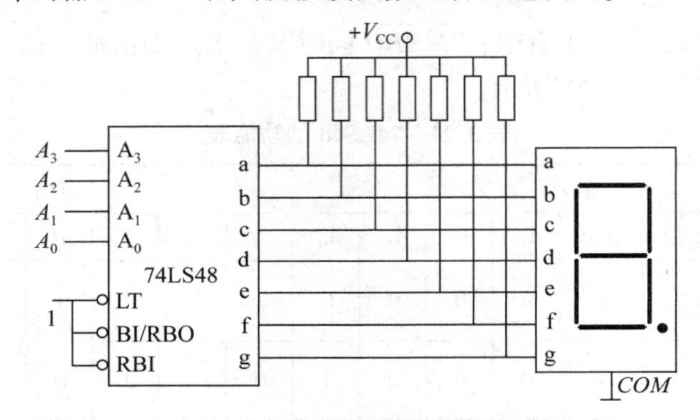

图 3.43　74LS48 和共阴极接法数码管的连接图

（2）驱动七段液晶显示器的译码器。CMOS 集成 BCD-七段显示译码器 CC14543，既可以驱动七段液晶显示器，又可以驱动半导体数码管。其逻辑功能示意图如图 3.44 所示。CC14543 的 A_3、A_2、A_1、A_0 为代码输入端；*BI* 为消隐输入端，高电平有效；*LD* 为数据锁存控制端，高电平有效；*M* 为显示方式控制端；Y_a ~ Y_g 为译码器输出端。CC14543 的功能表如表 3.22 所示。

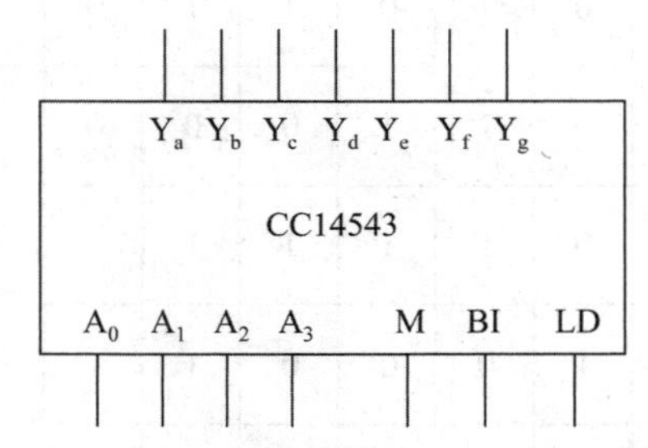

图 3.44　CC14543 的逻辑功能示意图

表 3.22　CC14543 的功能表

输入							输出							显示数字
LD	BI	M	A_3	A_2	A_1	A_0	Y_a	Y_b	Y_c	Y_d	Y_e	Y_f	Y_g	
×	1	*	×	×	×	×	0	0	0	0	0	0	0	消隐
1	0	*	0	0	0	0	1	1	1	1	1	1	0	0
1	0	*	0	0	0	1	0	1	1	0	0	0	0	1
1	0	*	0	0	1	0	1	1	0	1	1	0	1	2
1	0	*	0	0	1	1	1	1	1	1	0	0	1	3
1	0	*	0	1	0	0	0	1	1	0	0	1	1	4
1	0	*	0	1	0	1	1	0	1	1	0	1	1	5
1	0	*	0	1	1	0	1	0	1	1	1	1	1	6
1	0	*	0	1	1	1	1	1	1	0	0	0	0	7
1	0	*	1	0	0	0	1	1	1	1	1	1	1	8
1	0	*	1	0	0	1	1	1	1	1	0	1	1	9
1	0	*	1	0	1	0	0	0	0	0	0	0	0	消隐
1	0	*	1	0	1	1	0	0	0	0	0	0	0	
1	0	*	1	1	0	0	0	0	0	0	0	0	0	
1	0	*	1	1	0	1	0	0	0	0	0	0	0	
1	0	*	1	1	1	0	0	0	0	0	0	0	0	
1	0	*	1	1	1	1	0	0	0	0	0	0	0	
0	0	*	×	×	×	×	LD 由 1 到 0 时，由 BCD 码决定，锁存							

由该表可知 CC14543 有如下功能。

① 消隐功能。当 $BI=1$ 时，$Y_a \sim Y_g$ 都输出低电平 0，液晶显示器不显示数字。

② 显示方式控制。取 $LD=1$、$BI=0$，译码器处于工作状态。当 $M=0$ 时，译码器输出驱动共阴极 LED 数码管；当 $M=1$ 时，译码器输出驱动共阳极 LED 数码管；当 M 端输入 30 ~ 200 Hz 的方波时，用于驱动 LCD 数码显示器，这时将 M 端与 LCD 公共端相连。

③ 锁存功能。取 $BI=0$，当 LD 由 1 变为 0 时，锁存上一个 $LD=1$ 时 $A_3 \sim A_0$ 输入的 BCD 码。

如图 3.45 所示为 CC14543 和七段液晶显示器的连接图。

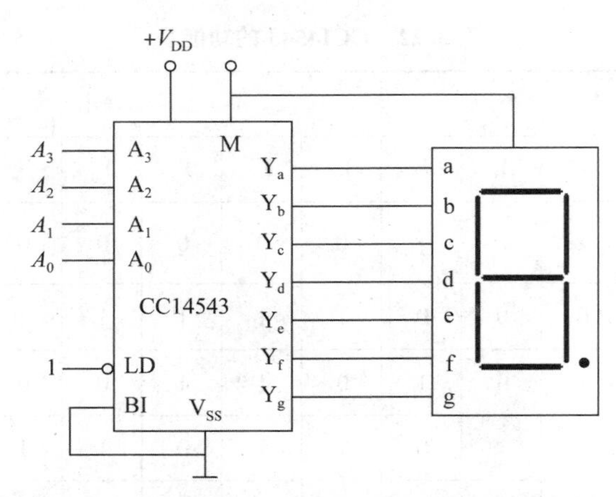

图 3.45 显示译码器 CC14543 和七段液晶显示器的连接图

常用的显示译码器还有 7446、7449、74246、74247、74248、74249、74347、CC4543、CC4544、CC4547、CC4558 等。

5. 二进制译码器的应用

在计算机系统中，二进制译码器的基本用途是作为地址译码器。例如，用 74LS138 对存储器单元地址和输入/输出（I/O）端口地址进行译码。在数字系统中，二进制译码器可以用作数据分配器、函数发生器，将多片译码器级联还可以扩展译码器的输入端数，构成多变量译码器。由于译码器的每个输出端分别与一个最小项相对应，因此辅以适当的门电路，用译码器可实现任意逻辑函数。

（1）用二进制译码器设计组合逻辑电路的原理。把一个组合逻辑函数变换成标准与或式，它就是若干个输入变量最小项的和。因此任意组合逻辑函数都是若干个输入变量最小项的和。

二进制译码器的特点是每一个输出是输入变量的一个最小项，如 3 线-8 线译码器 74LS138 的输出为

$$\overline{Y}_7=\overline{A_2A_1A_0}=\overline{m}_7\ ;\ \overline{Y}_6=\overline{A_2A_1\overline{A}_0}=\overline{m}_6\ ;\ \overline{Y}_5=\overline{A_2\overline{A}_1A_0}=\overline{m}_5\ ;\ \overline{Y}_4=\overline{A_2\overline{A}_1\overline{A}_0}=\overline{m}_4\ ;$$

$$\overline{Y}_3=\overline{\overline{A}_2A_1A_0}=\overline{m}_3\ ;\ \overline{Y}_2=\overline{\overline{A}_2A_1\overline{A}_0}=\overline{m}_2\ ;\ \overline{Y}_1=\overline{\overline{A}_2\overline{A}_1A_0}=\overline{m}_1\ ;\ \overline{Y}_0=\overline{\overline{A}_2\overline{A}_1\overline{A}_0}=\overline{m}_0$$

并且二进制译码器的输出端提供了输入变量的全部最小项。因此只要将二进制译码器的若干个输出端用门电路组合，就组成了所需的组合逻辑函数。用二进制译码器可以实现任意组合逻辑函数。

（2）用二进制译码器实现组合逻辑函数的设计步骤。用二进制译码器实现组合逻辑函数的设计步骤如下。

① 选择译码器的型号。选择依据是：$n = k$ 。n 为译码器代码输入端的个数，k 为组合逻辑函数的变量数，即选择译码器输入端的个数等于实现组合逻辑函数的变量数。例如，组合逻辑函数为 2 个变量，选择 2 线-4 线译码器；组合逻辑函数为 3 个变量，选择 3 线-8 线译码器。

② 将组合逻辑函数写成标准与非-与非式。

③ 确定组合逻辑函数的变量和译码器输入端的关系，找到组合逻辑函数与译码器输出

端的关系，将组合逻辑函数写成用译码器输出变量表示的与非式。

④ 用译码器和门电路画出逻辑连线图。

【例 3.15】 使用译码器和基本门电路实现组合逻辑函数 $Y=A\overline{B}+\overline{A}C+B\overline{C}$ 。

解：（1）选择译码器型号。由题意可知，组合逻辑函数有 A、B、C 三个变量，故选用 3 线-8 线译码器 74LS138 来实现此组合逻辑函数。

（2）将组合逻辑函数变换成标准与非-与非式。

$$
\begin{aligned}
Y &= A\overline{B}+\overline{A}C+B\overline{C}=A\overline{B}(C+\overline{C})+\overline{A}(B+\overline{B})C+(A+\overline{A})B\overline{C} \\
&= A\overline{B}C+A\overline{B}\,\overline{C}+\overline{A}BC+\overline{A}\,\overline{B}C+AB\overline{C}+\overline{A}B\overline{C} \\
&= \overline{\overline{\overline{A}\,\overline{B}C+\overline{A}B\overline{C}+\overline{A}BC+A\overline{B}\,\overline{C}+A\overline{B}C+AB\overline{C}}} \\
&= \overline{\overline{\overline{A}\,\overline{B}C}\cdot\overline{\overline{A}B\overline{C}}\cdot\overline{\overline{A}BC}\cdot\overline{A\overline{B}\,\overline{C}}\cdot\overline{A\overline{B}C}\cdot\overline{AB\overline{C}}}
\end{aligned}
$$

（3）确定组合逻辑函数的变量和译码器输入端的关系。设 $A_2=A$ ，$A_1=B$ ，$A_0=C$ 。由组合逻辑函数得到

$$
\begin{aligned}
Y &= \overline{\overline{\overline{A}\,\overline{B}C}\cdot\overline{\overline{A}B\overline{C}}\cdot\overline{\overline{A}BC}\cdot\overline{A\overline{B}\,\overline{C}}\cdot\overline{A\overline{B}C}\cdot\overline{AB\overline{C}}} \\
&= \overline{\overline{\overline{A}_2\overline{A}_1A_0}\cdot\overline{\overline{A}_2A_1\overline{A}_0}\cdot\overline{\overline{A}_2A_1A_0}\cdot\overline{A_2\overline{A}_1\overline{A}_0}\cdot\overline{A_2\overline{A}_1A_0}\cdot\overline{A_2A_1\overline{A}_0}} \\
&= \overline{\overline{Y}_1\cdot\overline{Y}_2\cdot\overline{Y}_3\cdot\overline{Y}_4\cdot\overline{Y}_5\cdot\overline{Y}_6}
\end{aligned}
$$

（4）画逻辑电路。根据组合逻辑函数与译码器输出变量的与非式，画出实现组合逻辑函数的逻辑电路，如图 3.46 所示。

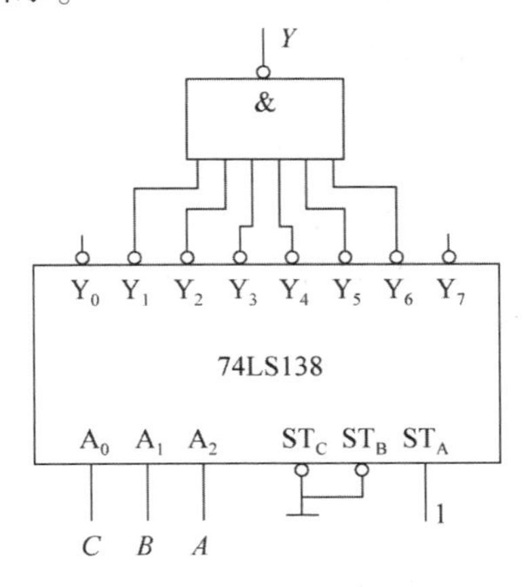

图 3.46　例 3.15 逻辑电路

【例 3.16】 试用译码器和基本门电路设计一个三变量的单“1”检测器。单“1”检测器为检测输入变量取值只有一个且为 1 时，输出为 1，其他取值情况输出都为 0。

解：（1）选择译码器的型号。由题意可知，组合逻辑函数有三个变量，故选用 3 线-8 线译码器 74LS138 来实现此组合逻辑函数。

（2）根据题意列出真值表，并写出单“1”检测器的组合逻辑函数。

设单“1”检测器三个输入变量为 A、B、C，输出变量为 Y。单“1”检测器真值表如

表 3. 23 所示。

表 3. 23　单“1”检测器真值表

A	B	C	Y
0	0	0	0
0	0	1	1
0	1	0	1
0	1	1	0
1	0	0	1
1	0	1	0
1	1	0	0
1	1	1	0

单“1”检测器的组合逻辑函数为

$$Y = \overline{A}\,\overline{B}C + \overline{A}B\overline{C} + A\overline{B}\,\overline{C}$$

（3）将组合逻辑函数写成标准与非-与非式，即

$$\begin{aligned} Y &= \overline{A}\,\overline{B}C + \overline{A}B\overline{C} + A\overline{B}\,\overline{C} \\ &= \overline{\overline{\overline{A}\,\overline{B}C + \overline{A}B\overline{C} + A\overline{B}\,\overline{C}}} \\ &= \overline{\overline{\overline{A}\,\overline{B}C} \cdot \overline{\overline{A}B\overline{C}} \cdot \overline{A\overline{B}\,\overline{C}}} \end{aligned}$$

（4）确定组合逻辑函数的变量和译码器输入端的关系。设 $A_2 = A$，$A_1 = B$，$A_0 = C$。得到

$$\begin{aligned} Y &= \overline{\overline{\overline{A}\,\overline{B}C} \cdot \overline{\overline{A}B\overline{C}} \cdot \overline{A\overline{B}\,\overline{C}}} \\ &= \overline{\overline{\overline{A}_2\overline{A}_1A_0} \cdot \overline{\overline{A}_2A_1\overline{A}_0} \cdot \overline{A_2\overline{A}_1\overline{A}_0}} \\ &= \overline{\overline{Y}_1 \cdot \overline{Y}_2 \cdot \overline{Y}_4} \end{aligned}$$

（5）画逻辑电路。根据组合逻辑函数与译码器输出变量的与非式，画出实现组合逻辑函数的逻辑电路，如图 3. 47 所示。

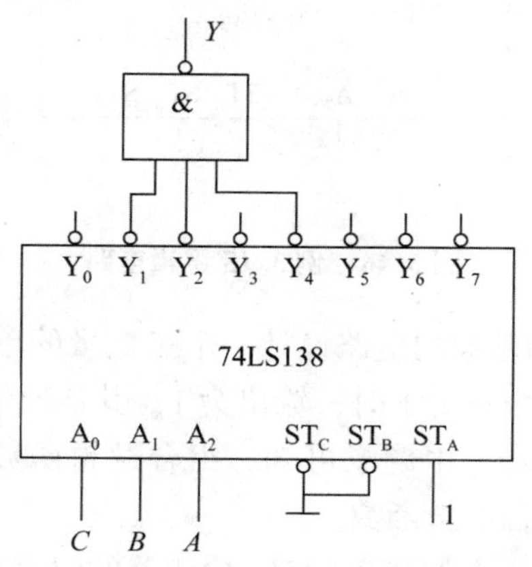

图 3. 47　例 3. 16 逻辑电路

【分析】在用译码器和基本门电路设计组合逻辑函数的过程中，在确定组合逻辑函数的变量和译码器输入端的关系时，选择组合逻辑函数的变量与译码器输入端不同的连接关系，会使组合逻辑函数的同一个最小项对应译码器不同的输出端，必然会产生同一逻辑函数可以由译码器不同输出端组合来实现，也就出现了设计用译码器实现组合逻辑函数有多种方案。

下面以用 74LS138 设计实现组合逻辑函数 $Y(A, B, C) = \sum_m (0, 1, 3, 6, 7)$ 为例，加以说明。

组合逻辑函数的标准与非-与非式为

$$
\begin{aligned}
Y(A, B, C) &= \sum_m (0, 1, 3, 6, 7) = \bar{A}\bar{B}\bar{C} + \bar{A}\bar{B}C + \bar{A}BC + AB\bar{C} + ABC \\
&= \overline{\overline{\bar{A}\bar{B}\bar{C} + \bar{A}\bar{B}C + \bar{A}BC + AB\bar{C} + ABC}} \\
&= \overline{\overline{\bar{A}\bar{B}\bar{C}} \cdot \overline{\bar{A}\bar{B}C} \cdot \overline{\bar{A}BC} \cdot \overline{AB\bar{C}} \cdot \overline{ABC}}
\end{aligned}
$$

【方案一】　设 $A_2 = A$，$A_1 = B$，$A_0 = C$。得到

$$
\begin{aligned}
Y &= \overline{\overline{\bar{A}\bar{B}\bar{C}} \cdot \overline{\bar{A}\bar{B}C} \cdot \overline{\bar{A}BC} \cdot \overline{AB\bar{C}} \cdot \overline{ABC}} \\
&= \overline{\overline{\bar{A}_2\bar{A}_1\bar{A}_0} \cdot \overline{\bar{A}_2\bar{A}_1A_0} \cdot \overline{\bar{A}_2A_1A_0} \cdot \overline{A_2A_1\bar{A}_0} \cdot \overline{A_2A_1A_0}} \\
&= \overline{\bar{Y}_0 \cdot \bar{Y}_1 \cdot \bar{Y}_3 \cdot \bar{Y}_6 \cdot \bar{Y}_7}
\end{aligned}
$$

实现组合逻辑函数的逻辑电路，如图 3.48（a）所示。

【方案二】　设 $A_2 = B$，$A_1 = C$，$A_0 = A$。得到

$$
\begin{aligned}
Y &= \overline{\overline{\bar{A}\bar{B}\bar{C}} \cdot \overline{\bar{A}\bar{B}C} \cdot \overline{\bar{A}BC} \cdot \overline{AB\bar{C}} \cdot \overline{ABC}} \\
&= \overline{\overline{\bar{A}_0\bar{A}_2\bar{A}_1} \cdot \overline{\bar{A}_0\bar{A}_2A_1} \cdot \overline{\bar{A}_0A_2A_1} \cdot \overline{A_0A_2\bar{A}_1} \cdot \overline{A_0A_2A_1}} \\
&= \overline{\bar{Y}_0 \cdot \bar{Y}_2 \cdot \bar{Y}_5 \cdot \bar{Y}_6 \cdot \bar{Y}_7}
\end{aligned}
$$

实现组合逻辑函数的逻辑电路，如图 3.48（b）所示。

【方案三】　设 $A_2 = C$，$A_1 = A$，$A_0 = B$。得到

$$
\begin{aligned}
Y &= \overline{\overline{\bar{A}\bar{B}\bar{C}} \cdot \overline{\bar{A}\bar{B}C} \cdot \overline{\bar{A}BC} \cdot \overline{AB\bar{C}} \cdot \overline{ABC}} \\
&= \overline{\overline{\bar{A}_1\bar{A}_0\bar{A}_2} \cdot \overline{\bar{A}_1\bar{A}_0A_2} \cdot \overline{\bar{A}_1A_0A_2} \cdot \overline{A_1A_0\bar{A}_2} \cdot \overline{A_1A_0A_2}} \\
&= \overline{\bar{Y}_0 \cdot \bar{Y}_3 \cdot \bar{Y}_4 \cdot \bar{Y}_5 \cdot \bar{Y}_7}
\end{aligned}
$$

实现组合逻辑函数的逻辑电路，如图 3.48（c）所示。

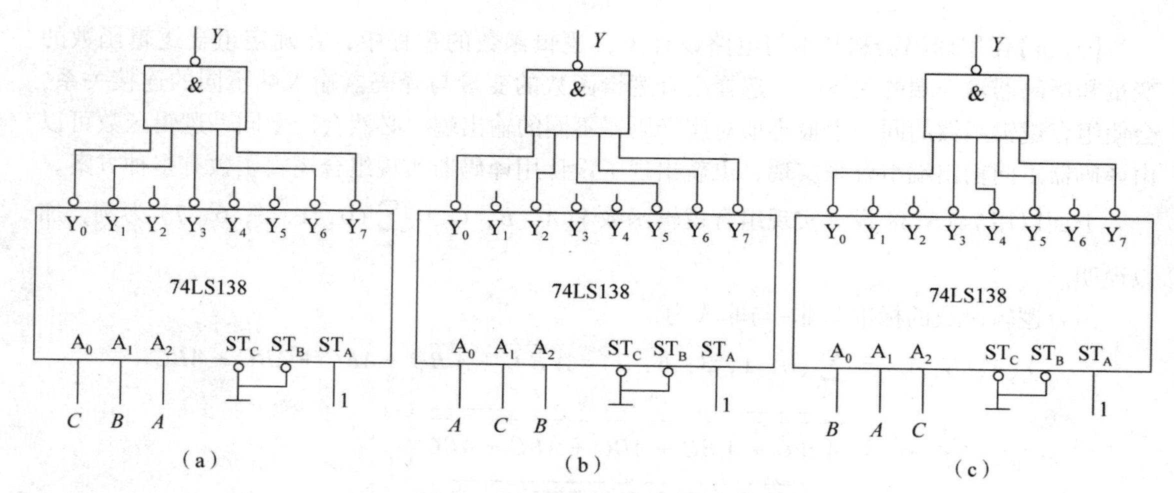

图 3.48　74LS138 逻辑电路

(a) 方案一；(b) 方案二；(c) 方案三

可见，选择组合逻辑函数的变量与译码器输入端不同的连接关系，会产生不同的设计结果。

3.4.4　数据选择器

数据选择器又称多路开关，它是在地址信号的控制下，从输入的多路数据中选择其中一路输出的电路。其示意图如图 3.49 所示。

在数据选择器中通常用地址信号来完成选择哪路输入数据从输出端输出的任务，如 4 选 1 的数据选择器需有 2 位地址信号输入端，它共有 $2^2=4$ 种不同组合，每一种组合可选择对应的一路数据输出。8 选 1 的数据选择器应有 3 位地址信号输入端……其余以此类推。

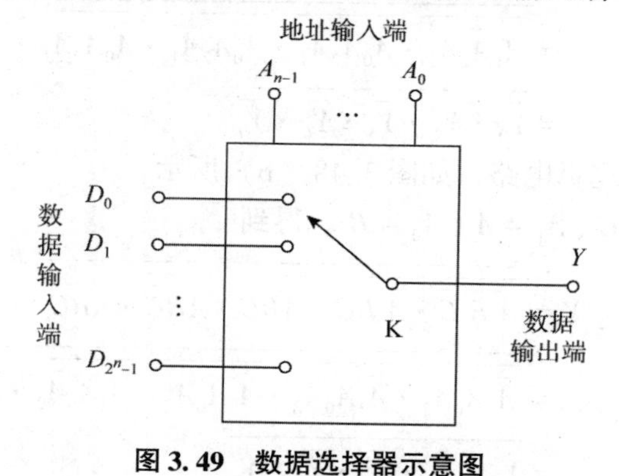

图 3.49　数据选择器示意图

1. 数据选择器的工作原理

以 4 选 1 数据选择器为例，分析数据选择器的工作原理。

4 选 1 数据选择器有 2 个地址端 A_1、A_0，4 个输入信号端 D_3、D_2、D_1、D_0，1 个输出端 Y，其逻辑电路如图 3.50 所示。

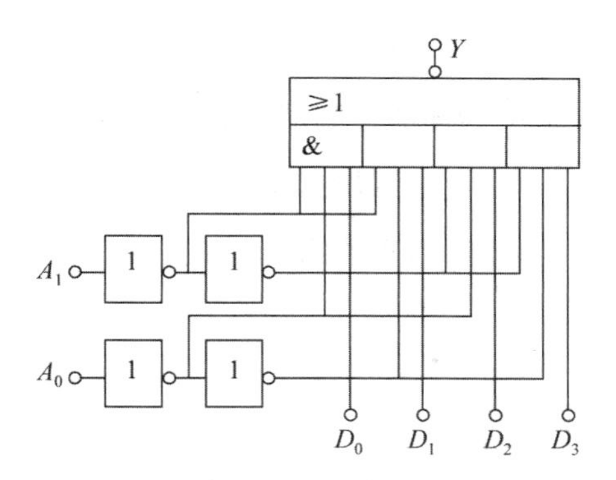

图3.50　4选1数据选择器逻辑电路

由图3.50可得4选1数据选择器的逻辑表达式为

$$Y=\overline{A}_1\overline{A}_0D_0+\overline{A}_1A_0D_1+A_1\overline{A}_0D_2+A_1A_0D_3 \tag{3.8}$$

由4选1数据选择器的逻辑表达式得到其真值表如表3.24所示。

表3.24　4选1数据选择器的真值表

地址输入		数据输入	输出
A_1	A_0	D	Y
0	0	$D_0\sim D_3$	D_0
0	1	$D_0\sim D_3$	D_1
1	0	$D_0\sim D_3$	D_2
1	1	$D_0\sim D_3$	D_3

由4选1数据选择器的真值表看到，当$A_1A_0=00$时，选择第一路输入数据D_0输出，$Y=D_0$；当$A_1A_0=01$时，选择第二路输入数据D_1输出，$Y=D_1$；当$A_1A_0=10$时，选择第三路输入数据D_2输出，$Y=D_2$；当$A_1A_0=11$时，选择第四路输入数据D_3输出，$Y=D_3$。从而实现了4选1数据选择器的功能。

2．集成数据选择器

1）双4选1数据选择器74LS153

74LS153是集成双4选1数据选择器，其引脚图如图3.51（a）所示，逻辑功能示意图如图3.51（b）所示。

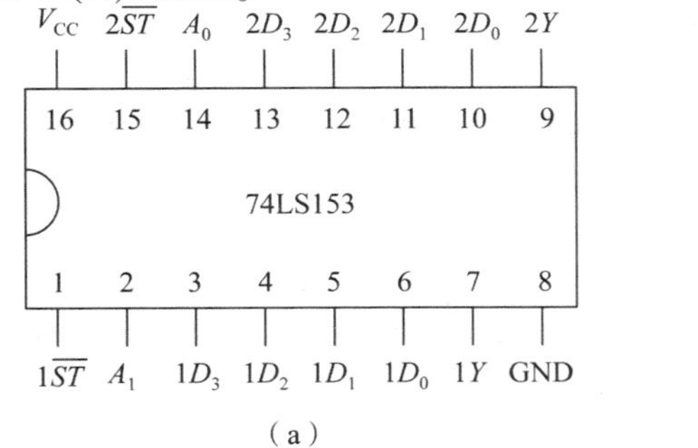

（a）

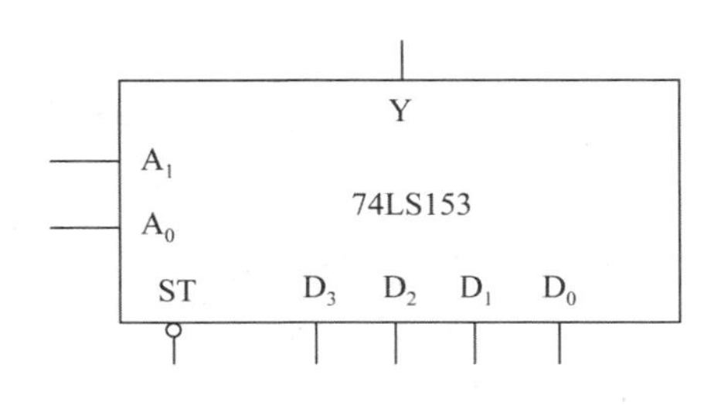

（b）

图3.51　集成4选1数据选择器74LS153

（a）引脚图；（b）功能示意图

74LS153 由两个 4 选 1 数据选择器组合而成。其中 A_1、A_0 为两个数据选择器的地址端；D_3、D_2、D_1、D_0 为数据输入端；$\overline{ST}$ 为使能控制端，低电平有效；Y 为输出端。

当 $\overline{ST}=1$ 时，输出 $Y=0$，数据选择器不工作。

当 $\overline{ST}=0$ 时，数据选择器工作，实现数据选择的功能。

74LS153 的逻辑表达式为

$$Y=(\overline{A}_1\overline{A}_0D_0+\overline{A}_1A_0D_1+A_1\overline{A}_0D_2+A_1A_0D_3)\cdot\overline{\overline{ST}} \tag{3.9}$$

74LS153 的真值表如表 3.25 所示。

表 3.25 双 4 选 1 数据选择器 74LS153 的真值表

$\overline{ST}$	A_1	A_0	D	Y
1	×	×	×	0
0	0	0	$D_0\sim D_3$	D_0
0	0	1	$D_0\sim D_3$	D_1
0	1	0	$D_0\sim D_3$	D_2
0	1	1	$D_0\sim D_3$	D_3

2）8 选 1 数据选择器 74LS151

74LS151 是集成 8 选 1 数据选择器，其引脚图如图 3.52（a）所示，逻辑功能示意图如图 3.52（b）所示。

各引脚含义为：A_2、A_1、A_0 为地址输入端；$D_7\sim D_0$ 为数据输入端；$\overline{ST}$ 为使能控制端，低电平有效；Y、$\overline{Y}$ 为互补输出端。

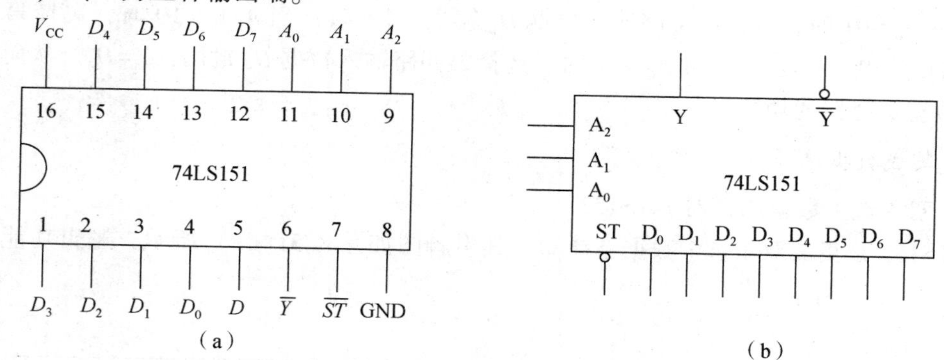

图 3.52 集成 8 选 1 数据选择器 74LS151

（a）引脚图；（b）功能示意图

74LS151 的真值表如表 3.26 所示。

当 $\overline{ST}=1$ 时，输出 $Y=0$，数据选择器不工作，输入的数据和地址信号均不起作用。

当 $\overline{ST}=0$ 时，数据选择器工作，实现数据选择的功能。

表 3.26　8 选 1 数据选择器 74LS151 的真值表

输入					输出	
$\overline{ST}$	A_2	A_1	A_0	D	Y	$\overline{Y}$
1	×	×	×	×	0	1
0	0	0	0	$D_0 \sim D_7$	D_0	$\overline{D_0}$
0	0	0	1	$D_0 \sim D_7$	D_1	$\overline{D_1}$
0	0	1	0	$D_0 \sim D_7$	D_2	$\overline{D_2}$
0	0	1	1	$D_0 \sim D_7$	D_3	$\overline{D_3}$
0	1	0	0	$D_0 \sim D_7$	D_4	$\overline{D_4}$
0	1	0	1	$D_0 \sim D_7$	D_5	$\overline{D_5}$
0	1	1	0	$D_0 \sim D_7$	D_6	$\overline{D_6}$
0	1	1	1	$D_0 \sim D_7$	D_7	$\overline{D_7}$

根据真值表写出 74LS151 的输出逻辑表达式为

$$Y = (\overline{A}_2\overline{A}_1\overline{A}_0D_0 + \overline{A}_2\overline{A}_1A_0D_1 + \overline{A}_2A_1\overline{A}_0D_2 + \overline{A}_2A_1A_0D_3 + A_2\overline{A}_1\overline{A}_0D_4 + A_2\overline{A}_1A_0D_5 + A_2A_1\overline{A}_0D_6 + A_2A_1A_0D_7) \cdot ST \tag{3.10}$$

8 选 1 数据选择输出逻辑表达式为

$$Y = \overline{A}_2\overline{A}_1\overline{A}_0D_0 + \overline{A}_2\overline{A}_1A_0D_1 + \overline{A}_2A_1\overline{A}_0D_2 + \overline{A}_2A_1A_0D_3 + A_2\overline{A}_1\overline{A}_0D_4 + A_2\overline{A}_1A_0D_5 + A_2A_1\overline{A}_0D_6 + A_2A_1A_0D_7 \tag{3.11}$$

3）集成数据选择器的扩展

当数据选择器的数据输入端数量不够时，可以采用扩展数据输入端数量的办法，即用若干个数据输入端数量小的数据选择器，级联成数据输入端数量大的数据选择器。

假如用 P 个 N 选 1 的数据选择器扩展成 M 选 1 的数据选择器，扩展后的数据选择器的数据输入端的数量是组成它的各个数据选择器的数据输入端的总和；扩展后的数据选择器的输出为各个数据选择器的输出之和，即各个数据选择器的输出相或。扩展的关键是如何扩展地址输入端，解决的办法是各个数据选择器的地址输入端对应并联，作为扩展后的数据选择器的地址输入端，缺少的地址输入端可以利用集成芯片的使能端扩展作为地址输入端。

例如将 4 选 1 数据选择器扩展为 8 选 1 数据选择器。4 选 1 数据选择器有 2 个地址输入端，而 8 选 1 数据选择器需要 3 个地址输入端，缺少 1 个地址输入端。利用 4 选 1 数据选择器的使能端扩展出一个地址输入端，如图 3.53 所示。

当 $A_2A_1A_0=000 \sim 011$ 时，数据选择器 1 工作，数据选择器 2 不工作，$Y_2=0$，此时电路输出从数据输入 $D_0 \sim D_3$ 中选择一路作为输出信号；当 $A_2A_1A_0=100 \sim 111$ 时，数据选择器 1 不工作，数据选择器 2 工作，$Y_1=0$，电路输出从数据输入 $D_4 \sim D_7$ 中选择一路作为输出信号。这样就实现了 8 选 1 数据选择器的功能。

常用的集成数据选择器还有 2 选 1 数据选择器 74LS157、74LS158、74LS257、74LS258、CC4019，双 4 选 1 数据选择器 74LS253、74LS352、74LS353、CC4539，16 选 1 数据选择器

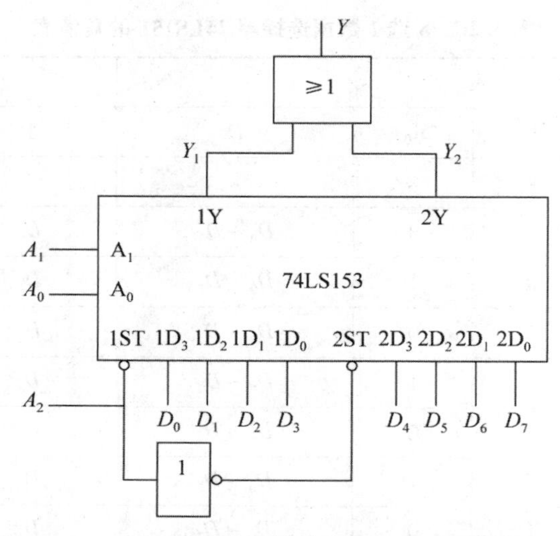

图 3.53　4 选 1 数据选择器扩展为 8 选 1 数据选择器

74LS150 等。

3. 数据选择器的应用

从前面的介绍，我们可以看出数据选择器是一个逻辑函数的最小项输出器：

$$Y = \sum_{i=0}^{2^n-1} m_i D_i$$

而任何一个 n 位变量的逻辑函数都可以转换为最小项之和的标准式：

$$F = \sum_{i=0}^{2^n-1} k_i m_i$$

所以，用数据选择器可以很方便地实现任意逻辑函数。

1）用数据选择器实现组合逻辑函数的原理

数据选择器的特点与二进制译码器的特点相类似，数据选择器的输出表达式中包含了地址变量的全部最小项，如 4 选 1 数据选择器的输出表达式为

$$Y = \overline{A}_1\overline{A}_0 D_0 + \overline{A}_1 A_0 D_1 + A_1\overline{A}_0 D_2 + A_1 A_0 D_3$$

4 选 1 数据选择器的地址变量 A_1、A_0，以及 4 个最小项 $\overline{A}_1\overline{A}_0$、$\overline{A}_1 A_0$、$A_1\overline{A}_0$、$A_1 A_0$ 全部包含在表达式中，只要适当地选取输入数据变量 D_3、D_2、D_1、D_0，就可以组成所需的组合逻辑函数。

显然，用数据选择器可以实现任意组合逻辑函数。

2）用数据选择器实现组合逻辑函数的设计步骤

用数据选择器实现组合逻辑函数的设计步骤如下。

① 选择数据选择器的型号。选择依据为“组合逻辑函数变量个数-1=数据选择器地址码的位数”。

选择依据可表示为 $n = k - 1$。n 为数据选择器地址码的位数，k 为组合逻辑函数的变量数，即选择数据选择器输入端地址码的位数等于实现组合逻辑函数的变量数减 1。例如，若组合逻辑函数有 3 个变量，则选择地址码为 2 位的数据选择器，即 4 选 1 数据选择器；若组合逻辑函数有 4 个变量，则选择 8 选 1 数据选择器。

② 把组合逻辑函数表达式变换成标准与或表达式，并写出所选择的数据选择器的输出端表达式。

③ 确定组合逻辑函数的变量和数据选择器地址端的关系。通过组合逻辑函数标准与或式和数据选择器输出表达式的比较，确定数据选择器数据输入表达式。

④ 画出逻辑电路。依据上面得到的数据选择器地址输入表达式和数据输入表达式，画出实现组合逻辑函数的逻辑电路。

【例 3.17】 试用数据选择器实现组合逻辑函数 $F = A\overline{B}C + \overline{A}\,\overline{C} + BD$。

解：(1) 选择数据选择器的型号。组合逻辑函数有 A、B、C、D 4 个变量，故需要选择有 3 个地址端的 8 选 1 数据选择器 74LS151 实现组合逻辑函数。

(2) 把组合逻辑函数表达式变换成标准与或表达式，并写出数据选择器的输出表达式。

74LS151 的输出表达式为

$$Y = \overline{A}_2\overline{A}_1\overline{A}_0D_0 + \overline{A}_2\overline{A}_1A_0D_1 + \overline{A}_2A_1\overline{A}_0D_2 + \overline{A}_2A_1A_0D_3 + A_2\overline{A}_1\overline{A}_0D_4 + A_2\overline{A}_1A_0D_5 + A_2A_1\overline{A}_0D_6 + A_2A_1A_0D_7$$

组合逻辑函数的标准与或式为

$$\begin{aligned} F &= A\overline{B}C + \overline{A}\,\overline{C} + BD = A\overline{B}C(D + \overline{D}) + \overline{A}(B + \overline{B})\overline{C}(D + \overline{D}) + (A + \overline{A})B(C + \overline{C})D \\ &= A\overline{B}CD + A\overline{B}C\overline{D} + \overline{A}B\overline{C}D + \overline{A}B\overline{C}\,\overline{D} + \overline{A}\,\overline{B}\,\overline{C}D + \overline{A}\,\overline{B}\,\overline{C}\,\overline{D} + ABCD + AB\overline{C}D + \overline{A}BCD + \\ &\quad \overline{A}B\overline{C}D \\ &= \overline{A}\,\overline{B}\,\overline{C}\,\overline{D} + \overline{A}\,\overline{B}\,\overline{C}D + \overline{A}B\overline{C}\,\overline{D} + \overline{A}B\overline{C}D + \overline{A}BCD + A\overline{B}C\overline{D} + A\overline{B}CD + AB\overline{C}D + ABCD \end{aligned}$$

(3) 确定组合逻辑函数的变量和数据选择器地址端的关系。令 $A_2 = A$，$A_1 = B$，$A_0 = C$。则组合逻辑函数的标准与或式变换为

$$\begin{aligned} F &= \overline{A}_2\overline{A}_1\overline{A}_0\overline{D} + \overline{A}_2\overline{A}_1\overline{A}_0D + \overline{A}_2A_1\overline{A}_0\overline{D} + \overline{A}_2A_1\overline{A}_0D + \overline{A}_2A_1A_0D + A_2\overline{A}_1A_0\overline{D} + \\ &\quad A_2\overline{A}_1A_0D + A_2A_1\overline{A}_0D + A_2A_1A_0D \\ &= \overline{A}_2\overline{A}_1\overline{A}_0 + \overline{A}_2A_1\overline{A}_0 + \overline{A}_2A_1A_0D + A_2\overline{A}_1A_0 + A_2A_1\overline{A}_0D + A_2A_1A_0D \end{aligned}$$

比较 74LS151 的输出表达式和组合逻辑函数的表达式，得到

$$D_0 = D_2 = D_5 = 1;\ D_1 = D_4 = 0;\ D_3 = D_6 = D_7 = D$$

(4) 画出逻辑电路。根据上述地址输入表达式和数据输入表达式，画出 74LS151 实现组合逻辑函数的逻辑电路，如图 3.54 所示。

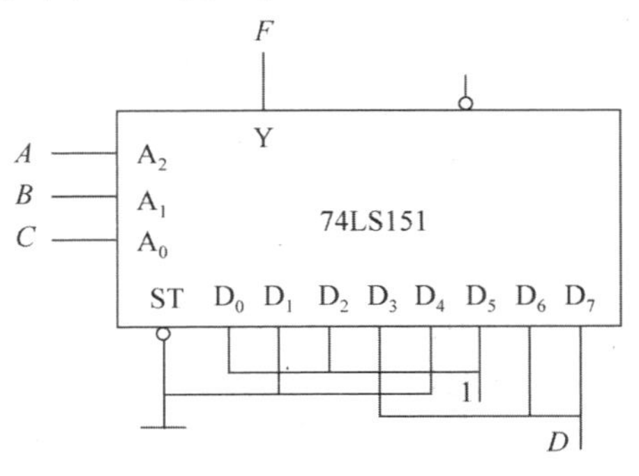

图 3.54　例 3.17 逻辑电路

【例 3.18】 试用数据选择器设计一个合格产品检测器，某产品有 A、B、C、D 四项质量指标，A 为主要指标。检验合格品时，每件产品如果有包含主要指标 A 在内的三项或三项以上质量指标合格则为正品，否则为次品。

解：(1) 选择数据选择器的型号。合格产品检测器有 A、B、C、D 四个变量，故需要选择有 3 个地址端的 8 选 1 数据选择器 74LS151 实现组合逻辑函数。

(2) 根据题意列出真值表，并写出合格产品检测器的逻辑表达式。

设合格产品检测器四个输入变量为 A、B、C、D，取值 1 表示指标合格，取值 0 表示指标不合格。输出变量为 F，取值 1 表示产品合格，取值 0 表示产品不合格。合格产品检测器真值表如表 3.27 所示。

表 3.27　合格产品检测器真值表

A	B	C	D	F	A	B	C	D	F
0	0	0	0	0	1	0	0	0	0
0	0	0	1	0	1	0	0	1	0
0	0	1	0	0	1	0	1	0	0
0	0	1	1	0	1	0	1	1	1
0	1	0	0	0	1	1	0	0	0
0	1	0	1	0	1	1	0	1	1
0	1	1	0	0	1	1	1	0	1
0	1	1	1	0	1	1	1	1	1

由真值表得到合格产品检测器的逻辑表达式为

$$F = A\overline{B}CD + AB\overline{C}D + ABC\overline{D} + ABCD$$

(3) 写出数据选择器的输出表达式。74LS151 的输出表达式为

$$Y = \overline{A}_2\overline{A}_1\overline{A}_0D_0 + \overline{A}_2\overline{A}_1A_0D_1 + \overline{A}_2A_1\overline{A}_0D_2 + \overline{A}_2A_1A_0D_3 + A_2\overline{A}_1\overline{A}_0D_4 + A_2\overline{A}_1A_0D_5 + A_2A_1\overline{A}_0D_6 + A_2A_1A_0D_7$$

(4) 确定组合逻辑函数的变量和数据选择器地址端的关系。令 $A_2=A$，$A_1=B$，$A_0=C$。则组合逻辑函数的标准与或式变换为

$$F = A_2\overline{A}_1A_0D + A_2A_1\overline{A}_0D + A_2A_1A_0\overline{D} + A_2A_1A_0D$$
$$= A_2\overline{A}_1A_0D + A_2A_1\overline{A}_0D + A_2A_1A_0$$

比较 74LS151 的输出表达式和组合逻辑函数的表达式，得到

$$D_0=D_1=D_2=D_3=D_4=0;\ D_5=D_6=D;\ D_7=1$$

(5) 画出逻辑电路。根据上述地址输入表达式和数据输入表达式，画出 74LS151 实现组合逻辑函数的逻辑电路，如图 3.55 所示。

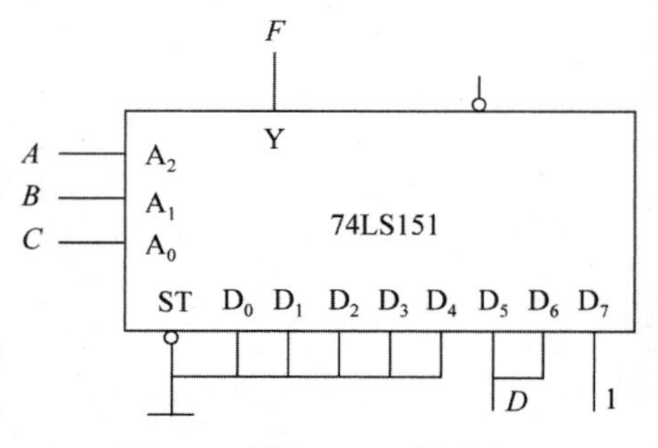

图 3.55　例 3.18 逻辑电路

用数据选择器设计组合逻辑电路时，同样要注意设计同一个组合逻辑电路，由于选择的组合逻辑函数的输入变量与数据选择器输入端连接的方案不同，会产生多种实现的方案。

3.4.5　数值比较器

在数字电路中，实现两个二进制数进行数值大小比较的逻辑电路称为数值比较器，简称比较器。两个二进制数作为输入，比较结果有大于、等于、小于三种情况，把这三种比较结果作为输出。

1. 数值比较器的原理

以1位数值比较器为例，分析数值比较器的工作原理。

两个1位二进制数 A、B 为输入变量，比较结果 $Y_{(A>B)}$、$Y_{(A=B)}$、$Y_{(A<B)}$ 为输出变量。设定 $A>B$ 时，$Y_{(A>B)}=1$；$A=B$ 时，$Y_{(A=B)}=1$；$A<B$ 时，$Y_{(A<B)}=1$。根据以上设定，1位数值比较器的真值表如表3.28所示。

表3.28　1位数值比较器的真值表

输入		输出			输入		输出		
A	B	$Y_{(A<B)}$	$Y_{(A=B)}$	$Y_{(A>B)}$	A	B	$Y_{(A<B)}$	$Y_{(A=B)}$	$Y_{(A>B)}$
0	0	0	1	0	1	0	0	0	1
0	1	1	0	0	1	1	0	1	0

根据真值表列出1位数值比较器的逻辑表达式为

$$\begin{cases} Y_{(A>B)} = A\overline{B} \\ Y_{(A=B)} = \overline{A}\,\overline{B} + AB = \overline{A \oplus B} \\ Y_{(A<B)} = \overline{A}B \end{cases} \tag{3.12}$$

根据1位数值比较器的逻辑表达式可得到逻辑电路，如图3.56所示。

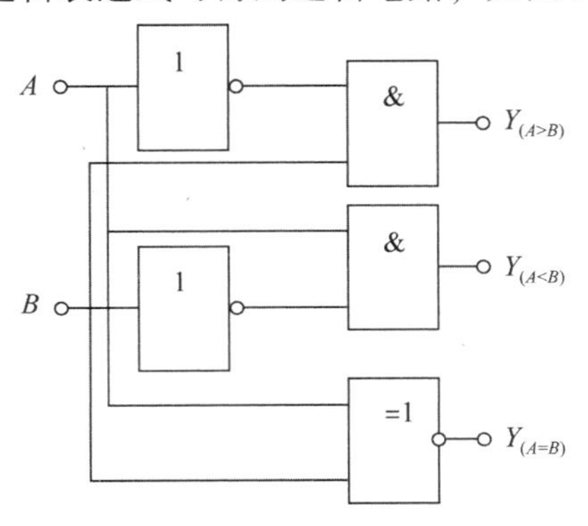

图3.56　1位数值比较器逻辑电路

2. 集成数值比较器74LS85

集成数值比较器74LS85是4位二进制数比较器。两个多位二进制数进行数值比较的原则是先从高位开始比较，高位不等时，高位数值大的二进制数就大，高位数值小的二进制数就小。若高位相等，再比较次高位……只有各位对应都相等时，两个数才相等。

集成数值比较器 74LS85 的引脚图如图 3.57（a）所示，其功能示意图如图 3.57（b）所示。

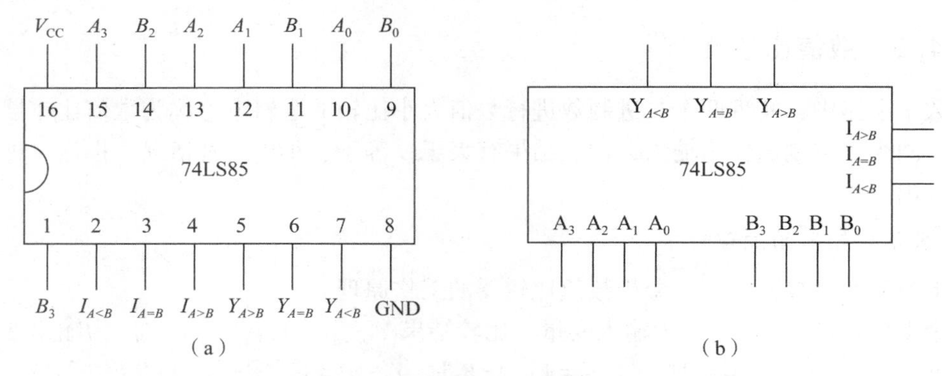

图 3.57　集成数值比较器 74LS85

（a）引脚图；（b）功能示意图

各引脚含义为：A_3、A_2、A_1、A_0 和 B_3、B_2、B_1、B_0 为二进制数输入端；$Y_{A<B}$、$Y_{A=B}$、$Y_{A>B}$ 为比较结果输出端；$I_{A<B}$、$I_{A=B}$、$I_{A>B}$ 为级联输入端。

74LS85 的功能表如表 3.29 所示。

表 3.29　4 位数值比较器 74LS85 的功能表

比较输入				级联输入			输出		
A_3　B_3	A_2　B_2	A_1　B_1	A_0　B_0	$I_{A>B}$	$I_{A=B}$	$I_{A<B}$	$Y_{A>B}$	$Y_{A=B}$	$Y_{A<B}$
$A_3>B_3$	×	×	×	×	×	×	1	0	0
$A_3<B_3$	×	×	×	×	×	×	0	0	1
$A_3=B_3$	$A_2>B_2$	×	×	×	×	×	1	0	0
$A_3=B_3$	$A_2<B_2$	×	×	×	×	×	0	0	1
$A_3=B_3$	$A_2=B_2$	$A_1>B_1$	×	×	×	×	1	0	0
$A_3=B_3$	$A_2=B_2$	$A_1<B_1$	×	×	×	×	0	0	1
$A_3=B_3$	$A_2=B_2$	$A_1=B_1$	$A_0>B_0$	×	×	×	1	0	0
$A_3=B_3$	$A_2=B_2$	$A_1=B_1$	$A_0<B_0$	×	×	×	0	0	1
$A_3=B_3$	$A_2=B_2$	$A_1=B_1$	$A_0=B_0$	1	0	0	1	0	0
$A_3=B_3$	$A_2=B_2$	$A_1=B_1$	$A_0=B_0$	0	1	0	0	1	0
$A_3=B_3$	$A_2=B_2$	$A_1=B_1$	$A_0=B_0$	0	0	1	0	0	1
$A_3=B_3$	$A_2=B_2$	$A_1=B_1$	$A_0=B_0$	1	1	0	0	0	0
$A_3=B_3$	$A_2=B_2$	$A_1=B_1$	$A_0=B_0$	0	0	0	1	1	0
$A_3=B_3$	$A_2=B_2$	$A_1=B_1$	$A_0=B_0$	0	1	1	0	1	1
$A_3=B_3$	$A_2=B_2$	$A_1=B_1$	$A_0=B_0$	1	0	1	1	0	1
$A_3=B_3$	$A_2=B_2$	$A_1=B_1$	$A_0=B_0$	1	1	1	1	1	1

1）两个二进制数比较的过程

从表 3.29 看两个 4 位二进制数比较的过程。

（1）首先从最高位A_3、B_3开始比较。若$A_3>B_3$，则可以肯定$A>B$，这时输出$Y_{A>B}=1$；若$A_3<B_3$，则可以肯定$A<B$，这时输出$Y_{A<B}=1$。

（2）当$A_3=B_3$时，再比较次高位A_2、B_2。若$A_2>B_2$，则$Y_{A>B}=1$；若$A_2<B_2$，则$Y_{A<B}=1$。

（3）只有当$A_2=B_2$时，再继续比较A_1、B_1，以此类推，直到所有的高位都相等时，才比较最低位。

（4）如果最低位也相等，即$A_3A_2A_1A_0=B_3B_2B_1B_0$，则比较的结果取决于“级联输入”端。要想得到两数相等的正确结果，必须使级联输入端的“$I_{A=B}$”端接1，“$I_{A>B}$”端与“$I_{A<B}$”端都接0，如图3.58所示。

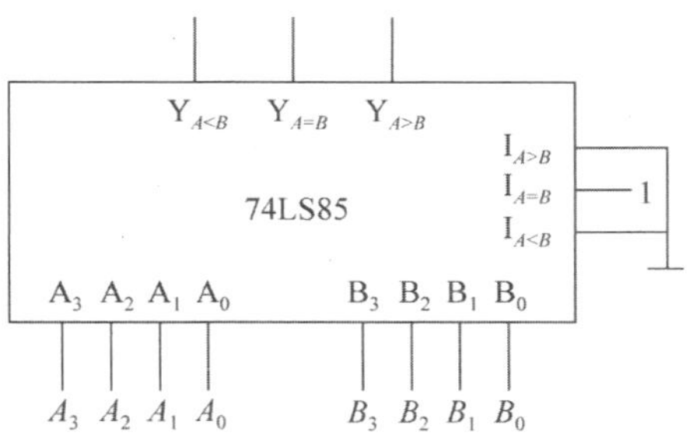

图3.58　74LS85单片使用级联输入接法

2）级联输入的使用方法

在使用数值比较器时，级联输入端必须正确连接，才能保证比较结果正确。

（1）当应用一块芯片来比较4位二进制数时，应使级联输入端$I_{A=B}=1$，$I_{A>B}=0$，$I_{A<B}=0$。

（2）若要扩展比较多的位数时，可应用级联输入端作片间连接，以便组成位数更多的数值比较器。连接方法为：把低位片的比较输出端与高位片的级联输入端对应连接，即$Y_{A>B}$与$I_{A>B}$连接，$Y_{A<B}$与$I_{A<B}$连接，$Y_{A=B}$与$I_{A=B}$连接，如图3.59所示。

常用的4位二进制集成数值比较器还有7485、CC4063、CC4585；8位二进制集成数值比较器有74HC682、74LS686等。

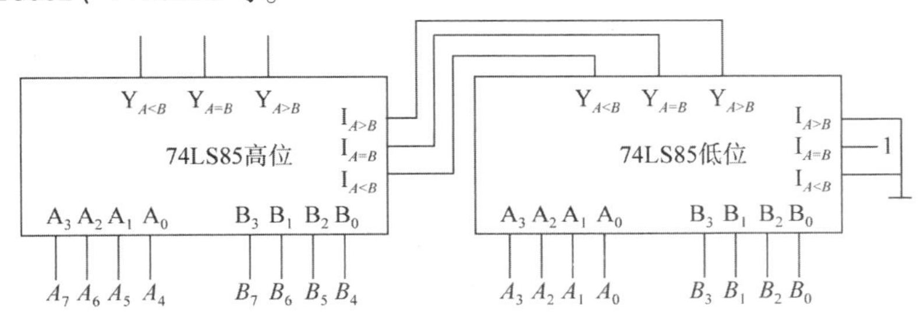

图3.59　74LS85级联使用级联输入接法

思考题

1. 总结小规模组合逻辑电路的分析和设计步骤。
2. 用门电路设计一个同或电路，你能设计出几种合理的方案？
3. 试用译码器和门电路实现逻辑函数：$L=AB+BC+AC$。
4. 试用4选1数据选择器实现逻辑函数：$L=AB+BC+A\overline{C}$。

3.4.6　基于MSI的组合逻辑电路的分析

基于MSI的组合逻辑电路的分析步骤与前面门电路组成的组合逻辑电路的分析步骤非

常相似，首先对电路进行分割，分成若干个功能块，然后分析各个功能块的逻辑功能，最后把各个功能块的表达式合并，得到电路的整体功能。具体论述如下。

1. 划分功能块

首先根据电路的复杂程度和器件类型，将电路分割成一个或多个逻辑功能块。各个功能块可以是单片或多片 MSI 芯片构成的组合电路。如果电路只由一片芯片构成，就无须划分功能块了。

2. 分析功能块的逻辑功能

逐个分析各个功能块的逻辑功能，可以利用逻辑表达式、真值表等手段。该步是分析组合逻辑电路的关键。具体的分析过程可以参考如下的步骤进行：

（1）明确功能块中是何种 MSI 逻辑器件；

（2）从功能块的输出端入手，依据逻辑电路写出输出逻辑表达式；

（3）由逻辑电路确定输入条件，将输入条件代入输出逻辑表达式，即得到功能块的逻辑功能表达式；

（4）列出真值表，分析功能块的逻辑功能。

3. 分析整体逻辑电路的功能

在对各功能块电路分析的基础上，将各功能块的逻辑功能合并，得出整个电路的逻辑功能。

【例 3.19】 如图 3.60 所示是由双 4 选 1 数据选择器 74LS153 和门电路组成的组合逻辑电路，试分析输出 Z 与输入 X_3、X_2、X_1、X_0 之间的逻辑关系，并说明电路的逻辑功能。

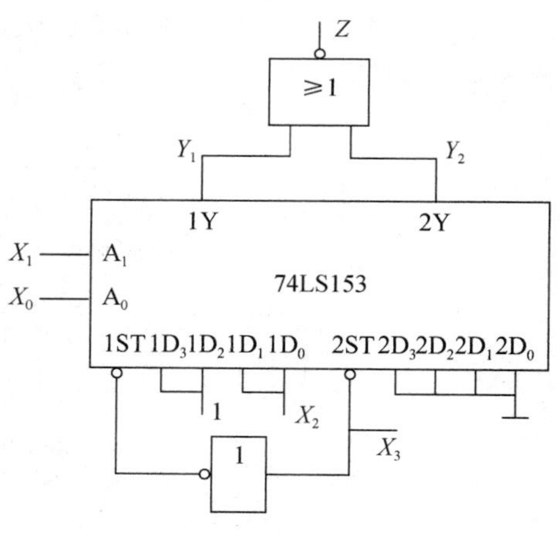

图 3.60　例 3.19 逻辑电路

解： 本题的逻辑电路比较简单，只有一个 MSI 器件，仅有一个功能块。

（1）明确 MSI 逻辑器件。该电路中使用的器件是双 4 选 1 数据选择器 74LS153。74LS153 的逻辑表达式为

$$Y_1 = (\overline{A}_1\overline{A}_0 1D_0 + \overline{A}_1 A_0 1D_1 + A_1\overline{A}_0 1D_2 + A_1 A_0 1D_3) \cdot \overline{\overline{1ST}}$$

$$Y_2 = (\overline{A}_1\overline{A}_0 2D_0 + \overline{A}_1 A_0 2D_1 + A_1\overline{A}_0 2D_2 + A_1 A_0 2D_3) \cdot \overline{\overline{2ST}}$$

（2）写出输出逻辑表达式。电路的输出为或非门的输出，输出逻辑表达式为

$$\begin{aligned} Z &= \overline{Y_1 + Y_2} \\ &= \overline{(\overline{A}_1\overline{A}_0 1D_0 + \overline{A}_1 A_0 1D_1 + A_1\overline{A}_0 1D_2 + A_1 A_0 1D_3) \cdot \overline{\overline{1ST}} + (\overline{A}_1\overline{A}_0 2D_0} \\ &\quad \overline{+ \overline{A}_1 A_0 2D_1 + A_1\overline{A}_0 2D_2 + A_1 A_0 2D_3) \cdot \overline{\overline{2ST}}} \end{aligned}$$

由电路可知输入端有

$$1D_0 = 1D_1 = X_2;\quad 1D_2 = 1D_3 = 1;\qquad 2D_0 = 2D_1 = 2D_2 = 2D_3 = 0$$

$$A_0 = X_0;\quad A_1 = X_1;\quad \overline{1ST} = \overline{X_3};\quad \overline{2ST} = X_3$$

将输入条件代入输出逻辑表达式，得到

$$Z = \overline{(\overline{X_1}\,\overline{X_0}X_2 + \overline{X_1}X_0X_2 + X_1\overline{X_0} + X_1X_0)\cdot \overline{X_3}}$$

（3）列真值表。依据输出逻辑表达式列真值表，如表3.30所示。

表3.30　例3.19真值表

X_3	X_2	X_1	X_0	Z	X_3	X_2	X_1	X_0	Z
0	0	0	0	1	1	0	0	0	1
0	0	0	1	1	1	0	0	1	1
0	0	1	0	1	1	0	1	0	0
0	0	1	1	1	1	0	1	1	0
0	1	0	0	1	1	1	0	0	0
0	1	0	1	1	1	1	0	1	0
0	1	1	0	1	1	1	1	0	0
0	1	1	1	1	1	1	1	1	0

由真值表可知当 $X_3X_2X_1X_0 \leqslant 1001$ 时，输出为1；当 $X_3X_2X_1X_0 > 1001$ 时，输出为0。0000～1001刚好是8421BCD码，因此该电路是一个8421BCD码检测电路。

【例3.20】　图3.61所示电路是由两片3线-8线译码器74LS138组成的逻辑电路，试分析输出 F 与输入 A、B、C、D 之间的逻辑关系，并说明电路的逻辑功能。

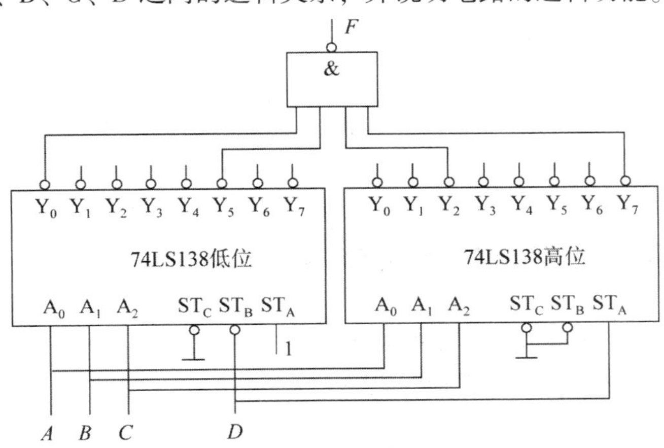

图3.61　例3.20逻辑电路

解：（1）明确MSI逻辑器件。该电路中使用了两片74LS138级联组成一个4线-16线译码器，需要有4个输入端、16个输出端，A、B、C、D 作为4线-16线译码器的4个输入端 A_3、A_2、A_1、A_0；两片74LS138各有8个输出端，刚好组成4线-16线译码器的16个输出端，即低位片输出为 $\overline{Y_0}\sim\overline{Y_7}$ 高位片输出为 $\overline{Y_8}\sim\overline{Y_{15}}$。

（2）写出输出逻辑表达式。电路的输出为与非门的输出，输出逻辑表达式为

$$\begin{aligned}F &= \overline{\overline{Y_0}\cdot\overline{Y_5}\cdot\overline{Y_{10}}\cdot\overline{Y_{15}}} = Y_0 + Y_5 + Y_{10} + Y_{15}\\ &= \overline{A_3}\,\overline{A_2}\,\overline{A_1}\,\overline{A_0} + \overline{A_3}A_2\overline{A_1}A_0 + A_3\overline{A_2}A_1\overline{A_0} + A_3A_2A_1A_0\end{aligned}$$

由电路可知输入端有

$$A_0 = A; \ A_1 = B; \ A_2 = C; \ A_3 = D$$

将输入条件代入输出逻辑表达式，得到

$$F = \overline{D}\,\overline{C}\,\overline{B}\,\overline{A} + \overline{D}C\overline{B}A + D\overline{C}B\overline{A} + DCBA$$

（3）列真值表。依据输出逻辑表达式列真值表，如表 3.31 所示。

表 3.31　例 3.20 真值表

D	*C*	*B*	*A*	*F*	*D*	*C*	*B*	*A*	*F*
0	0	0	0	1	1	0	0	0	0
0	0	0	1	0	1	0	0	1	0
0	0	1	0	0	1	0	1	0	1
0	0	1	1	0	1	0	1	1	0
0	1	0	0	0	1	1	0	0	0
0	1	0	1	1	1	1	0	1	0
0	1	1	0	0	1	1	1	0	0
0	1	1	1	0	1	1	1	1	1

由真值表可知，当 *DCBA* 为 0、5、10、15 时，输出为 1，其余输出都为 0。因此，该电路是一个检测能被 5 整除的 4 位二进制数的电路。

思考题

总结基于 MSI 的组合逻辑电路的分析步骤。

3.5　组合逻辑电路的竞争与冒险

在组合逻辑电路中，在输入信号逻辑电平发生变化的瞬间，输出端有可能出现有害的虚假信号——尖峰干扰脉冲，通常将这种现象称为竞争冒险现象。

3.5.1　竞争冒险现象的概念及其产生原因

前面分析组合逻辑电路的功能时，忽略了电平的变化和门电路的平均传输延迟时间 t_{pd}。但在实际电路中，由于从输入到输出存在不同的通路，这些通路上门电路的级数不同，门电路的延迟时间也不同，所以信号经不同通路传输到输出级所需的时间就不同，这种输入信号到达输出端有先有后的现象称为竞争。竞争可能会使电路输出干扰脉冲（电压毛刺），造成系统中某些环节误动作，称为冒险。

1. 竞争冒险现象产生的原因

在图 3.62（a）所示电路中，如果不考虑信号的传输延迟，则按照 $Y_1 = A \cdot \overline{A} = 0$ 和 $Y_2 =$

$A+\overline{A}=1$ 的运算规则，电路输出应该是稳定的低电平和高电平，如图 3.62（b）所示。如果考虑信号的传输延迟，通过非门的信号 $\overline{A}$ 要比没有通过非门的信号 A 延迟一段时间，则在电路的输出信号中出现了非预期的尖峰干扰，如图 3.62（c）所示。这就是产生竞争冒险现象的原因。

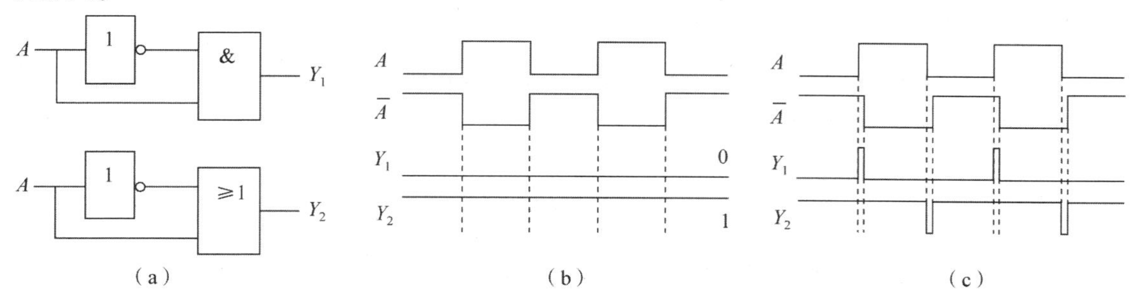

图 3.62 组合电路的竞争冒险现象

（a）组合电路；（b）不考虑传输延迟；（c）考虑传输延迟

2. 竞争

数字电路从一个稳定状态转换到另一个稳定状态，其中某个门电路的 2 个输入端出现同时向相反逻辑电平跳变的现象，就称该电路存在竞争。所谓同时向相反逻辑电平跳变即一个输入端由 1 变成 0，同时另一个输入端由 0 变成 1。

把数字电路的输入信号称为一次信号，在输入级之后的信号称为二次信号。一般一次信号都是按照同样的节奏有序变化，一次信号之间不存在竞争；但是一次信号和二次信号之间，二次信号和二次信号之间可能存在竞争。

3. 冒险

冒险是指在某一瞬间，数字电路中出现非预期信号的现象，即出现违背真值表规定的逻辑电平的情况。冒险也可以看成一种过渡现象，是信号中的干扰脉冲，如图 3.62（c）所示。

冒险分为 0 态冒险和 1 态冒险。

（1）0 态冒险：出现冒险时，在输出端产生负尖干扰脉冲，称为 0 态冒险，如图 3.62（c）中 Y_2 的干扰脉冲。

（2）1 态冒险：出现冒险时，在输出端产生正尖干扰脉冲，称为 1 态冒险，如图 3.62（c）中 Y_1 的干扰脉冲。

需要说明的是，竞争的结果不一定都产生冒险，只是有可能产生冒险现象。在组合逻辑电路中，当输入信号改变状态时，在电路输出端出现虚假信号的现象，称为竞争冒险现象。

3.5.2 竞争冒险现象的判断方法

由上述分析总结出产生冒险的原因：一是门电路存在延迟，二是信号之间有竞争。只要条件具备，就会有竞争冒险现象存在。为保证系统工作的可靠性，一般认为只要存在竞争，就可能出现冒险，必须预先采取措施避免竞争的产生。

判断电路是否存在竞争冒险现象的简便方法是利用代数法进行判断。判别规则为：在组合逻辑电路中，如果有一个逻辑表达式在某些条件下能简化成$X+\overline{X}$或$X\cdot\overline{X}$的形式，那么这个电路就存在竞争冒险现象。

判别步骤：

(1) 首先判断逻辑表达式是否同时存在某个变量的原变量和反变量的形式，这是产生竞争的基本条件；

(2) 然后再判断在一定条件下，逻辑表达式是否可转换为$X+\overline{X}$或$X\cdot\overline{X}$的形式，如果具有这样的形式，就说明存在竞争冒险现象。

【例 3.21】 试判断逻辑函数$F=AB+\overline{B}C$是否存在竞争冒险现象？

解： 由于逻辑表达式中存在B和$\overline{B}$，所以具备产生竞争的基本条件。

当$A=C=1$时，$F=B+\overline{B}$。因此，该组合电路存在竞争冒险现象，且为1态冒险。

【例 3.22】 试判断图 3.63 所示逻辑电路是否存在竞争冒险现象？若存在，冒险是何种类型？

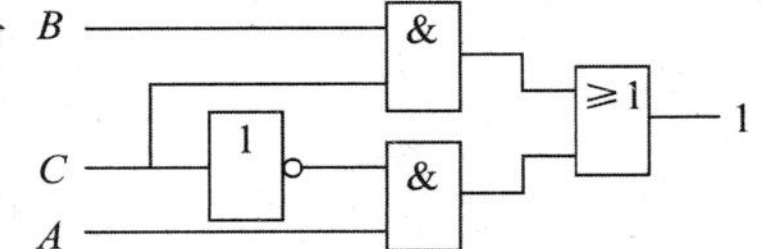

图 3.63 例 3.22 逻辑电路

解： 根据逻辑电路可得到逻辑表达式$F=A\overline{C}+BC$。

当变量$A=B=1$时，有$F=C+\overline{C}$，因此，图示的电路存在竞争冒险现象，且为0态冒险。

还有一种判断电路是否存在竞争冒险现象的方法为卡诺图判别法：根据电路逻辑表达式，画出输出变量卡诺图，若卡诺图上的圈相切，且相切处又无其他圈包含，则存在竞争冒险现象。

【例 3.23】 判断$F=(A+C)(\overline{A}+B)(B+\overline{C})$的竞争冒险情况。

解： 逻辑表达式中A、C变量同时存在原变量和反变量，故变量A、C具有竞争能力。

当$B=C=0$时，有$F=A\overline{A}$，电路会出现竞争冒险现象，且为0态冒险。

另外，当$A=B=0$时，有$F=C\overline{C}$，电路也会出现竞争冒险现象，且为0态冒险。

利用代数法判断组合逻辑电路是否存在竞争冒险虽然简单，但局限性较大，因为在多数情况下，输入变量中都有两个以上变量同时变化的可能性。如果输入变量的数目有很多，就更难以通过逻辑表达式简单地找出所有竞争冒险现象。

目前常采用模拟仿真方法来查找逻辑电路的竞争冒险现象，通过计算机上运行数字电路的模拟程序，能够迅速查出电路是否存在竞争冒险现象。

3.5.3 消除竞争冒险现象的方法

在实际工程中，常需要考虑排除竞争冒险现象，这样才能使电路可靠工作。消除组合逻辑电路的竞争冒险现象，主要有以下三种方法。

1) 在输出端接滤波电容

由于竞争产生的干扰脉冲一般很窄，所以在电路的输出端对地接一个电容值在 100 pF 以下的小电容，使输出波形的上升沿和下降沿都变得比较缓慢，从而消除冒险现象。

2) 引入选通脉冲

因为冒险现象仅仅发生在输入信号变化转换的瞬间，在稳定状态是没有冒险信号的，所以采用选通脉冲，在输入信号发生转换的瞬间正确反映组合电路稳定时的输出值，可以有效地避免各种冒险。常用的选通脉冲的极性及所加的位置如图3.64所示。

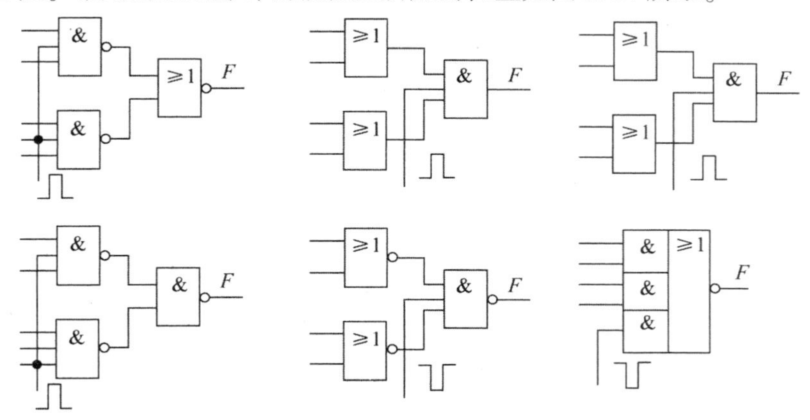

图3.64　选通脉冲的极性及所加的位置

当输入信号转换完成，进入稳态后，才启动选通脉冲将门打开。这样，输出端就不会出现冒险脉冲。

3）增加冗余项

例3.22中的逻辑表达式可通过增加乘积项AB消除冒险。增加乘积项AB后，使表达式变为$F=A\overline{C}+BC+AB$，则在原来产生冒险条件$A=B=1$时，$F=C+\overline{C}+1=1$，就不会再产生冒险。这个函数增加了乘积项AB后，已不是"最简式"，故这种乘积项称为"冗余项"。

上述三种方法各有利弊。输出端接滤波电容虽方便易行，但会使输出电压波形变坏。因此，仅仅适用于对信号波形要求不高的场合。加入选通脉冲的方法虽然比较简单，但选通脉冲必须与输入信号维持严格的时间关系，因此，选通脉冲的产生并不容易。增加冗余项虽然可以解决每次只有单个输入信号发生变化时电路的冒险现象，但不能解决多个输入信号同时发生变化时的冒险现象，适用范围非常有限。

思考题

1. 异或门和同或门是否存在竞争冒险现象？试分析说明。
2. 组合电路产生竞争冒险现象的本质原因是什么？试分析说明。

本章小结

1. 组合逻辑电路功能上的特点是：在任意时刻输出状态只取决于该时刻的输入状态，而与输入信号作用前电路所处的状态无关。在电路结构上的特点是：它全部由门电路组成，没有记忆功能的元件，电路的输出端与输入端之间不存在反馈。组合逻辑电路一般有多个输入信号，只有一个输出量的称为单输出组合逻辑电路；有多个输出量的称为多输出组合逻辑电路。

2. 分析组合逻辑电路的目的是确定它的逻辑功能。其分析步骤是：由输入到输出逐级写出电路的输出逻辑表达式，分层分割，使输出与输入关系更加清晰，然后列出真值表，通过找出真值表中输出与输入之间的规律，得到电路的逻辑功能。

3. 组合逻辑电路的设计是给出逻辑功能的要求，设计出满足要求的逻辑电路。组合逻辑电路的设计是组合逻辑电路分析的逆过程。设计组合逻辑电路的过程中要特别注意设计的逻辑电路的最简性、合理性，力求使用门电路的类型最少、门电路的数量最少、门电路的输入端最少。

4. 常用的中规模集成电路包括编码器、译码器、数据选择器、加法器和数值比较器等。为了增加使用的灵活性和便于功能扩展，在多数中规模集成电路中设置了输入、输出使能端或输入、输出扩展端。它们既可控制电路的工作状态，又便于构成复杂的逻辑系统。应用中规模集成电路设计组合逻辑电路时应注意使用的芯片个数和品种尽量少，芯片之间的连线尽量少，还应注意合理地处理未被使用的输入和输出端。

5. 中规模集成电路除了实现自身的逻辑功能外，利用中规模集成电路设计任意的组合逻辑电路已成为设计组合逻辑电路广泛应用的重要方法，同时也是中规模集成电路最重要的应用，是要求重点掌握的内容。可以利用译码器和数据选择器提供输入变量的全部最小项的特点，设计任意的组合逻辑电路；利用加法器的加减运算特长，设计编码变换、数值运算方面的电路；利用数值比较器擅长于数值比较的特点，设计编码检测、数值取舍方面的电路。

6. 竞争和冒险是实际工作中经常遇到的一种现象，应该了解竞争和冒险的基本概念、种类，竞争冒险现象的判别方法以及消除方法。

本章重点讲解了组合逻辑电路的分析方法和设计方法，然后讲解了用中规模集成电路设计组合逻辑电路的方法。用译码器实现多输入、单输出的逻辑函数。用数据选择器实现多输入、多输出的逻辑函数。

一、填空题

1. 组合逻辑电路任一时刻的输出信号只与该时刻的输入信号（　　），与电路以前的输入信号（　　）。

2. 组合逻辑电路由（　　）组成。

3. 当（　　）编码器几个输入端同时出现有效信号时，只对优先权（　　）的输入信号编码。

4. 3 线-8 线译码器 74LS138 处于译码状态时，当输入 $A_2A_1A_0=001$ 时，输出 $\overline{Y}_7-\overline{Y}_0=$（　　）。

5. 两片 3 线-8 线译码器级联，可以实现（　　）线-（　　）线的译码器。

6. 对于共阳极接法的 LED 数码管，应采用（　　）电平驱动的七段数码显示器。

7. 对于共阴极接法的 LED 数码管，应采用（　　）电平驱动的七段数码显示器。

8. 1 位数值比较器，输入信号为两个要比较的 1 位二进制数，用 A、B 表示，输出信号为比较结果：$Y_{(A>B)}$、$Y_{(A=B)}$ 和 $Y_{(A<B)}$，则 $Y_{(A>B)}$ 的逻辑表达式为（　　）。

9. 1 位数值比较器，输入信号为两个要比较的 1 位二进制数，用 A、B 表示，输出信号为比较结果：$Y_{(A>B)}$、$Y_{(A=B)}$ 和 $Y_{(A<B)}$，则 $Y_{(A=B)}$ 的逻辑表达式为（　　）。

10. 1位数值比较器，输入信号为两个要比较的1位二进制数，用 A、B 表示，输出信号为比较结果：$Y_{(A>B)}$、$Y_{(A=B)}$ 和 $Y_{(A<B)}$，则 $Y_{(A<B)}$ 的逻辑表达式为（　　）。

11. 能完成两个1位二进制数相加，并考虑到低位进位的器件称为（　　）。

12. 能完成两个1位二进制数相加，不考虑低位进位的器件称为（　　）。

二、选择题

1. 组合逻辑电路分析的结果一般是要得到（　　）。
   A. 逻辑电路图　B. 电路的逻辑功能　C. 电路的真值表　D. 逻辑函数式
2. 组合逻辑电路设计的结果一般是要得到（　　）。
   A. 逻辑电路图　B. 电路的逻辑功能　C. 电路的真值表　D. 逻辑函数式
3. 若编码器有50个输入编码对象，则输出二进制代码位数最少为（　　）位。
   A. 5　B. 6　C. 10　D. 50
4. 若编码器有35个输入编码对象，则输出二进制代码位数最少为（　　）位。
   A. 5　B. 6　C. 10　D. 50
5. 若编码器有30个输入编码对象，则输出二进制代码位数最少为（　　）位。
   A. 5　B. 6　C. 10　D. 50
6. 采用共阳极接法的LED数码管的译码显示电路，当显示数字位数为3时，译码器的输出端应为（　　）。
   A. $a=b=c=d=g=0$，$e=f=0$　B. $a=b=c=d=g=0$，$e=f=1$
   C. $a=b=c=d=g=1$，$e=f=0$　D. $a=b=c=d=g=1$，$e=f=1$
7. 采用共阳极接法的LED数码管的译码显示电路，当显示数字位数为4时，译码器的输出端应为（　　）。
   A. $a=b=e=0$，$d=c=f=g=1$　B. $a=d=e=1$，$b=c=f=g=0$
   C. $a=d=e=0$，$b=c=f=g=1$　D. $a=b=e=1$，$d=c=f=g=0$
8. 采用共阳极接法的LED数码管的译码显示电路，当显示数字位数为1时，译码器的输出端应为（　　）。
   A. $b=c=0$，$a=d=e=f=g=0$　B. $b=c=0$，$a=d=e=f=g=1$
   C. $b=c=1$，$a=d=e=f=g=0$　D. $b=c=1$，$a=d=e=f=g=1$
9. 采用共阳极接法的LED数码管的译码显示电路，当显示数字位数为2时，译码器的输出端应为（　　）。
   A. $c=f=0$，$a=b=d=e=g=0$　B. $c=f=0$，$a=b=d=e=g=1$
   C. $c=f=1$，$a=b=d=e=g=0$　D. $c=f=1$，$a=b=d=e=g=1$
10. 采用共阳极接法的LED数码管的译码显示电路，当显示数字位数为5时，译码器的输出端应为（　　）。
    A. $b=e=0$，$a=c=d=f=g=0$　B. $b=e=0$，$a=c=d=f=g=1$
    C. $b=e=1$，$a=c=d=f=g=0$　D. $b=e=1$，$a=c=d=f=g=1$
11. 在二进制译码器中，若输入有4位代码，则输出有（　　）个信号。
    A. 2　B. 4　C. 8　D. 16

12. 在二进制译码器中，若输入有3位代码，则输出有（　　）个信号。

A. 2　　B. 4　　C. 8　　D. 16

13. 在二进制译码器中，若输入有2位代码，则输出有（　　）个信号。

A. 2　　B. 4　　C. 8　　D. 16

14. 以下电路中，加以适当辅助门电路，（　　）适于实现多输入、单输出的组合逻辑电路。

A. 二进制译码器　　B. 七段显示译码器

C. 数值比较器　　D. 数据选择器

15. 16选1数据选择器，其地址输入端有（　　）个。

A. 1　　B. 2　　C. 3　　D. 4

16. 8选1数据选择器，其地址输入端有（　　）个。

A. 1　　B. 2　　C. 3　　D. 4

17. 4选1数据选择器，其地址输入端有（　　）个。

A. 1　　B. 2　　C. 3　　D. 4

18. 半加器“和”的输出端与输入端的逻辑关系是（　　）。

A. 与非　　B. 或非　　C. 与或非　　D. 异或

19. 4位二进制数值比较器处于最低位时，级联输入端 $I_{(A>B)}$、$I_{(A=B)}$、$I_{(A<B)}$ 的接法应为（　　）。

A. 111　　B. 100　　C. 010　　D. 001

三、判断题

1. 组合逻辑电路有记忆功能。（　　）
2. 优先编码器的编码信号是相互排斥的，不允许多个编码信号同时有效。（　　）
3. 在大多数情况下，对于译码器而言，其输入端数目少于输出端数目。（　　）
4. 74LS47显示译码器用于驱动共阴极数据显示管。（　　）
5. 74LS47显示译码器用于驱动共阳极数据显示管。（　　）
6. 一个8选1数据选择器有8个地址输入端，1个数据输出端。（　　）
7. 一个4选1数据选择器有4个地址输入端，1个数据输出端。（　　）
8. 译码器与数据分配器的功能相近，实际应用中通常用译码器来构成数据分配器。（　　）
9. 用译码器和数据选择器实现逻辑函数时需要化简。（　　）
10. 用译码器和数据选择器实现逻辑函数时不需要化简。（　　）
11. 只完成加数和被加数相加，不考虑低位进位的加法电路，称为半加器。（　　）
12. 只完成加数和被加数相加，考虑低位进位的加法电路，称为半加器。（　　）

四、综合题

1. 分析题图3.1所示电路，要求写出逻辑表达式，列出真值表，说明电路功能。

2. 分析题图3.2所示电路，写出逻辑表达式，列出真值表，并说明电路实现的逻辑功能。

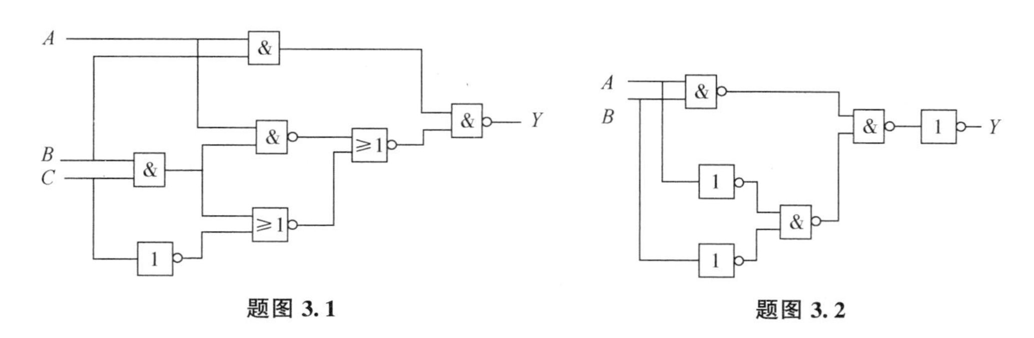

题图 3.1　　　　题图 3.2

3. 分析题图3.3所示组合逻辑电路的功能，要求写出最简与或式，列出真值表，并说明电路功能。

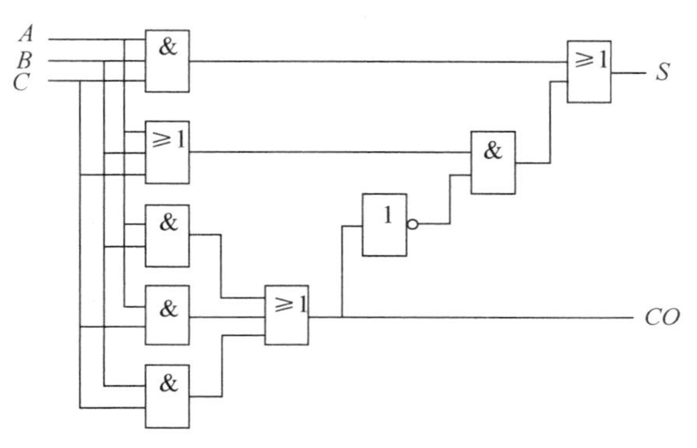

题图 3.3

4. 分析题图3.4所示组合逻辑电路的功能，要求写出最简与或式，列出真值表，并说明电路功能。

5. 分析题图3.5所示组合逻辑电路的功能，要求写出最简与或式，列出真值表，并说明电路功能。

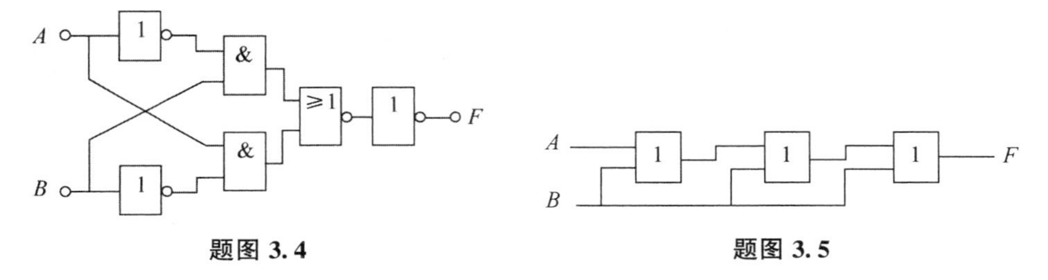

题图 3.4　　　　题图 3.5

6. 分析题图3.6所示组合逻辑电路的功能，要求写出最简与或式，列出真值表，并说明电路功能。

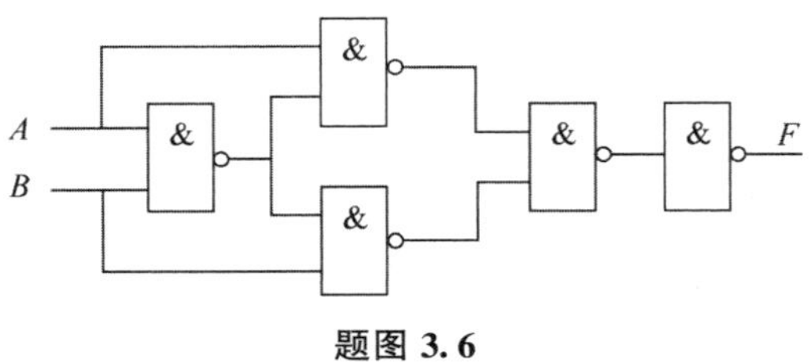

题图 3.6

7. 设计一个由三个输入端、一个输出端组成的判奇电路，其逻辑功能为：当奇数个输入信号为高电平时，输出为高电平，否则为低电平。要求画出真值表、最简与或式，并画出电路图。

8. 试画出用 3 线-8 线译码器 74LS138 和门电路产生多输出逻辑函数 $Y_1 = AC$ 的逻辑电路，要求写出标准与非-与非表达式，并画出相应的逻辑电路。

9. 试画出用 3 线-8 线译码器 74LS138 和门电路产生多输出逻辑函数 $Y_2=\overline{A}\,\overline{B}C+A\overline{B}\,\overline{C}+BC$ 的逻辑图，要求写出标准与非-与非表达式，并画出相应的逻辑图。

10. 试画出用 3 线-8 线译码器 74LS138 和门电路产生多输出逻辑函数 $Y_3=\overline{B}\,\overline{C}+AB\overline{C}$ 的逻辑图，要求写出标准与非-与非表达式，并画出相应的逻辑图。

11. 根据题图 3.7 写出逻辑变量与译码器输入端的对应关系，并根据图中要求写出 F 的逻辑表达式。利用学过的化简方法对此逻辑表达式进行化简。

12. 根据题图 3.8 写出逻辑变量与译码器输入端的对应关系，并根据图中要求写出 F 的逻辑表达式。利用学过的化简方法对此逻辑表达式进行化简。

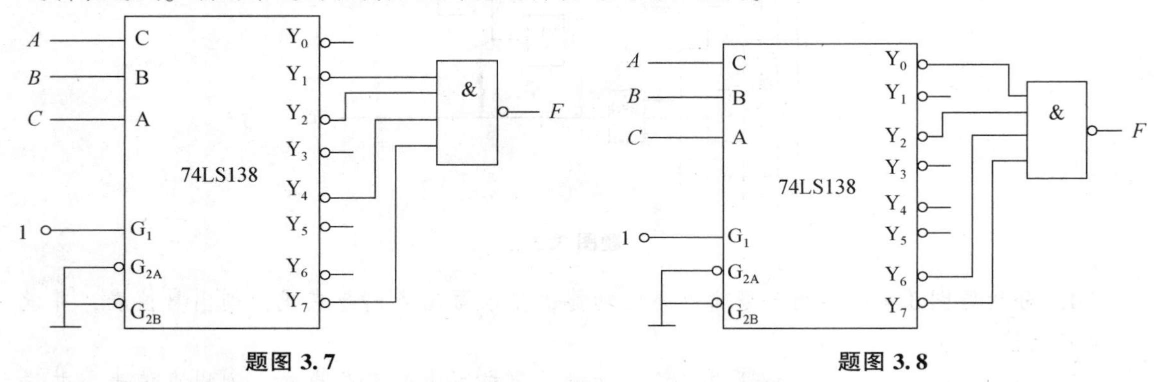

题图 3.7　　　　**题图 3.8**

13. 用 8 选 1 数据选择器 74LS151 构成如题图 3.9 所示逻辑电路，写出变量和数据选择器的控制端的对应关系，写出输出 F 的逻辑表达式并化简为最简与或式。

14. 用 8 选 1 数据选择器 74LS151 构成如题图 3.10 所示逻辑电路，写出变量和数据选择器的控制端的对应关系，写出输出 F 的逻辑表达式并化简为最简与或式。

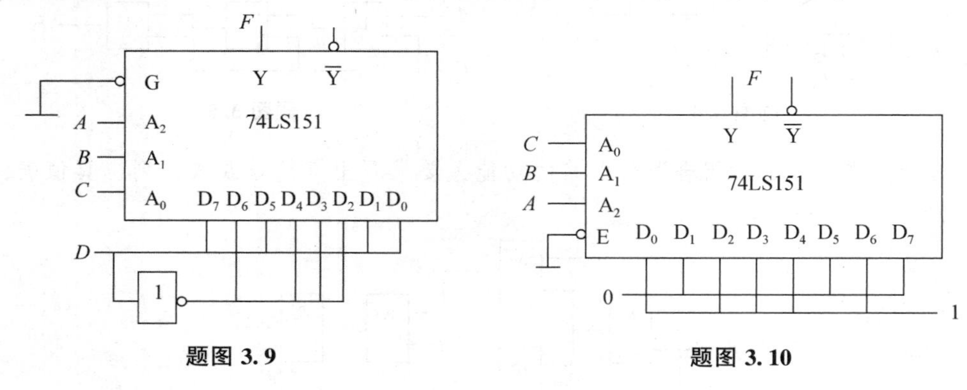

题图 3.9　　　　**题图 3.10**

15. 用 8 选 1 数据选择器 74LS151 实现逻辑表达式 $L=AB+AC$。

16. 请用题图 3.11 所示 4 选 1 数据选择器实现 $Y=\overline{A}BC+A\overline{B}\,\overline{C}+AB$，并写出分析过程。

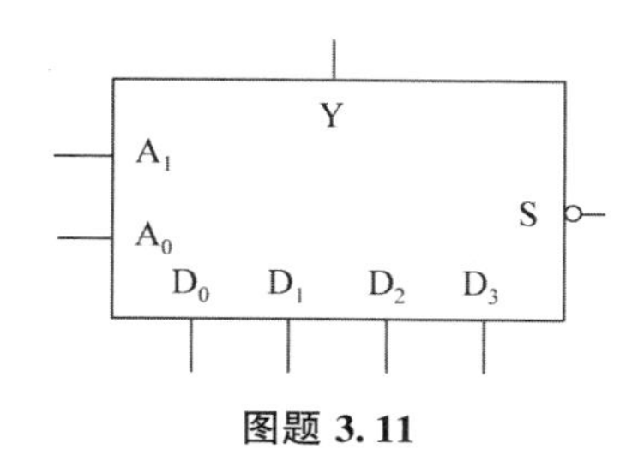

图题 3.11

17. 设计用3个开关控制一个电灯的逻辑电路，要求改变任何一个开关的状态都能控制电灯由亮变灭或由灭变亮。要求用题图3.11所示4选1数据选择器来实现。

18. 设计一个4变量判奇电路，当输入变量A、B、C、D中有奇数个1时，其输出Y为1；否则输出为0。要求写出真值表，并用题图3.11所示4选1数据选择器和适当门电路实现。

19. 已知8选1数据选择器74LS151芯片的选择输入端A_2的引脚折断，无法输入信号，但芯片内部功能完好。试问如何利用它来实现函数$F(A, B, C)=\sum_{m}(1, 2, 4, 7)$。要求写出实现过程，并画出逻辑电路。

第4章

触发器

内容提要

本章首先介绍基本 *RS* 触发器的工作原理，以及边沿 *D* 触发器和 *JK* 触发器的逻辑功能，然后介绍各种触发器的符号、逻辑功能及其逻辑功能的描述，最后介绍触发器的应用。

学习目标

- ◆了解触发器的特点
- ◆理解基本 *RS* 触发器的结构和工作原理
- ◆掌握边沿 *D* 触发器和 *JK* 触发器的逻辑功能
- ◆熟练掌握 *D*、*JK*、*T*、*T′* 触发器的逻辑功能及其逻辑功能的描述方法
- ◆熟悉触发器的使用方法和应用

学习要点

- ◆*RS* 触发器
- ◆*D* 触发器和 *JK* 触发器的逻辑功能
- ◆边沿触发器的功能分类

4.1 概述

1. 触发器的概念

触发器是一个具有记忆功能的二进制信息存储器件，是构成多种时序电路的最基本逻辑单元。触发器具有两个稳定状态，即“0”和“1”，在一定的外界信号作用下，可以从一个稳定状态翻转到另一个稳定状态。

2. 触发器的分类

触发器可以有三种分类方法。

(1) 按照触发方式分类，有电平触发和脉冲边沿触发。

(2) 按照电路的结构分类，有基本触发器、同步触发器和边沿触发器。

(3) 按照逻辑功能分类，有 RS 触发器、D 触发器、JK 触发器、T 触发器和 T' 触发器。

触发器的逻辑功能可用特性表、特性方程、卡诺图、状态图和波形图（时序图）来描述。

4.2 基本 *RS* 触发器

为了便于说明触发器的工作原理、电路结构特征和逻辑功能，这里首先以基本 RS 触发器为例来进行介绍，它是构成其他类型触发器的基础。

4.2.1 基本 *RS* 触发器介绍

1. 电路组成与逻辑符号

1）电路组成

用两个与非门交叉连接构成的基本 RS 触发器（简称 RS 触发器）如图 4.1（a）所示。输入端 $\overline{R}$、$\overline{S}$ 为低电平有效，即 $\overline{R}$、$\overline{S}$ 端为低电平时表示有信号输入，为高电平时表示无信号输入。电路有两个互补的输出端 Q、$\overline{Q}$，其中 Q 称为触发器的状态，有 0、1 两种稳定状态。若 $Q=1$、$\overline{Q}=0$，则称触发器处于 1 态；若 $Q=0$、$\overline{Q}=1$，则称触发器处于 0 态。

由于输入端为 R、S，故称为 RS 触发器。

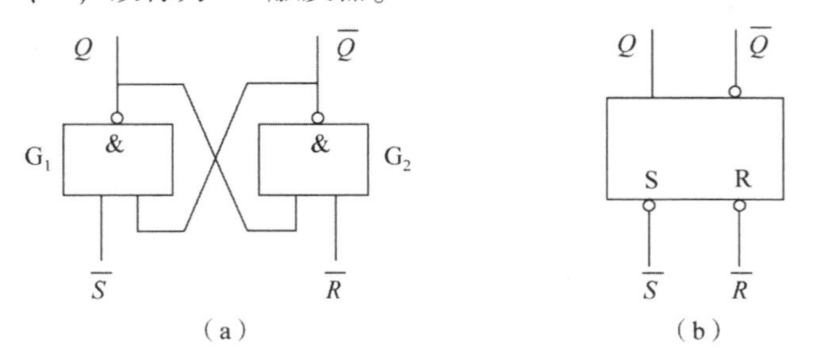

图 4.1 用与非门构成的基本 *RS* 触发器

(a) 逻辑电路；(b) 逻辑符号

2）逻辑符号

基本 RS 触发器的逻辑符号如图 4.1（b）所示。逻辑符号下面输入端处的小圈表示输入信号低电平有效，上面输出端中无小圈的为 Q 端，有小圈的为 $\overline{Q}$ 端。

2. 逻辑功能分析

1）RS 触发器有两个稳定状态

当 RS 触发器无信号输入，即 $\overline{R}=\overline{S}=1$ 时，有两个稳定状态。

（1）0状态。当 $Q=0$、$\overline{Q}=1$ 时的状态为0状态。由于 $Q=0$ 送到与非门 G_2 的输入端，由与非门的逻辑功能“有0出1”可知，输出端 $\overline{Q}$ 继续保持为1；同时 $\overline{S}=1$、$\overline{Q}=1$ 送到与非门 G_1 的输入端，由与非门的逻辑功能“全1出0”可知，输出端 Q 继续保持为0，即0状态是稳定的。

（2）1状态。当 $Q=1$、$\overline{Q}=0$ 时的状态为1状态。同理，$\overline{Q}=0$ 送到与非门 G_1 的输入端，使输出端 Q 继续保持为1；同时，$\overline{R}=1$、$Q=1$ 送到与非门 G_2 的输入端，使输出端 $\overline{Q}$ 继续保持为0，即1状态是稳定的。

2）*RS* 触发器的保持功能

由上述分析可知，当 $\overline{R}=\overline{S}=1$ 时，*RS* 触发器原来是0状态，继续保持0状态；原来是1状态，继续保持1状态，即 $Q^{n+1}=Q^n$，也就是触发器没有输入时，将保持原有的状态不变，这种功能称为保持功能。正是由于触发器有保持功能，可以把信息存储起来，故体现了触发器具有记忆能力。

3）*RS* 触发器的置1功能

当 *RS* 触发器有输入时，将依据输入信号改变触发器的状态。

当 $\overline{R}=1$、$\overline{S}=0$ 时，*RS* 触发器将变为1状态，即 $Q=1$、$\overline{Q}=0$，称为触发器的置1功能。

触发器置1过程为：无论触发器原有状态是何种状态，由于 G_1 门的输入 $\overline{S}=0$，依据与非门的特性可知其输出 $Q=1$；G_2 门的输入 $\overline{R}=1$、$Q=1$，其输出 $\overline{Q}=0$。触发器 $Q=1$、$\overline{Q}=0$，变为1状态。

由上述分析可知，当 $\overline{R}=1$、$\overline{S}=0$ 时，触发器的次态变为1状态，称为触发器置位，此时有效的信号是 $\overline{S}$，所以把 $\overline{S}$ 端称为置1输入端，又叫作置位端。

4）*RS* 触发器的置0功能

当 $\overline{R}=0$、$\overline{S}=1$ 时，*RS* 触发器将变为0状态，即 $Q=0$、$\overline{Q}=1$，称为触发器的置0功能。

触发器置0过程为：无论触发器原有状态是何种状态，由于 G_2 门的输入 $\overline{R}=0$，其输出 $\overline{Q}=1$；G_1 门的输入 $\overline{S}=1$、$\overline{Q}=1$，其输出 $Q=0$。触发器 $Q=0$、$\overline{Q}=1$，变为0状态。

由上述分析可知，当 $\overline{R}=0$、$\overline{S}=1$ 时，触发器的次态变为0状态，称为触发器复位，此时有效的信号是 $\overline{R}$，所以把 $\overline{R}$ 端称为置0输入端，又叫作复位端。

5）不允许 $\overline{R}$ 端和 $\overline{S}$ 端同时加输入信号

（1）触发器出现不确定状态。当 $\overline{R}=0$、$\overline{S}=0$ 时，即在 $\overline{R}$ 端和 $\overline{S}$ 端同时加输入信号，由与非门“有0出1”的逻辑功能可知，输出 Q 和 $\overline{Q}$ 同时为1，此时触发器的状态既不是0状态，也不是1状态，触发器出现不确定状态，称为“不定态”。触发器在正常工作时，这种情况是不允许出现的。

（2）信号同时撤销时，触发器次态的状态不确定。当 $\overline{R}$ 端和 $\overline{S}$ 端同时由低电平跳变为高电平时，由于两个与非门的特性存在差异，无法确定哪个门先导通，因此触发器的次态可能是0状态，也可能是1状态，无法确定，称为状态不确定。

（3）信号分时撤销时，触发器次态的状态取决于后撤销的信号。如果输入信号不是同时撤销，若$\overline{R}$端信号先撤销，则触发器次态变为1状态；若$\overline{S}$端信号先撤销，则触发器次态变为0状态。

6）基本*RS*触发器的逻辑功能。基本*RS*触发器具有置0、置1和保持三种功能，同时存在“不定态”。

当$\overline{S}=1$、$\overline{R}=0$时，有$Q^{n+1}=0$、$\overline{Q}^{n+1}=1$，为置0功能；

当$\overline{S}=0$、$\overline{R}=1$时，有$Q^{n+1}=1$、$\overline{Q}^{n+1}=0$，为置1功能；

当$\overline{S}=1$、$\overline{R}=1$时，有$Q^{n+1}=Q^{n}$，为保持功能；

当$\overline{S}=0$、$\overline{R}=0$时，有$Q^{n+1}=1$、$\overline{Q}^{n+1}=1$，为不定态。

3. 触发器逻辑功能的描述方法

描述触发器逻辑功能有特性表、特性方程、卡诺图、状态图和波形图五种方法。

1）特性表

反映触发器次态Q^{n+1}与现态Q^{n}和输入*R*、*S*之间逻辑关系的表格称为特性表。

基本*RS*触发器的特性表如表4.1所示。

表4.1　基本*RS*触发器的特性表

$\overline{R}$	$\overline{S}$	Q^{n}	Q^{n+1}	逻辑功能
1	1	0	0	保持
1	1	1	1	
1	0	0	1	置1
1	0	1	1	
0	1	0	0	置0
0	1	1	0	
0	0	0	不定	不定态
0	0	1	不定	

由表4.1可以看出，只要*R*、*S*输入条件相同，触发器的逻辑功能也相同。比如当$\overline{R}=1$，$\overline{S}=0$时，触发器的逻辑功能为置1，无论触发器原来的状态是0还是1，次态都为1。因此，特性表可以变换为简化形式，如表4.2所示。

表4.2　基本*RS*触发器的简化特性表

$\overline{R}$	$\overline{S}$	Q^{n+1}	逻辑功能	$\overline{R}$	$\overline{S}$	Q^{n+1}	逻辑功能
1	1	Q^{n}	保持	0	1	0	置0
1	0	1	置1	0	0	不定	不定态

2）特性方程和卡诺图

描述触发器次态Q^{n+1}、现态Q^{n}和输入*R*、*S*之间逻辑关系的最简逻辑表达式称为特性方程。

由表4.1可以看出，触发器次态 Q^{n+1} 由输入变量 R、S 和现态 Q^n 决定，画出触发器次态 Q^{n+1} 的卡诺图如图4.2所示。

由触发器次态 Q^{n+1} 的卡诺图得

$$\begin{cases} Q^{n+1} = S + \overline{R}Q^n \\ RS = 0 \end{cases} \tag{4.1}$$

式（4.1）称为基本 *RS* 触发器的特性方程。其中 $RS = 0$ 为约束条件。

3）状态图

触发器的状态转换以及状态转换条件的几何图形称为状态转换图，简称状态图。

触发器有两个状态0和1，各用一个圆圈表示，状态转换的路径用箭头线表示，在箭头线旁标注出状态转换条件。基本 *RS* 触发器的状态图如图4.3所示。

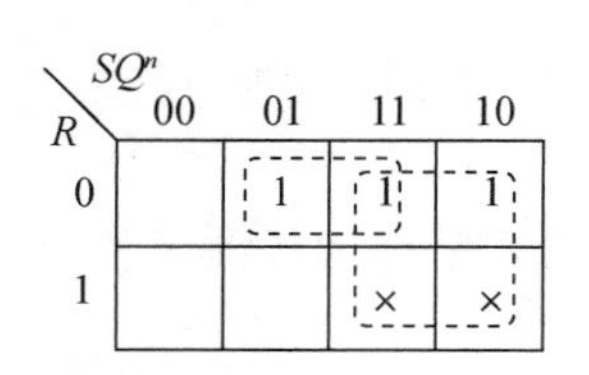

图4.2　基本 *RS* 触发器 Q^{n+1} 的卡诺图

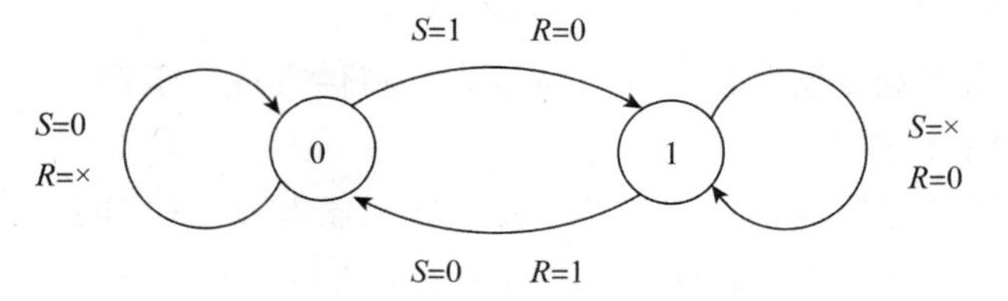

图4.3　基本 *RS* 触发器的状态图

状态图中若状态转换条件用“×”表示，则说明可以取任意值。比如由现态为0转换为次态仍然为0，可以有两种途径，一是通过置0功能，转换条件为 $S=0$、$R=1$；二是通过保持功能，转换条件为 $S=0$、$R=0$。归纳在一起，转换条件为 $S=0$，R 为0或1都可以，即 R 可以为任意值，写成 $S=0$、$R=\times$，“×”表示为任意值。

状态图具有形象直观的特点，它把触发器的转换关系及转换条件用几何图形表示出来，十分清楚，便于查看。

4）波形图

描述触发器输入与输出波形的图称为波形图，如图4.4所示。

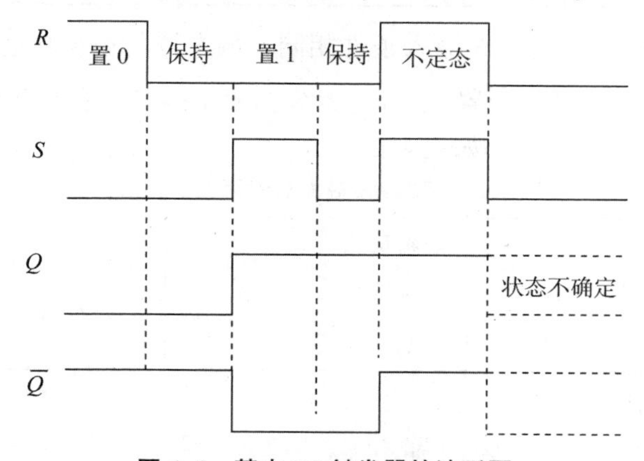

图4.4　基本 *RS* 触发器的波形图

【例4.1】　图4.5（a）为与非门组成基本 RS 触发器输入信号的波形，试画出输出 Q、$\overline{Q}$ 的波形图。

解：(1) 首先将输入信号 $\overline{R}$、$\overline{S}$ 的波形分段，每一段中输入信号是确定不变的，分为9段。

(1) 逐段依据 $\overline{R}$、$\overline{S}$ 的值，确定基本 RS 触发器的逻辑功能，画出 Q、$\overline{Q}$ 的波形。第一段 $\overline{S}=0$、$\overline{R}=1$，为置1功能，$Q=1$、$\overline{Q}=0$；第二段 $\overline{S}=1$、$\overline{R}=1$，为保持功能，$Q=1$、$\overline{Q}=0$；…基本 RS 触发器 Q、$\overline{Q}$ 的输出波形图如图4.5（b）所示。

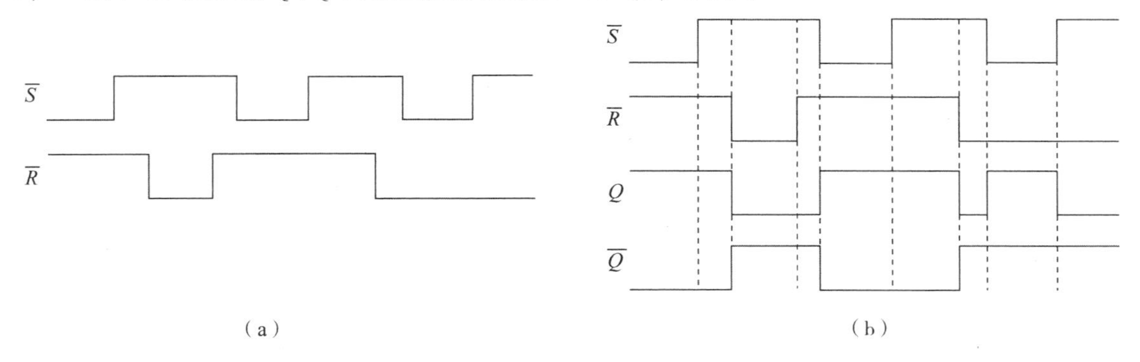

图4.5　例4.1的波形图

(a) 输入波形图；(b) 输出波形图

4.2.2　集成基本 *RS* 触发器

1. CMOS 集成基本 RS 触发器 CC4043、CC4044

在 CC4043 芯片上集成了4个由 CMOS 或非门电路组成的基本 RS 触发器，其引出端功能图如图4.6所示。输入信号为高电平有效。EN 为使能控制端，控制触发器的输出端 Q。当 $EN=1$ 时，开通输出端；当 $EN=0$ 时，阻断输出端，输出端为高阻状态。

在 CC4044 芯片上集成了4个由 CMOS 与非门电路组成的基本 RS 触发器，其引出端功能图如图4.7所示。输入信号为低电平有效。使能控制端 EN 的作用与 CC4043 相同。

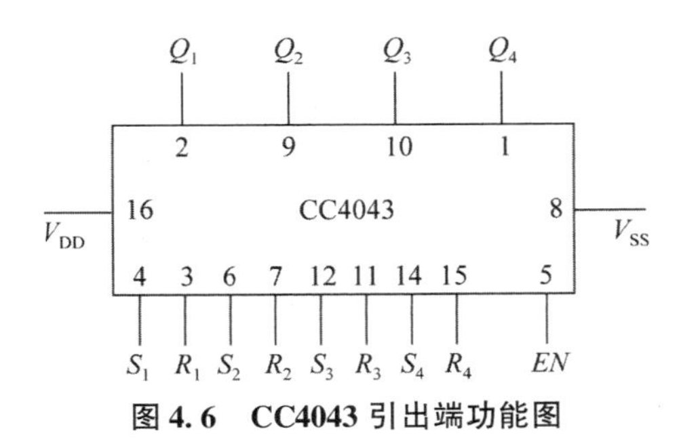

图4.6　CC4043引出端功能图

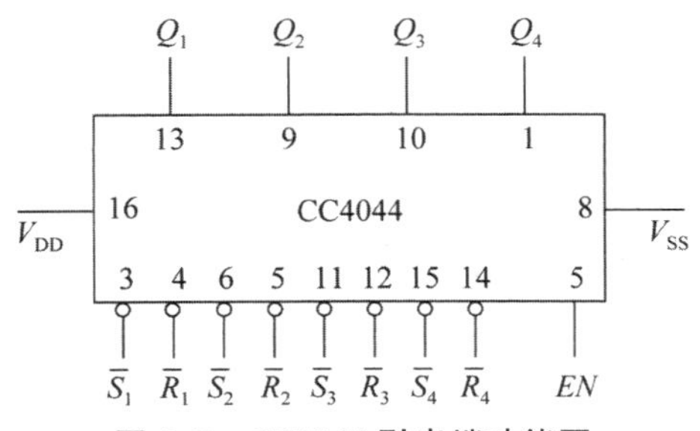

图4.7　CC4044引出端功能图

2. TTL 集成基本 *RS* 触发器 74LS279

TTL 集成基本 *RS* 触发器 74LS279 的逻辑电路和引出端功能图如图 4.8 所示。在一个 74LS279 芯片上集成了 4 个基本 *RS* 触发器，其中有两个是单触发端电路，如图 4.8（a）所示，有两个是双触发端电路，如图 4.8（b）所示。输入信号为低电平有效。

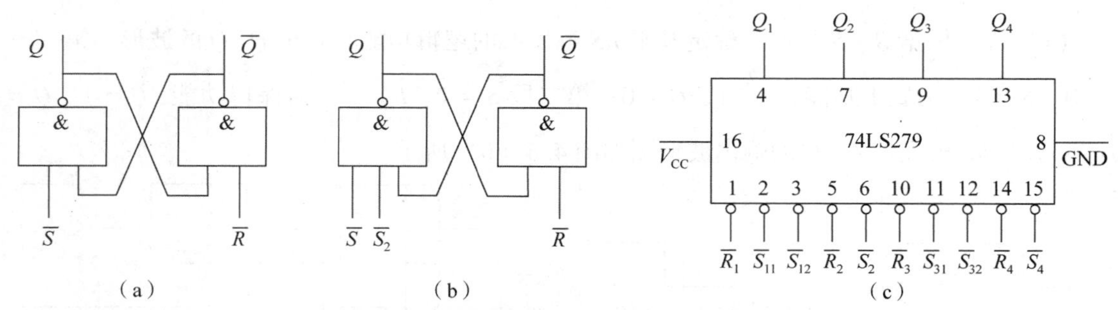

图 4.8 TTL 集成基本 *RS* 触发器 74LS279 的逻辑电路和引出端功能图

（a）单触发端电路；（b）双触发端电路；（c）引出端功能图

思考题

1. 为什么基本 *RS* 触发器的输入端不能同时为低电平？
2. 基本 *RS* 触发器的逻辑功能有哪些？

4.3 同步触发器

基本 *RS* 触发器的状态无法从时间上加以控制，只要输入端有触发信号，触发器就立即作相应的状态变化。而在实际的数字系统中，往往是由多个触发器组成，这时常常需要各个触发器按一定的节拍同步动作，因此必须给电路加上一个统一的控制信号，用以协调各触发器的同步翻转，这个统一的控制信号叫作时钟脉冲（*CP*）信号。

用 *CP* 作控制信号的触发器，称为时钟触发器，或者称为同步触发器。

时钟触发器有四种触发方式。所谓触发方式，是指在 *CP* 的哪一个时刻触发器的输入信号控制输出信号，使输出状态发生变化。

（1）$CP=1$ 期间输入控制输出，称为高电平触发。

（2）$CP=0$ 期间输入控制输出，称为低电平触发。

（3）*CP* 由 0 变为 1 瞬间输入控制输出，称为上升沿触发。

（4）*CP* 由 1 变为 0 瞬间输入控制输出，称为下降沿触发。

4.3.1 同步 *RS* 触发器

1. 电路结构及逻辑符号

将基本 *RS* 触发器的输入端加上两个导引门，就组成同步 *RS* 触发器，如图 4.9（a）所示。它由 4 个与非门组成。其中 G_1、G_2 门构成基本 *RS* 触发器，G_3、G_4 门组成控制电路，输入信号 *R*、*S* 通过控制门进行传达，*CP* 为时钟脉冲。图 4.9（b）是同步 *RS* 触发器的逻辑符号。

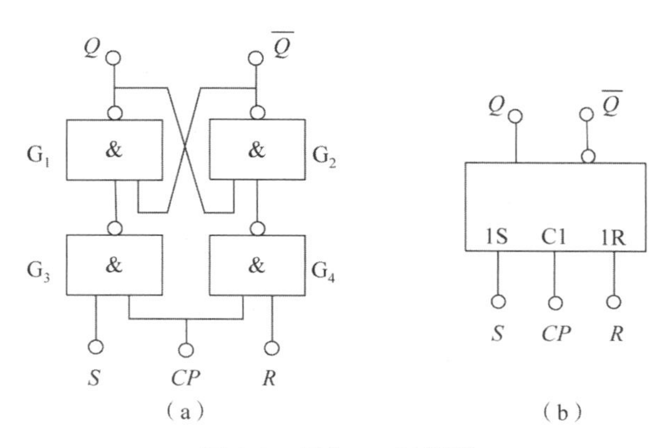

图 4.9　同步 *RS* 触发器

(a) 逻辑电路；(b) 逻辑符号

2. 逻辑功能分析及描述

由于同步 *RS* 触发器是在基本 *RS* 触发器基础上演变而来的，因此在分析同步 *RS* 触发器逻辑功能时，要充分利用前面的有关结论。

当 $CP=0$ 时，控制门 G_3、G_4 被封锁，无论 R、S 如何变化，G_3、G_4 门均输出高电平 1，根据基本 *RS* 触发器的逻辑功能，此时同步 *RS* 触发器应保持原来状态不变，即 $Q^{n+1}=Q^n$。

当 $CP=1$ 时，控制门 G_3、G_4 被打开，此时：

若 $R=0$，$S=0$，触发器保持原来状态，$Q^{n+1}=Q^n$；

若 $R=0$，$S=1$，G_3 门输出 0，从而使 $Q=1$，即触发器被置 1；

若 $R=1$，$S=0$，G_4 门输出 0，从而使 $Q=0$，即触发器被置 0；

若 $R=1$，$S=1$，触发器状态不定，因此这种取值要避免。

将以上逻辑功能分析结果分别描述如下。

（1）特性表。表 4.3 为同步 *RS* 触发器在 $CP=1$ 时的特性表。

表 4.3　同步 *RS* 触发器的特性表

R	S	Q^{n+1}	逻辑功能
0	0	Q^n	保持
0	1	1	置 1
1	0	0	置 0
1	1	不定	不定态

（2）特性方程。根据特性表可以得到同步 *RS* 触发器的特性方程（$CP=1$ 时）：

$$\begin{cases} Q^{n+1}=S+\overline{R}Q^n \\ RS=0 \end{cases} \tag{4.2}$$

其中，$RS=0$ 是同步 *RS* 触发器输入信号 R、S 之间的约束条件。

（3）状态转换图。当 $CP=1$ 时，同步 *RS* 触发器的状态转换关系仍由 R 和 S 输入状态决定，其状态转换图如图 4.10 所示。

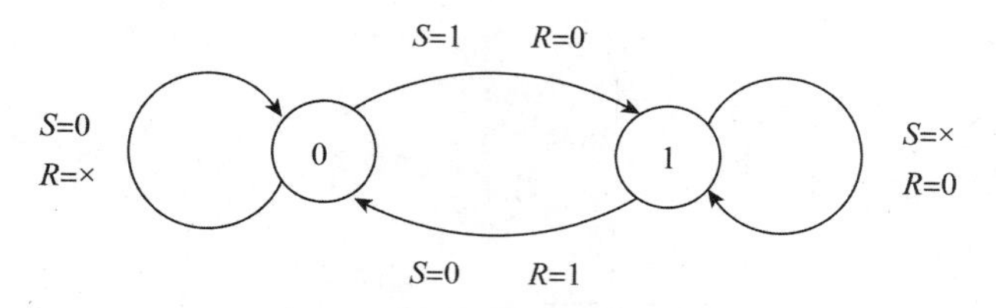

图 4.10 同步 *RS* 触发器的状态转换图

3. 基本特点

同步 *RS* 触发器的基本特点如下。

优点：选通控制，时钟脉冲到来即 $CP=1$ 时，触发器接收输入信号；$CP=0$ 时，触发器保持原态。

缺点：$CP=1$ 期间，输入信号仍然直接控制触发器输出端的状态，*R*、*S* 之间仍有约束。

4.3.2 同步 *D* 触发器

1. 电路结构及逻辑符号

同步 *D* 触发器又称 *D* 锁存器，简称锁存器，其逻辑电路及逻辑符号如图 4.11 所示。它是在同步 *RS* 触发器的基础上，将 *R* 和 *S* 输入端之间放置一个非门。显然，在 $CP=1$ 期间，电路总有 $R \neq S$ 成立，从而克服了输入信号存在约束的问题。

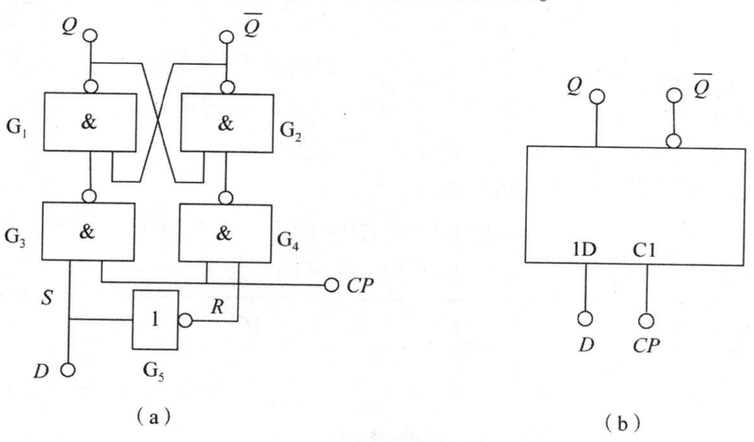

图 4.11 同步 *D* 触发器

(a) 逻辑电路；(b) 逻辑符号

2. 逻辑功能分析及描述

$CP=0$ 时，G_3、G_4 门被封锁，触发器保持原来状态。

$CP=1$ 时，G_3、G_4 门打开，此时，若 $D=0$，则 G_3 门输出高电平，G_4 门输出低电平，触发器被置 0；若 $D=1$，则 G_3 门输出低电平，G_4 门输出高电平，触发器被置 1。所以特性方程为

$$Q^{n+1}=D \quad (CP=1 \text{ 期间有效})$$

其状态表如表 4.4 所示。可见，*D* 触发器只有置 0 和置 1 两项功能。

表 4.4　同步 D 触发器的特性表

D	Q^{n+1}	逻辑功能
0	0	置 0
1	1	置 1

图 4.12 是同步 D 触发器的状态转换图。

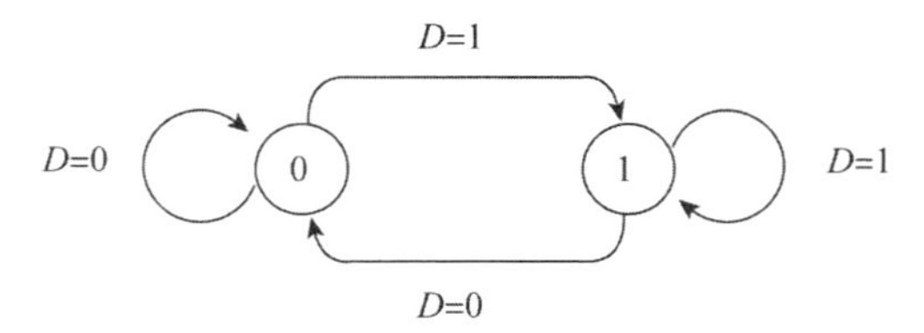

图 4.12　同步 D 触发器状态转换图

3. 基本特点

同步 D 触发器的基本特点如下。

优点：同步 D 触发器除具有同步 RS 触发器的优点外，还解决了输入信号存在约束的问题。

缺点：仍存在直接控制问题，即 $CP=0$ 时，触发器不接收输入信号，保持原态；但当 $CP=1$ 时，触发器接收输入信号，其输出状态仍然随输入信号的变化而变化。

思考题

1. 同步 D 触发器的逻辑功能是什么？
2. 为什么同步 D 触发器没有约束条件？

4.4　边沿触发器

基本 RS 触发器存在电平直接控制的问题，无法实现多个触发器同步运行，同时抗干扰能力差。为了解决这些问题，出现了同步触发器、主从触发器、边沿触发器等多种时钟脉冲控制的触发器，其中边沿触发器最为彻底地解决了触发器不能同步、电平直接控制、运行不可靠以及抗干扰能力差的缺陷，成为目前应用最为广泛的触发器。下面以边沿 D 触发器和边沿 JK 触发器为例，介绍边沿触发器。

（1）边沿触发器的次态仅取决于时钟脉冲上升沿（或下降沿）到达时刻的输入信号的状态，而与此边沿时刻以前或以后的输入状态无关。

（2）边沿触发器主要有维持阻塞型边沿触发器、利用 CMOS 传输门的边沿触发器、利用门电路传输延迟时间的边沿触发器等。维持阻塞型边沿触发器是利用直流反馈来维持触发器变换后的新状态，维持阻塞型边沿触发器在同一时钟脉冲内的再次翻转；利用门电路传输延迟时间的边沿触发器是利用触发器内部逻辑门之间延迟时间的不同，使触发器只在约定时钟脉冲跳变时才接收输入信号；利用 CMOS 传输门的边沿触发器是由两个电平触发的 D 触发器组成的边沿触发器。

4.4.1 边沿 D 触发器

下面以维持阻塞型边沿 D 触发器为例，介绍边沿 D 触发器的工作原理和逻辑功能。

1. 电路组成及逻辑符号

维持阻塞型边沿 D 触发器的逻辑电路如图 4.13（a）所示。其由 6 个与非门组成，其中 G_1、G_2 门组成基本 RS 触发器，G_3、G_4 门组成时钟控制电路，G_5、G_6 门组成输入电路。其逻辑符号如图 4.13（b）、（c）所示。在触发器的逻辑符号中，CP 端标识一个三角形，表示为边沿触发器，图 4.13（b）逻辑符号中 CP 端没有小圈，表示时钟脉冲上升沿触发，图 4.13（c）逻辑符号中 CP 端有小圈，表示时钟脉冲下降沿触发。

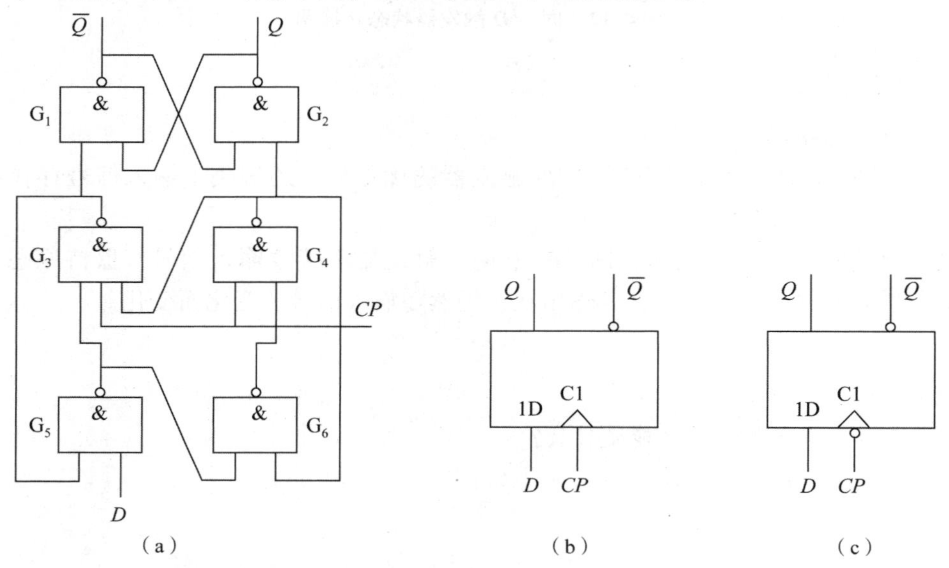

图 4.13 维持阻塞型边沿 D 触发器逻辑电路和逻辑符号

（a）逻辑电路；（b）上升沿触发逻辑符号；（c）下降沿触发逻辑符号

2. 工作原理

当 $CP=0$ 时，时钟信号关闭了 G_3、G_4 两个与非门，使它们的输出为 1，由于 G_1、G_2 组成的基本 RS 触发器两个输入都为 1，故输出保持触发器原来的状态不变。

当 CP 的上升沿到来时，打开了 G_3、G_4 门，G_3、G_4 门接收了 G_5、G_6 门送来的信号 1、0，使 G_3、G_4 门的输出为 0、1，由 G_1、G_2 组成的基本 RS 触发器两个输入 $\overline{R}=0$、$\overline{S}=1$，使输出 $Q=0$、$\overline{Q}=1$，触发器置 0 状态。

在置 0 操作时，G_3 门的输出 0 加到 G_5 门的输入端，保证了 G_5 门输出 1 和 G_3 门输出 0，G_3 门的输出接基本 RS 触发器的置 0 输入端，G_3 门输出为 0，使触发器维持置 0。同时，G_5 门输出 1 加到 G_6 门输入端，保证了 G_6 门输出 0 和 G_4 门输出 1，G_4 门输出接基本 RS 触发器的置 1 输入端，G_4 门输出为 1，即可确保触发器不能置 1。这样保证了触发器维持置 0 状态，禁止置 1。

由于置 0 维持和置 1 阻塞的作用，CP 的上升沿过后，在 $CP=1$ 期间，G_5 门关闭，触发器的输入信号 D 不会被触发器接收，因此触发器只在 CP 上升沿到来的瞬间接收输入信号，实现了边沿触发器的功能。

触发器的置 1 过程同理。

综上所述，维持阻塞型边沿 D 触发器只在 CP 的上升沿到来时，接收输入信号，由于维持和阻塞的作用，CP 的上升沿过后不再接收输入信号，实现了边沿触发器的功能。

3. 异步输入端的作用

图 4.14 所示为带有异步输入端的维持阻塞型边沿 D 触发器的逻辑电路和逻辑符号。

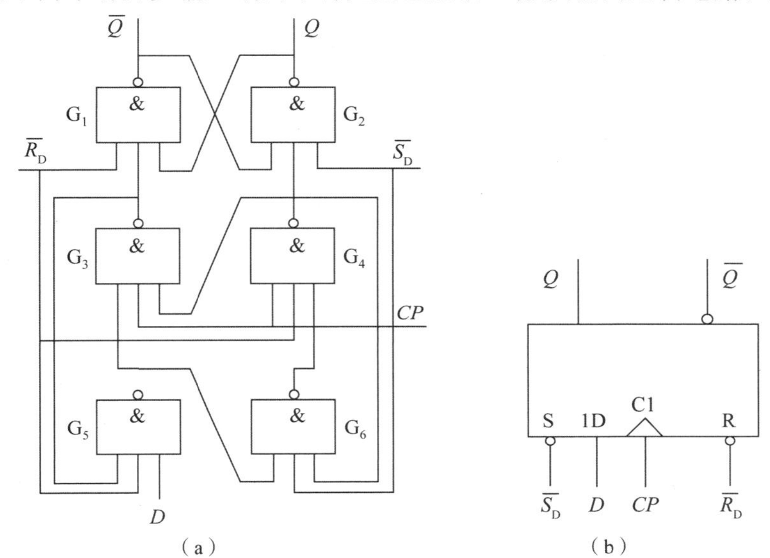

图 4.14 带有异步输入端的维持阻塞型边沿 D 触发器

(a) 逻辑电路；(b) 逻辑符号

1) 同步输入端与异步输入端

(1) 同步输入端。触发器输入端 D 叫作同步输入端，这是因为加到 D 端的输入信号能否被触发器接收，受到时钟脉冲信号的控制，即与时钟脉冲信号同步。

(2) 异步输入端。触发器输入端 $\overline{R}_D$、$\overline{S}_D$ 叫作异步输入端，也称为直接复位和置位端。当 $\overline{R}_D=0$ 时，触发器立即被复位到 0 状态；当 $\overline{S}_D=0$ 时，触发器立即被置位到 1 状态。其作用与时钟脉冲信号 CP 无关，故称为异步输入端。

2) 异步输入端的工作原理

(1) 异步复位。当 $\overline{R}_D=0$、$\overline{S}_D=1$ 时，$\overline{R}_D=0$ 加到 G_1 门的输入，使触发器 $\overline{Q}=1$，同时也加到 G_4、G_5 门输入端，关闭了 G_4、G_5 门，使 G_2 门的三个输入端全为 1，故触发器 $Q=0$，触发器复位。

(2) 异步置位。当 $\overline{R}_D=1$、$\overline{S}_D=0$ 时，$\overline{S}_D=0$ 加到 G_2 门的输入，使触发器 $Q=1$，同时也加到 G_6 门输入端，关闭了 G_6 门，无论在 $CP=0$ 还是 $CP=1$ 时，使 G_1 门的三个输入端全为 1，故触发器 $\overline{Q}=0$，触发器置位。

当异步输入端撤销，$\overline{R}_D=1$、$\overline{S}_D=1$ 时，$CP=0$ 关闭 G_3、G_4 门，G_3、G_4 门输出都为 1，基本 RS 触发器行使保持功能，保持了异步复位或异步置位的状态不变。

注意：不允许异步输入端同时有效，即 $\overline{R}_D=0$、$\overline{S}_D=0$。

4. D 触发器的逻辑功能

通过维持阻塞型边沿 D 触发器工作原理的分析可知，上升沿触发 D 触发器具有置 0 与置 1 两种功能，即当 $D=0$ 时，触发器置 0；当 $D=1$ 时，触发器置 1。其特性表如表 4.5 所示。

表 4.5　上升沿触发 D 触发器的特性表

CP	D	Q^n	Q^{n+1}	说明
×	×	×	Q^n	保持原状态不变
↑	0	0	0	置 0
↑	0	1	0	
↑	1	0	1	置 1
↑	1	1	1	

由于 D 触发器在时钟脉冲信号作用期间，次态就等于输入信号，其特性方程为

$$Q^{n+1}=D \tag{4.3}$$

D 触发器的状态图如图 4.15 所示。

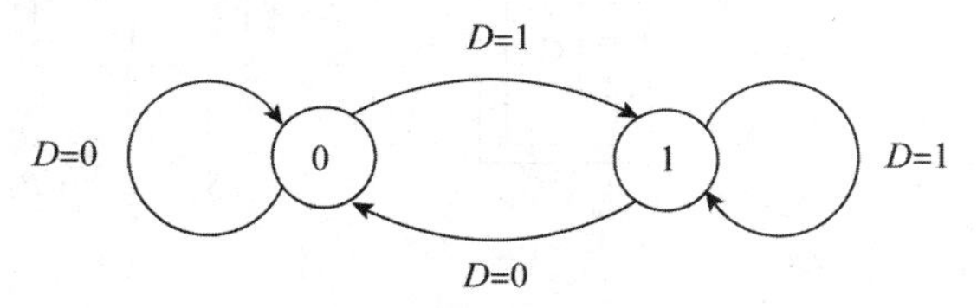

图 4.15　D 触发器的状态图

【例 4.2】　维持阻塞型边沿 D 触发器的输入信号的波形如图 4.16（a）所示，触发器的初态为 0 状态，试画出输出 Q、$\overline{Q}$ 的波形图。

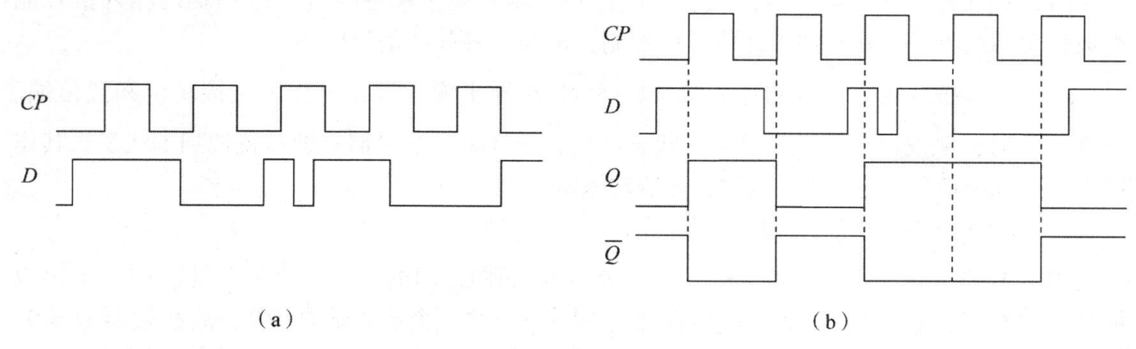

图 4.16　例 4.2 波形图

（a）输入信号波形；（b）输出波形图

解：（1）首先确定触发时刻，维持阻塞型边沿 D 触发器为上升沿触发，触发时刻为 CP 的上升沿。

（2）确定第一个触发时刻到来前触发器的状态。触发器第一个触发时刻到来前的状态为初始状态，触发器的初态为0状态，故 $Q=0$、$\overline{Q}=1$。

（3）触发时刻到来时，确定触发器次态。第一个触发时刻到来时，触发器接收的信号为该时刻之前 D 的信号，即 $D=1$，为置1功能，触发器次态为 $Q=1$、$\overline{Q}=0$。触发时刻之后，触发器维持1状态一直到下一个触发时刻到来。这样逐个 CP 周期依次画出输出波形。触发器输出信号波形如图4.16（b）所示。

（4）在 CP 的第3和第5周期，当 $CP=1$ 时输入信号 D 发生了变化，边沿触发器只在触发时刻接收输入信号，触发时刻过后输入信号的变化不影响触发器的状态。

（5）在 CP 的第4周期上升沿到来时，输入信号刚好由1变为0，由于触发器接收触发时刻前一瞬间的输入信号，因此 D 应为1，而不是0。

5. 集成边沿 D 触发器

1）TTL边沿 D 触发器74LS74

（1）逻辑符号与引出端功能图。TTL边沿 D 触发器74LS74的逻辑符号与引出端功能图如图4.17所示。在74LS74中集成了两个独立的边沿 D 触发器。74LS74为 CP 的上升沿触发。

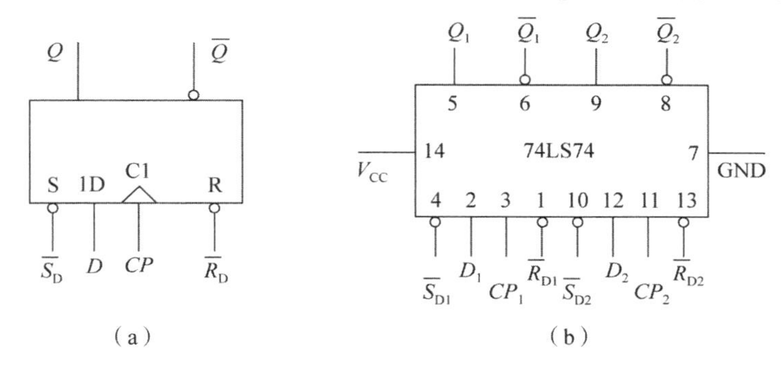

图4.17 TTL边沿 D 触发器74LS74

（a）逻辑符号；（b）引出端功能图

（2）特性表。TTL边沿 D 触发器74LS74的特性表如表4.6所示。

表4.6 TTL边沿 D 触发器74LS74的特性表

D	$\overline{R}_D$	$\overline{S}_D$	CP	Q^n	Q^{n+1}	说明
0	1	1	↑	0	0	置0
0	1	1	↑	1	0	
1	1	1	↑	0	1	置1
1	1	1	↑	1	1	
×	1	1	↓	0	0	保持
×	1	1	↓	1	1	
×	0	1	×	×	0	异步置0
×	1	0	×	×	1	异步置1
×	0	0	×	×	不定	禁用

2）CMOS 边沿 D 触发器 CC4013

（1）逻辑符号与引出端功能图。CMOS 边沿 D 触发器 CC4013 的逻辑符号与引出端功能图如图 4.18 所示。在 CC4013 中集成了两个独立的边沿 D 触发器。CC4013 为 CP 的上升沿触发。

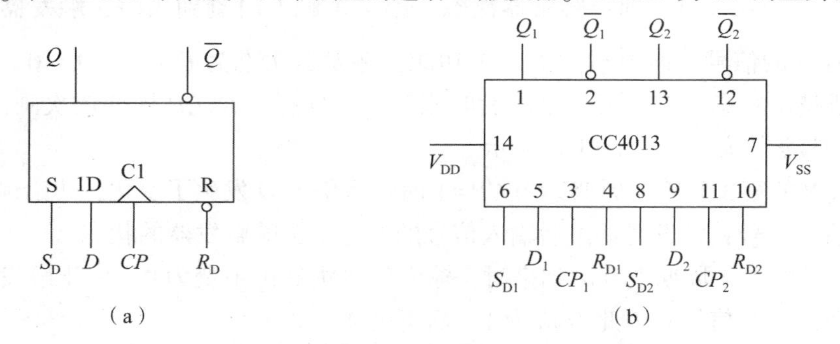

图 4.18 CMOS 边沿 D 触发器 CC4013

（a）逻辑符号；（b）引出端功能图

（2）特性表。CMOS 边沿 D 触发器 CC4013 的特性表如表 4.7 所示。

表 4.7 CMOS 边沿 D 触发器 CC4013 的特性表

D	R_D	S_D	CP	Q^n	Q^{n+1}	说明
0	0	0	↑	0	0	置 0
0	0	0	↑	1	0	
1	0	0	↑	0	1	置 1
1	0	0	↑	1	1	
×	0	0	↓	0	0	保持
×	0	0	↓	1	1	
×	0	1	×	×	1	异步置 1
×	1	0	×	×	0	异步置 0
×	1	1	×	×	不定	禁用

4.4.2 边沿 JK 触发器

边沿 JK 触发器的种类也很多，下面介绍利用门电路传输延迟时间的边沿 JK 触发器。

1. 电路组成及逻辑符号

利用门电路传输延迟时间的边沿 JK 触发器的逻辑电路和逻辑符号如图 4.19 所示。由图 4.19（a）可见，该触发器中两个与或非门 G_1、G_2 组成基本 RS 触发器，两个与非门 G_3、G_4 作为输入信号引导门，G_3 门的输出 Q_3 为基本 RS 触发器的 $\overline{S}$ 输入端，G_4 门的输出 Q_4 为基本 RS 触发器的 $\overline{R}$ 输入端。在传输延迟时间上，保证与非门的传输延迟时间大于基本 RS 触发器的传输延迟时间。

在逻辑符号中，时钟脉冲信号端的三角标识表示触发器为边沿触发方式，小圈表示下降沿触发。

2. 边沿触发的工作原理

（1）当 $CP=0$ 时，时钟脉冲信号关闭 G_3、G_4 门，触发器不接收输入信号，使 G_3、G_4

门的输出 $Q_3 = Q_4 = 1$，基本 RS 触发器输入为 $\overline{R} = 1$、$\overline{S} = 1$，保持功能，触发器状态保持不变。

(2) 当 CP 的上升沿到来时，虽然打开了输入信号引导门 G_3、G_4，输入信号输入 G_3、G_4 门，但是由于 G_3、G_4 门的传输延迟时间大于基本 RS 触发器的传输延迟时间，在 CP 的上升沿到来的瞬间，G_3、G_4 门的输出仍然保持 1、1，触发器状态仍然保持不变。

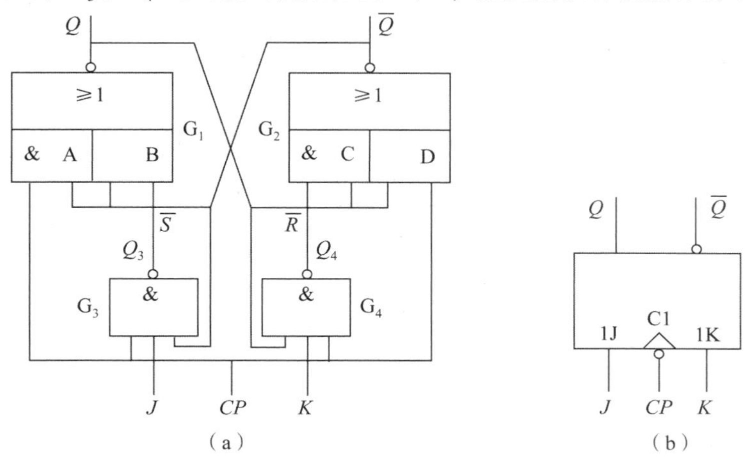

图 4.19　利用门电路传输延迟时间的边沿 JK 触发器逻辑电路和逻辑符号

(a) 逻辑电路；(b) 逻辑符号

(3) 当 CP = 1 时，G_3、G_4 门的输出 $Q_3 = \overline{J \cdot \overline{Q}}$、$Q_4 = \overline{K \cdot Q}$。与或非门 G_1、G_2 的输出为

$$Q = \overline{CP \cdot \overline{Q} + Q_3 \cdot \overline{Q}} = \overline{1 \cdot \overline{Q} + Q_3 \cdot \overline{Q}} = \overline{(1 + Q_3) \cdot \overline{Q}} = Q$$

$$\overline{Q} = \overline{CP \cdot Q + Q_4 \cdot Q} = \overline{1 \cdot Q + Q_4 \cdot Q} = \overline{(1 + Q_4) \cdot Q} = \overline{Q}$$

可见，触发器状态继续保持不变，即触发器的状态与输入信号无关，称之为触发器处于“自锁”状态。

(4) 当 CP 的下降沿到来时，关闭 G_3、G_4 门，但由于 G_3、G_4 门的传输延迟时间大于基本 RS 触发器的传输延迟时间，故在 CP 的下降沿到来的瞬间，G_3、G_4 门的输出仍然保持 $Q_3 = \overline{J \cdot \overline{Q}}$、$Q_4 = \overline{K \cdot Q}$。将 $\overline{S} = Q_3$、$\overline{R} = Q_4$ 代入 RS 触发器的特性方程得到

$$Q^{n+1} = S + \overline{R}Q^n = J \cdot \overline{Q^n} + \overline{K \cdot Q^n} \cdot Q^n = J \cdot \overline{Q^n} + (\overline{K} + \overline{Q^n}) \cdot Q^n = J \cdot \overline{Q^n} + \overline{K} \cdot Q^n$$

这说明在 CP 的下降沿时刻，触发器接收了输入信号 J、K，并按 JK 触发器的特性规律变化。

由上述分析可知，触发器在 CP = 0、CP 上升沿、CP = 1 时，都不接收输入信号，保持原状态不变，只有 CP 下降沿到来的瞬间，触发器接收下降沿到来前时刻的输入信号 J、K 的值，实现了边沿触发的功能。

3. 边沿 JK 触发器的功能

由上述分析得到边沿 JK 触发器的特性方程为

$$Q^{n+1} = J \cdot \overline{Q^n} + \overline{K} \cdot Q^n \tag{4.4}$$

⑴ 当 J = 0、K = 0 时，由式 (4.4) 得到 $Q^{n+1} = Q^n$，触发器的状态不变，为保持功能；

⑵ 当 $J=0$、$K=1$ 时，由式（4.4）得到 $Q^{n+1}=0$，触发器的次态是0，为置0功能；

⑶ 当 $J=1$、$K=0$ 时，由式（4.4）得到 $Q^{n+1}=1$，触发器的次态是1，为置1功能；

⑷ 当 $J=1$、$K=1$ 时，由式（4.4）得到 $Q^{n+1}=\overline{Q^n}$，触发器的次态与现态相反，称为翻转功能。

于是得到边沿 *JK* 触发器具有保持、置0、置1和翻转四种功能。触发器的逻辑功能只有四种，而边沿 *JK* 触发器就具有触发器的全部功能，因此将边沿 *JK* 触发器称为全功能触发器。

4. 边沿 *JK* 触发器的特性表和状态图

（1）特性表。下降沿触发的 *JK* 触发器的特性表如表4.8所示。

表4.8　下降沿触发的 *JK* 触发器的特性表

CP	J	K	Q^n	Q^{n+1}	说明
×	×	×	×	Q^n	保持原状态不变
↓	0	0	0	0	保持
↓	0	0	1	1	
↓	0	1	0	0	置0
↓	0	1	1	0	
↓	1	0	0	1	置1
↓	1	0	1	1	
↓	1	1	0	1	翻转
↓	1	1	1	0	

（2）状态图。下降沿触发的 *JK* 触发器的状态图如图4.20所示。

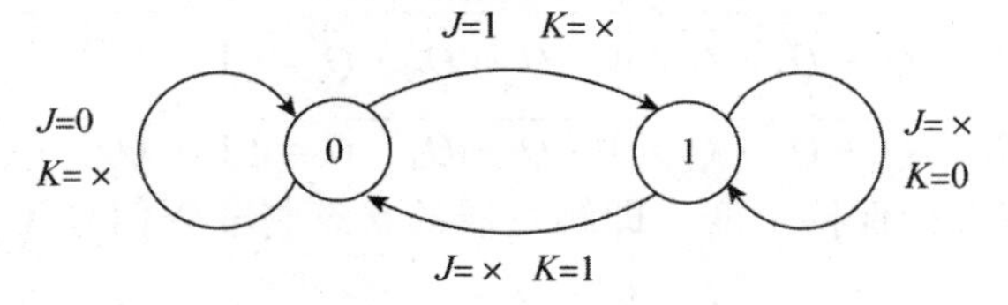

图4.20　下降沿触发的 *JK* 触发器的状态图

【例4.3】 下降沿触发的边沿 *JK* 触发器的输入信号的波形如图4.21（a）所示，触发器的初态为0状态，试画出输出 Q、$\overline{Q}$ 的波形图。

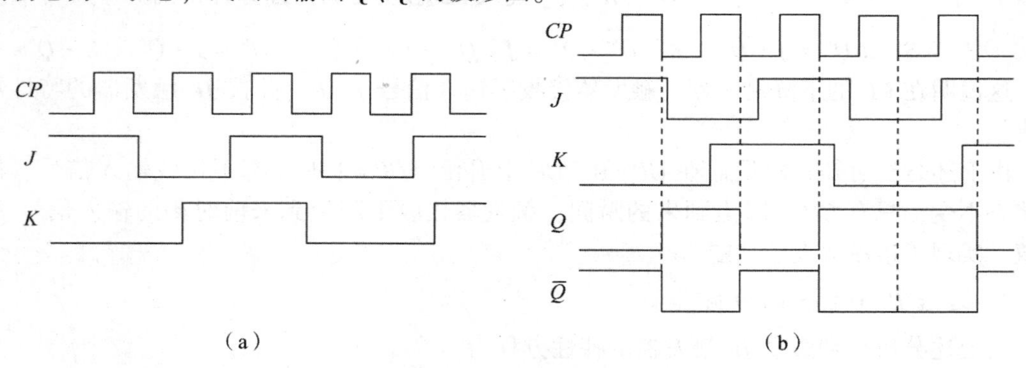

图4.21　例4.3波形图

（a）输入波形图；（b）输出波形图

解：由于边沿 JK 触发器是下降沿触发，所以在每个 CP 的下降沿到来时确定输入 J、K 的值，注意，取下降沿到来前时刻 J、K 的值。由 J、K 的值确定触发器的功能，从而画出输出 Q、$\overline{Q}$ 的波形，如图 4.21（b）所示。

5. 集成边沿 JK 触发器

1）TTL 边沿 JK 触发器 74LS76

（1）逻辑符号与引出端功能图。TTL 边沿 JK 触发器 74LS76 的逻辑符号与引出端功能图如图 4.22 所示。在 74LS76 中集成了两个独立的边沿 JK 触发器。74LS76 为下降沿触发，其异步输入端低电平有效。

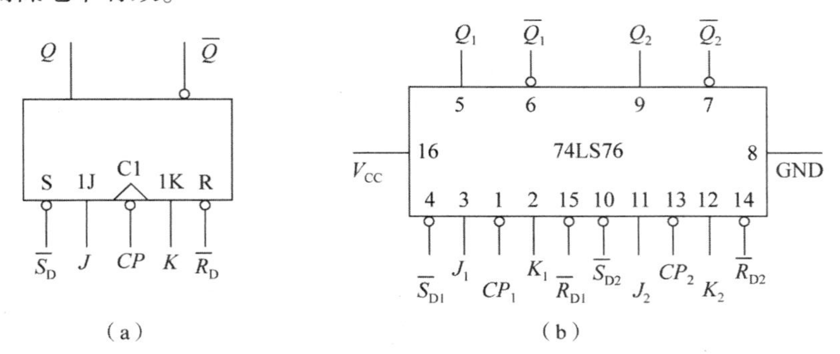

图 4.22　TTL 边沿 JK 触发器 74LS76

（a）逻辑符号；（b）引出端功能图

（2）特性表。TTL 边沿 JK 触发器 74LS76 的特性表如表 4.9 所示。

表 4.9　TTL 边沿 JK 触发器 74LS76 的特性表

J	K	$\overline{R}_D$	$\overline{S}_D$	CP	Q^n	Q^{n+1}	说明
0	0	1	1	↓	0	0	保持
0	0	1	1	↓	1	1	
0	1	1	1	↓	0	0	置 0
0	1	1	1	↓	1	0	
1	0	1	1	↓	0	1	置 1
1	0	1	1	↓	1	1	
1	1	1	1	↓	0	1	翻转
1	1	1	1	↓	1	0	
×	×	1	1	↑	0	0	保持
×	×	1	1	↑	1	1	
×	×	0	1	×	×	0	异步置 0
×	×	1	0	×	×	1	异步置 1
×	×	0	0	×	×	不定	禁用

2）CMOS 边沿 JK 触发器 CC4027

（1）逻辑符号与引出端功能图。CMOS 边沿 JK 触发器 CC4027 的逻辑符号与引出端功能图如图 4.23 所示。在 CC4027 中集成了两个独立的边沿 JK 触发器。CC4027 为上升沿触发，其异步输入端高电平有效。

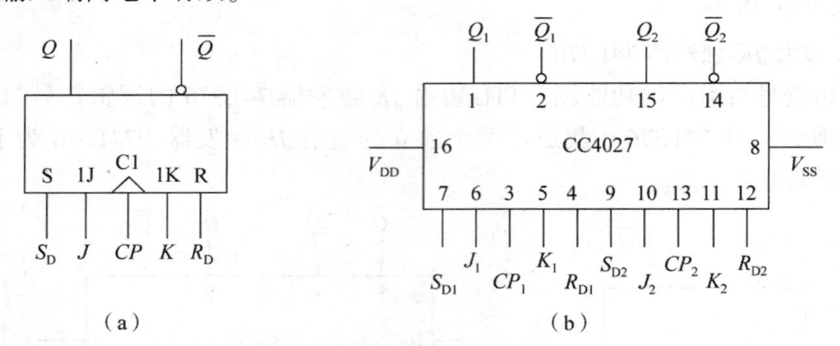

图 4.23　CMOS 边沿 JK 触发器 CC4027

（a）逻辑符号；（b）引出端功能图

（2）特性表。CMOS 边沿 JK 触发器 CC4027 的特性表如表 4.10 所示。

表 4.10　CMOS 边沿 JK 触发器 CC4027 的特性表

J	K	R_D	S_D	CP	Q^n	Q^{n+1}	说明
0	0	0	0	↑	0	0	保持
0	0	0	0	↑	1	1	
0	1	0	0	↑	0	0	置 0
0	1	0	0	↑	1	0	
1	0	0	0	↑	0	1	置 1
1	0	0	0	↑	1	1	
1	1			↑	0	1	翻转
1	1			↑	1	0	
×	×	0	0	↓	0	0	保持
×	×	0	0	↓	1	1	
×	×	0	1	×	×	1	异步置 1
×	×	1	0	×	×	0	异步置 0
×	×	1	1	×	×	不定	禁用

【例 4.4】　图 4.24（a）是用边沿 JK 触发器 74LS76 连接的逻辑电路，其输入信号波形如图 4.24（b）所示，触发器的初态为 0 状态，试画出输出 Q、$\overline{Q}$ 的波形图。

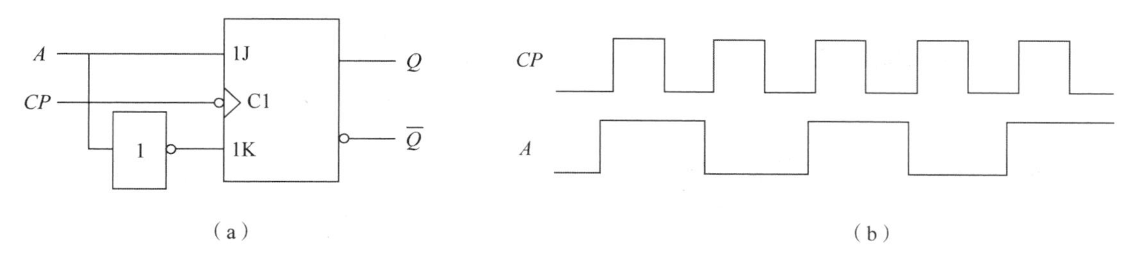

图 4.24　例 4.4 题图

(a) 逻辑电路；(b) 输入波形图

解：首先确定逻辑电路输出与输入的逻辑关系。从电路中触发器的特性方程入手，将输入条件代入特性方程中，即得到逻辑电路输出与输入的逻辑关系。

图 4.24 (a) 电路中为 JK 触发器，其特性方程和输入条件为

$$Q^{n+1} = J \cdot \overline{Q}^n + \overline{K} \cdot Q^n$$

$$J = A,\ K = \overline{A}$$

得到

$$Q^{n+1} = J \cdot \overline{Q}^n + \overline{K} \cdot Q^n = A \cdot \overline{Q}^n + A \cdot Q^n = A$$

该逻辑电路为 D 触发器，依据 D 触发器的逻辑功能画出输出波形图，如图 4.25 所示。

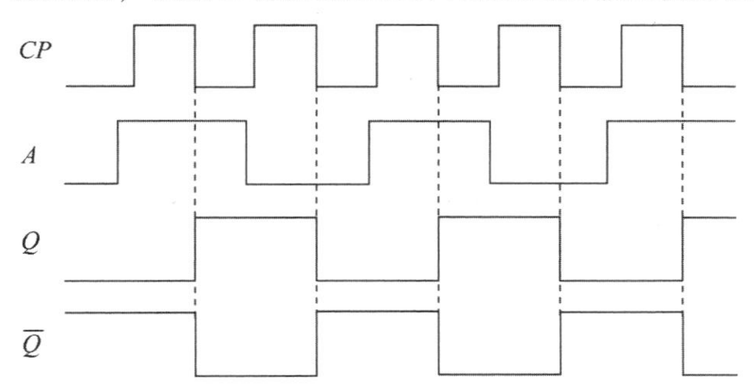

图 4.25　例 4.4 波形图

思考题

1. 什么是边沿触发器？它有哪些优点？
2. 哪种边沿触发器的逻辑功能最多？

4.5　边沿触发器的功能分类

边沿触发器按逻辑功能分为 JK、D、T、T'等几种类型，常把它们统称为时钟触发器。

4.5.1 *JK*触发器

1. 定义

在时钟脉冲作用下，根据输入信号 J、K 的取值不同，具有保持、置 0、置 1、翻转功能的电路，称为 *JK* 型时钟触发器，简称 *JK* 触发器。

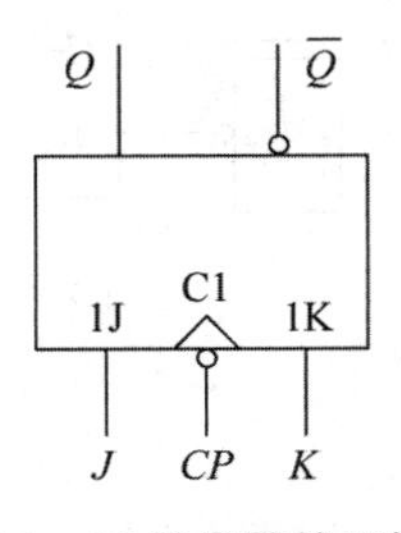

图 4.26 *JK* 触发器的逻辑符号

2. 逻辑符号

JK 触发器的逻辑符号如图 4.26 所示。

3. 特性表、特性方程和状态图

JK 触发器的特性表如表 4.11 所示。

表 4.11 *JK* 触发器的特性表

J	K	Q^n	Q^{n+1}	说明
0	0	0	0	保持
0	0	1	1	
0	1	0	0	置 0
0	1	1	0	
1	0	0	1	置 1
1	0	1	1	
1	1	0	1	翻转
1	1	1	0	

JK 触发器的特性方程为

$$Q^{n+1} = J\overline{Q^n} + \overline{K}Q^n \text{（}CP\text{ 下降沿有效）} \tag{4.5}$$

JK 触发器的状态图如图 4.27 所示。

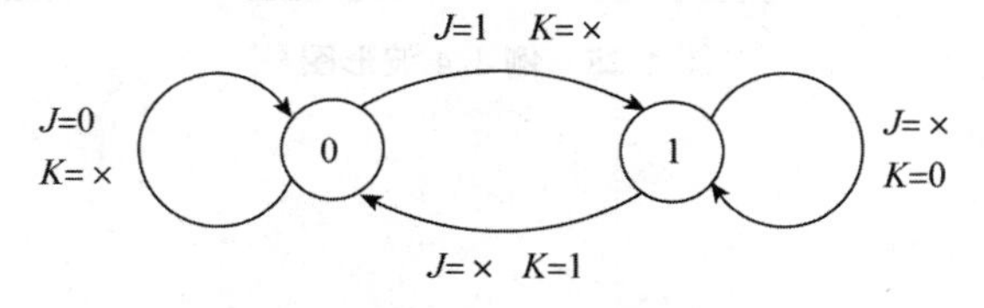

图 4.27 *JK* 触发器的状态图

4.5.2 *D*触发器

1. 定义

在时钟脉冲作用下，根据输入信号 D 的取值不同，具有置 0、置 1 功能的电路，称为 D 型时钟触发器，简称 D 触发器。

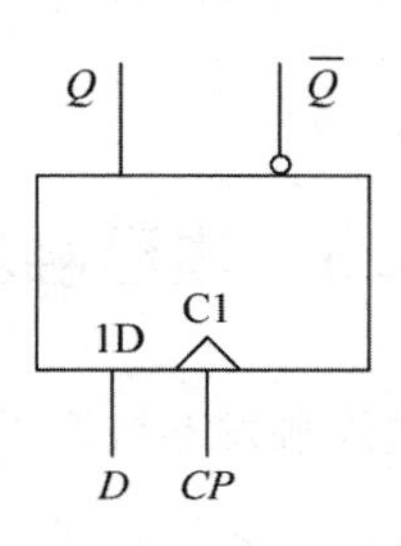

图 4.28 *D* 触发器的逻辑符号

2. 逻辑符号

D 触发器的逻辑符号如图 4.28 所示。

3. 特性表、特性方程和状态图

D 触发器的特性表如表 4.12 所示。

表 4.12　D 触发器的特性表

D	Q^{n+1}	说明
0	0	置 0
0	1	置 1

D 触发器的特性方程为

$$Q^{n+1}=D\text{（}CP\text{ 上升沿有效）}\tag{4.6}$$

D 触发器的状态图如图 4.29 所示。

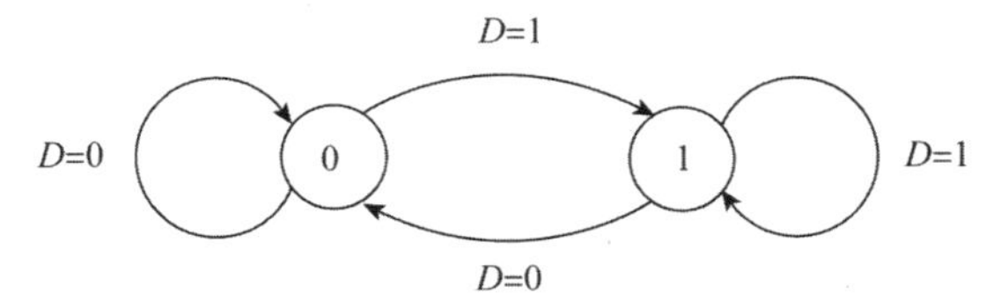

图 4.29　D 触发器的状态图

4.5.3　T 触发器

1. 定义

在时钟脉冲作用下，根据输入信号 T 的取值不同，具有保持和翻转功能的电路，称为 T 型时钟触发器，简称 T 触发器。

2. 逻辑符号

T 触发器的逻辑符号如图 4.30 所示。

3. T 触发器的逻辑功能

T 触发器具有保持和翻转两种功能：当 $T=0$ 时，具有保持功能，即 $Q^{n+1}=Q^n$；当 $T=1$ 时，具有翻转功能，即 $Q^{n+1}=\overline{Q^n}$。

4. 特性表、特性方程和状态图

T 触发器的特性表如表 4.13 所示。

表 4.13　T 触发器的特性表

T	Q^n	Q^{n+1}	说明
0	0	0	保持
0	1	1	
1	0	1	翻转
1	1	0	

在表 4.13 所示特性表中，选择 $Q^{n+1}=1$ 时的输入项组成最小项，将最小项求和，即可得到 T 触发器的特性方程为

$$Q^{n+1}=\overline{T}Q^n+T\overline{Q^n}=T\oplus Q^n\text{（}CP\text{下降沿有效）}\tag{4.6}$$

*T*触发器的状态图如图4.31所示。

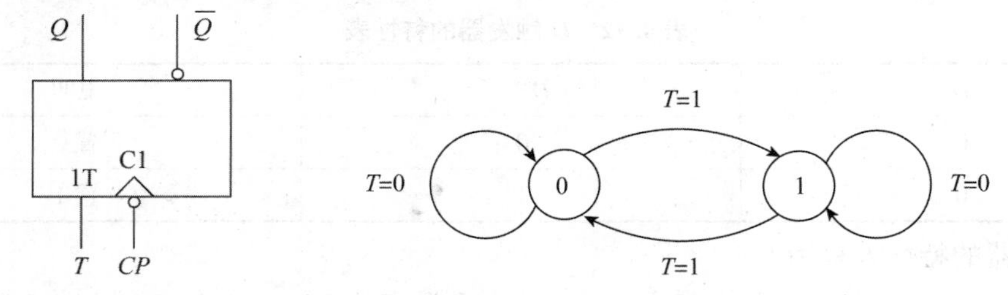

图4.30　*T*触发器的逻辑符号　　**图4.31　*T*触发器的状态图**

4.5.4　*T'*触发器

1. 定义

每来一个时钟脉冲就翻转一次的电路，称为*T'*型时钟触发器，简称*T'*触发器。

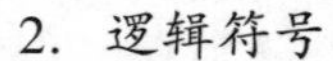

2. 逻辑符号

*T'*触发器的逻辑符号如图4.32所示。

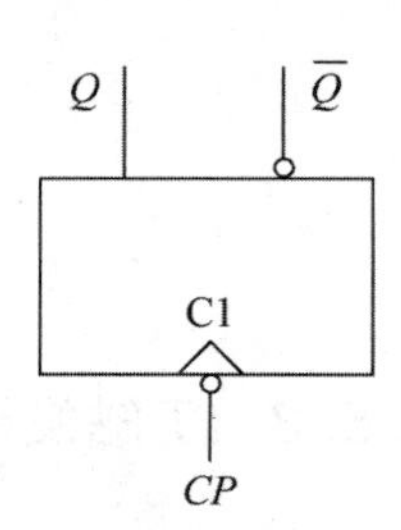

图4.32　*T'*触发器的逻辑符号

3. 特性表、特性方程和状态图

*T'*触发器的特性表如表4.14所示。

表4.14　*T'*触发器的特性表

CP	Q^n	Q^{n+1}	说明
↓	0	1	翻转
↓	1	0	

由表4.14所示特性表可得到*T'*触发器的特性方程为

$$Q^{n+1}=\overline{Q^n}\text{（}CP\text{下降沿有效）}\tag{4.7}$$

思考题

1. 边沿*T*触发器、边沿*D*触发器与边沿*JK*触发器三者之间有什么异同？
2. 边沿触发器的触发脉冲有几种分类？

4.6　触发器的应用举例

1. 防抖电路

用基本*RS*触发器CC4044组成开关防抖电路，如图4.32（a）所示。

开关S不接触发器时，在开关由*A*扳到*B*，再由*B*扳到*A*的过程中，由于开关触点的机械接触会产生多次的抖动，使图中*A*、*B*点电位u_A和u_B发生多次跳变，如图4.33（b）所示，常引起电路的误动作，因此必须去抖。把电路 A、B 点分别接到基本 RS 触发器的 $\overline{S}$ 和 $\overline{R}$ 输入端，将触发器的输出 Q 和 $\overline{Q}$ 作为开关状态输出，利用触发器的保持功能，在开关切换过程中，输出电位就不会出现多次跳变，避免了抖动现象，触发器的输出 Q 和 $\overline{Q}$ 的开关状态输出波形如图 4.33（b）所示。

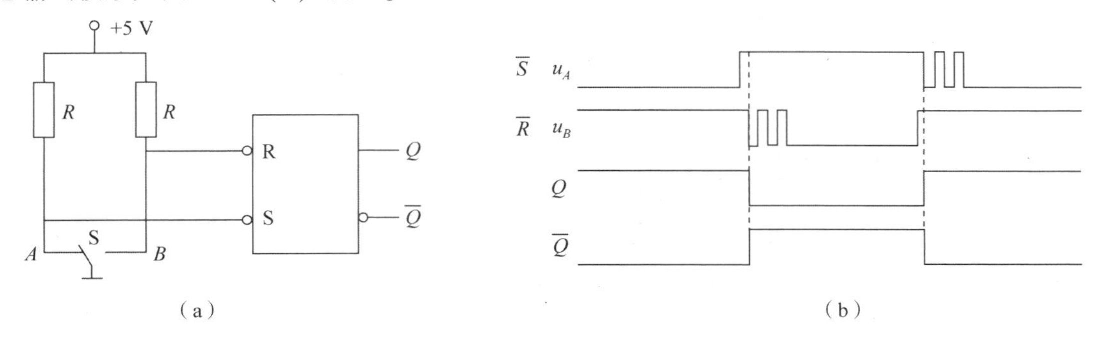

图 4.33 基本 *RS* 触发器组成的防抖电路

（a）开关防抖电路；（b）开关状态输出波形图

2. 分频电路

图 4.34 为由上升沿触发的 D 触发器 CC4013 组成的分频电路。

在电路中将 D 触发器连接成 T' 触发器，每来一个时钟脉冲，触发器翻转一次，这样 Q_1 输出 CP 的二分频信号，Q_2 输出 CP 的四分频信号。其分频的波形图如图 4.34（b）所示。一个 CC4013 有两个 D 触发器，只要用一个 CC4013 就可以组成该分频电路。CC4013 中 D 触发器的异步清零端 R 和异步置位端 S 是高电平有效，正常工作时将它们接地。如果需要更高的分频，可以连接多个分频级。

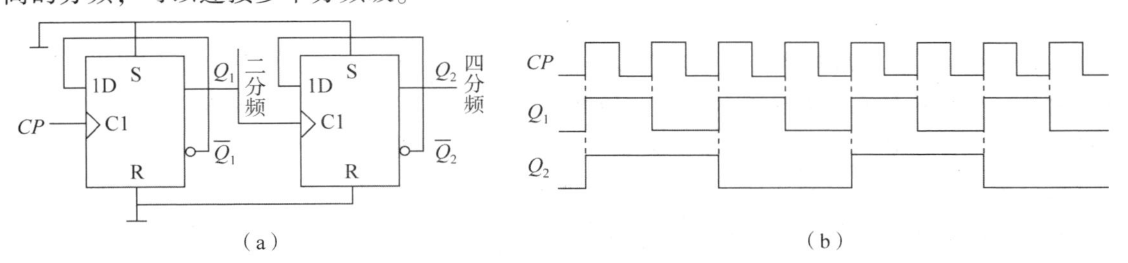

图 4.34 分频电路

（a）逻辑电路；（b）波形图

3. 多点控制照明灯电路

图 4.35 所示为多点控制照明灯电路。

电路由下降沿触发的 JK 触发器 74LS76、三极管 VT、二极管 VD、继电器 K、灯 A、电阻、开关组成。开关 S_0 ~ S_n 安装在不同的地方，每个开关都可以控制照明灯的亮和灭。

其工作原理为：触发器输出为 0 时，三极管 VT 截止，继电器 K 动合触点断开，灯 A 熄灭；当按下某一个开关时，给触发器一个下降沿脉冲，由于触发器接成了 T' 触发器，触发器得到一个脉冲翻转到 1，三极管 VT 饱和导通，继电器 K 动合触点闭合，灯 A 点亮；如果再有一个开关按下，触发器又得到一个脉冲翻转到0，灯熄灭。

*JK*触发器74LS76的异步输入端为低电平有效，正常工作时接高电平，即接电源正极。

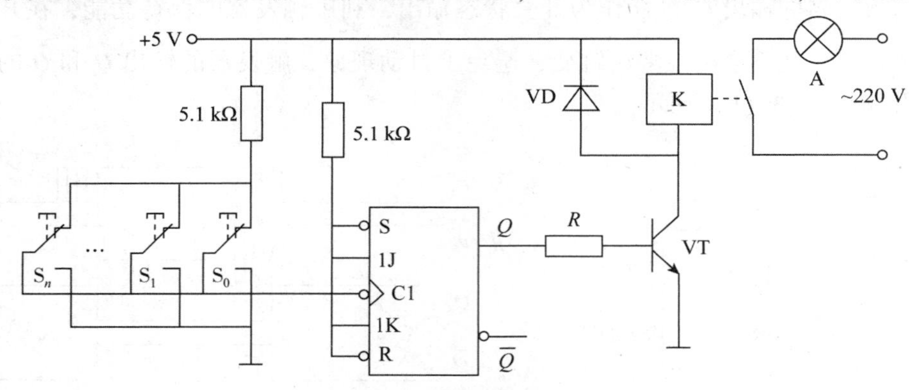

图4.35　多点控制照明灯电路

思考题

1. 如何将*JK*触发器变换为*D*触发器？
2. 如何将*JK*触发器变换为*T*触发器？

本章小结

1. 触发器是数字电路的记忆单元，是构成时序逻辑电路的基本部件。触发器具有两个稳定状态，这两个稳定状态可以在输入信号的作用下相互转换，触发器逻辑功能的基本特点是可以保存1位二值信息。

2. 触发器按照电路结构分类，有基本触发器、同步触发器、主从触发器和边沿触发器等。

基本*RS*触发器有用与非门组成和用或非门组成两种结构，无论哪种结构的逻辑功能都是相同的，它们的区别只是输入信号有效的电平值不同，与非门组成基本*RS*触发器输入信号低电平有效，或非门组成基本*RS*触发器输入信号高电平有效。

边沿触发器的次态仅取决于*CP*边沿到达时刻输入信号的状态，而与此边沿时刻以前和以后的输入状态无关，因而大大提高了触发器的可靠性和抗干扰能力，是应用最为广泛的触发器。边沿触发器主要有维持阻塞型边沿触发器、利用门电路传输延迟时间的边沿触发器、利用CMOS传输门的边沿触发器等。

3. 触发器按照逻辑功能分类，有*RS*、*JK*、*D*、*T*、*T'*触发器，其中*JK*触发器具有触发器全部的四种功能——保持、置0、置1和翻转，又称为全功能触发器，因此应用最为灵活和广泛。根据实际需要，可将某种逻辑功能的触发器通过改接或附加一些门电路，转换为另一种逻辑功能的触发器。

4. 触发器逻辑功能用来反映触发器次态与现态和输入信号之间的逻辑关系，它可以用特性表、特性方程、卡诺图、状态图和波形图五种方法描述，这些描述方法之间可以相互转换。

5. 触发器电路结构形式和逻辑功能是两个不同的概念。同一种逻辑功能的触发器可以用不同的电路结构实现；同一种电路结构形式的触发器可以有不同的逻辑功能。

综合练习题

一、填空题

1. 对于 JK 触发器，若 $J=K$，则可完成（　　）触发器的逻辑功能。

2. 对于 T 触发器，欲使 $Q^{n+1}=\overline{Q^n}$，则输入 $T=$（　　）。

3. 对于 D 触发器，欲使 $Q^{n+1}=\overline{Q^n}$，则输入 $D=$（　　）。

4. 对于同步 RS 触发器，若 $R=\overline{S}$，则可完成（　　）触发器的逻辑功能。

5. 对于边沿触发器，当异步置 0 端 $\overline{R_D}=1$ 时，在 $\overline{S_D}$ 端加入负脉冲，触发器将异步置（　　）。

6. 对于边沿触发器，当异步置 0 端 $\overline{S_D}=1$ 时，在 $\overline{R_D}$ 端加入负脉冲，触发器将异步置（　　）。

7. 触发器按照逻辑功能分类，在 CP 脉冲作用下，具有如题表 4.1 所示功能的触发器是（　　）触发器。

输入信号 X Y	Q^{n+1}	输入信号 X Y	Q^{n+1}
0 0	Q^n	1 0	1
0 1	0	1 1	$\overline{Q^n}$

8. 如题图 4.1 所示电路，其次态 $Q^{n+1}=$（　　）。

9. 如题图 4.2 所示电路可完成（　　）触发器的逻辑功能。

10. 触发器按照逻辑功能分类，在 CP 作用下，具有如题图 4.3 所示功能的触发器是（　　）触发器。

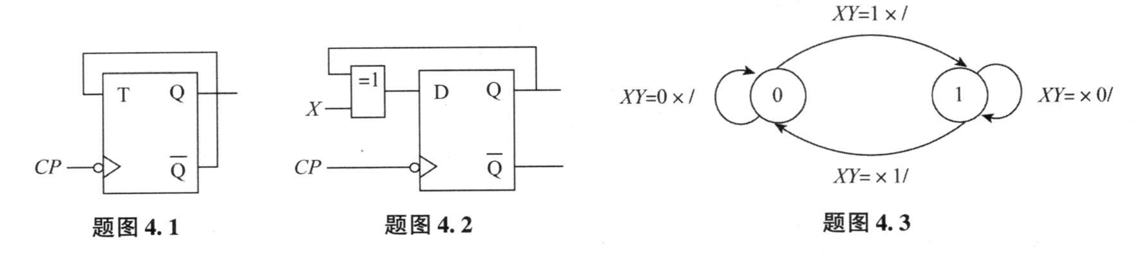

题图 4.1　　题图 4.2　　题图 4.3

11. 欲使 D 触发器按 $Q^{n+1}=\overline{Q^n}$ 工作，则 D 端应接到（　　）端。

12. 一个 JK 触发器有 2 个稳态，它可存储（　　）位二进制数。

13. 一个 JK 触发器有（　　）个稳态，它可存储 1 位二进制数。

14. 边沿 JK 触发器的特性方程是（　　）。

15. 边沿 T 触发器的特性方程是（　　）。

16. 边沿 D 触发器的特性方程是（　　）。

17. 边沿 T' 触发器的特性方程是（　　）。

18. 用与非门组成的基本 RS 触发器的特性方程是（　　）。

19. 当 T 触发器的输入端接固定的高电平时，其特性方程变为（　　）。

20. 用 4 个触发器可以存储（　　）位二进制数。

二、选择题

1. 由与非门构成的基本 RS 触发器如题图 4.4 所示，欲使该触发器保持原态，即 $Q^{n+1}=Q^n$，则输入信号应为（　　）。

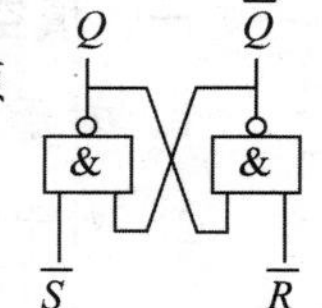

题图 4.4

A. $\overline{S}=\overline{R}=0$　　B. $\overline{S}=\overline{R}=1$

C. $\overline{S}=1$；$\overline{R}=0$　　D. $\overline{S}=0$；$\overline{R}=1$

2. 下列触发器中，没有约束条件的是（　　）。

A. 基本 RS 触发器　　B. 主从 RS 触发器

C. 钟控 RS 触发器　　D. 边沿 D 触发器

3. 在以下单元电路中，具有“记忆”功能的单元电路是（　　）。

A. 运算放大器　　B. 触发器　　C. TTL 门电路　　D. 译码器

4. 触发器具有稳定状态的数值为（　　）。

A. 1　　B. 2　　C. 3　　D. 4

5. 对于 JK 触发器，输入 $J=0$，$K=1$，CP 作用后，触发器的状态应为（　　）。

A. 1　　B. 0　　C. 不定　　D. 以上各项都不是

6. 设所有触发器的初始状态皆为 0，找出题图 4.5 中各触发器在时钟脉冲信号作用下输出电压波形不为 0 的是（　　）。

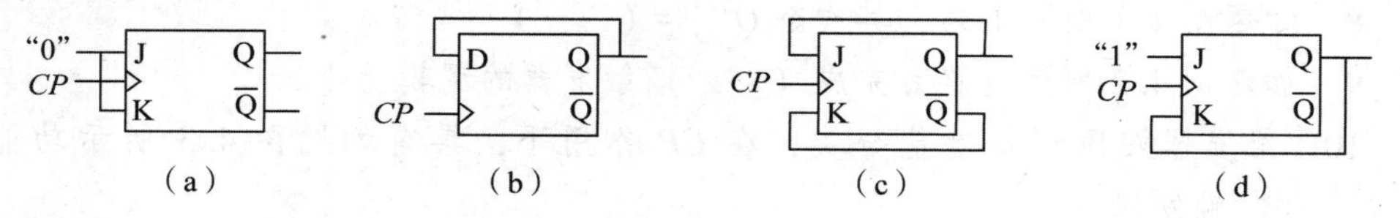

题图 4.5

A. 电路（a）　　B. 电路（b）　　C. 电路（c）　　D. 电路（d）

7. 描述触发器的逻辑功能的方法有（　　）。

（a）状态转换真值表　（b）特性方程　（c）状态转换图　（d）波形图

A. （a），（b）　　B. （a），（b），（c）

C. （a），（b），（c），（d）　　D. 都不正确

8. 在题图 4.6 所示电路中，指出能实现 $Q^{n+1}=A\overline{Q^n}$ 的电路是（　　）

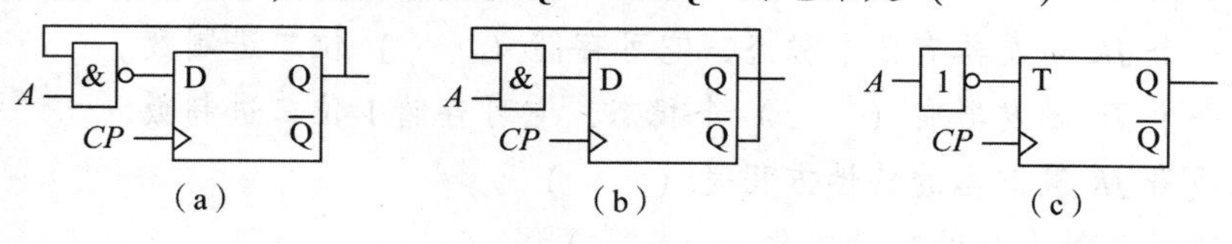

题图 4.6

A. 电路（a）　　B. 电路（b）　　C. 电路（c）　　D. 以上各项都不是

9. 为实现将 D 触发器转换为 T 触发器，题图4.7中所示电路的虚线框内应是（ ）。

A. 或非门　　B. 与非门

C. 异或门　　D. 同或门

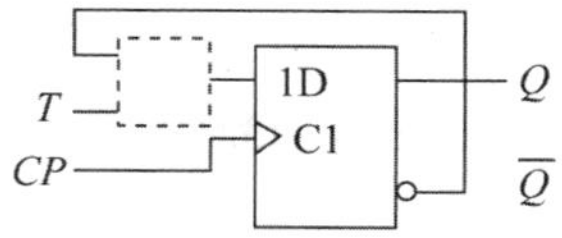

题图4.7

10. 在题图4.8所示电路中，能完成 $Q^{n+1}=1$ 逻辑功能的电路有（ ）。

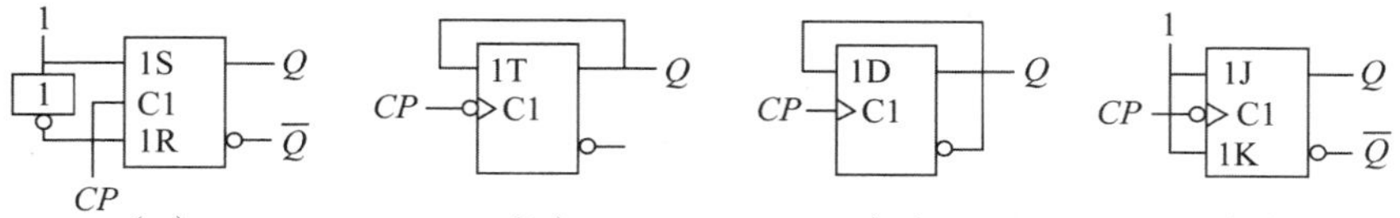

题图4.8

A. 电路（a）　B. 电路（b）　C. 电路（c）　D. 电路（d）

11. 触发器异步输入端为低电平有效，若异步输入端 $\overline{R}_D=1$，$\overline{S}_D=0$，则触发器置成（ ）。

A. “1”态　B. “0”态　C. 不确定　D. “0”态或者“1”态

12. 触发器异步输入端为低电平有效，若异步输入端 $\overline{R}_D=0$，$\overline{S}_D=1$，则触发器置成（ ）。

A. “1”态　B. “0”态　C. 不确定　D. “0”态或者“1”态

13. 用 n 个触发器构成计数器，可得到最大计数长度是（ ）。

1. n　B. $2n$　C. 2^n　D. 2^{n-1}

14. 有4个触发器的二进制计数器，它的计数状态最多有（ ）。

A. 8个　B. 16个　C. 64个　D. 256个

15. 逻辑电路如题图4.9所示，若 $A=0$，CP 到来后，D 触发器（ ）。

A. 具有计数功能　B. 置“0”　C. 置“1”　D. 状态不变

16. 触发器按照逻辑功能分类，在 CP 作用下，具有如题图4.10所示功能的触发器是（ ）触发器。

A. 基本 RS　B. 边沿 D　C. 边沿 T　D. 边沿 JK

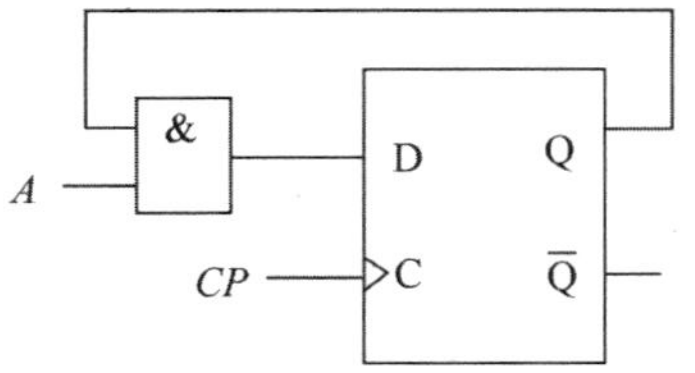

题图4.9

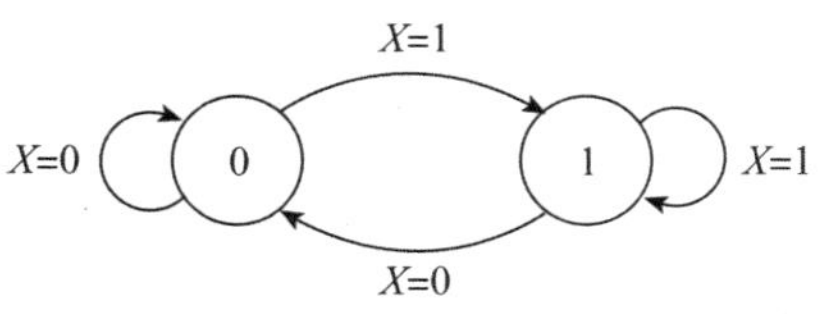

题图4.10

17. 能够存储0、1二进制信息的器件是（ ）。

A. TTL门　B. CMOS门　C. 触发器　D. 译码器

18. 触发器是一种（ ）。

A. 单稳态电路　B. 无稳态电路　C. 双稳态电路　D. 三稳态电路

19. 下列触发器中，具有置0、置1、保持、翻转功能的是（ ）。

A. *RS* 触发器　　B. *JK* 触发器　　C. *D* 触发器　　D. *T* 触发器

三、判断题

1. 对于低电平输入有效的基本 *RS* 触发器，其 *RS* 端的输入信号不得同时为低电平。(　　)

2. 如题图 4.11 所示触发器的状态为 $Q^{n+1}=\overline{Q}^n$。(　　)

3. 如题图 4.12 所示是 *D* 触发器的状态转换图。(　　)

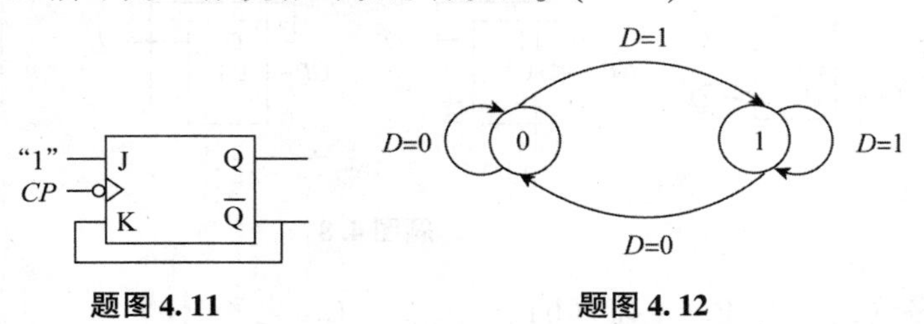

题图 4.11　　**题图 4.12**

4. 在分析边沿结构触发器时，确定次态（状态）是根据 *CP* 下降沿到达时的输入状态来决定的。(　　)

5. 为了确保逻辑输出的确定性，*JK* 触发器的 *J* 和 *K* 输入端不能同时为逻辑高电平 1。(　　)

6. 一个触发器能够记忆"0"和"1"两种状态。(　　)

7. *RS* 触发器、*JK* 触发器均具有状态翻转功能。(　　)

8. *RS* 触发器、*JK* 触发器均具有约束条件。(　　)

9. 对于边沿 *JK* 触发器，在 *CP* 为高电平期间，当 *J*=*K*=1 时，状态会翻转一次。(　　)

10. *D* 触发器的特性方程为 $Q^{n+1}=D$，与 *Q* 无关，所以 *D* 触发器不具有存储功能。(　　)

11. *JK* 触发器在有效脉冲的作用下，若 *J*、*K* 端悬空，其状态保持不变。(　　)

12. *JK* 触发器在有效脉冲的作用下，若 *J*、*K* 端接高电平信号，其状态保持不变。(　　)

四、画图题

1. 下降沿触发的边沿 *JK* 触发器的 *CP*、*J*、*K* 端的波形如题图 4.13 所示，试画出 *Q* 端的输出波形。设初始状态为"0"。

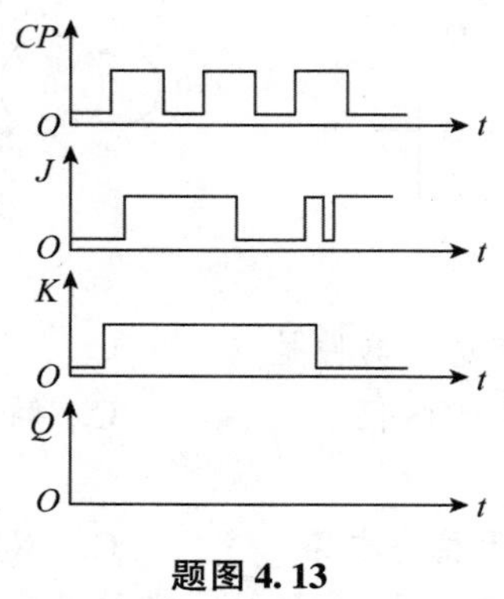

题图 4.13

2. 边沿 JK 触发器如题图4.14（a）所示，若输入端 J、K 的波形如题图4.14（b）所示，试画出输出端 Q 的波形。(假定触发器的初始状态为 $Q=0$)

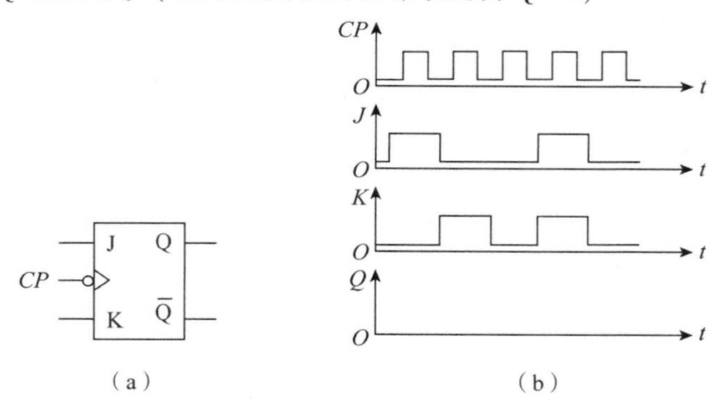

题图4.14

3. 下降沿触发的边沿 JK 触发器的 CP、J、K 端的波形如题图4.15所示，试画出 Q 端的输出波形。设初始状态为“0”。

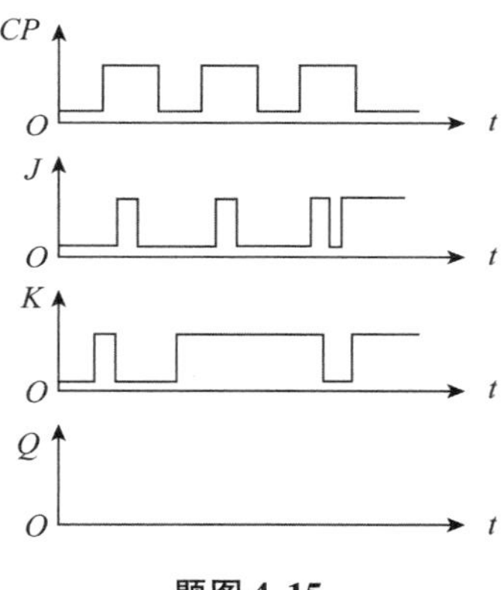

题图4.15

4. 在如题图4.16（a）所示的边沿 D 触发器电路中，输入波形如题图4.16（b）所示，试画出输出端与之对应的波形。(假定触发器的初始状态为 $Q=0$)

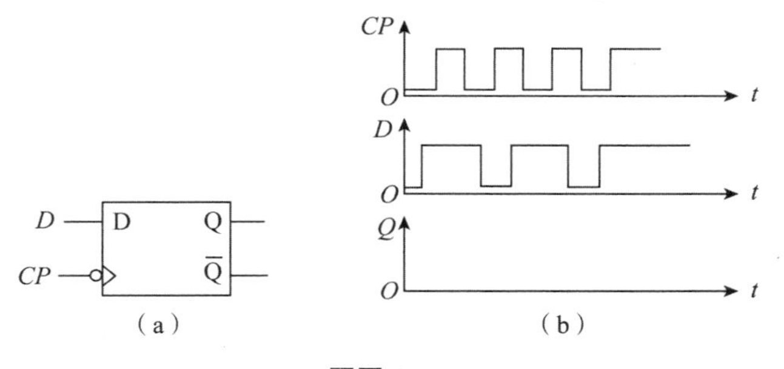

题图4.16

5. 画出如题图4.17所示 D 触发器在时钟脉冲作用下输出端的电压波形。设触发器的初始状态为 $Q=0$。

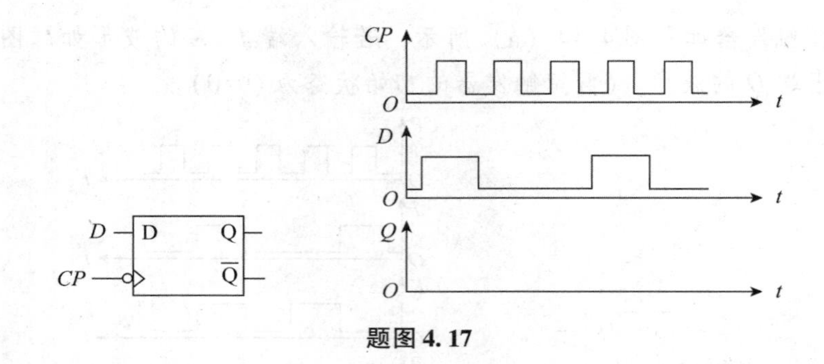

题图 4.17

6. 画出如题图 4.18 所示触发器在时钟脉冲作用下输出端的电压波形。设触发器的初始状态为 $Q=0$。

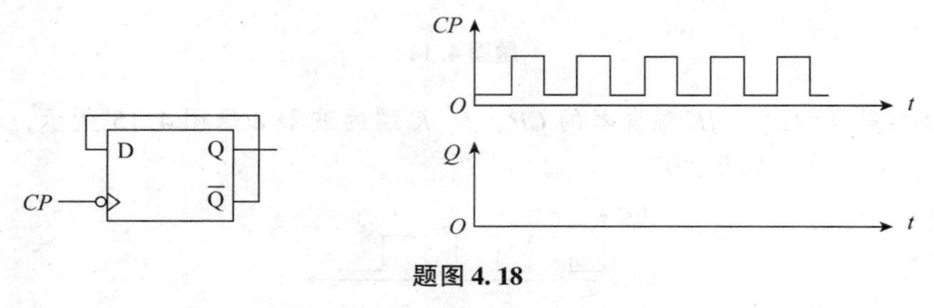

题图 4.18

7. 画出如题图 4.19 所示触发器在时钟脉冲作用下输出端的电压波形。设触发器的初始状态为 $Q=0$。

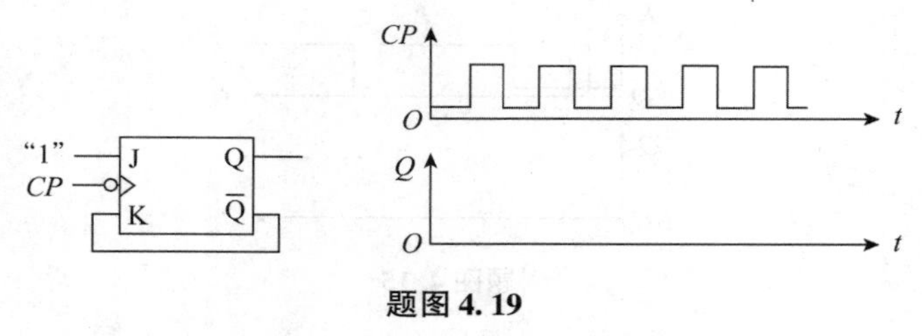

题图 4.19

8. 在如题图 4.20（a）所示的基本 *RS* 触发器电路中，已知输入波形如题图 4.20（b）所示，试画出输出端与之对应的波形。

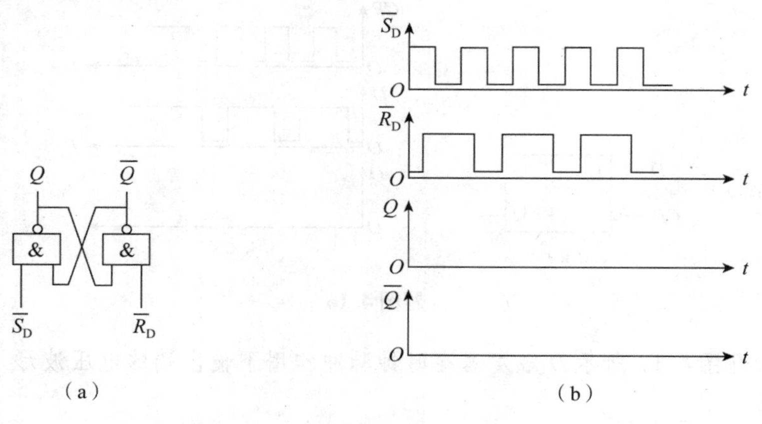

题图 4.20

9. 如题图4.21（a）所示为D触发器电路，其输入CP信号及D信号波形分别如题图4.21（b）所示，试画出对应Q的输出波形。设触发器的初始状态为0。

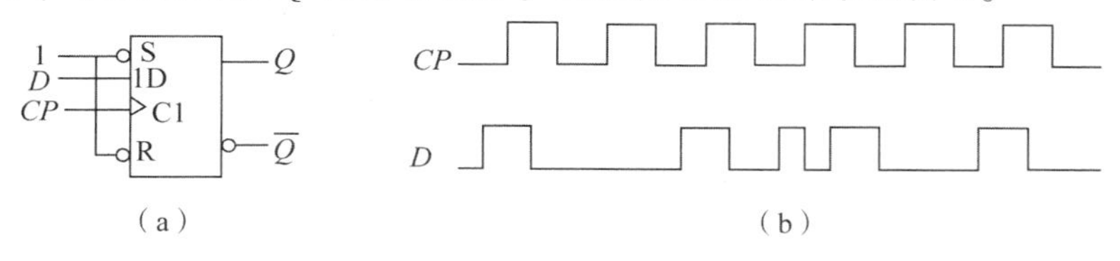

题图4.21

10. 画出如题图4.22所示触发器在时钟脉冲作用下输出端的电压波形。设触发器的初始状态为$Q=0$。

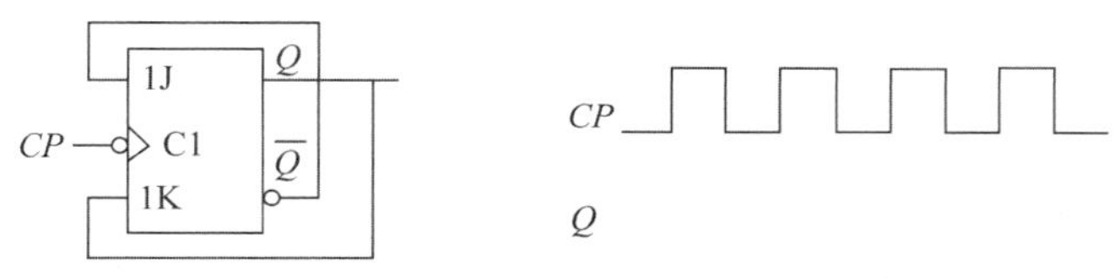

题图4.22

11. 如题图4.23所示触发器的初始状态为$Q=0$，试画出在CP信号连续作用下触发器输出端的电压波形。

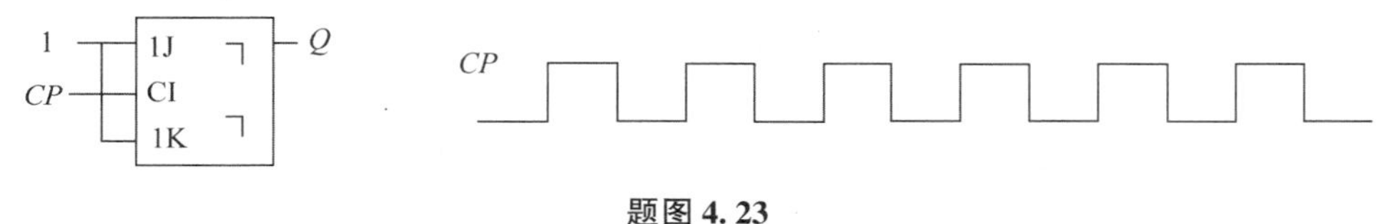

题图4.23

12. 如题图4.24所示触发器的初始状态为$Q=0$，试画出在CP信号连续作用下触发器输出端的电压波形。

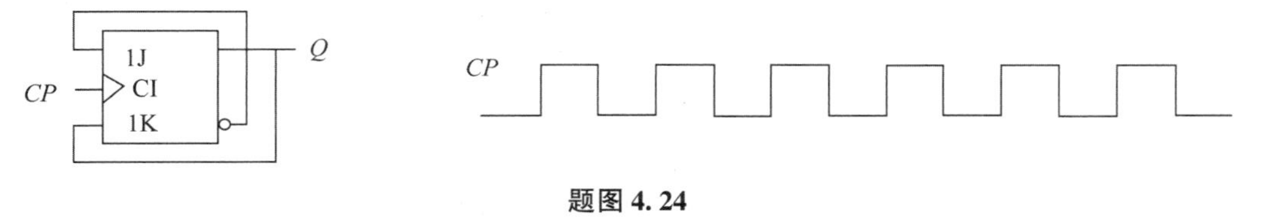

题图4.24

13. 如题图4.25所示触发器的初始状态为$Q=0$，试画出在CP信号连续作用下触发器输出端的电压波形。

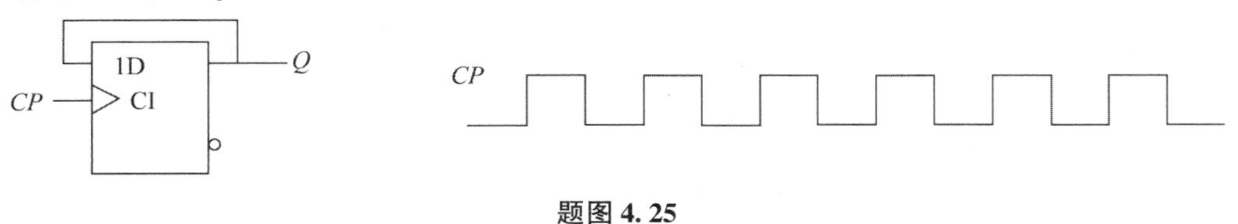

题图4.25

14. 如题图4.26所示触发器的初始状态为$Q=0$，试画出在CP信号连续作用下触发器输出端的电压波形。

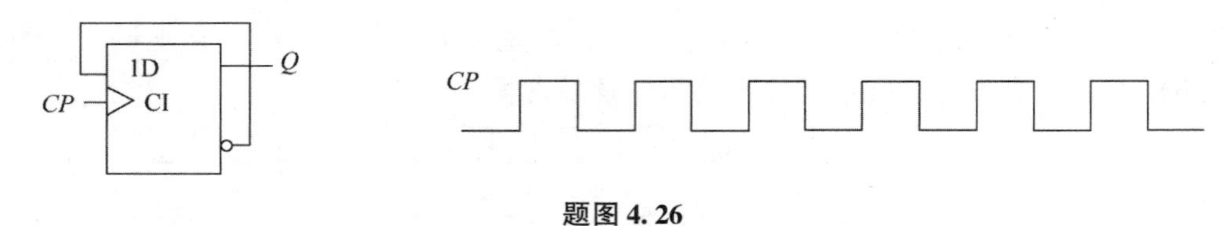

题图 4.26

15. 画出题图4.27电路 Q_1、Q_2 的输出波形，假设初始状态皆为1。

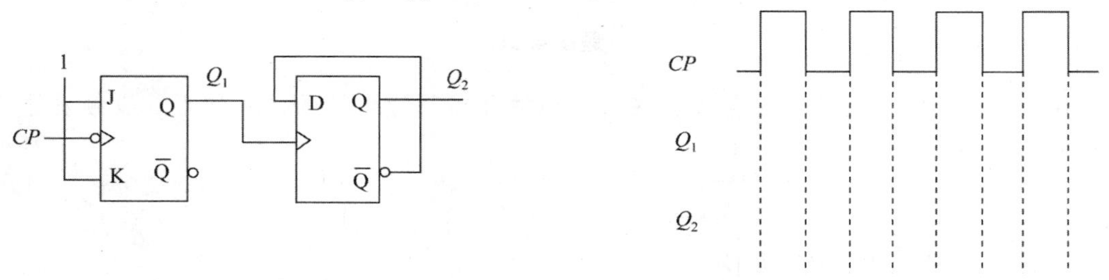

题图 4.27

16. 在如题图4.28（a）所示的边沿 D 触发器电路中，输入波形如题图4.28（b）所示。试画出输出端与之对应的波形。(触发器的初始状态为 $Q=0$)

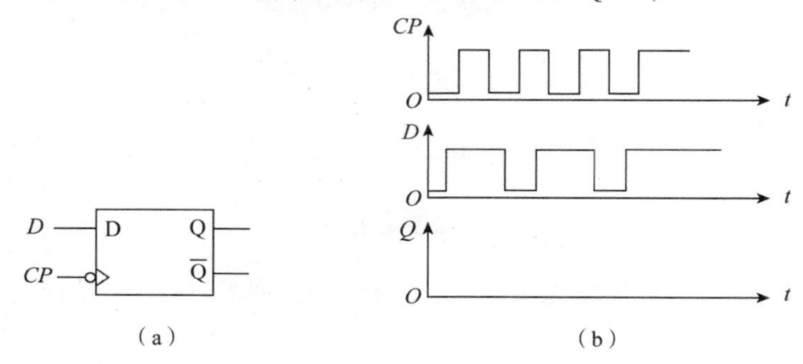

（a）（b）

题图 4.28

17. 在如题图4.29（a）所示的同步 RS 触发器电路中，若输入端 R、S 的波形如题图4.29（b）所示，试画出输出端与之对应的波形。(假定触发器的初始状态为 $Q=0$)

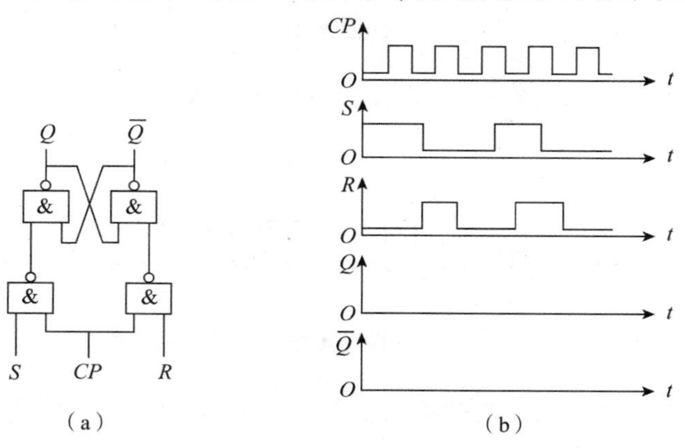

（a）（b）

题图 4.29

18. 写出如题图4.30所示的触发器的特性方程，并根据A、B的波形，画出Q的波形（设Q的初态为0）。

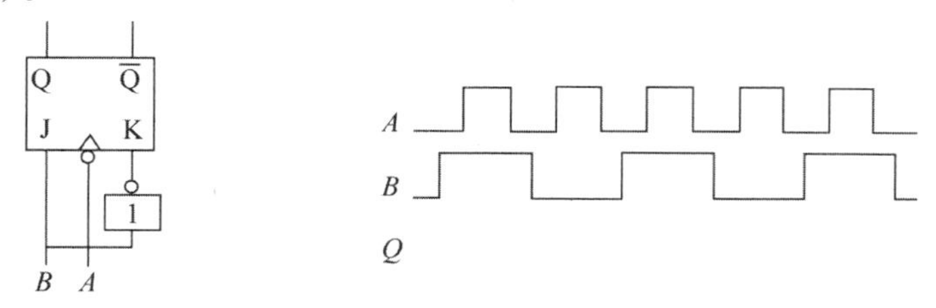

题图4.30

19. 画出如题图4.31（a）所示由与非门组成的基本RS触发器的输出端Q和$\overline{Q}$的电压波形，输入端$\overline{S}$和$\overline{R}$的电压波形如题图4.31（b）所示。

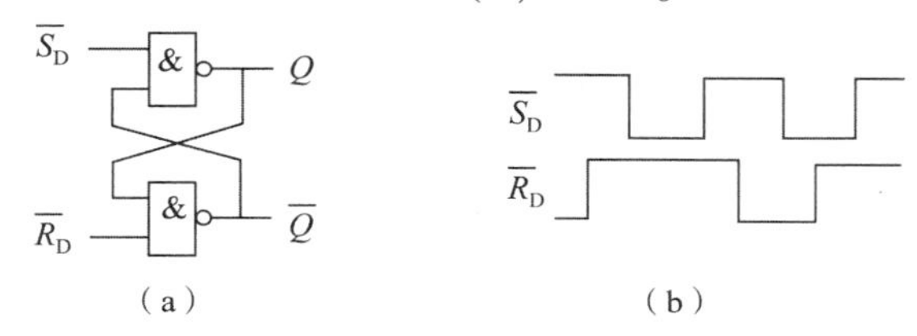

题图4.31

20. 画出如题图4.32所示同步D触发器Q和$\overline{Q}$的波形图。假定触发器的初始状态为$Q=0$。

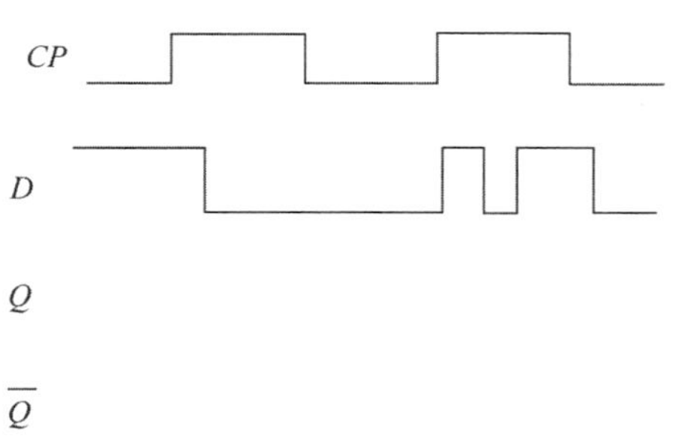

题图4.32

第5章

时序逻辑电路

内容提要

数字逻辑电路共分为两大类：组合逻辑电路和时序逻辑电路。本章首先介绍时序逻辑电路的分析方法；然后介绍寄存器、移位寄存器和计数器的工作原理、逻辑功能，重点讨论集成计数芯片的使用方法及典型应用；最后介绍时序逻辑电路的设计方法。

学习目标

◆理解时序逻辑电路的特点、分类和表示方法

◆掌握时序逻辑电路的分析方法和设计方法

◆熟悉计数器、移位寄存器的逻辑功能和使用方法

◆熟练掌握集成时序逻辑器件的应用，即 N 进制计数器的设计与分析、移位寄存器型计数器等

学习要点

◆时序逻辑电路在逻辑功能和电路结构上的特点

◆时序逻辑电路的基本分析方法

◆时序逻辑电路的基本设计方法

◆用集成计数器组成 N 进制计数器

◆寄存器

5.1 概述

在前几章所讨论的门电路及由其组成的组合逻辑电路中，其输出变量状态完全由当时的

输入变量的组合状态来决定，而与电路的原来状态无关，也就是组合电路不具有记忆功能。但在数字系统中，为了能实现按一定程序进行运算需要记忆功能。能实现这种“记忆”功能的电路就是时序逻辑电路，在这类逻辑电路中，任意时刻的输出信号不仅取决于当时的输入信号，而且还取决于电路原来的状态，或者说还与以前的输入有关。

5.1.1　时序逻辑电路的特点

为了进一步说明时序逻辑电路的特点，下面来分析一个实例——串行加法器，如图 5.1 所示。

通过这个例子说明，时序逻辑电路在结构上应有两个显著的特点。第一，时序逻辑电路通常包含组合电路和存储电路两个组成部分，而存储电路是必不可少的；第二，存储电路的输出状态必须反馈到组合电路的输入端，与输入信号一起，共同决定组合电路的输出。

时序逻辑电路一般都用图 5.2 来表示，图中组合电路部分的输入包括外部输入和内部输入两部分，外部输入 x_1，x_2，…，x_i 是整个时序逻辑电路的输入；内部输入 q_1，q_2，…，q_n 是存储电路部分的输出，反映了时序逻辑电路的过去状态。组合电路部分的输出也包括外部输出和内部输出两部分，外部输出 y_1，y_2，…，y_j 是整个时序逻辑电路的输出；内部输出 z_1，z_2，…，z_k 作为存储电路部分的输入。

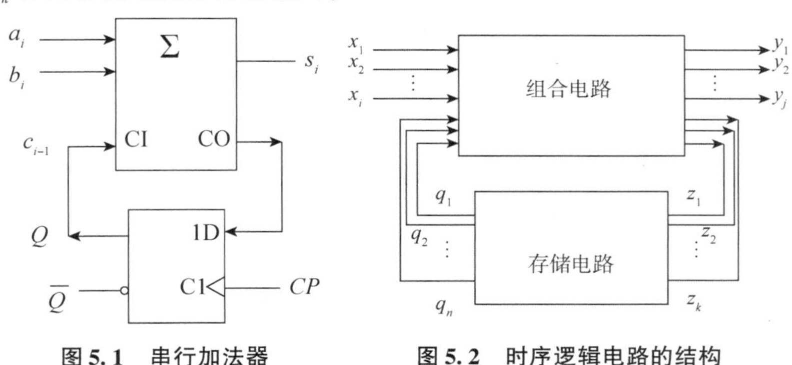

图 5.1　串行加法器　　**图 5.2　时序逻辑电路的结构**

这些逻辑变量之间的关系可以用三个方程来描述，即

$$\begin{cases} y_1 = f_1(x_1, x_2, \cdots, x_i, q_1, q_2, \cdots, q_n) \\ y_2 = f_2(x_1, x_2, \cdots, x_i, q_1, q_2, \cdots, q_n) \\ \quad \vdots \\ y_j = f_j(x_1, x_2, \cdots, x_i, q_1, q_2, \cdots, q_n) \end{cases} \tag{5.1}$$

$$\begin{cases} z_1 = h_1(x_1, x_2, \cdots, x_i, q_1, q_2, \cdots, q_n) \\ z_2 = h_2(x_1, x_2, \cdots, x_i, q_1, q_2, \cdots, q_n) \\ \quad \vdots \\ z_k = h_k(x_1, x_2, \cdots, x_i, q_1, q_2, \cdots, q_n) \end{cases} \tag{5.2}$$

$$\begin{cases} q_1^{n+1} = g_1(z_1, z_2, \cdots, z_k, q_1^n, q_2^n, \cdots, q_n^n) \\ q_2^{n+1} = g_2(z_1, z_2, \cdots, z_k, q_1^n, q_2^n, \cdots, q_n^n) \\ \vdots \\ q_n^{n+1} = g_n(z_1, z_2, \cdots, z_k, q_1^n, q_2^n, \cdots, q_n^n) \end{cases} \tag{5.3}$$

5.1.2 时序逻辑电路的分类

（1）按逻辑功能的不同，时序逻辑电路可分为计数器、寄存器、移位寄存器、顺序脉冲发生器等。

（2）按触发方式的不同，时序逻辑电路可分为同步时序逻辑电路和异步时序逻辑电路两大类。所有触发器共用一个时钟脉冲的电路称为同步时序逻辑电路。所有触发器不共用同一个时钟脉冲（所有触发器的时钟脉冲来自另一个触发器的输出）的时序电路，则称为异步时序逻辑电路。同步时序逻辑电路与异步时序逻辑电路相比，前者的速度高于后者，后者的结构要比前者复杂。

（3）按输出方式的不同，时序逻辑电路又分为米里（Mealy）型电路和摩尔（Moore）型电路。在米里型电路中，输出信号不仅取决于存储电路的状态，而且还取决于输入变量；在摩尔型电路中，输出信号仅仅取决于存储电路的状态。可见，摩尔型电路只不过是米里型电路的一种特例而已。

5.1.3 时序逻辑电路的表示方法

时序逻辑电路的逻辑功能的表示方法有逻辑表达式、状态转换图、状态转换表、时序图、卡诺图等。

1. 逻辑表达式

式（5.1）称为输出方程，式（5.2）称为驱动方程（或激励方程），式（5.3）称为状态方程。q_1^n，q_2^n，…，q_n^n 表示存储电路中每个触发器的现态，q_1^{n+1}，q_2^{n+1}，…，q_n^{n+1} 表示存储电路中每个触发器的次态。把这三个方程写成向量的形式，则得

输出方程：$\boldsymbol{Y}(t_n) = F[\boldsymbol{X}(t_n), \boldsymbol{Q}(t_n)]$

驱动方程：$\boldsymbol{Z}(t_n) = H[\boldsymbol{X}(t_n), \boldsymbol{Q}(t_n)]$

状态方程：$\boldsymbol{Q}(t_{n+1}) = G[\boldsymbol{Z}(t_n), \boldsymbol{Q}(t_n)]$

上述方程中，t_n、t_{n+1} 分别表示相邻的两个离散时间，$\boldsymbol{X}(t_n)$、$\boldsymbol{Q}(t_n)$、$\boldsymbol{Y}(t_n)$、$\boldsymbol{Z}(t_n)$ 分别表示当前时刻的外部输入、内部输入、外部输出和内部输出，$\boldsymbol{Q}(t_{n+1})$ 表示下一时刻的内部输入。由于时序逻辑电路的状态一般由其内部输入（即存储电路的输出）确定，所以，$\boldsymbol{Q}(t_n)$、$\boldsymbol{Q}(t_{n+1})$ 分别表示时序逻辑电路当前时刻的内部状态和下一时刻的内部状态。

为了更清楚地认识时序逻辑电路，将时序逻辑电路与组合逻辑电路的特点进行对比，如表 5.1 所示。

表5.1　组合逻辑电路与时序逻辑电路的区别

组合逻辑电路	时序逻辑电路
不包含存储元件	包含存储元件
输出仅与当时的输入有关	输出不仅与当时的输入有关，还与电路原来的状态有关
电路的特性用输出方程描述	电路的特性用输出方程和状态方程描述

2. 状态转换图

描述时序逻辑电路状态转换的几何图形称为状态转换图，简称状态图。用状态图描述时序逻辑电路的逻辑功能，不仅能反映出输出状态与输入信号之间的关系，而且能反映出输出状态与电路原来状态之间的关系。状态图是描述时序逻辑电路的逻辑功能的重要方法。

状态转换图是指用小圆圈表示电路的各个状态，用箭头表示状态转换的方向，并在箭头旁注明状态转换的条件，即状态转换前的输入变量取值和输出值。

3. 状态转换表

描述时序逻辑电路输出状态与输入、现态、次态之间关系的表格称为状态转换表，简称状态表。对于描述时序逻辑电路的逻辑功能，状态表和状态图起着同样的作用。

状态表是将任何一组输入变量和电路初态的取值代入状态方程和输出方程，即可算出电路的次态和现态下的输出值；将得到的次态作为新的初态，和该时刻的输入变量一起再代入状态方程和输出方程进行计算，又得到一组新的次态和输出值。依此继续下去，把全部的计算结果列成真值表的形式，就得到了状态转换表。

4. 时序图

时序图是依据时间变化顺序，画出反映时钟脉冲、输入信号、各存储器件状态及输出之间对应关系的波形图。时序图能直观地表示出各种信号与电路状态发生转换的时间顺序。

时序图是指将状态转换的规律以波形图的形式给出，即在时钟脉冲序列作用下，触发器的状态和电路输出状态随时间的变化规律。

思考题

1. 简述时序逻辑电路的分类。
2. 时序逻辑电路的表示方法有哪几种？

5.2　时序逻辑电路的分析方法

5.2.1　同步时序逻辑电路的分析方法及步骤

分析时序逻辑电路，就是要找出给定时序逻辑电路的逻辑功能。具体地说，就是要求找出电路的状态和输出状态在输入变量和时钟脉冲信号作用下的变化规律。由于同步时序逻辑电路中所有触发器都是在同一个时钟脉冲信号作用下工作的，所以分析方法比较简单。一般是根据已知的时序逻辑电路，从中找出状态 q_1^n，q_2^n，…，q_n^n 转换及输出 y_1，y_2，…，y_j 变化的规律，从而找出电路的逻辑功能，以便得到该电路工作特性的详细说明。按照时序逻辑电路的定义，我们可以知道上一章介绍的触发器实质上就是一种时序逻辑电路，因为其状态输出 Q^{n+1} 不仅和输入有关，还取决于触发器原来的状态 Q^n，所以时序逻辑电路的功能表示方法和触发器的逻辑功能表示方法大同小异，主要用状态方程、状态转换图、状态转换表和时序图加以说明。

时序逻辑电路分析的一般步骤为：

（1）明确电路的组成部分及输入信号、输出信号，确定电路类型（同步、异步，米里型、摩尔型）；

（2）由电路中组合电路部分的逻辑关系，列出每个触发器的驱动方程；

（3）将驱动方程代入特性方程，得到各触发器次态 Q^{n+1} 的逻辑表达式，即为时序逻辑电路的状态方程；

（4）根据逻辑电路列写电路的输出方程 y_1，y_2，…，y_j 的逻辑表达式，即为时序逻辑电路的输出方程；

（5）将每个触发器的初态及输入的各种可能组合，直接代入其次态逻辑表达式及输出逻辑表达式，由此画出电路的状态转换表，根据状态转换表画出状态转换图及时序图；

（6）用语言或时序图描述电路特性。

以下通过实例来说明各种类型的时序逻辑电路的分析过程。

【例 5.1】 试分析图 5.3 所示的时序逻辑电路。图中各触发器均为 TTL 下降沿触发的 *JK* 触发器。

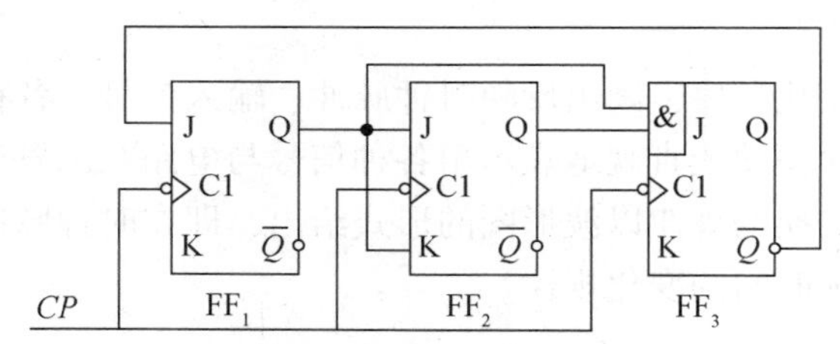

图 5.3　例 5.1 逻辑电路

解：根据定义，图 5.3 为同步时序逻辑电路，且无外部输入和外部输出，属于摩尔型电路。

（1）写出驱动方程为

$$\begin{cases} J_1 = \overline{Q_3^n};\ K_3 = 1 \\ J_2 = K_2 = Q_1^n \\ J_3 = Q_1^n Q_2^n;\ K_3 = 1 \end{cases} \tag{5.4}$$

（2）求出电路的状态方程：先写出 *JK* 触发器的特性方程，即 $Q^{n+1} = J\overline{Q^n} + \overline{K}Q^n$，然后将式（5.4）代入 *JK* 触发器的特性方程，得各触发器的状态方程为

$$\begin{cases} Q_1^{n+1} = \overline{Q_3^1} \cdot \overline{Q_1^n} = \overline{Q_3^n + Q_1^n} \\ Q_2^{n+1} = Q_1^n\overline{Q_2^n} + \overline{Q_1^n}Q_2^n = Q_1^n \oplus Q_2^n \\ Q_3^{n+1} = Q_1^n Q_2^n \overline{Q_3^n} \end{cases} \tag{5.5}$$

（3）进行状态计算：将电路的任意一个状态作为初态代入式（5.5）进行计算，将计算结果填入表 5.2，即得状态转换表，如表 5.2 所示。

表 5.2　例 5.1 电路的状态转换表

现　态			次　态		
Q_3^n	Q_2^n	Q_1^n	Q_3^{n+1}	Q_2^{n+1}	Q_1^{n+1}
0	0	0	0	0	1
0	0	1	0	1	0
0	1	0	0	1	1
0	1	1	1	0	0
1	0	0	0	0	0
1	0	1	0	1	0
1	1	0	0	1	0
1	1	1	0	0	0

（4）根据表 5.2 所示的状态转换表，可得状态转换图，如图 5.4 所示。

（5）画时序图，如图 5.5 所示。

（6）进行逻辑功能分析。

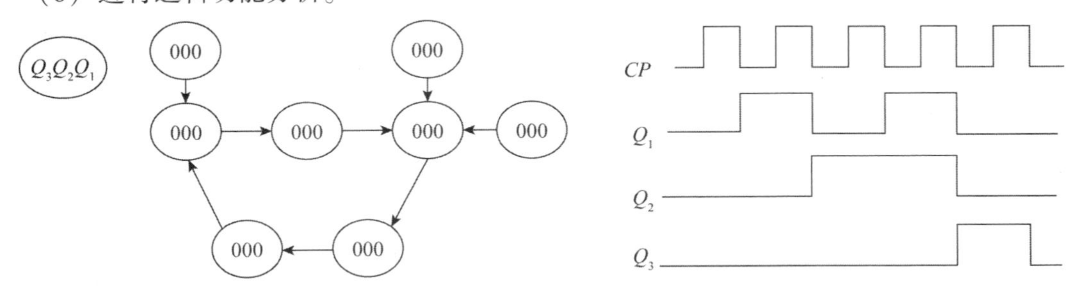

图 5.4　例 5.1 电路的状态转换图　　**图 5.5　例 5.1 电路的时序图**

该电路一共有 5 个状态：000、001、010、011、100，它们构成一个循环，称为主循环或有效循环。主循环中的所有状态称为有效状态。从状态转换规律 000→001→010→011→100→000 可知，状态转换按照加 1 规律循环变化，所以该电路是一个五进制加法计数器。

【例 5.2】　试分析图 5.6 所示时序逻辑电路的逻辑功能，写出电路的驱动方程、状态方程和输出方程，画出电路的状态转换图和时序图。

解： 由图 5.6 可知，该电路既有外部输入 X，又有外部输出 Y，属于米里型电路。

（1）首先从给定的电路写出驱动方程，即

$$J_1 = XQ_0^n,\ K_1 = X;\ J_0 = K_0 = X\overline{Q_1^n} \tag{5.6}$$

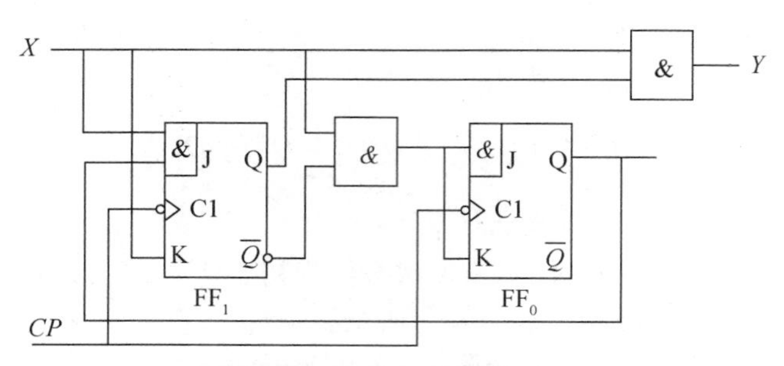

图 5.6　例 5.2 逻辑电路

输出方程为 $Y = XQ_1$。

（2）将式（5.6）代入 JK 触发器的特性方程，得到电路的状态方程，即

$$Q_1^{n+1} = XQ_0\overline{Q_1} + \overline{X}Q_1$$

$$Q_0^{n+1} = (XQ_1) \oplus Q_0$$

（3）进行状态计算，列出电路的状态转换表，如表 5.3 所示。

表 5.3　例 5.2 电路的状态转换表

X	$Q_1^nQ_0^n$	$Q_1^{n+1}Q_0^{n+1}/Y$	X	$Q_1^nQ_0^n$	$Q_1^{n+1}Q_0^{n+1}/Y$
0	00	00/0	1	00	01/0
0	01	01/0	1	01	10/0
0	10	10/0	1	10	11/1
0	11	11/0	1	11	01/1

（4）根据表 5.3 画出电路的状态转换图，如图 5.7 所示。

（5）画出时序图，如图 5.8 所示。

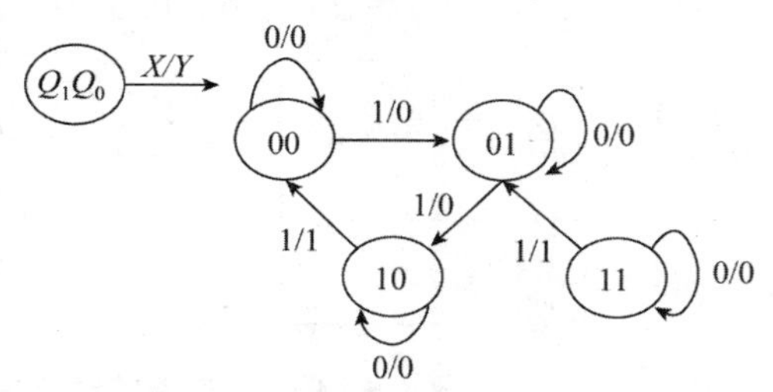

图 5.7　例 5.2 电路的状态转换图

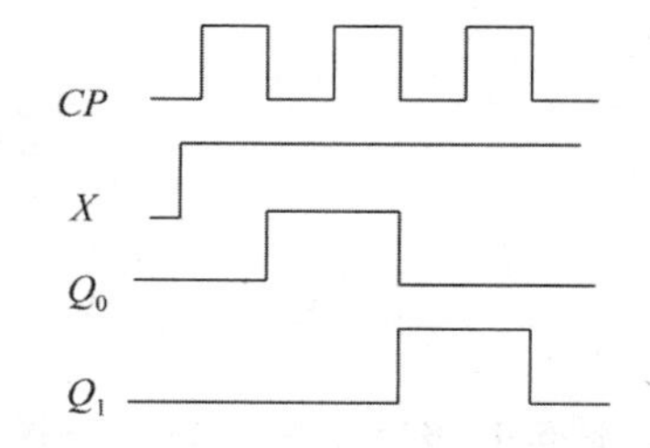

图 5.8　例 5.2 电路的时序图

（6）进行逻辑功能分析。

由状态转换图可知，电路的状态转换规律受外部输入信号的控制，只有当 $X = 1$ 时，在时钟脉冲信号的连续作用下，Q_1Q_0 的数值从 00 到 10 递增。当 $X = 0$ 时，电路的状态始终保持原状态不变。图 5.8 表示当外部输入 $X = 1$ 时电路的波形图。

5.2.2　异步时序逻辑电路的分析方法及步骤

由于在异步时序逻辑电路中，没有统一的时钟脉冲信号，因此，分析时必须写出时钟方程，在进行状态计算时，必须考虑是否满足时钟条件，只有那些有时钟脉冲信号的触发器才需要用特性方程去计算次态，而没有时钟脉冲信号的触发器将保持原来的状态不变。可见，分析异步时序逻辑电路要比分析同步时序逻辑电路复杂。下面通过具体的例子加以说明。

【例 5.3】 试分析图 5.9 所示异步时序逻辑电路的逻辑功能。画出电路的状态转换图和时序图。图中各触发器均为 TTL 下降沿触发的 *JK* 触发器。

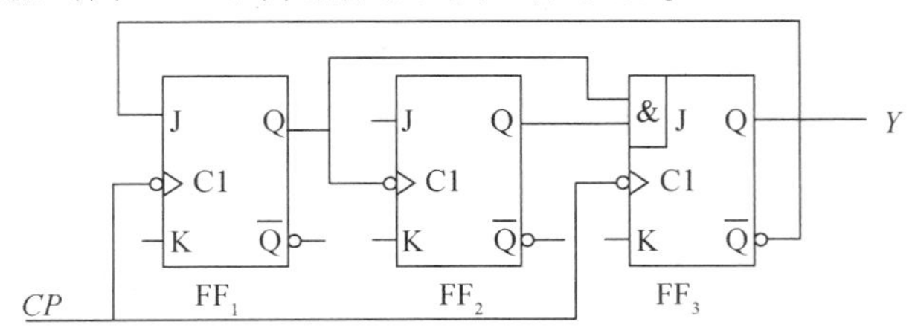

图 5.9　例 5.3 逻辑电路

解： 由图 5.9 可知，该电路无外部输入，但有外部输出 Y。

(1) 从逻辑电路中可以得出驱动方程、输出方程，驱动方程为

$$J_1=\overline{Q_3^n},\ K_1=1;\ J_2=1,\ K_2=1;\ J_3=Q_1^nQ_2^n,\ K_3=1$$

输出方程为

$$Y=Q_3^n$$

(2) 逻辑电路的状态方程为

$$Q_1^{n+1}=\overline{Q_3^n}\cdot\overline{Q_1^n}\qquad CP_1(CP)\text{ 下降沿到来时方程有效}$$

$$Q_2^n=\overline{Q_2^n}\qquad CP(Q_1)\text{ 下降沿到来时方程有效}$$

$$Q_3^n=Q_1^nQ_2^n\overline{Q_3^n}\qquad CP_3(CP)\text{ 下降沿到来时方程有效}$$

(3) 列状态转换表。由图 5.9 看出：各触发器为下降沿触发。在状态转换表 5.4 中 CP 列若用“↓”表示，则表示只有在 CP 的下降沿到来时，状态方程才有效，才可以代入初态进行计算，否则触发器不翻转，状态不变。对于 FF_2，本身是计数器，只有脉冲 (Q_1 由“1”→“0”) 到来时，Q_2 才会翻转，其他情况下，Q_2 的状态不变。

表 5.4　例 5.3 电路的状态转换表

CP	Q_3^n	Q_2^n	Q_1^n	Q_3^{n+1}	Q_2^{n+1}	Q_1^{n+1}	CP_3	CP_2	CP_1	Y
1	0	0	0	0	0	1	↓		↓	0
2	0	0	1	0	1	0	↓	↓	↓	0
3	0	1	0	0	1	1	↓		↓	0
4	0	1	1	1	0	0	↓	↓	↓	0
5	1	0	0	0	0	0	↓		↓	1
	1	0	1	0	1	0	↓	↓	↓	1
	1	1	0	0	1	0	↓		↓	1
	1	1	1	0	0	0	↓	↓		1

(4) 根据表 5.4 画出电路的状态转换图，如图 5.10 所示。

(5) 画出时序图，如图 5.11 所示。

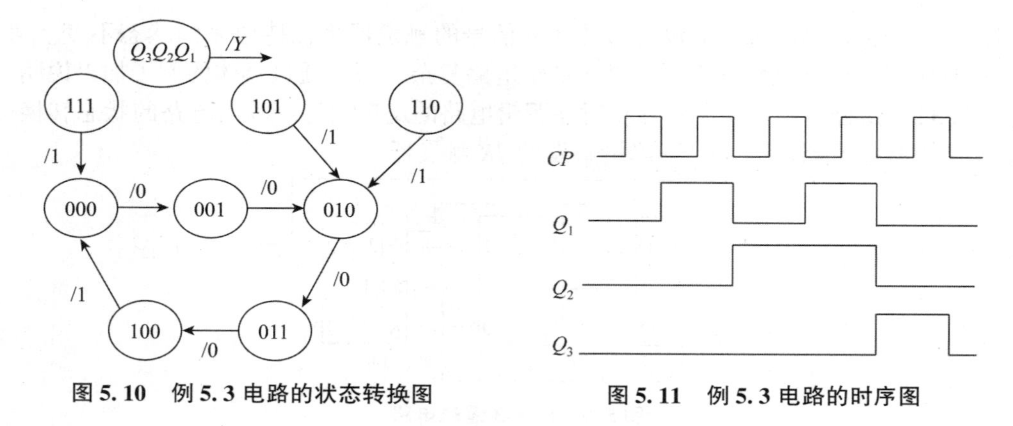

图 5.10　例 5.3 电路的状态转换图　　　　图 5.11　例 5.3 电路的时序图

（6）由上述分析得出，该电路为五进制异步加法计数器。

思考题

1. 简述同步时序逻辑电路分析步骤。
2. 分析同步时序逻辑电路的三个方程是哪三个方程？

5.3 计数器

在数字系统中使用得最多的时序逻辑电路就是计数器了。计数器不仅能用于对时钟脉冲计数，还可以用于分频、定时、产生节拍脉冲和脉冲序列以及进行数字运算等。

根据触发器的时钟脉冲作用方式的不同，计数器可分为同步计数器和异步计数器，同步计数器中所有触发器的时钟脉冲输入端接统一的时钟脉冲源，所有应翻转的触发器在同一个时钟脉冲作用下同时翻转；异步计数器中触发器状态的翻转并不按统一的时钟脉冲同时进行。

根据计数过程中数字增减规律的不同，计数器还可分为加法计数器、减法计数器和可逆计数器（或称为加/减计数器）三种。加法计数器每输入一个脉冲进行一次加 1 计算，减法计数器每输入一个脉冲进行一次减 1 计算，而可逆计数器能在控制信号作用下作加法计数，或者作减法计数。

根据计数循环长度不同，计数器又可分为二进制计数器和 N 进制计数器。对于由 n 个触发器组成的计数器来说，若其计数过程中按二进制数据自然态序循环遍历了 2^n 个独立状态，则称这种计数器为 n 位二进制计数器，又称以 2^n 为模进制计数器；若其计数过程中经历的独立状态数不为 2^n，则称这种计数器为非二进制计数器，或者称为 $N(N \neq 2^n)$ 进制计数器，如十进制计数器、十三进制计数器等。

5.3.1 二进制同步计数器

目前生产的同步计数器芯片基本上分为二进制和十进制两种。首先讨论二进制同步计数器。

数器。

1. 二进制同步加法计数器

同步计数器既可用 T 触发器构成，也可用 T' 触发器构成。如果用 T 触发器构成(如图 5.12 所示)，则每次 CP 信号(即计数脉冲)到达时应使该翻转的那些触发器输入控制端 $T_i=1$，不该翻转的 $T_i=0$。如果用 T' 触发器构成，则每次 CP 信号到达时只能加到该翻转的那些触发器的 CP 输入端上，而不能加给那些不该翻转的触发器。

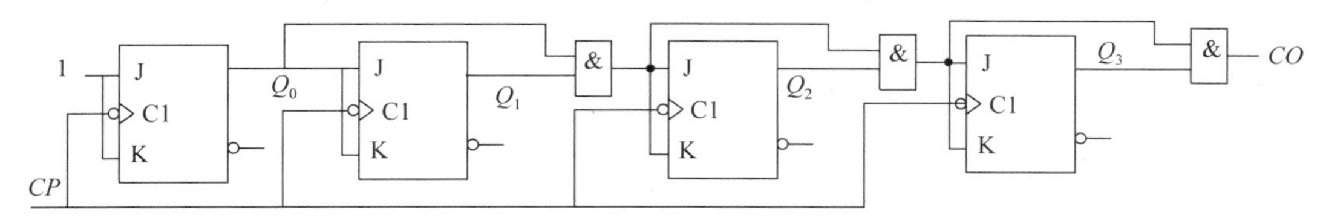

图 5.12　T 触发器构成的二进制同步加法计数器

由此可知，当计数器用 T 触发器构成时，第 i 位触发器输入端的逻辑式为

$$
\begin{aligned}
T_i &= Q_{i-1}Q_{i-2}\cdots Q_1Q_0 \\
&= \prod_{j=0}^{i-1} Q_j \quad (i=1,\ 2,\ \cdots,\ n-1)
\end{aligned} \tag{5.7}
$$

只有最低位例外，按照计数规则，每次输入计数脉冲时它都要翻转（本身是计数器），故 $T_0=1$。

图 5.12 所示电路就是按式（5.7）连接成的 4 位二进制同步加法计数器。由图可得，各触发器的驱动方程为

$$
T_0=1,\ T_1=Q_0,\ T_2=Q_0Q_1,\ T_3=Q_0Q_1Q_2 \tag{5.8}
$$

将式（5.8）代入 T 触发器驱动方程($T=T\overline{Q^n}+\overline{T}Q^n$)得到电路的状态方程为

$$
\begin{cases}
Q_0^{n+1}=\overline{Q_0} \\
Q_1^{n+1}=Q_0\cdot\overline{Q_1}+\overline{Q_0}Q_1 \\
Q_2^{n+1}=Q_0Q_1\cdot\overline{Q_2}+\overline{Q_0Q_1}\cdot Q_2 \\
Q_3^{n+1}=Q_0Q_1Q_2\cdot\overline{Q_3}+\overline{Q_0Q_1Q_2}\cdot Q_3
\end{cases} \tag{5.9}
$$

电路的输入方程为

$$
CO=Q_0Q_1Q_2Q_3 \tag{5.10}
$$

根据式（5.9）和式（5.10）求出电路的状态转换表如表 5.5 所示。利用第 16 个计数脉冲到达时，C 端电位的下降沿可作为向高位计数器电路进位的输出信号。

表 5.5　图 5.12 电路的状态转换表

计数顺序	电路状态				等效 十进制数	进位输出 CO
	Q_3	Q_2	Q_1	Q_0		
0	0	0	0	0	0	0
1	0	0	0	1	1	0
2	0	0	1	0	2	0
3	0	0	1	1	3	0
4	0	1	0	0	4	0
5	0	1	0	1	5	0
6	0	1	1	0	6	0
7	0	1	1	1	7	0
8	1	0	0	0	8	0
9	1	0	0	1	9	0
10	1	0	1	0	10	0
11	1	0	1	1	11	0
12	1	1	0	0	12	0
13	1	1	0	1	13	0
14	1	1	1	0	14	0
15	1	1	1	1	15	1
16	0	0	0	0	0	0

图 5.13 和图 5.14 是 4 位二进制同步加法计数器的状态转换图和时序图。由时序图可以清楚地看出，$Q_0Q_1Q_2Q_3$ 端输出脉冲的频率分别为时钟脉冲 CP 的 1/2、1/4、1/8、1/16。因计数器具有这种分频功能，所以也叫作分频器。此外，每经过 16 个计数脉冲，计数器工作一个循环，并在输出端 Q_3 产生一个进位输出信号，所以又把这个电路叫作十六计数器。计数器中能计到的最大数称为计数器的容量，它等于计数器所有位全为 1 时的数值。N 位二进制计数器的容量为 2^n-1。

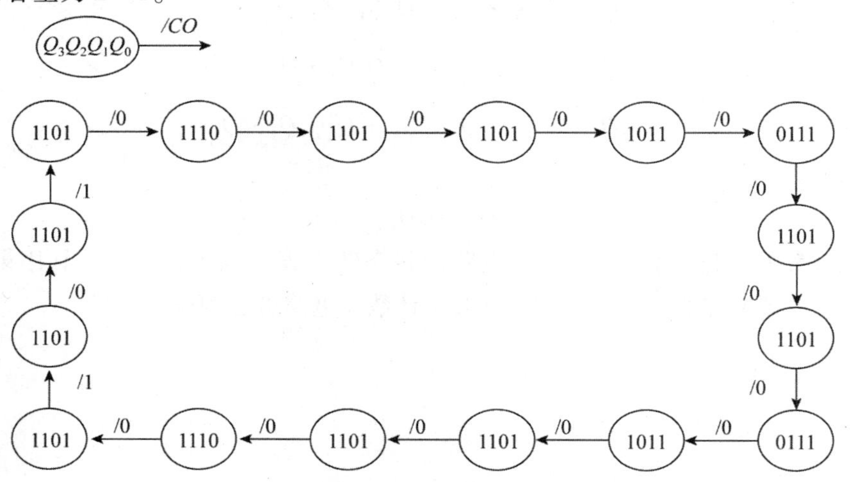

图 5.13　4 位二进制同步加法计数器电路状态转换图

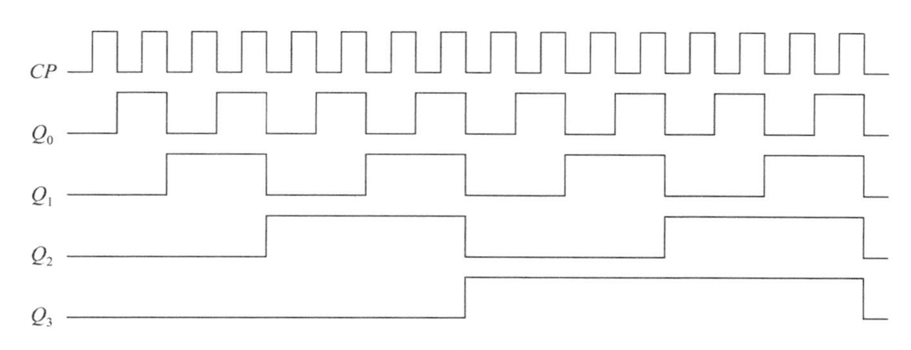

图 5.14　4 位二进制同步加法计数器电路时序图

由于二进制计数器应用十分广泛，因此许多厂家生产出了一些典型的计数器芯片，如 74LS161 就是 4 位二进制同步加法计数器，其引脚图和逻辑功能示意图如图 5.15 所示。表 5.6 为其功能表。

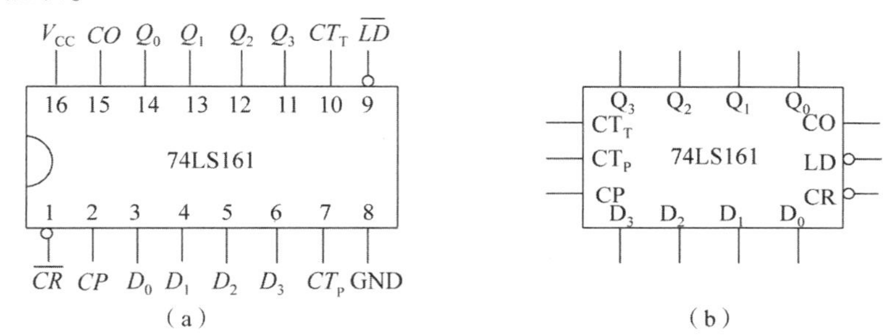

图 5.15　4 位二进制同步加法计数器 74LS161

(a) 引脚图；(b) 逻辑功能示意图

表 5.6　4 位二进制同步加法计数器 74LS161 的功能表

输入									输出					工作状态
CP	$\overline{CR}$	$\overline{LD}$	CT_P	CT_T	D_3	D_2	D_1	D_0	Q_3	Q_2	Q_1	Q_0	CO	
×	0	×	×	×	×	×	×	×	0	0	0	0	0	异步清零
↑	1	0	×	×	D_3	D_2	D_1	D_0	D_3	D_2	D_1	D_0		同步预置数
×	1	1	0	×	×	×	×	×	Q_3	Q_2	Q_1	Q_0	CO	保持
×	1	1	×	0	×	×	×	×	Q_3	Q_2	Q_1	Q_0	0	保持(CO = 0)
↑	1	1	1	1	×	×	×	×	计数					状态转换表

由功能表可知，74LS161 具有以下功能。

(1) 异步清零：当 $\overline{CR}=0$ 时，不管其他输入端的状态如何，不论有无时钟脉冲 CP，计数器输出将被直接清零（$Q_0Q_1Q_2Q_3=0000$），称为异步清零。

(2) 同步预置数：当 $\overline{CR}=1$、$\overline{LD}=0$ 时，在输入时钟脉冲 CP 上升沿的作用下，并行输入端的数据 $D_0D_1D_2D_3$ 被置入计数器的输出端，即 $Q_0Q_1Q_2Q_3=D_0D_1D_2D_3$。由于这个操作要与 CP 上升沿同步，所以称为同步预置数。

(3) 计数：当 $\overline{CR}=\overline{LD}=CT_P=CT_T=1$ 时，在 CP 端输入计数脉冲，计数器进行二进制

加法计数。

（4）保持：$\overline{CR}=\overline{LD}=1$，且 $CT_P \cdot CT_T=0$，即两个使能端中有0时，计数器保持原来的状态不变。这时，如 $CT_P=0$、$CP_T=\times$，则进位输出信号 CO 保持不变；如 $CT_T=0$，则不管 CP 状态如何，进位输出信号 CO 为低电平，即 $CO=0$。

图5.16是74LS161的时序图，从图上可以看出各信号之间的关系。

此外，有些同步计数器（例如74LS162、74LS163）是采用同步置零方式。应注意与74LS161这种异步清零方式的区别。在同步清零的计数器电路中，$\overline{CR}$ 出现低电平后要等 CP 信号到达时才能将触发器清零。而在异步清零的计数器电路中，只要 $\overline{CR}$ 出现低电平，触发器立即被清零，不受 CP 信号的控制。

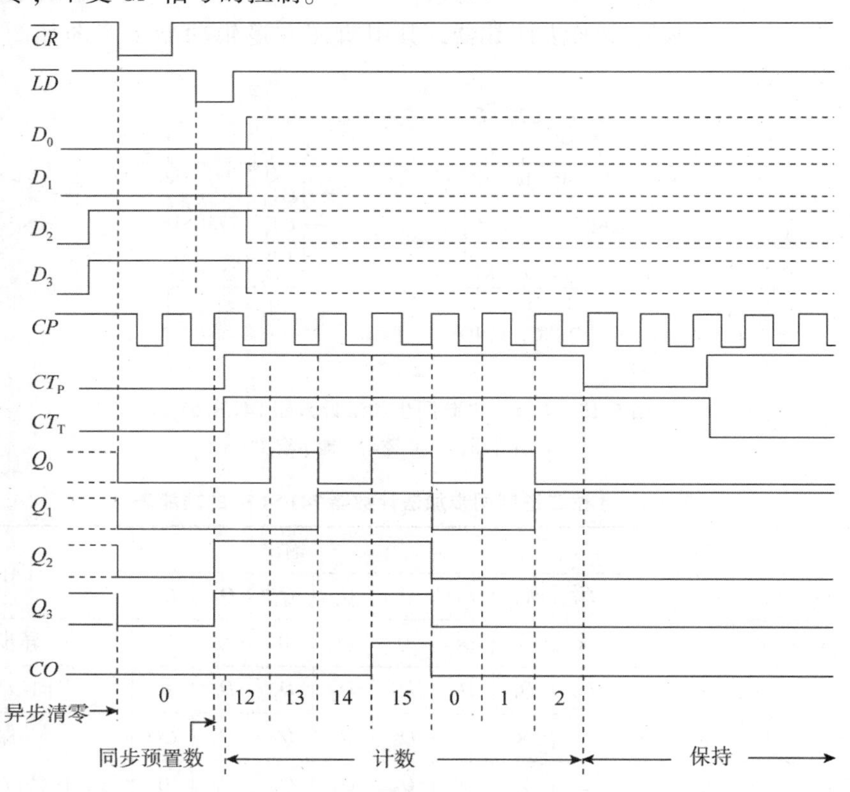

图5.16　4位二进制同步加法计数器74LS161的时序图

2. 二进制同步减法计数器

根据二进制减法计数的规则，在 n 位二进制同步减法计数器中，只有当第 i 位以下各位触发器同时为0时，再减1才能使第 i 位触发器翻转。因此，在用 T 触发器组成二进制同步减法计数器时，第 i 位触发器输入端 T_i 的逻辑表达式应为

$$
\begin{aligned}
T_i &= \overline{Q_{i-1}} \cdot \overline{Q_{i-2}} \cdot \cdots \cdot \overline{Q_1} \cdot \overline{Q_0} \\
&= \prod_{j=0}^{i-1} \overline{Q_j}(i=1,\ 2,\ \cdots,\ n-1)
\end{aligned}
\tag{5.11}
$$

同理，在用 T' 触发器组成二进制同步减法计数器时，各触发器的时钟脉冲信号可写为

$$CP_i = CP\prod_{j=0}^{i-1}\overline{Q_j}(i = 1, 2, \cdots, n-1) \tag{5.12}$$

图 5.17 所示电路是根据式（5.11）接成的二进制同步减法计数器电路，其中的 T 触发器是将 JK 触发器的 J 和 K 接在一起作为 T 输入端而得到的($J = K = T$)。

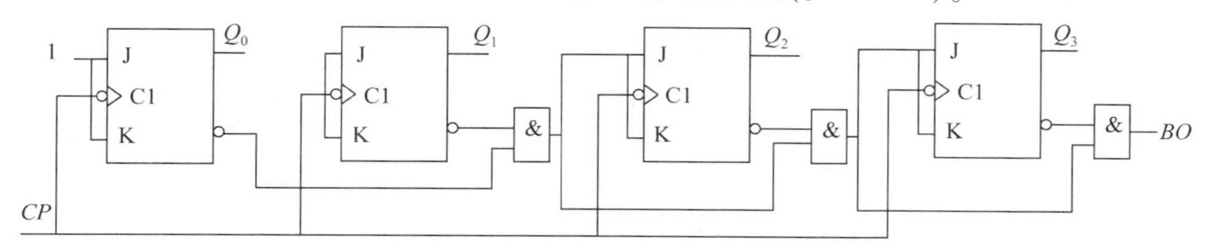

图 5.17　T 触发器组成的二进制同步减法计数器

状态转换表及驱动方程自行推导。具有二进制减法计数功能的集成计数芯片有许多种，如 CC14526 等，这里就不再一一介绍了。

3. 二进制同步可逆计数器

将图 5.12 的 4 位二进制同步加法计数器和图 5.17 的 4 位二进制同步减法计数器中的控制电路合并，再通过一根加/减控制线选择加法计数还是减法计数，就构成了 4 位二进制可逆计数器。图 5.18 是 4 位二进制同步可逆计数器，由图可知，当电路处在计数状态时（这时应使 $\overline{CT} = 0$，$\overline{LD} = 1$），各触发器输入端的逻辑表达式为

$$\begin{cases} T_0 = 1 \\ T_1 = \overline{\overline{U}/D}\cdot Q_0 + \overline{U}/D\cdot\overline{Q_0} \\ T_2 = \overline{\overline{U}/D}\cdot(Q_0\cdot Q_1) + \overline{U}/D(\overline{Q_0}\cdot\overline{Q_1}) \\ T_3 = \overline{\overline{U}/D}\cdot(Q_0\cdot Q_1\cdot Q_2) + \overline{U}/D(\overline{Q_0}\cdot\overline{Q_1}\cdot\overline{Q_2}) \end{cases} \tag{5.13}$$

或写为

$$T_i = \overline{\overline{U}/D}\cdot\prod_{j=0}^{i-1}Q_j + \overline{U}/D\prod_{j=0}^{i-1}\overline{Q_j} \tag{5.14}$$

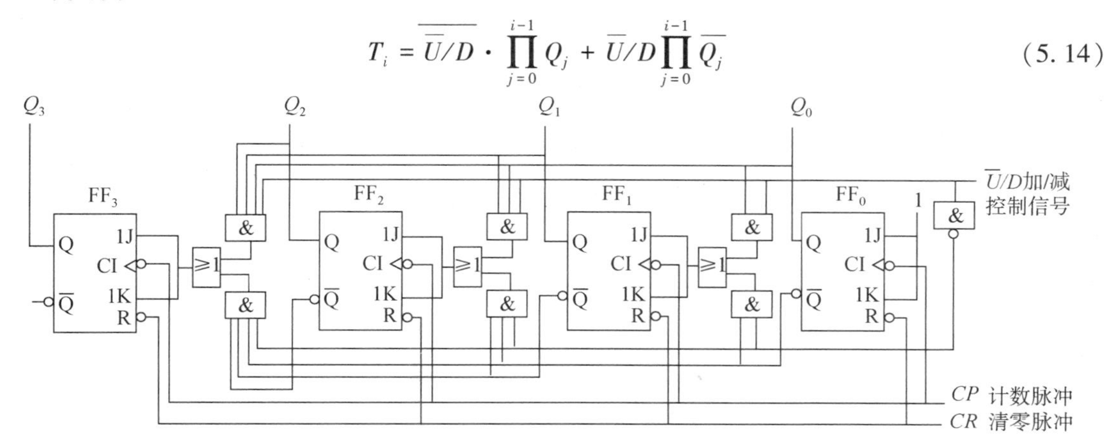

图 5.18　4 位二进制同步可逆计数器

不难看出，当 $\overline{U}/D=0$（或 $\overline{\overline{U}/D}=1$）时，式（5.14）与式（5.7）相同，计数器作加法计数；当 $\overline{U}/D=1$（或 $\overline{\overline{U}/D}=0$）时，式（5.14）与式（5.11）相同，计数器作减法计数。

集成计数芯片 74LS191 就具有该功能。图 5.19 是集成 4 位二进制同步可逆计数器的引脚图及逻辑功能示意图。除了能作加/减计数外，74LS191 还有一些附加功能。图中的 $\overline{LD}$ 为预置数控制端：当 $\overline{LD}=0$ 时，电路处于预置数状态，D_0 ~ D_3 的数据立刻被置入 FF_0 ~ FF_3 中，而不受时钟输入信号 CP 的控制。因此，它的预置数是异步式的，与 74LS161 的同步式预置数不同。$\overline{CT}$ 是使能控制端：当 $\overline{CT}=1$ 时，T 触发器输入 T_0 ~ T_3 全部为 0，故 FF_0 ~ FF_3 保持不变。CO/BO 是进位/借位信号输出端（也称最大/最小端）：当计数器作加法计数（$\overline{U}/D=0$），且 $Q_0Q_1Q_2Q_3=1111$ 时，$CO/BO=1$ 有进位输出；当计数器作减法计数（$\overline{U}/D=1$），且 $Q_0Q_1Q_2Q_3=0000$ 时，$CO/BO=1$ 有借位输出。$\overline{RC}$ 是串行时钟输出端：当 $CO/BO=1$ 时，在下一个 CP 上升沿到达前，$\overline{RC}$ 端有一个负脉冲输出。

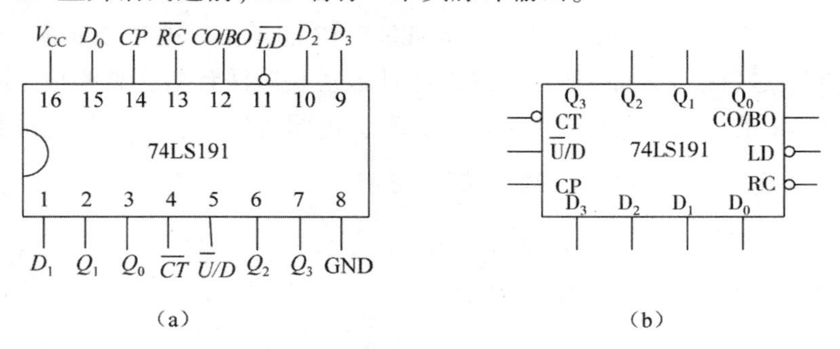

图 5.19　4 位二进制同步可逆计数器 74LS191

（a）引脚图；（b）逻辑功能示意图

74LS191 的功能表如表 5.7 所示。

表 5.7　74LS191 的功能表

预置	使能	加/减控制	时钟脉冲	预置数据输入				输出				工作模式
$\overline{LD}$	$\overline{CT}$	$\overline{U}/D$	CP	D_3	D_2	D_1	D_0	Q_3	Q_2	Q_1	Q_0	
0	×	×	×	d_3	d_2	d_1	d_0	d_3	d_2	d_1	d_0	异步置数
1	1	×	×	×	×	×	×	保持				保持
1	0	0	↑	×	×	×	×	加法计数				加法计数
1	0	1	↑	×	×	×	×	减法计数				减法计数

74LS191 的状态转换图如图 5.20 所示。

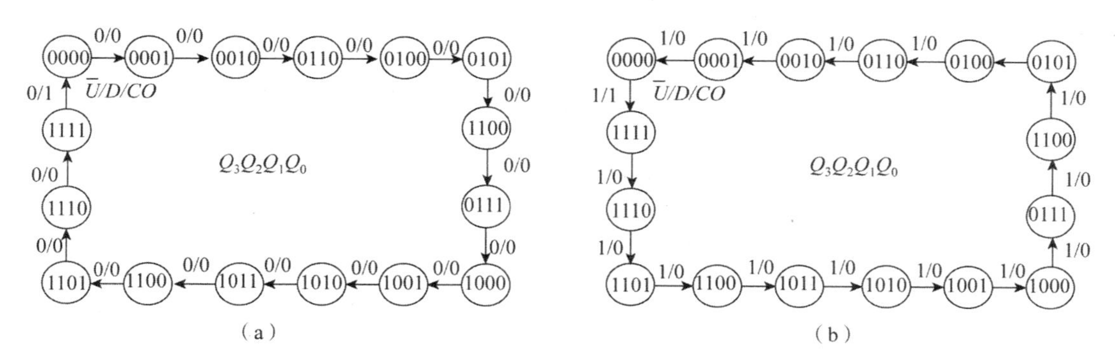

图5.20　74LS191的状态转换图

(a) 加法计数器；(b) 减法计数器

5.3.2　二进制异步计数器

1. 二进制异步加法计数器

异步计数器在作“加1”计数时是采取从低位到高位逐位进位的方式工作的。因此，其中的各个触发器不是同步翻转的。

首先讨论二进制加法计数器的构成方法。按照二进制加法计数规则，每一位如果已经是1，则再记入1时应变为0，同时向高位发出进位信号，使高位翻转。若使用下降沿动作的T'触发器组成计数器并令$T'=1$，则只要将低位触发器的Q端接至高位触发器的时钟输入端就行了。当低位由1变为0时，Q端的下降沿正好可以作为高位的时钟信号。

图5.21所示为由4个下降沿触发的JK触发器组成的4位二进制异步加法计数器。图中JK触发器都接成了T'触发器（即$J=K=1$）。最低位触发器的时钟脉冲输入端接计数脉冲CP，其他触发器的时钟脉冲输入端接相邻低位触发器的Q端。

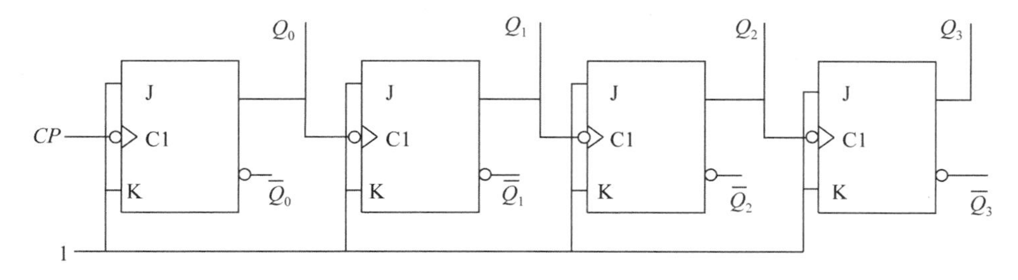

图5.21　由JK触发器组成的4位二进制异步加法计数器

根据T'触发器的翻转规律即可画出在一系列时钟脉冲信号作用下，输出端的电压波形图，如图5.22所示。

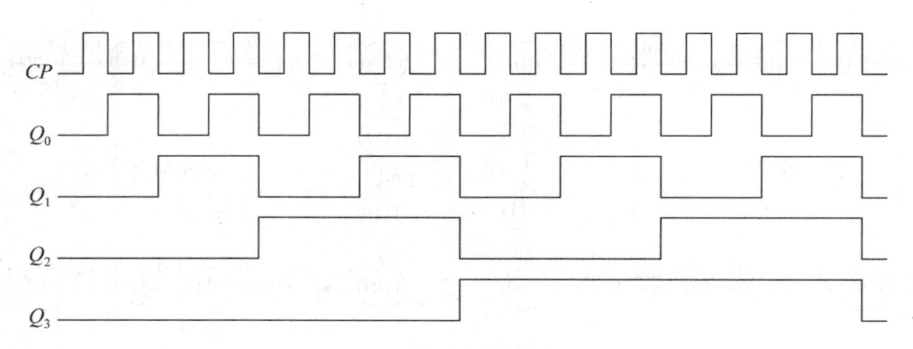

图 5.22　图 5.21 所示电路的时序图

从时序图出发还可以列出电路的状态转换表，画出状态转换图。这些都和二进制同步计数器相同，这里不再复述。

用上升沿触发器的 D 触发器同样可以组成二进制异步加法计数器，但每一个触发器的进位脉冲应改由 $\overline{Q}$ 端输出。由上升沿 D 触发器组成的 4 位二进制异步加法计数器如图 5.23 所示。

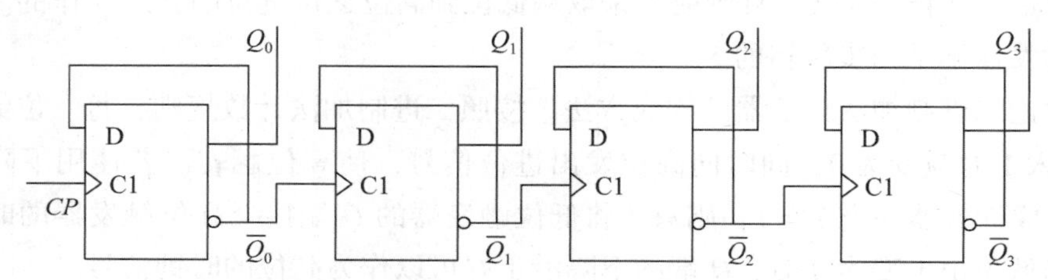

图 5.23　由 D 触发器组成的 4 位二进制异步加法计数器

2. 二进制异步减法计数器

如果将 T 触发器之间按二进制减法计数规则连接，就得到二进制减法计数器。按照二进制减法计数规则，若低位触发器已经为 0，则再输入一个减法计数脉冲后应翻转成 1，同时向高位发出借位信号，使高位翻转。图 5.24 就是按上述规则接成的 4 位二进制减法计数器。图中仍采用下降沿动作的 JK 触发器接成 T 触发器使用，并令 $T=1$。它的时序图如图 5.25 所示。

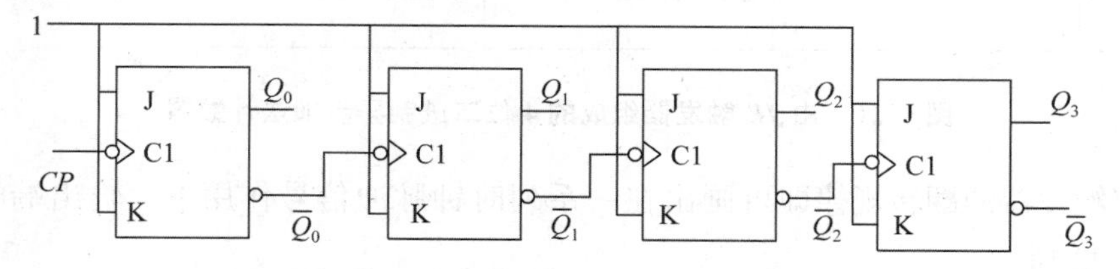

图 5.24　由 T 触发器组成的 4 位二进制异步减法计数器

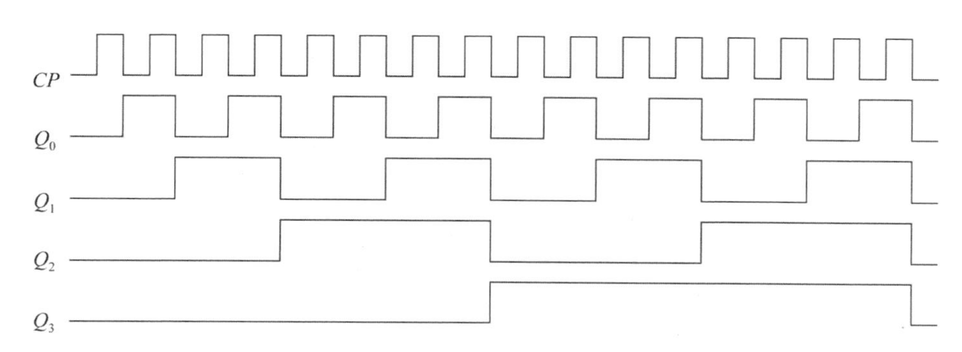

图 5.25　图 5.24 所示电路的时序图

将二进制异步减法计数器和二进制异步加法计数器作比较即可发现，它们都是将低位触发器的一个输出端接到高位触发器的时钟输入端而组成的。在采用下降沿动作的 T 触发器时，加法计数器以 Q 端为输出端，减法计数器以 $\overline{Q}$ 端为输出端。而在采用上升沿动作的 T 触发器时，情况正好相反，加法计数器以 $\overline{Q}$ 端为输出端，减法计数器以 Q 端为输出端。

5.3.3　十进制计数器

1. 十进制同步加法计数器

图 5.26 所示电路是用 T 触发器组成的十进制同步加法计数器，它是在图 5.12 的 4 位二进制同步加法计数器的基础上略加修改而成的。

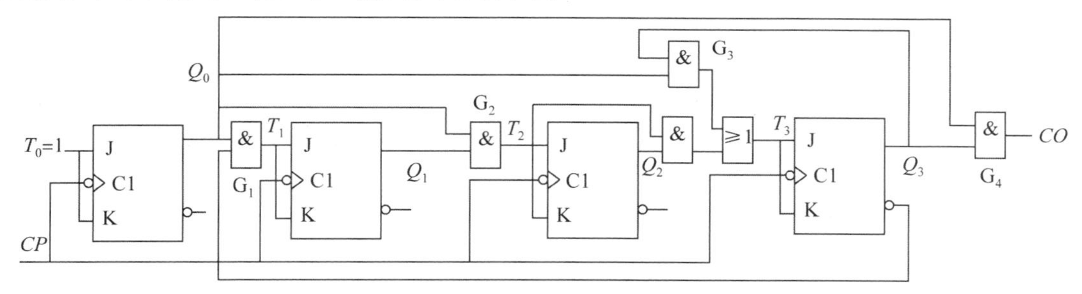

图 5.26　由 T 触发器组成的十进制同步加法计数器

由图 5.26 可得出电路的驱动方程为

$$T_0 = 1,\ T_1 = Q_0\overline{Q_3},\ T_2 = Q_0Q_1,\ T_3 = Q_0Q_1Q_2 + Q_0Q_3 \tag{5.15}$$

将式（5.15）代入 T 触发器驱动方程（$T=TQ^n+\overline{T}Q^n$），得到电路的状态方程为

$$\begin{cases} Q_0^{n+1} = \overline{Q_0} \\ Q_1^{n+1} = Q_0 \cdot \overline{Q_3} \cdot \overline{Q_1} + \overline{Q_0 \cdot \overline{Q_3}} \cdot Q_1 \\ Q_2^{n+1} = Q_0Q_1 \cdot \overline{Q_2} + \overline{Q_0Q_1} \cdot Q_2 \\ Q_3^{n+1} = (Q_0Q_1Q_2 + Q_0Q_3) \cdot \overline{Q_3} + \overline{Q_0Q_1Q_2 + Q_0Q_3} \cdot Q_3 \end{cases} \tag{5.16}$$

电路的输入方程为

$$CO = Q_0 Q_3 \tag{5.17}$$

根据式（5.17）还可以进一步列出电路的状态转换表，如表5.8所示；并画出电路的状态转换图，如图5.27所示；电路的时序图如图5.28所示。由状态转换图可知，电路是能够自启动的。

表5.8　图5.26电路的状态转换表

计数顺序	电路状态				等效十进制数	输出 C
	Q_3	Q_2	Q_1	Q_0		
0	0	0	0	0	0	0
1	0	0	0	1	1	0
2	0	0	1	0	2	0
3	0	0	1	1	3	0
4	0	1	0	0	4	0
5	0	1	0	1	5	0
6	0	1	1	0	6	0
7	0	1	1	1	7	0
8	1	0	0	0	8	0
9	1	0	0	1	9	1
10	0	0	0	0	0	0
0	1	0	1	0	10	0
1	1	0	1	1	11	1
2	0	1	1	0	6	0
0	1	1	0	0	12	0
1	1	1	0	1	13	1
2	0	1	0	0	4	0
0	1	1	1	0	14	0
1	1	1	1	1	15	1
2	0	0	1	0	2	0

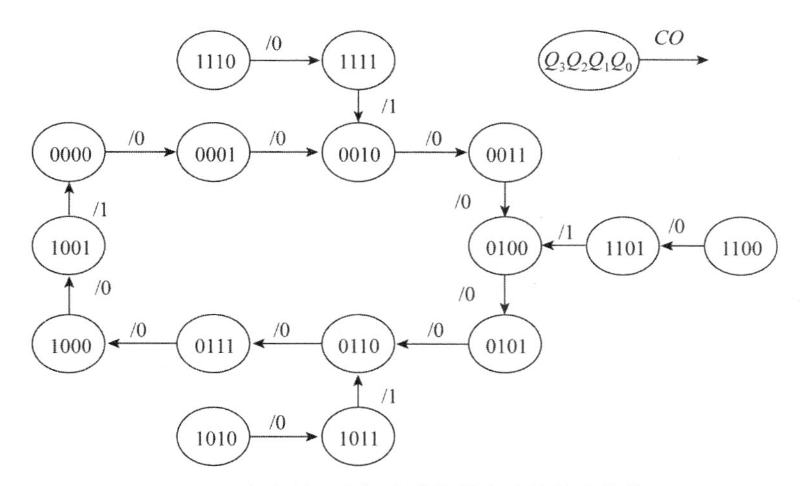

图 5.27　十进制同步加法计数器电路的状态转换图

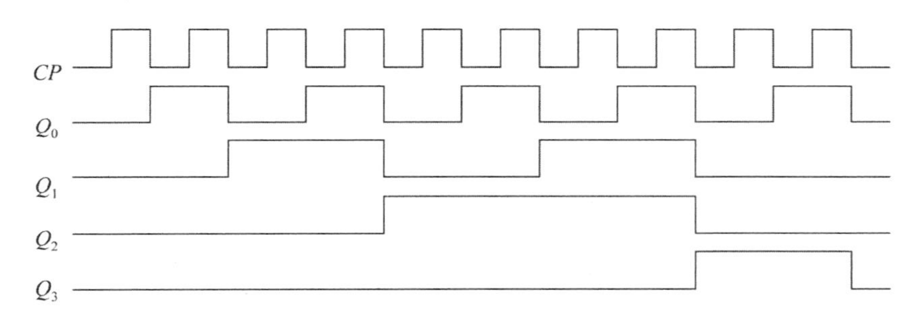

图 5.28　图 5.26 电路的时序图

图 5.29 是中规模集成的十进制同步加法计数器 74LS160。它在图 5.26 电路的基础上又增加了预置数、异步清零和保持功能。图中 $\overline{LD}$、$\overline{R_D}$、D_0 ~ D_3、EP 和 ET 等输入端的功能和用法与 74LS161 中对应的连接端完全相同，不再赘述。74LS160 的功能表也与 74LS161 功能表相同。所不同的仅在于 74LS160 是十进制，而 74LS161 是十六进制。

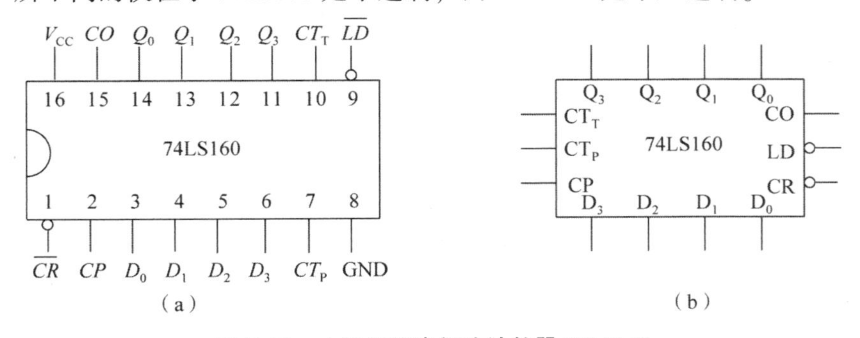

图 5.29　十进制同步加法计数器 74LS160

(a) 引脚图；(b) 逻辑功能示意图

2. 十进制同步减法计数器

图 5.30 是十进制同步减法计数器，它也是从二进制同步减法计数器的基础上演变而来的。

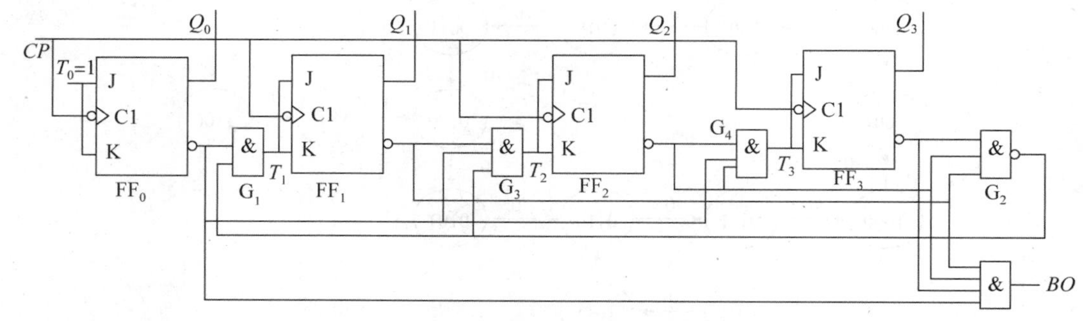

图 5.30　由 T 触发器组成的十进制同步减法计数器

为了实现从 $Q_3Q_2Q_1Q_0=0000$ 状态减 1 后跳变成 1001 状态，在电路处于全 0 状态时用与非门 G_2 输出的低电平将与门 G_1 和 G_3 封锁，使 $T_1=T_2=0$。于是当计数脉冲不断增加后，FF_0 和 FF_3 翻转成 1，而 FF_1 和 FF_2 维持 0 不变。以后继续输入减法计数脉冲时，电路的工作情况就与二进制同步减法计数器一样了。

由图 5.30 可直接写出电路的驱动方程为

$$\begin{cases} T_0 = 1 \\ T_1 = \overline{Q_0}\cdot\overline{\overline{Q_1}\cdot\overline{Q_2}\cdot\overline{Q_3}} \\ T_2 = \overline{Q_0}\cdot\overline{Q_1}\cdot(\overline{\overline{Q_1}\cdot\overline{Q_2}\cdot\overline{Q_3}}) \\ T_3 = \overline{Q_0}\cdot\overline{Q_1}\cdot\overline{Q_2} \end{cases} \tag{5.18}$$

将式（5.18）代入 T 触发器驱动方程（$T = TQ^n + \overline{T}Q^n$），得到电路的状态方程为

$$\begin{cases} Q_0^{n+1} = \overline{Q_0} \\ Q_1^{n+1} = \overline{Q_0}\cdot(\overline{\overline{Q_1}\cdot\overline{Q_2}\cdot\overline{Q_3}})\cdot\overline{Q_1} + \overline{\overline{Q_0}\cdot(\overline{\overline{Q_1}\cdot\overline{Q_2}\cdot\overline{Q_3}})}\cdot Q_1 \\ Q_2^{n+1} = \overline{Q_0}\cdot\overline{Q_1}\cdot(\overline{\overline{Q_1}\cdot\overline{Q_2}\cdot\overline{Q_3}})\cdot\overline{Q_2} + \overline{\overline{Q_0}\cdot\overline{Q_1}(\overline{\overline{Q_1}\cdot\overline{Q_2}\cdot\overline{Q_3}})}\cdot Q_2 \\ Q_3^{n+1} = \overline{Q_0}\cdot\overline{Q_1}\cdot\overline{Q_2}\cdot\overline{Q_3} + \overline{\overline{Q_0}\cdot\overline{Q_1}\cdot\overline{Q_2}}\cdot Q_3 \end{cases} \tag{5.19}$$

经化简后得到

$$\begin{cases} Q_0^{n+1} = \overline{Q_0} \\ Q_1^{n+1} = \overline{Q_0}\cdot(Q_2 + Q_3)\overline{Q_1} + Q_0\cdot Q_1 \\ Q_2^{n+1} = (\overline{Q_0}\cdot\overline{Q_1}\cdot Q_3)\cdot\overline{Q_2} + (Q_0 + Q_1)\cdot Q_2 \\ Q_3^{n+1} = (\overline{Q_0}\cdot\overline{Q_1}\cdot\overline{Q_2})\cdot\overline{Q_3} + (Q_0 + Q_1 + Q_2)\cdot Q_3 \end{cases} \tag{5.20}$$

电路的输入方程为

$$BO = \overline{Q_0} \cdot \overline{Q_1} \cdot \overline{Q_2} \cdot \overline{Q_3} \tag{5.21}$$

根据式（5.20）即可列出电路的状态转换表（表 5.9），并可画出其状态转换图（图 5.31）和时序图（图 5.32）。

表 5.9　图 5.30 电路的状态转换表

计数顺序	电路状态				等效十进制数	输出 C
	Q_3	Q_2	Q_1	Q_0		
0	0	0	0	0	0	0
1	1	0	0	1	9	0
2	1	0	0	0	8	0
3	0	1	1	1	7	0
4	0	1	1	0	6	0
5	0	1	0	1	5	0
6	0	1	0	0	4	0
7	0	1	1	0	3	0
8	0	0	1	0	2	0
9	0	0	0	1	1	0
10	0	0	0	0	0	1
0	1	1	1	1	15	0
1	1	1	1	0	14	0
2	1	1	0	1	13	0
3	1	1	0	0	12	0
4	1	0	1	1	11	0
5	1	0	1	0	10	0
6	1	0	0	1	9	0

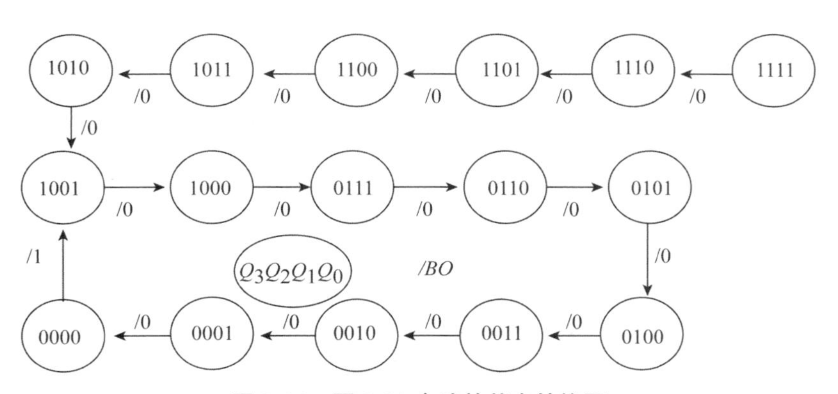

图 5.31　图 5.30 电路的状态转换图

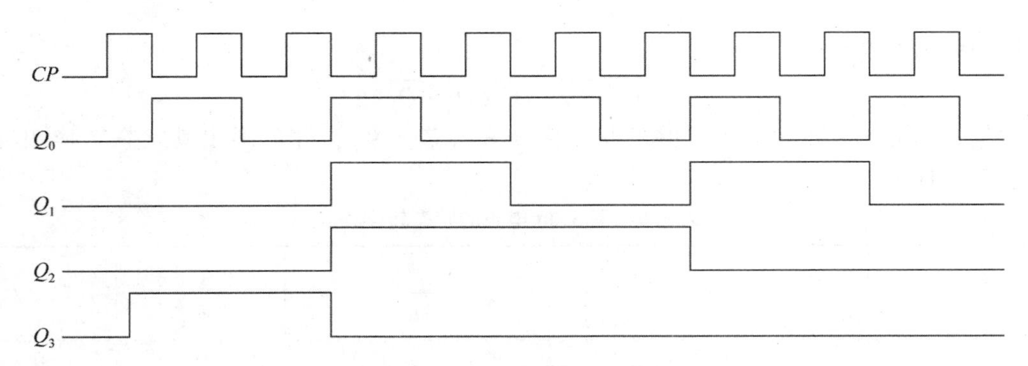

图 5.32　图 5.30 电路的时序图

3. 十进制同步可逆计数器

集成计数芯片 74LS190 为十进制同步可逆计数器。74LS190 与 4 位二进制同步可逆计数器 74LS191 一样，具有异步置数、加法计数、减法计数和保持等功能，其引脚图及功能表与 74LS191 完全相同。与 74LS191 不同的是计数进制不同，74LS190 是按 8421BCD 码计数的十进制计数器，由于计数长度不同，74LS190 进位、借位信号表达式不同于 74LS191。其引脚图及逻辑功能示意图如图 5.33 所示，状态转换图如图 5.34 所示。功能表如表 5.10 所示。

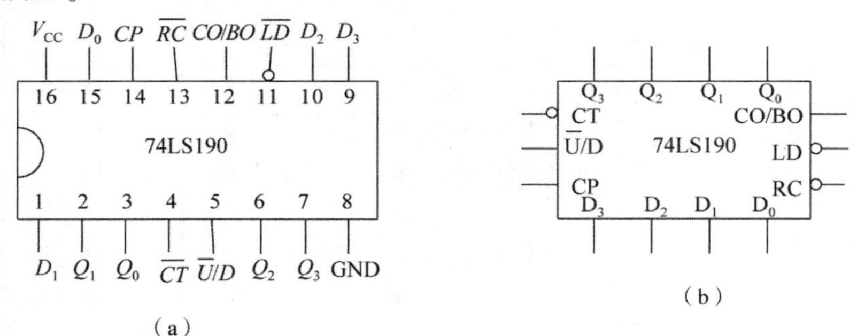

图 5.33　十进制同步计数器 74LS190

(a) 引脚图；(b) 逻辑功能示意图

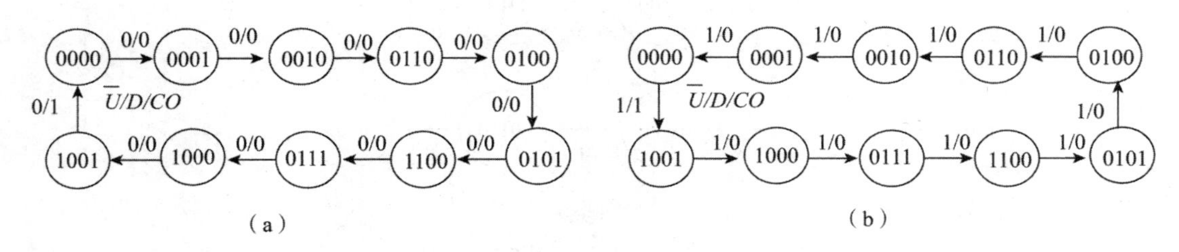

图 5.34　74LS190 的状态转换图

(a) 加法计数器；(b) 减法计数器

表 5.10　74LS190 的功能表

预置	使能	加/减控制	时钟脉冲	预置数据输入				输出				工作模式
$\overline{LD}$	$\overline{CT}$	$\overline{U}/D$	CP	D_3	D_2	D_1	D_0	Q_3	Q_2	Q_1	Q_0	
0	×	×	×	d_3	d_2	d_1	d_0	d_3	d_2	d_1	d_0	异步置数
1	1	×	×	×	×	×	×	保持				保持
1	0	0	↑	×	×	×	×	加法计数				加法计数
1	0	1	↑	×	×	×	×	减法计数				减法计数

4. 十进制异步计数器

十进制异步加法计数器是在 4 位二进制异步加法计数器的基础上加以修改而得到的。修改时要解决的问题是如何使 4 位二进制计数器在计数过程中跳过 1010 ~ 1111 这 6 个状态。图 5.35（a）所示电路就是十进制异步加法计数器的典型逻辑电路，图中 J、K 悬空相当于接逻辑“1”电平。它有两个时钟脉冲输入端 CP_0 和 CP_1。下面按二进制、五进制、十进制情况来分析。

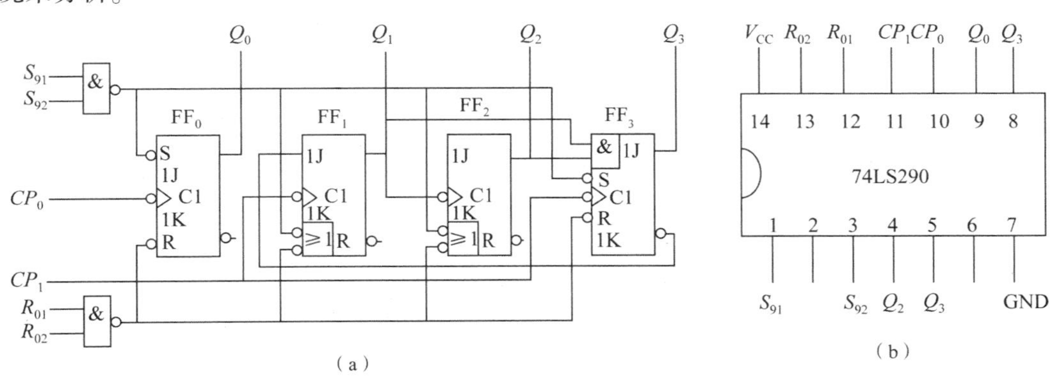

图 5.35　十进制异步加法计数器 74LS290

（a）典型逻辑电路；（a）引脚图

（1）只输入计数脉冲 CP_0，由 Q_0 输出，FF_1 ~ FF_3 三位触发器不用，为二进制计数器。

（2）只输入计数脉冲 CP_1，由 Q_3、Q_2、Q_1 输出，为五进制计数器。分析如下。

由图可得 FF_1 ~ FF_3 三位触发器 J、K 端的逻辑表达式为

$$\begin{cases} J_1 = \overline{Q}_3, & K_1 = 1 \\ J_2 = 1, & K_2 = 1 \\ J_3 = Q_1 Q_2, & K_3 = 1 \end{cases} \tag{5.22}$$

先清零，使初始状态 $Q_3Q_2Q_1 = 000$，这时各 J、K 端的电平为

$$J_1 = 1,\ K_1 = 1$$

$$J_2 = 1,\ K_2 = 1$$

$$J_3 = 0,\ K_3 = 1$$

将初始状态（$Q_3Q_2Q_1=000$）代入式（5.22）中得次态，即 $Q_3Q_2Q_1=001$。其中 FF_2 只在 Q_1 的状态从“1”→“0”时才能翻转。而后再以 $Q_3Q_2Q_1=001$ 分析下一状态，得出 $Q_3Q_2Q_1=010$。一直逐步分析到恢复 $Q_3Q_2Q_1=000$ 为止。在分析过程中列出表 5.11 所示的状态转换表，可见经过五个脉冲循环一次，故为五进制计数器。

表 5.11　五进制计数器的状态转换表

计数脉冲	$J_3=Q_1Q_2$	$K_3=1$	$J_2=1$	$K_2=1$	$J_1=\overline{Q_3}$	$K_1=1$	Q_3	Q_2	Q_1
0	0	1	1	1	1	1	0	0	0
1	0	1	1	1	1	1	0	0	1
2	0	1	1	1	1	1	0	1	0
3	0	1	1	1	1	1	0	1	1
4	0	1	1	1	0	1	1	0	0
5	0	1	1	1	1	1	0	0	0
0	1	1	1	1	0	1	1	0	1
0	0	1	1	1	0	1	1	1	0
0	1	1	1	1	0	1	1	1	1

（3）将 Q_0 端与 FF_1 的 CP_1 端连接，输入计数脉冲 CP_0。按照上述的分析方法可知为 8421BCD 码十进制异步计数器，即从初始状态 0000 开始计数，经过十个脉冲后恢复 0000。

在图 5.35 中，R_{01}、R_{02} 是清零输入端，当两端全为“1”时，将 4 个触发器清零；S_{91}、S_{92} 是置“9”输入端，同样，当两端全为“1”时，$Q_3Q_2Q_1Q_0=1001$，即表示十进制数 9。清零时，S_{91} 和 S_{92} 中至少有一个端为“0”，不使置“1”，以保证清零可靠进行；置 9 时，R_{01} 和 R_{02} 中至少有一个端为“0”，不使置“9”，以保证置数可靠进行。表 5.12 为 74LS290 的功能表。

表 5.12　74LS290 的功能表

输入						输出				说明
R_{01}	R_{02}	S_{91}	S_{92}	CP_0	CP_1	Q_3^{n+1}	Q_2^{n+1}	Q_1^{n+1}	Q_0^{n+1}	
1	1	0	×	×	×	0	0	0	0	异步清零
1	1	×	0	×	×	0	0	0	0	
0	×	1	1	×	×	1	0	0	1	异步置 9
×	0	1	1	×	×	1	0	0	1	

续表

<table>
<tr><th colspan="6">输入</th><th colspan="4">输出</th><th rowspan="2">说明</th></tr>
<tr><th>R_{01}</th><th>R_{02}</th><th>S_{91}</th><th>S_{92}</th><th>CP_0</th><th>CP_1</th><th>Q_3^{n+1}</th><th>Q_2^{n+1}</th><th>Q_1^{n+1}</th><th>Q_0^{n+1}</th></tr>
<tr><td colspan="2" rowspan="4">$R_{0(1)} \cdot R_{0(2)} = 0$</td><td colspan="2" rowspan="4">$S_{9(1)} \cdot S_{9(2)} = 0$</td><td>$CP$</td><td>$Q_0$</td><td colspan="4">8421BCD码十进制加法计数</td><td>$CP_0 = CP$，$CP_1 = Q_0$</td></tr>
<tr><td>Q_3</td><td>CP</td><td colspan="4">5421BCD码十进制加法计数</td><td>$CP_1 = CP$，$CP_0 = Q_3$</td></tr>
<tr><td>0</td><td>CP</td><td colspan="4">五进制加法计数</td><td>$CP_1 = CP$，$CP_0 = 0$</td></tr>
<tr><td>CP</td><td>0</td><td colspan="4">1位二进制加法计数</td><td>$CP_0 = CP$，$CP_1 = 0$</td></tr>
</table>

思考题

1. 在集成计数器中，异步清零方式与同步清零方式的区别是什么？

2. 集成计数器74LS161当前状态为$Q_3Q_2Q_1Q_0=0101$，如果再经过12个计数脉冲后，计数器的状态变为什么状态？

5.4　寄存器

寄存器是一种存储、接收二进制数码的重要逻辑部件，它被广泛应用于各类数字系统和数字计算机中。一个触发器有两个稳定状态，可以寄存1位二进制数码。如果要寄存n位二进制数码，寄存器就必须由n个触发器组成。逻辑门电路主要用来控制数码的存入和取出。

寄存器按它具备的功能可分为两大类：数码寄存器和移位寄存器。

数码存入或取出寄存器的方式有两种：并行方式和串行方式。在一个时钟脉冲的控制下，各位数码同时存入寄存器或从寄存器中取出，称为并行输入或并行输出；在一个时钟脉冲的控制下，只移入（存入）或移出（取出）一位数码，N位数码必须用N个时钟脉冲才能全部移入或移出的，称为串行输入或串行输出。并行方式存取速度快，但需要的数据线多；串行方式存取速度慢，但需要的数据线少。

数码寄存器只有存、取数码和清除原有数码的功能。移位寄存器不仅能存放数码，而且还具有运算功能。

5.4.1　数码寄存器

用边沿触发的D触发器构成的4位寄存器74LS175的逻辑电路如图5.36（a）所示。当CP的上升沿到达时，此时$D_0D_1D_2D_3$被存入4个触发器，并保存到下一个CP的上升沿到达时为止。当清零端$\overline{R_D}=0$时，所有触发器清零，清零操作不受CP控制。74LS175的功能表如表5.13所示。

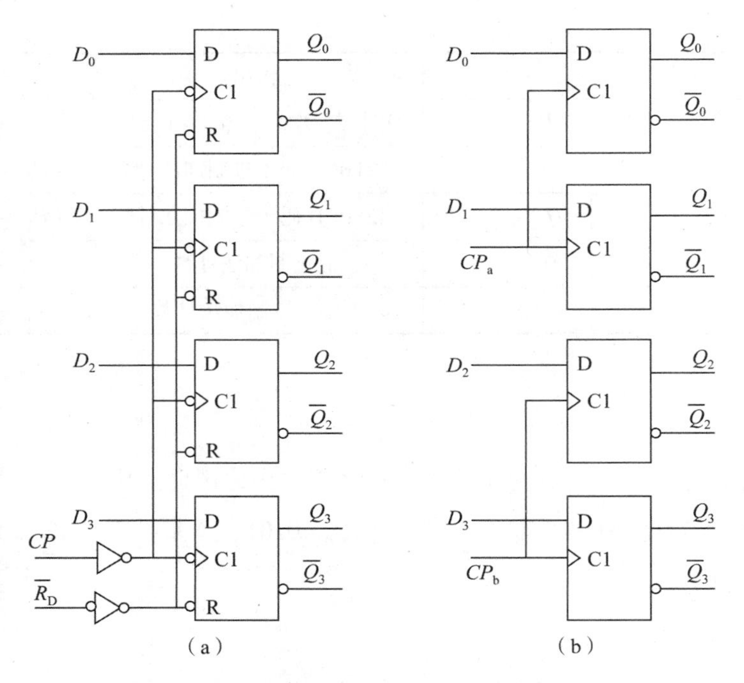

图 5.36　寄存器 74LS175 和 74LS75 的逻辑电路

表 5.13　寄存器 74LS175 的功能表

清零	时钟脉冲	输入				输出				工作模式
$\overline{R_D}$	CP	D_0	D_1	D_2	D_3	Q_0	Q_1	Q_2	Q_3	
0	×	×	×	×	×	0	0	0	0	异步清零
1	↑	D_0	D_1	D_2	D_3	D_0	D_1	D_2	D_3	同步置数
1	1	×	×	×	×	保持				保持
1	0	×	×	×	×	保持				保持

用电平触发的 D 触发器构成的 4 位寄存器 74LS75 的逻辑电路如图 5.36（b）所示。在 CP 高电平期间，触发器的输出一起跟随输入状态变化。在 CP 回到低电平以后，触发器的输出将保持 CP 回到低电平。

5.4.2　移位寄存器

移位寄存器不仅有存放数码的功能，而且有移位的功能。所谓移位，就是每来一个移位脉冲（时钟脉冲），触发器的状态便向右或向左移一位，也就是指寄存器的数码可以在移位脉冲的控制下依次进行移位，而且不但可以用来寄存数码，还可以用来实现数据的串行-并行转换、数值的运算以及数据处理等，所以移位寄存器在计算机中被广泛应用。

图 5.37 所示为 D 触发器组成的 4 位右移寄存器。其中第一个触发器 FF_0 的输入端接收输入信号，其余的每个触发器输入端均与前边一个触发器的 Q 端相连。

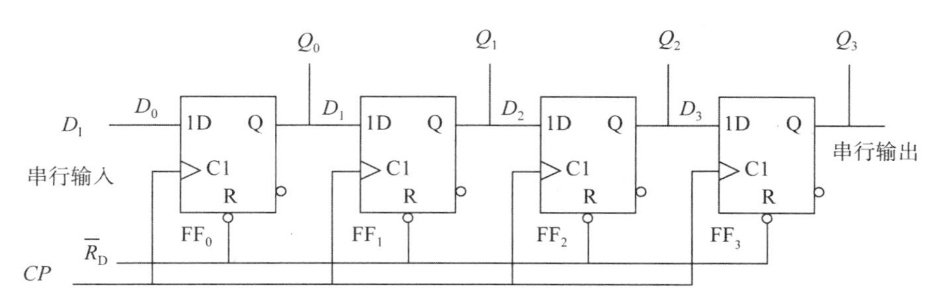

图 5.37　*D* 触发器组成的 4 位右移寄存器

设移位寄存器的初始状态为 0000，串行输入数码 $D_1=1011$，从低位到高位依次输入。在 4 个移位脉冲作用后，输入的 4 位串行数码 1011 全部存入了寄存器中。电路的状态表如表 5.14 所示，时序图如图 5.38 所示。

移位寄存器中的数码可由 Q_0、Q_1、Q_2 和 Q_3 并行输出，也可从 Q_3 串行输出。串行输出时，要继续输入 4 个移位脉冲，才能将寄存器中存放的 4 位数码 1101 依次输出，从而实现数据的串行输入–并行输出和串行输入–串行输出两种工作方式。

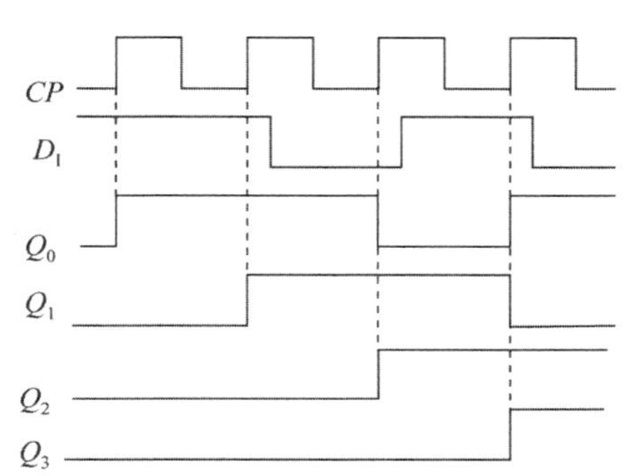

图 5.38　图 5.37 电路的时序图

表 5.14　图 5.37 电路的状态表

移位脉冲	输入数码	输出			
CP	D_1	Q_0	Q_1	Q_2	Q_3
0	0	0	0	0	0
1	1	1	0	0	0
2	1	1	1	0	0
3	0	0	1	1	0
4	1	1	0	1	1

一般地，移位寄存器在开始移位操作前，应先进行清零操作。在图 5.37 所示的电路中，令 $\overline{R_D}=0$ 即可进行清零功能。此外，移位寄存器除了右移寄存器外，还有左移寄存器和双向移位寄存器。图 5.39 所示电路为由 4 个 *D* 触发器构成的 4 位左移寄存器，其工作原理与图 5.37 的 4 位右移寄存器类似，只是送数的顺序和移位的方向与之相反。

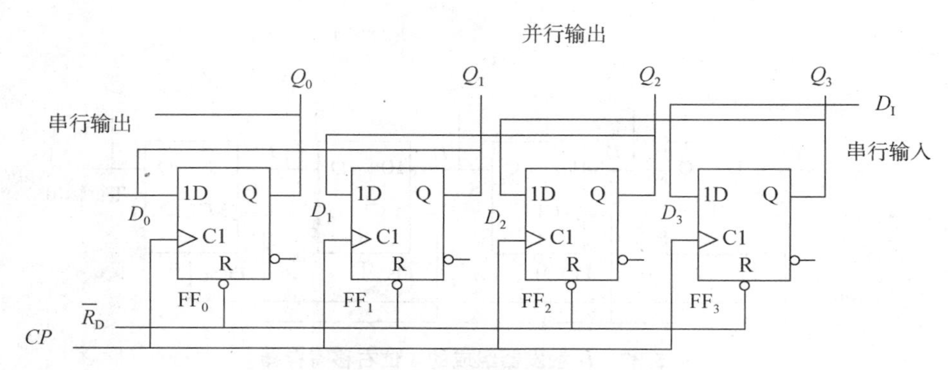

图 5.39　*D* 触发器组成的 4 位左移寄存器

为了便于扩展逻辑功能和增加使用的灵活性，在定型生产的移位寄存器集成电路上有的又附加了左、右移控制，数据并行输入，保持，异步清零（复位）等功能。74LS194 就是一个 4 位双向移位寄存器，其引脚图及逻辑功能示意图如图 5.40 所示。

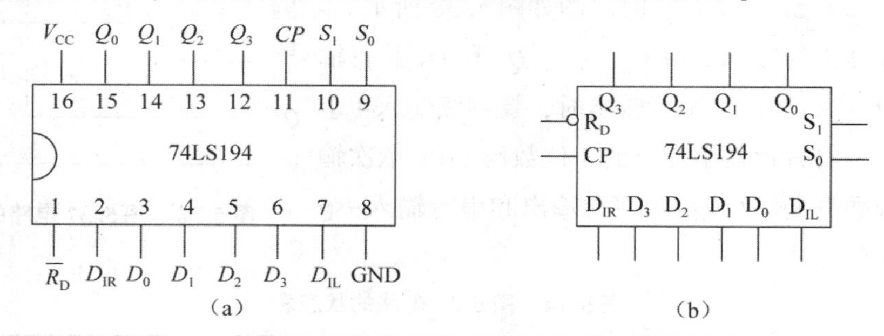

图 5.40　4 位双向移位寄存器 74LS194

（a）引脚图；（b）逻辑功能示意图

各引出端的含义是：D_0 ~ D_3 为并行数据端，Q_0 ~ Q_3 为并行数据输出端，D_{IL} 为数据左移串行输入端，D_{IR} 为数据右移串行输入端，S_1、S_0 为工作方式控制端，$\overline{R_D}$ 是异步清零端。

该寄存器可实现的功能如下。

（1）异步清零功能：当异步清零端 $\overline{R_D}=0$ 时，各触发器清零，即 $Q_3Q_2Q_1Q_0=0000$。

（2）数据并行输入功能：当 $\overline{R_D}=1$、$S_1S_0=11$，CP 的上升沿到来时，接收并行输入数据，有 $Q_3Q_2Q_1Q_0=D_3D_2D_1D_0$。

（3）右移功能：当 $\overline{R_D}=1$、$S_1S_0=01$，CP 的上升沿到来时，寄存器各位数据右移(向高位移动)，最低位由 D_{IR} 端输入数据补充，有 $Q_3Q_2Q_1Q_0=Q_2Q_1Q_0D_{IR}$。

（4）左移功能：当 $\overline{R_D}=1$、$S_1S_0=10$，CP 的上升沿到来时，寄存器各位数据右移(向低位移动)，最高位由 D_{IL} 端输入数据补充，有 $Q_3Q_2Q_1Q_0=D_{IL}Q_3Q_2Q_1$。

（5）保持功能：当 $\overline{R_D}=1$、$S_1S_0=00$，或 $CP=0$ 时，移位寄存器处于保持状态。

74LS194 功能表如表 5.15 所示。

表 5.15　双向移位寄存器 74LS194 的功能表

清零	控制		串行输入		时钟脉冲	并行输入				输出				工作方式
$\overline{R_D}$	S_1	S_0	D_{IL}	D_{IR}	CP	D_0	D_1	D_2	D_3	Q_0	Q_1	Q_2	Q_3	
0	×	×	×	×	×	×	×	×	×	0	0	0	0	异步清零
1	0	0	×	×	×	×	×	×	×	Q_0^n	Q_1^n	Q_0^n	Q_0^n	保持
1	0	1	×	1	↑	×	×	×	×	1	Q_0^n	Q_1^n	Q_2^n	右移，D_{IR} 为串行输入，Q_3 为串行输出
1	0	1	×	0	↑	×	×	×	×	0	Q_0^n	Q_1^n	Q_2^n	
1	1	0	1	×	↑	×	×	×	×	Q_1^n	Q_2^n	Q_3^n	1	左移，D_{IL} 为串行输入，Q_0 为串行输出
1	1	0	0	×	↑	×	×	×	×	Q_1^n	Q_2^n	Q_3^n	0	
1	1	1	×	×	↑	D_0	D_1	D_2	D_3	D_0	D_1	D_2	D_3	并行置数

5.4.3　扭环形计数器

1. 电路组成

在 n 位移位寄存器中，将 FF_{n-1} 的输出 $\overline{Q}_{n-1}$ 接到 FF_0 的输入端 D_0，这样的电路称为扭环形计数器，又称为约翰逊计数器。图 5.41 为一个 4 位扭环形计数器。

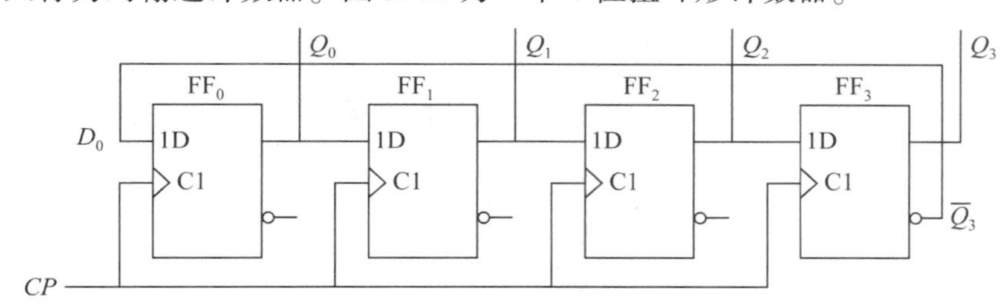

图 5.41　4 位扭环形计数器

2. 工作原理

由图 5.41 得到 4 位扭环形计数器的状态方程为

$$Q_0^{n+1} = \overline{Q_3^n}$$

$$Q_1^{n+1} = Q_0^n$$

$$Q_2^{n+1} = Q_1^n$$

$$Q_3^{n+1} = Q_2^n$$

根据 4 位扭环形计数器的状态方程，得到其状态转换图，如图 5.42 所示。

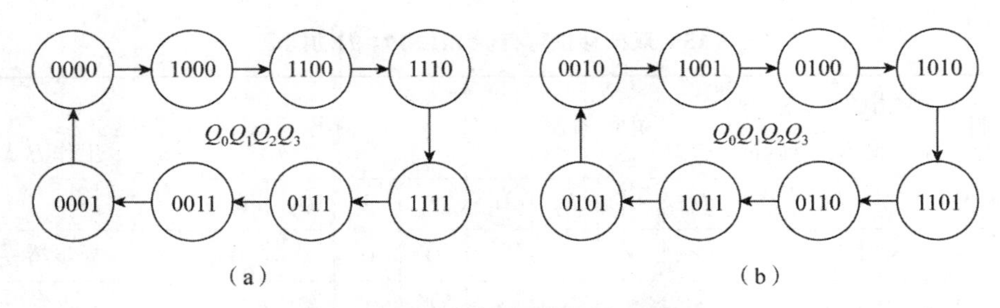

图 5.42　4 位扭环形计数器的状态转换图

图 5.42（a）为有效循环，图 5.42（b）为无效循环。扭环形计数器的计数长度 $N=2n$。该 4 位扭环形计数器不能自启动。

3. 能自启动的 4 位扭环形计数器

解决不能自启动的问题仍然用加入适当的反馈电路的方法。图 5.43 所示电路为可以自启动的 4 位扭环形计数器。

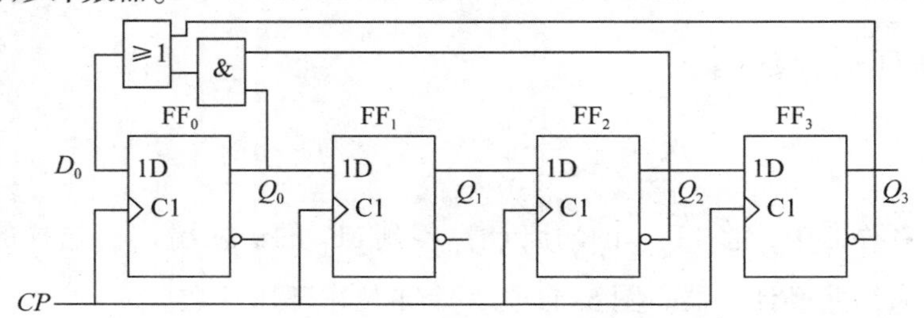

图 5.43　可以自启动的 4 位扭环形计数器

由图 5.43 得到可以自启动的 4 位扭环形计数器的状态方程为

$$Q_0^{n+1} = \overline{Q_3^n} + \overline{Q_2^n} \cdot Q_0^n$$
$$Q_1^{n+1} = Q_0^n$$
$$Q_2^{n+1} = Q_1^n$$
$$Q_3^{n+1} = Q_2^n$$

根据状态方程，得到其状态转换图，如图 5.44 所示。

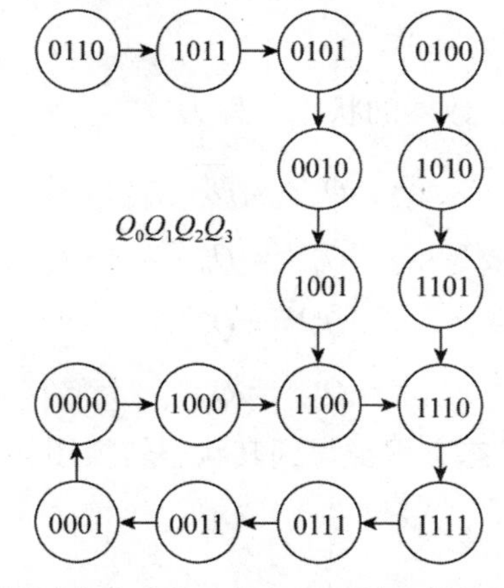

图 5.44　可以自启动的 4 位扭环形计数器的状态转换图

在图 5.44 中，状态 0000、1000、1100、1110、1111、0111、0011、0001 组成有效循环，为八进制计数器。其余的 8 个无效状态经过若干个计数脉冲后，都能转变为有效状态，进入有效循环。故电路可以自启动。

扭环形计数器的特点是每次状态变换时，仅有一个触发器翻转。其缺点是没有充分利用电路的状态，n 位环形计数器只用了 $2n$ 个状态。

思考题

1. 8 位移位寄存器串行输入数据需要经过多少个移位脉冲信号？串行输出数据需要经过多少个移位脉冲信号？
2. 74LS194 的左移是从哪位到哪位？右移是从哪位到哪位？
3. 74LS194 的左移是乘 2 还是除以 2？74LS194 的右移是乘 2 还是除以 2？

5.5　集成时序逻辑电路的应用

用集成计数器组成任意进制计数器是集成计数器的重要应用。现用 M 表示集成计数器的长度，用 N 表示待实现计数器的长度，如果 $M > N$，则只需一片集成计数器即可实现；如果 $M < N$，则需要用多片集成计数器才能实现。

5.5.1　用集成计数器组成 N 进制计数器的基本原理

假如用十六进制计数器 74LS161 组成十二进制计数器，在图 5.45 中 74LS161 的状态转换图中可以看到，只要在原来的计数循环中跳过 4 个状态，组成新的计数循环，就变换成了十二进制计数器。

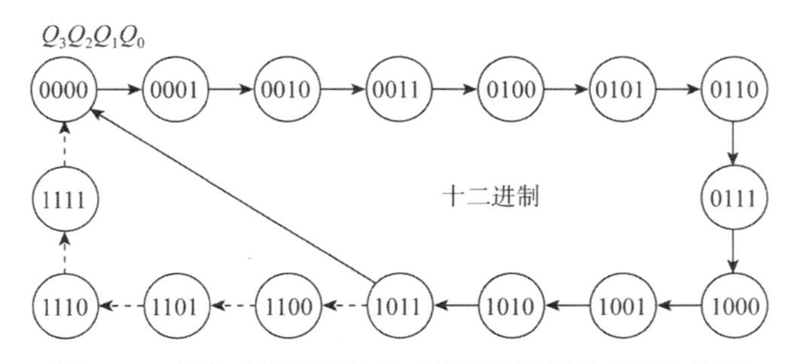

图 5.45　用集成计数器组成 N 进制计数器的状态转换图

如何能够强制计数器跳过若干个状态，提前返回初始状态呢？只要利用计数器的清零功能或置数功能就可以实现。于是找到了用集成计数器组成 N 进制计数器的方法为：利用集成计数器的清零或置数功能强制计数器跳过若干个状态，组成新的计数循环，形成了 N 进制计数器。

设计 N 进制计数器的方法有两种，第一种方法是清零法，利用计数器的清零功能来实现；第二种方法是置数法，利用计数器的置数功能来实现。

1. 清零法

清零法就是利用计数器的清零功能，改变计数器原有的状态转换进程，形成新的计数循环的设计方法。

集成计数器的清零方式有两种类型：异步清零和同步清零。清零方式不同，也就使设计 N 进制计数器的过程有所不同。下面分别进行研究。

1）利用异步清零方式设计 N 进制计数器

（1）异步清零方式的特点是：清零端满足条件时，立即使计数器清零。

（2）设计思路：设 M 进制计数器的初始状态 S_0 为全 0 状态，计数器从 S_0 开始计数，当计数到状态 S_N 时，产生清零信号，并立即强制计数器返回 S_0 状态。这里把产生清零信号的状态 S_N 叫作清零状态，其示意图如图 5.46 所示。

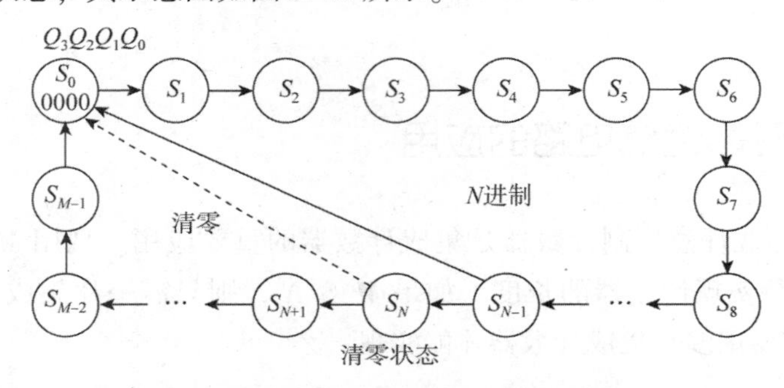

图 5.46　用异步清零方式设计 N 进制计数器示意图

（3）采用异步清零方式，状态 S_N 只起到清零的作用，它不是计数循环的有效状态。

因为计数循环的一个有效状态必须能够保持一个计数周期，状态 S_N 一出现同时产生清零信号，立即返回初始状态 S_0，因此 S_N 只存在一瞬间，将其称为过渡状态。由过渡状态 S_N 返回到 S_0 不是 N 进制计数循环的状态变化，用虚线箭头线表示。在 N 进制计数循环中返回到初态 S_0 的计数状态是 S_N 的前一个状态 S_{N-1}，由 S_{N-1} 画实线返回到 S_0，形成新的计数循环。在此计数循环中，从初态 S_0 到 S_{N-1}，有 N 个有效状态，刚好组成 N 进制计数器。

结论：用异步清零方式设计 N 进制计数器，清零状态为 S_N，但 S_N 不是计数循环的有效状态，实际的计数循环是从状态 S_{N-1} 返回到初始状态 S_0。

2）利用同步清零方式设计 N 进制计数器

（1）同步清零方式的特点是：当清零端满足条件时，计数器并不立即清零，而是必须等到下一个计数脉冲到来时才使计数器清零。

（2）设计思路：设 M 进制计数器的初始状态 S_0 为全 0 状态，计数器从 S_0 开始计数，当计数到状态 S_{N-1} 时，产生清零信号，在下一个计数脉冲到来时强制计数器返回 S_0 状态。清零状态为 S_{N-1}，其示意图如图 5.47 所示。

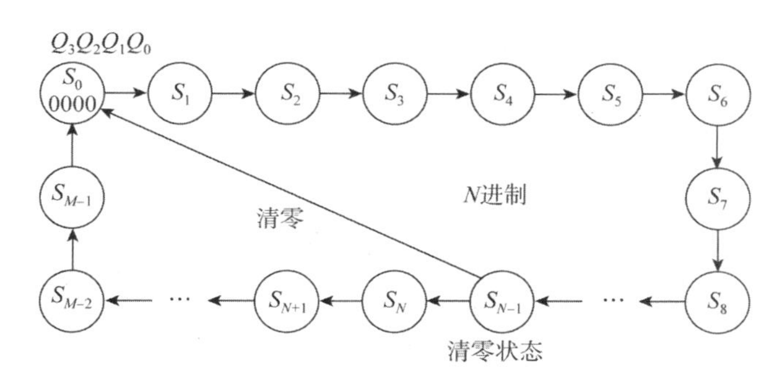

图 5.47　用同步清零方式设计 N 进制计数器示意图

（2）采用同步清零方式时，状态 S_{N-1} 保持了一个计数周期，因此 S_{N-1} 既起清零作用，又是 N 进制计数循环的一个有效状态。

结论：用同步清零方式设计 N 进制计数器，清零状态为 S_{N-1}，清零状态 S_{N-1} 同时是计数循环的有效状态。

通过以上分析找到了用异步清零和同步清零方式设计 N 进制计数器的区别是：它们的清零状态不同。采用异步清零方式时，清零状态是 S_N；采用同步清零方式时，清零状态是 S_{N-1}。

3）清零法设计 N 进制计数器的步骤

（1）明确计数器是异步清零方式还是同步清零方式，确定清零状态，并写出清零状态的二进制编码。

写出清零状态的二进制编码的方法：如果为十六进制计数器，状态的编码是对应的二进制数；如果为十进制计数器，状态的编码是对应的 8421BCD 码。

例如，用十六进制计数器设计九进制计数器。如果计数器是异步清零方式，则清零状态为 $S_N=S_9$，S_9 的二进制编码就是 9 的二进制数，$S_9=1001$。如果计数器是同步清零方式，则清零状态为 $S_{N-1}=S_8$，S_8 的二进制编码是 $S_8=1000$。

（2）利用清零状态的二进制编码写出清零信号表达式。

写清零信号表达式的方法：当清零端为低电平有效时，清零信号一般用与非门产生，清零信号表达式写成与非式，具体为选取清零状态的二进制编码中为 1 位对应的输出变量相与非；如果清零端为高电平有效，清零信号可以用与门产生，清零信号表达式为清零状态的二进制编码中为 1 位对应的输出变量相与。

例如，计数器的清零端为 $\overline{CR}$，低电平有效，清零信号用与非门产生。清零状态的二进制编码为 $S_{11}=1011$，其中为 1 位对应的输出变量为 Q_3、Q_1、Q_0，与非形式的清零信号表达式为

$$\overline{CR}=\overline{Q_3\cdot Q_1\cdot Q_0}$$

（3）依据清零信号表达式，画 N 进制计数器的连线图。

【例 5.4】　试用二进制同步加法计数器 74LS161，使用清零法设计十二进制计数器。

解：（1）二进制同步加法计数器 74LS161 是异步清零方式，$N=12$，则清零状态为 $S_N=S_{12}=1100$。

(2) 写清零信号表达式。74LS161 的清零端低电平有效，清零信号用与非门产生，清零信号表达式的与非式为

$$\overline{CR} = \overline{Q_3 Q_2}$$

(3) 画连线图。首先画出 74LS161 计数状态的连线，计数控制端 $CT_P = CT_T = 1$，置数端 $\overline{LD} = 1$；然后依据清零信号表达式，使用与非门画出清零电路。十二进制计数器的连线图如图 5.48 (a) 所示，其状态转换图如图 5.48 (b) 所示。

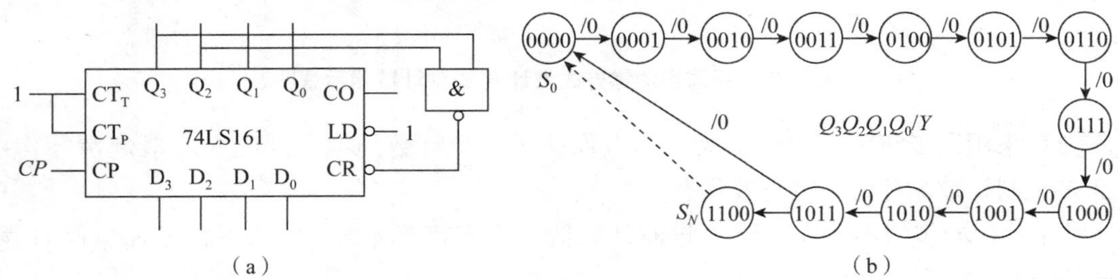

图 5.48 例 5.4 十二进制计数器的连线图和状态转换图

【例 5.5】 试用十进制同步加法计数器 74LS162，使用清零法设计七进制计数器。

解： (1) 十进制同步加法计数器 74LS162 是同步清零方式，$N=7$，则清零状态为 $S_{N-1} = S_6 = 0110$。

(2) 写清零信号表达式。74LS162 的清零端低电平有效，清零信号用与非门产生，清零信号表达式的与非式为

$$\overline{CR} = \overline{Q_2 Q_1}$$

(3) 画连线图。首先画出 74LS162 计数状态的连线，计数控制端 $CT_P = CT_T = 1$，置数端 $\overline{LD} = 1$；然后依据清零信号表达式，使用与非门画出清零电路。七进制计数器的连线图如图 5.49 (a) 所示，其状态转换图如图 5.49 (b) 所示。

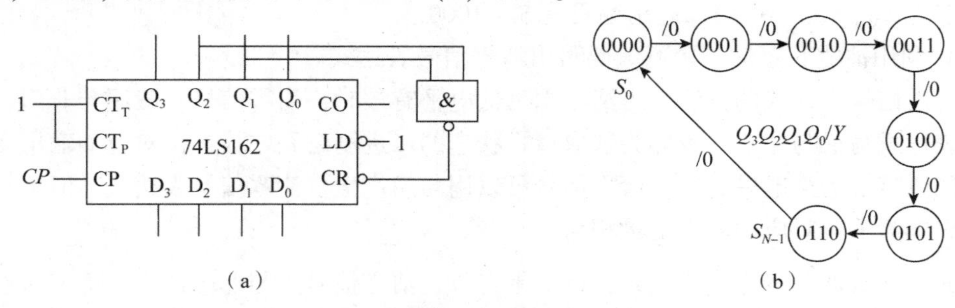

图 5.49 例 5.5 七进制计数器的连线图和状态转换图

【例 5.6】 试用十进制异步加法计数器 74LS290，使用清零法设计九进制计数器。

解： (1) 十进制异步加法计数器 74LS290 是异步清零方式，$N=9$，则清零状态为 $S_N = S_9 = 1001$。

(2) 写清零信号表达式。74LS290 的清零端高电平有效，清零信号用与门产生，清零信号表达式的与逻辑式为

$$R_{0(1)} = Q_3 \cdot Q_0 \text{ , } R_{0(2)} = 1$$

由于 74LS290 有两个清零端，所以清零信号表达式还可以为

$$R_{0(1)} \cdot R_{0(2)} = Q_3 \cdot Q_0$$

即

$$R_{0(1)} = Q_0 \ , R_{0(2)} = Q_3$$

（3）画连线图。首先画出 74LS290 连接为十进制计数状态，$CP_0 = CP$，$CP_1 = Q_0$，$S_{9(1)} = S_{9(2)} = 0$；然后依据清零信号表达式，画出清零电路。九进制计数器的两种连线图如图 5.50 所示。

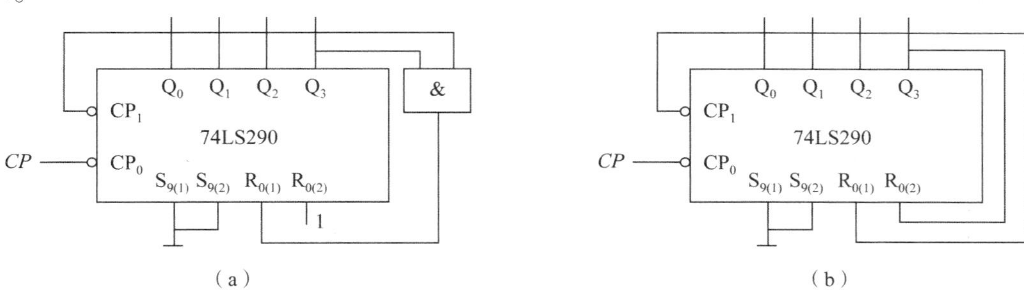

图 5.50　例 5.6 九进制计数器的两种连线图

【例后分析】　例 5.6 的两种设计方案中，第二种方案更简单，其充分利用 74LS290 有两个清零端，又为高电平有效的特点，直接用清零状态编码中为 1 位对应的输出端为清零端提供清零信号。但是如果清零状态编码中为 1 位超过 2 个时，则必须采用第一种方案，即用与门产生清零信号。

2. 置数法

置数法就是利用计数器的置数功能，改变计数器原有的状态转换进程，形成新的计数循环的设计方法。

1）设计思路

选择 M 进制计数器的计数循环中某一个状态为起始状态 S_0，从 S_0 开始计数，当计数到状态 S_N时，产生置数信号，强制计数器返回 S_0状态。这里把产生置数信号的状态 S_N 叫作置数状态。

在用置数法设计 N 进制计数器时，最关键的是确定置数状态。置数状态不仅与集成计数器的置数类型有关，还与起始状态 S_0 有关。

2）起始状态 S_0 的选择

在利用置数法设计 N 进制计数器时，起始状态 S_0 的选择有三种方案：

（1）第一种方案是选择 M 进制计数器计数循环中最小的状态为起始状态 S_0，也就是 0000 状态，称为最小数置入法；

（2）第二种方案是选择 M 进制计数器计数循环中最大的状态为起始状态 S_0，十六进制计数器选择 1111 为 S_0，十进制计数器选择 1001 为 S_0，称为最大数置入法；

（3）第三种方案是选择 M 进制计数器计数循环中任意一个状态为起始状态 S_0，称为任意数置入法。

3）置数状态的计算方法

置数状态由计数器的置数方式和起始状态 S_0 决定，置数状态的计算方法为：

（1）异步置数方式时，$S_N = S_0 + N$ 的二进制编码；

（2）同步置数方式时，$S_N = S_0 + (N - 1)$ 的二进制编码；

（3）使用十进制计数器时，如果计算出的 S_N 编码值大于1001，需要减去十进制计数器的计数长度 $M=1010$，才是实际的置数状态 S_N 的编码。

例如，用十六进制计数器设计十三进制计数器，计数器是异步置数。

选择最小数为 S_0，$S_0=0000$，置数状态 $S_N=S_0+N$ 的二进制编码为0000+1101=1101，形成的计数循环为0000→0001→…→1011→1100→0000。

选择最大数为 S_0，$S_0=1111$，置数状态 $S_N=S_0+N$ 的二进制编码为1111+1101=1100，形成的计数循环为1111→0000→0001→…→1010→1011→1111。

选择任意数为 S_0，如选择 $S_0=1000$，置数状态 $S_N=S_0+N$ 的二进制编码为1000+1101=0101，形成的计数循环为1000→1001→1010→…→0011→0100→1000。

例如，用十进制计数器设计七进制计数器，计数器为同步置数。

选择最小数为 S_0，$S_0=0000$，置数状态 $S_N=S_0+(N-1)$ 的二进制编码为0000+0110=0110，形成的计数循环为0000→0001→…→0101→0110→0000。

选择最大数为 S_0，$S_0=1001$，置数状态 $S_N=S_0+(N-1)$ 的二进制编码为1001+0110=1111>1001，应减去 M，置数状态 $S_N=1111-1010=0101$，形成的计数循环为1001→0000→0001→…→0100→0101→1001。

选择任意数为 S_0，如选择 $S_0=0011$，置数状态 $S_N=S_0+(N-1)$ 的二进制编码为0011+0110=1001，形成的计数循环为0011→0100→0101→…→1000→1001→0011。

4）置数法设计 N 进制计数器的步骤

（1）明确计数器是异步置数还是同步置数，选择起始状态 S_0，确定置数状态 S_N，并写出置数状态的二进制编码。

（2）利用置数状态的二进制编码，写出置数信号表达式。

写置数信号表达式的方法与写清零信号表达式的方法相同，用置数状态的二进制编码中为1位对应的输出变量组成与非式（置数端低电平有效，用与非门产生置数信号），或者组成与式（置数端高电平有效，用与门产生置数信号）。

（3）依据起始状态，设置并行输入数据，写出输入数据表达式。计数器是依据输入数据 $D_3D_2D_1D_0$ 进行置数，置数时要求返回起始状态 S_0，因此，设置输入数据 $D_3D_2D_1D_0 = S_0$。

（4）依据置数信号表达式和输入数据表达式，画 N 进制计数器的连线图。

【例5.7】 用4位二进制同步加法计数器74LS161，使用置数法设计十一进制计数器。

解： 74LS161为同步置数方式。分别用三种方法选择计数的起始状态。

（1）第一种方法：最小数置入法。

① 选择 $S_0=0000$，置数状态 $S_N= S_0+(N-1)$ 的二进制编码为0000+1010=1010。

② 74LS161置数端为低电平有效，用与非门产生置数信号，置数信号表达式为

$$\overline{LD} = \overline{Q_3Q_1}$$

③ 设置并行输入数据，输入数据表达式为

$$D_3D_2D_1D_0 = S_0 = 0000$$

④ 依据置数信号表达式和输入数据表达式画十一进制计数器连线图。

首先设置 74LS161 为计数工作状态，$CT_P = CT_T = 1$，$\overline{CR} = 1$。然后画出数据输入电路和置数信号电路。得到十一进制计数器连线图，如图 5.51（a）所示，其状态转换图如图 5.51（b）所示。

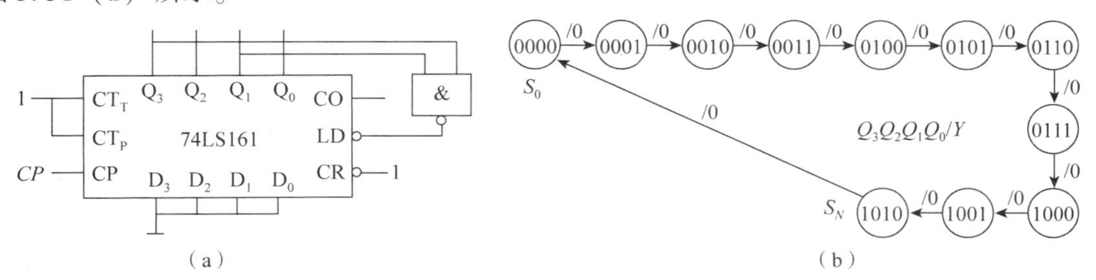

图 5.51　例 5.7 方法一的连线图与状态转换图

（2）第二种方法：最大数置入法。

① 选择 $S_0 = 1111$，置数状态 $S_N = S_0 +（N-1）$ 的二进制编码为 $1111+1010=1001$。

② 写置数信号表达式为

$$\overline{LD} = \overline{Q_3 Q_0}$$

③ 设置并行输入数据，输入数据表达式为

$$D_3D_2D_1D_0 = S_0 = 1111$$

④ 依据置数信号表达式和输入数据表达式画十一进制计数器的连线图，如图 5.52（a）所示，其状态转换图如图 5.52（b）所示。

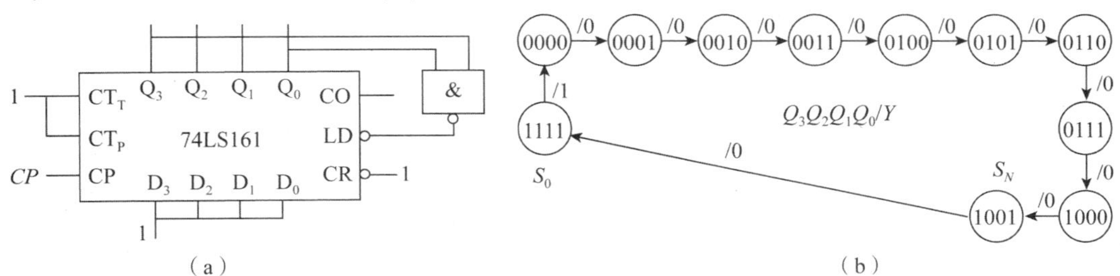

图 5.52　例 5.7 方法二的连线图与状态转换图

（3）第三种方法：任意数置入法。

① 选择 $S_0 = 0111$，置数状态 $S_N = S_0 +（N-1）$ 的二进制编码为 $0111+1010=0001$。

② 写置数信号表达式为

$$\overline{LD} = \overline{Q_0}$$

③ 设置并行输入数据，输入数据表达式为

$$D_3D_2D_1D_0 = S_0 = 0111$$

④ 依据置数信号表达式和输入数据表达式画十一进制计数器的连线图，如图 5.53（a）所示，其状态转换图如图 5.53（b）所示。

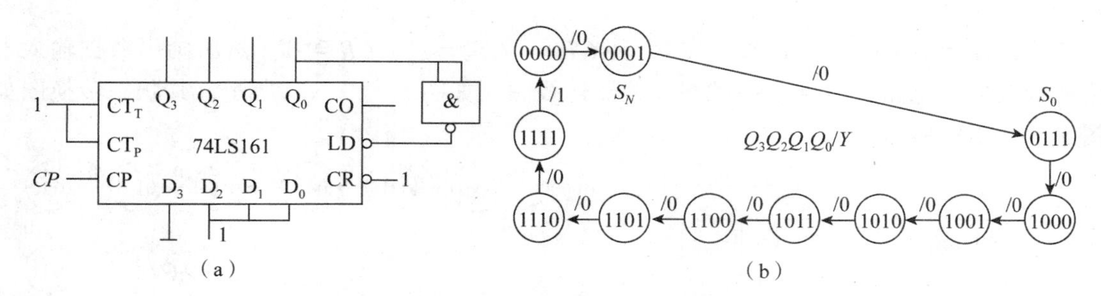

图 5.53　例 5.7 方法三的连线图与状态转换图

【例 5.8】　用 4 位二进制同步可逆计数器 74LS191，使用置数法设计十四进制加法计数器。

解：（1）74LS191 为异步置数方式，采用最大数置入法设计十四进制加法计数器。选择起始状态 $S_0=1111$，置数状态 $S_N= S_0+N$ 的二进制编码为 1111+1110=1101。

（2）74LS191 的置数端为低电平有效，用与非门产生置数信号，置数信号表达式为

$$\overline{LD}=\overline{Q_3Q_2Q_0}$$

（3）设置输入数据，输入数据表达式为

$$D_3D_2D_1D_0=S_0=1111$$

（4）依据置数信号表达式和输入数据表达式画出十四进制加法计数器的连线图，如图 5.54（a）所示，其状态转换图如图 5.54（b）所示。

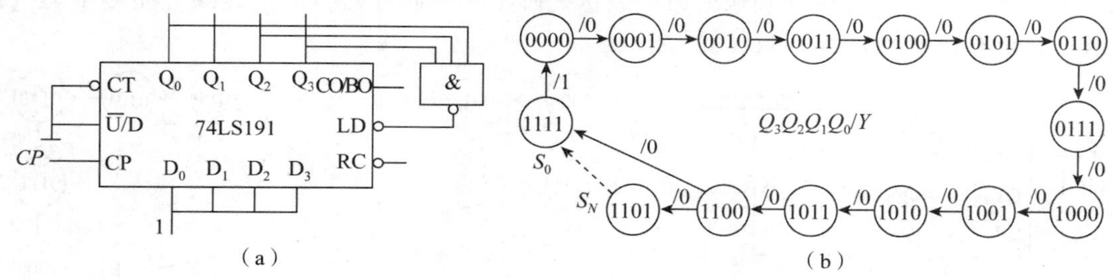

图 5.54　例 5.8 的连线图与状态转换图

5.5.2　用集成计数器组成大容量 N 进制计数器

单片 M 进制计数器只能组成 $N<M$ 的计数器，如果要组成 $N>M$ 的计数器，必须用多片 M 进制计数器才能实现。

用集成计数器组成大容量的 N 进制计数器的方法有级联方式和整体设置方式两大类。

1. 级联方式

若 N 可以分解为两个小于 M 的因数 N_1 与 N_2 的乘积，即 $N=N_1\times N_2$，可以先将两个 M 进制计数器分别接成 N_1 进制计数器和 N_2 进制计数器，然后把 N_1、N_2 进制计数器按照串行进位方式或并行进位方式级联，组成 N 进制计数器。所谓串行进位方式就是两个计数器接成异步形式，各自用不同的计数脉冲信号；并行进位方式就是两个计数器接成同步形式，连接同一个计数脉冲信号。

【例 5.9】　试用两片十进制异步计数器 74LS290 组成六十进制计数器。

解：（1）将 N 进制计数器拆分为 N_1、N_2 进制计数器：

$$N = 60 = 10 \times 6 = N_1 \times N_2;\ N_1 = 10,\ N_2 = 6$$

将两片 74LS290 分别接成十进制计数器和六进制计数器。

（2）N_1、N_2 进制计数器的连接。

① 将 74LS290 的 CP_1 连接 Q_0，计数脉冲 CP 接到 CP_0，即得到十进制计数器。

② 将另一片 74LS290 用清零法接成六进制计数器。由于 74LS290 为异步清零方式，$N=6$，清零状态为 $S_N=S_6=0110$。由清零状态的编码得到清零信号表达式 $R_{0(1)}\cdot R_{0(2)}=Q_2\cdot Q_1$，即为 $R_{0(1)}=Q_1$，$R_{0(2)}=Q_2$。按照清零信号表达式连接得到六进制计数器。

③ 将六进制计数器和十进制计数器采用串行进位方式级联。把十进制计数器的 Q_3 输出端与六进制计数器的 CP_0 连接，即计数脉冲 CP 为第一级十进制计数器的时钟脉冲信号，把第一级十进制计数器的进位信号 Q_3 作为第二级六进制计数器的时钟脉冲信号，组成串行进位方式级联。连线图如图 5.55 所示。

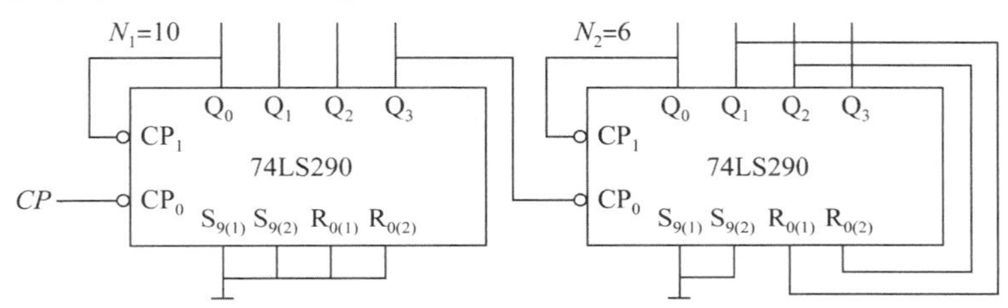

图 5.55　例 5.9 六十进制计数器串行进位方式连线图

【例 5.10】　试用两片十进制同步计数器 74LS160 组成六十进制计数器。

解：（1）将 N 进制计数器拆分为 N_1、N_2 进制计数器：

$$N = 60 = 10 \times 6 = N_1 \times N_2;\ N_1 = 10,\ N_2 = 6$$

将两片 74LS160 分别接成十进制和六进制计数器。

（2）N_1、N_2 进制计数器的连接：

① 74LS160 就是十进制计数器。

② 将另一片 74LS160 用清零法接成六进制计数器。由于 74LS160 为异步清零方式，$N_2=6$，清零状态为 $S_{N_2}=S_6=0110$，清零端为低电平有效，用与非门产生清零信号，清零信号表达式 $\overline{CR}=\overline{Q_2\cdot Q_1}$。按照清零信号表达式将 74LS160 连接为六进制计数器。

③ 将六进制计数器和十进制计数器采用并行进位方式级联。把六进制计数器和十进制计数器的计数脉冲端都接 CP，十进制计数器的进位输出端 CO 与六进制计数器的计数控制端 CT_P、CT_T 连接，组成并行进位方式级联，最后得到的连线图如图 5.56 所示。

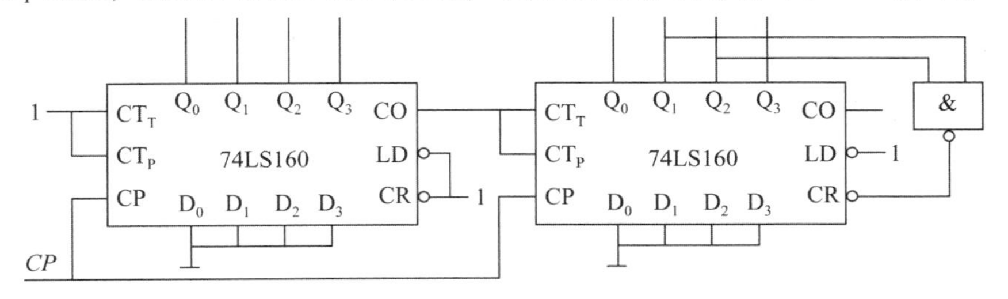

图 5.56　例 5.10 六十进制计数器并行进位方式连线图

2. 整体设置方式

首先将两片（或多片）M 进制计数器级联成 $M \times M$ 进制计数器，使 $M \times M > N$。然后用清零法或置数法组成 N 进制计数器。注意一定要使计数器整体清零或置数。

【例 5.11】 试用两片十进制同步计数器 74LS160，使用清零法组成二十四进制计数器。

解：（1）将两片 74LS160 组成一百进制计数器，如图 5.57 所示。

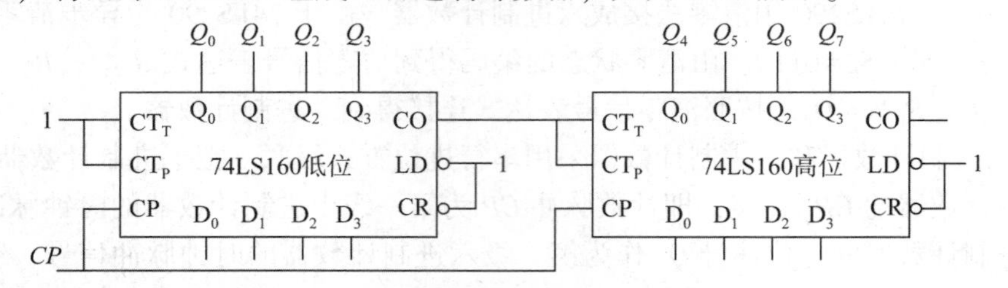

图 5.57 例 5.11 用 74LS160 组成一百进制计数器

（2）74LS160 为异步清零方式，$N=24$，清零状态 $S_N=S_{24}=00100100$。注意 74LS160 为十进制计数器，状态的二进制编码是 8421BCD 码，十进制数 24 的编码是 00100100。

（3）74LS160 清零端为低电平有效，用与非门产生清零信号，清零信号的与非式为

$$\overline{CR}=\overline{Q_5Q_2}$$

（4）画出组成二十四进制计数器的连线图，如图 5.58 所示。

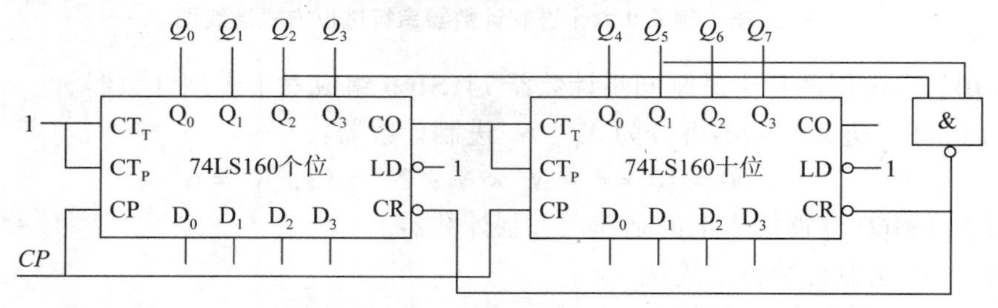

图 5.58 例 5.11 组成二十四进制计数器的连线图

【例 5.12】 试用两片 4 位二进制同步计数器 74LS161，使用置数法组成七十五进制计数器。

解：（1）将两片 74LS161 级联组成二百五十六进制计数器。

（2）74LS161 为同步置数方式，采用最小数置入法，起始状态 $S_0=00000000$，计算置数状态为 $S_N=S_0+(N-1)$，它的二进制编码为 00000000+01001010=01001010。注意 74LS161 为十六进制计数器，状态的二进制编码是二进制数。

（3）74LS161 置数端为低电平有效，用与非门产生置数信号，置数信号的与非式为

$$\overline{LD}=\overline{Q_6Q_3Q_1}$$

（4）设置输入数据，输入数据表达式为

$$D_7D_6D_5D_4D_3D_2D_1D_0=S_0=00000000$$

（5）画出组成七十五进制计数器的连线图，如图 5.59 所示。

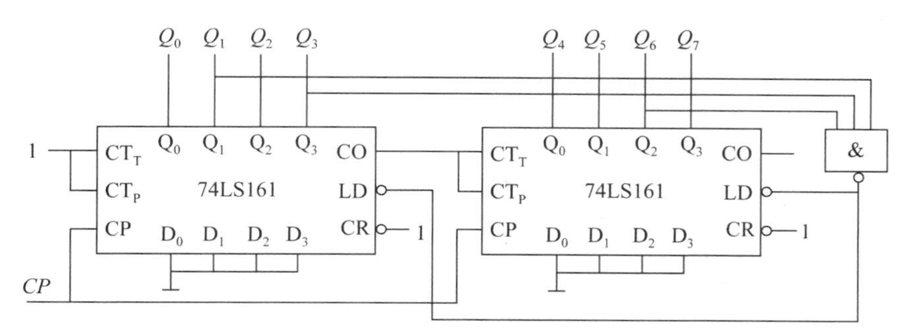

图 5.59　例 5.12 组成七十五进制计数器的连线图

5.5.3　集成计数器组成 N 进制计数器的分析

面对一个用集成计数器组成的 N 进制计数器，如何确定它是几进制的计数器？这是 N 进制计数器分析要完成的任务。

1. 分析思路

状态图能够最直观地描述出时序电路的功能，无论用什么方法设计出的计数器，如果画出了计数器的状态图，计数器的功能也就一目了然了。用集成计数器组成 N 进制计数器是在集成计数器的基础上转换得到的，因此从组成 N 进制计数器的集成计数器入手，是解决问题的突破口，以集成计数器的状态图为基础，找到 N 进制计数器的起始状态和清零状态或置数状态，就可以画出 N 进制计数器的状态图，问题也就解决了。

2. 分析步骤和设计方法

(1) 确定使用的集成计数器的类型，画出其状态图。

(2) 确定 N 进制计数器的设计方法，是清零法还是置数法。确定集成计数器的清零方式或置数方式。

(3) 由 N 进制计数器逻辑电路中的清零信号产生电路或置数信号产生电路写出清零信号表达式或置数信号表达式，依据表达式确定清零状态或置数状态 S_N。

(4) 确定起始状态 S_0。如为清零法，$S_0=0000$；如为置数法，由输入电路 $D_3D_2D_1D_0$ 的接法，即可确定起始状态 $S_0=D_3D_2D_1D_0$。

(5) 画出 N 进制计数器的状态图，依据清零方式或置数方式，确定计数循环有效状态的个数，得出 N 进制计数器的长度。

【例 5.13】　计数器的逻辑电路如图 5.60 所示。试分析该计数器为几进制计数器。

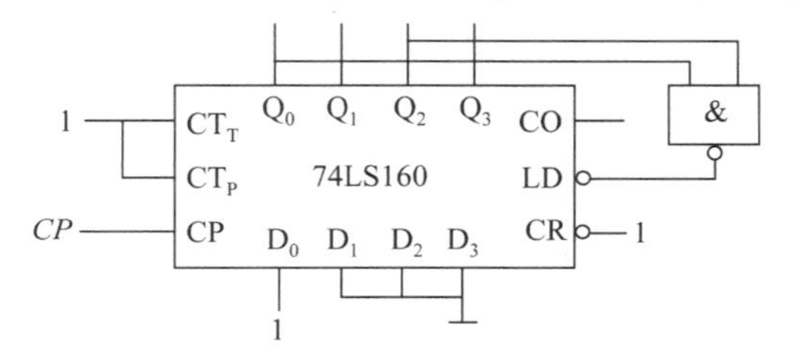

图 5.60　例 5.13 逻辑电路

解：(1) 电路中的集成计数器74LS160为十进制同步加法计数器，该计数器是用置数法组成的N进制计数器。74LS160为同步置数方式。

(2) 由置数信号产生电路得到置数信号表达式为

$$\overline{LD}=\overline{Q_2Q_0}$$

得出置数状态$S_N=0101$。

(3) 由输入电路得到起始状态S_0为

$$S_0=D_3D_2D_1D_0=0001$$

(4) 由置数状态S_N、起始状态S_0，以及为同步置数方式，画出N进制计数器的状态图，如图5.61所示。

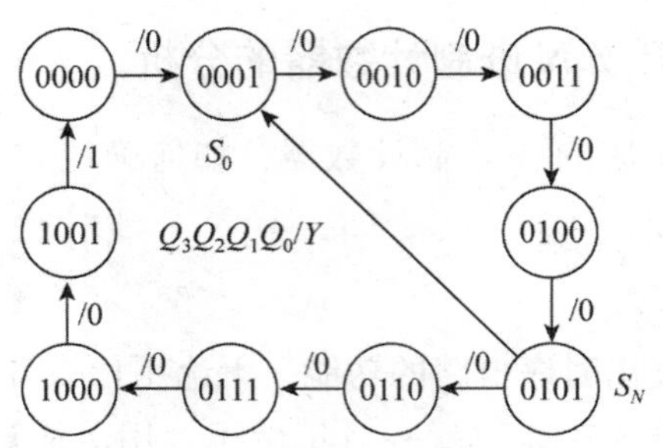

图5.61　例5.13状态图

结论：从状态图得到该计数器为五进制计数器。

【例5.14】　计数器的逻辑电路如图5.62所示。试分析该计数器为几进制计数器。

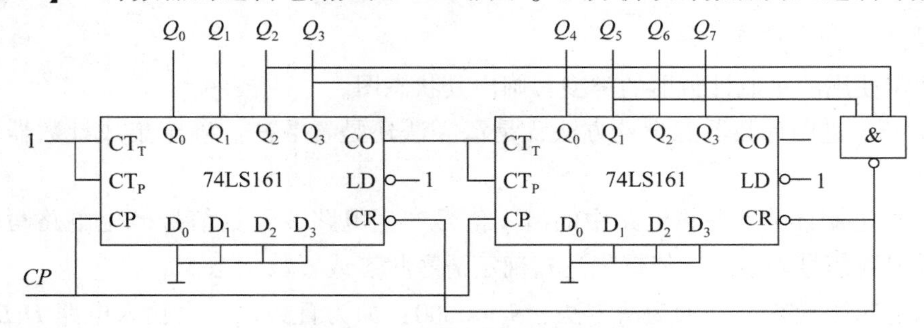

图5.62　例5.14逻辑电路

解：(1) 电路中的集成计数器74LS161为4位二进制同步加法计数器，该电路是用清零法组成的N进制计数器。74LS161为异步清零方式。

(2) 由清零信号产生电路得到清零信号表达式为

$$\overline{CR}=\overline{Q_5Q_3Q_2}$$

得出清零状态$S_N=00101100=(44)_{10}$。

(3) 由于为清零法，所以起始状态$S_0=00000000=(0)_{10}$。

(4) 由于是异步清零方式，所以计数循环的最后一个状态为$S_{N-1}=43$。

结论：该计数器从起始状态0开始计数，计数到43，返回到0，完成一个计数循环。因此，该计数器为四十四进制计数器。

思考题

1. 请用集成十进制同步加法计数器 74LS160，使用清零法设计五进制计数器。

2. 请用集成 4 位二进制同步加法计数器 74LS161，使用清零法设计六十进制计数器。

3. 请用集成 74LS161/74LS160 设计：当 $M=0$ 时为六进制计数器；当 $M=1$ 时为八进制计数器。(M 为控制端)

5.6　序列信号发生器

在数字信号的传输和数字电路的测试中，需要用到一组特定的串行数字信号，通常把这种串行数字信号叫作序列信号。产生序列信号的电路称为序列信号发生器。

序列信号发生器的组成方法很多，常用的方法是用计数器组成，或者用移位寄存器组成。

1. 用计数器组成的 8 位序列信号发生器

用计数器组成的 8 位序列信号发生器如图 5.63 所示，该序列信号发生器由 4 位二进制同步加法计数器 74LS161 和 8 选 1 数据选择器 74LS151 组成，要求产生一个 8 位的序列信号 00010111（按时间顺序从左到右）。

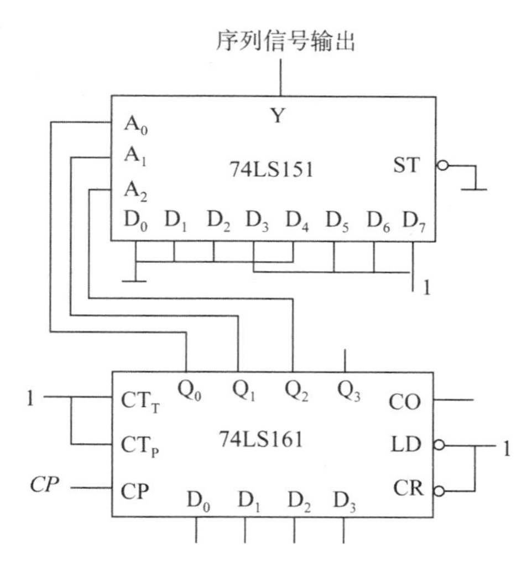

图 5.63　用计数器组成的 8 位序列信号发生器

在图 5.63 电路中，由 74LS161 的 $Q_2Q_1Q_0$ 组成一个八进制计数器，产生 3 位二进制数 000 ~ 111 输出。将 74LS161 输出的八进制数作为 3 位地址码，输入到 8 选 1 数据选择器 74LS151 的地址输入端 $A_2A_1A_0$。8 选 1 数据选择器 74LS151 可以根据输入的地址选择对应的数据输入端与输出端连接，输出选中数据输入端的数据。要求序列信号发生器按时间顺序输出 00010111，只要设置 $D_0=D_1=D_2=D_4=0$，$D_3=D_5=D_6=D_7=1$ 即可，当 74LS151 地址端的地址从 000 开始按顺序变化时，74LS151 依次选择 $D_0 \sim D_7$ 的数据从输出端 Y 输出，于是 8 位的序列信号 00010111 不断循环地从输出端输出。其状态表如表 5.16 所示。

表 5.16　8 位序列信号发生器状态表

CP 顺序	Q_2	Q_1	Q_0	Y
	A_2	A_1	A_0	
0	0	0	0	$D_0=0$
1	0	0	1	$D_1=0$
2	0	1	0	$D_2=0$
3	0	1	1	$D_3=1$

续表

CP 顺序	Q_2	Q_1	Q_0	Y
	A_2	A_1	A_0	
4	1	0	0	$D_4=0$
5	1	0	1	$D_5=1$
6	1	1	0	$D_6=1$
7	1	1	1	$D_7=1$
8	0	0	0	$D_0=0$

如果更换序列信号内容，只要修改 74LS151 数据输入端 $D_0 \sim D_7$ 的数据即可实现。此种电路改变序列信号的位数也很容易实现，比如改变为 16 位序列信号，只要将 8 选 1 数据选择器更换为 16 选 1 数据选择器 74LS150 就可以了。因此使用这种电路既灵活又方便。

2. 用移位寄存器组成的序列信号发生器

用移位寄存器组成的序列信号发生器如图 5.64 所示，该序列信号发生器由 4 位双向移位寄存器 74LS194 和 1 个与非门组成，要求产生一个 5 位的序列信号 01011（按时间顺序从左到右）。

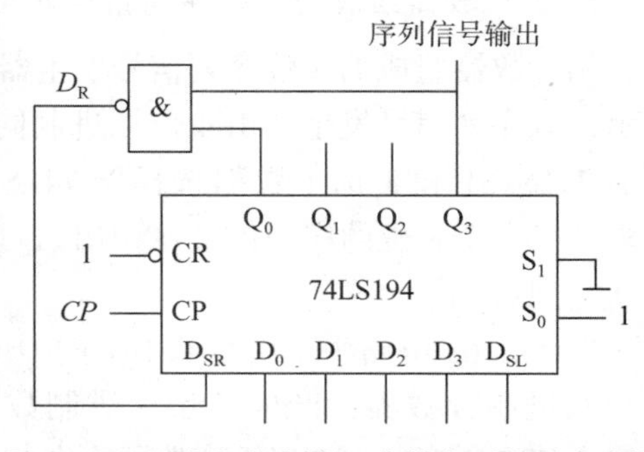

图 5.64 用移位寄存器组成的序列信号发生器

在图 5.64 电路中，4 位双向移位寄存器 74LS194 由于工作方式控制端 $S_1=0$、$S_0=1$，故连接成右移位寄存器，数据右移串行输入端 D_{SR} 获得与非门传送来的数据，为

$$D_{SR}=\overline{Q_3 \cdot Q_0}$$

无论移位寄存器各位初始值为何值，经过若干次移位后，移位寄存器即按照表 5.17 所示的数据循环移位。移位寄存器最高位 Q_3 串行输出的信号就是 5 位序列信号 01011。

表 5.17 5 位序列信号发生器状态表

CP 顺序	Q_3	Q_2	Q_1	Q_0	D_R	CP 顺序	Q_3	Q_2	Q_1	Q_0	D_R
0	0	1	0	1	1	3	1	1	0	1	0
1	1	0	1	1	0	4	1	0	1	0	1
2	0	1	1	0	1	5	0	1	0	1	1

本章小结

1. 时序逻辑电路任意时刻的输出不仅取决于该时刻的输入，而且与电路原来的工作状态有关。时序逻辑电路的组成结构一般由组合电路和存储电路组成，存储电路大多由具有记忆功能的触发器组成。触发器是组成时序逻辑电路最重要的逻辑器件。

2. 时序逻辑电路可以用逻辑表达式、状态转换图、状态转换表、时序图、卡诺图等方法表示。这些表示方法的形式虽然不同，但在本质上是相通的，可以相互转换。其中状态转换表、状态转换图和时序图是更为常用的表示方法，用它们描述时序逻辑电路的功能更为直观、形象。

3. 时序逻辑电路分析的任务是根据逻辑电路找出时序逻辑电路的变化规律，说明其逻辑功能。时序逻辑电路的分析步骤为：首先根据时序逻辑电路的逻辑电路，列写各触发器的时钟方程、驱动方程和电路的输出方程；然后将驱动方程代入相应触发器的特性方程，得出各触发器的状态方程；再依据状态方程列状态转换表、画状态转换图或画时序图；由状态转换表、状态转换图或时序图确定时序逻辑电路的逻辑功能；最后检查电路能否自启动。

4. 时序逻辑电路的设计是分析的逆过程。时序逻辑电路设计的任务是根据对时序逻辑电路的要求，画出能够实现规定要求的时序逻辑电路。设计步骤为：首先根据要求确定电路的输入、输出变量，确定状态数，画出原始状态转换图，并化简状态，得到最简状态转换图；然后确定触发器的类型和数量，进行状态分配，列出状态转换表；再由状态转换表得到状态方程和输出方程，进而得到各触发器的驱动方程；依据驱动方程和输出方程画出逻辑电路；最后检查电路能否自启动，如不能自启动，应修改电路设计，使之能够自启动。

5. 集成寄存器和计数器是应用最为广泛的时序电路。

(1) 寄存器分为数据寄存器和移位寄存器。数据寄存器只能存储数据；移位寄存器不但具有存储数据的功能，而且具有将存储的数据移位的功能。常用的移位寄存器有单向移位和双向移位两种类型。

(2) 计数器实现对脉冲进行计数的功能。计数器所能够累计的最大计数值称为计数器的容量，或称为计数长度，又称为计数器的模。计数器按状态转换是否受同一时钟脉冲控制，可分为同步计数器和异步计数器；按计数过程计数器数值的递增和递减，可分为加法计数器、减法计数器和可逆计数器；按计数器的计数进制，可分为二进制计数器、十进制计数器和 N 进制计数器。

(3) 中规模集成计数器是应用最为广泛、方便的计数器。常用的集成计数器有74LS160/74LS161、74LS190/74LS191、74LS290 等。无论何种型号的集成计数器，通常都具有计数、保持、清零和置数功能。要熟练掌握它们的功能和级联方法。

6. 集成寄存器和集成计数器的应用是学习时序逻辑电路的最终目标。

(1) 集成计数器最重要的应用是组成 N 进制计数器。N 进制计数器的设计方法有级联法、清零法和置数法。其中清零法和置数法能够灵活、便捷地组成 N 进制计数器。其一般设计方法为：首先根据使用集成计数器的清零与置数方式，确定 N 进制计数器的清零状态或置数状态，并写出状态的二进制编码；然后由清零状态或置数状态的二进制编码得到清零信号表达式或置数信号表达式，如果用置数法设计，则还需要确定输入数据表达式；最后依据清零信号表达式或置数信号表达式，以及输入数据表达式画出 N 进制计数器的逻辑电路。

(2) 用集成计数器组成 N 进制计数器的分析是 N 进制计数器的设计的逆过程，只要确定了 N 进制计数器的状态转换图，也就分析清楚了 N 进制计数器的功能。可以借助所使用集成计数器的状态转换图，确定 N 进制计数器的起始状态、清零状态或置数状态，即可找到 N 进制计数器的状态转换图。

(3) 集成移位寄存器可以组成移位寄存器型计数器。移位寄存器型计数器分为环形计数器和扭环形计数器两种类型。n 位环形计数器组成 n 进制计数器；n 位扭环形计数器组成 $2n$ 进制计数器。虽然移位寄存器型计数器的状态利用率低，但它们有突出的特点，环形计数器的输出在任何时刻只有一位为高电平 1；扭环形计数器在计数脉冲作用时，输出仅有一位发生状态变化。

(4) 集成计数器和集成移位寄存器有非常广泛的应用，用它们可以组成顺序脉冲发生器、序列信号发生器等很有应用价值的时序逻辑电路。顺序脉冲发生器就是用来产生一组顺序脉冲的电路；序列信号发生器就是用来产生一组特定串行数字信号的电路。

一、填空题

1. 一个逻辑电路，如果某一给定时刻 t 的输出不仅取决于该时刻 t 的输入，而且还取决于该时刻前电路所处的状态，则这样的电路称为（　　）电路。

2. 描述时序逻辑电路功能需要三个方程，即（　　）方程、（　　）方程和（　　）方程。

3. 用 n 个触发器构成的计数器，计数容量最多可为（　　）。

4. 时序逻辑电路按触发器的时钟端的连接方式可分为（　　）和（　　）。

5. 题图 5.1 所示电路是（　　）步，长度为（　　）的（　　）法计数器。

6. 某计数器的状态转换图如题图 5.2 所示，试问该计数器是一个（　　）进制（　　）法计数器，它有（　　）个有效状态，（　　）个无效状态，该电路（　　）自启动。若用 JK 触发器组成，至少需要（　　）个。

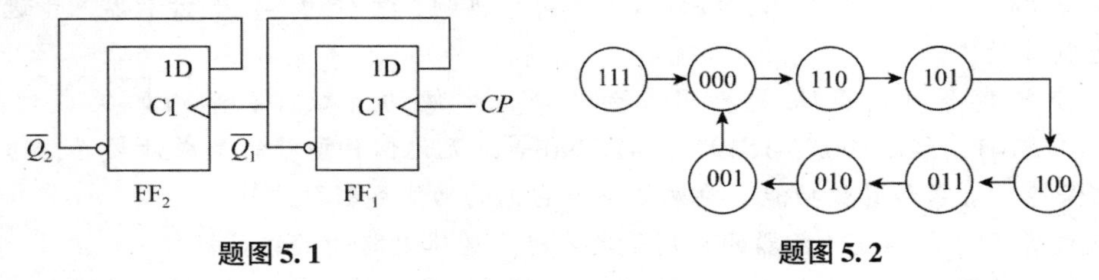

题图 5.1　　　　题图 5.2

7. 题图 5.3 所示的逻辑电路是（　　）计数器。

8. 题图 5.4 所示的逻辑电路是（　　）计数器。

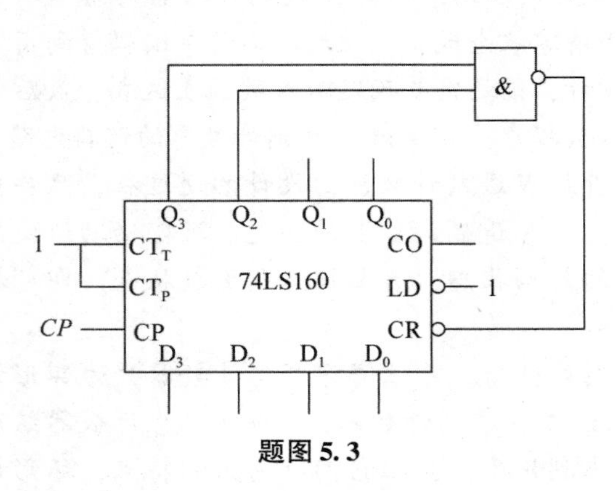

题图 5.3

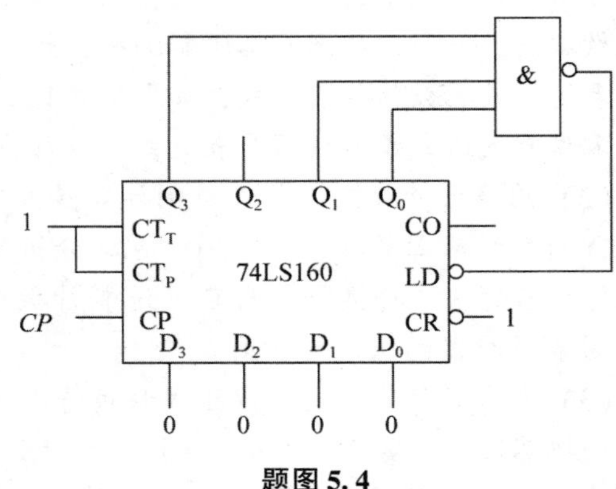

题图 5.4

9. 题图 5.5 所示的逻辑电路是（　　）计数器。

10. 题图 5.6 所示的逻辑电路是（　　）计数器。

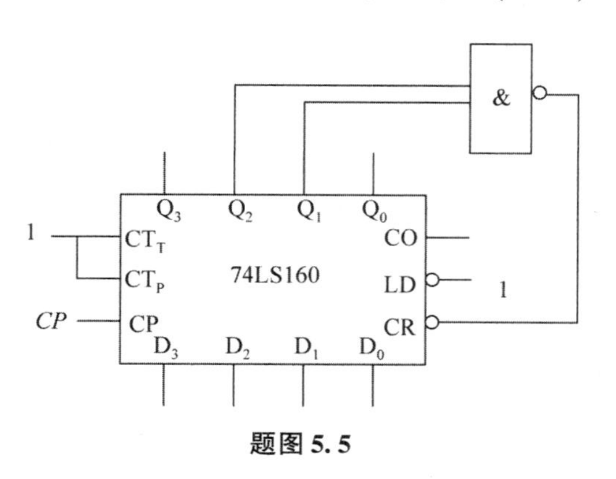

题图 5.5

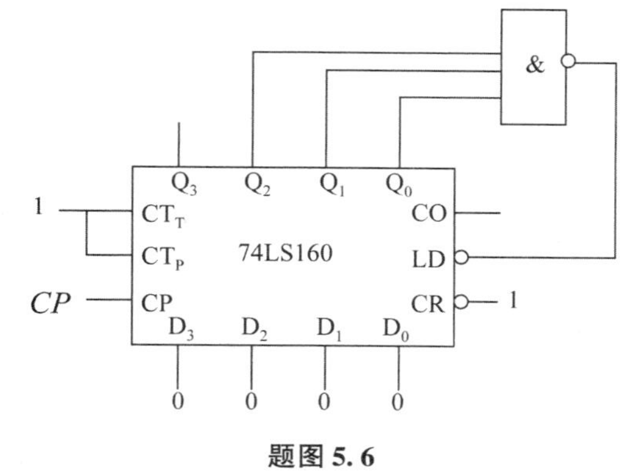

题图 5.6

11. 十进制加法计数器现时的状态为 0100，经过 8 个时钟脉冲输入之后，其状态变为（　　）。

12. 十进制减法计数器现时的状态为 0100，经过 8 个时钟脉冲输入之后，其状态变为（　　）。

13. 题图 5.7 所示的逻辑电路是（　　）计数器。

14. 题图 5.8 所示的逻辑电路是（　　）计数器。

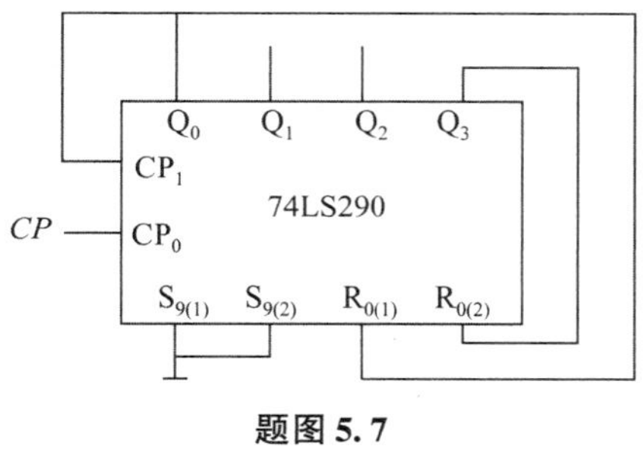

题图 5.7

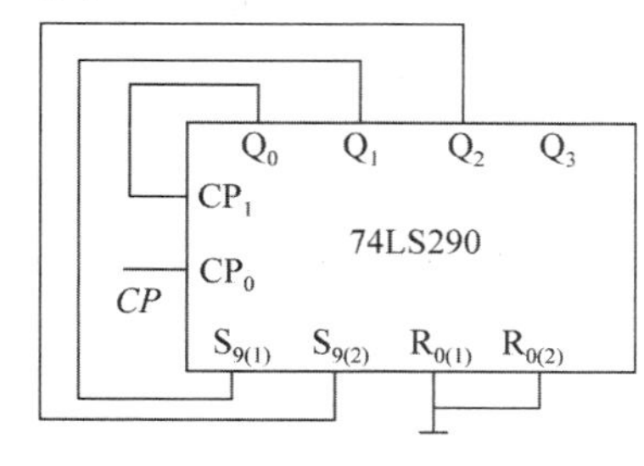

题图 5.8

15. 集成计数器的清零功能与置数功能相比，（　　）的优先级别高。

16. 集成计数器的模值是固定的，但可以用（　　）和（　　）来改变它们的模值。

17. 右移寄存器是将数据从寄存器的（　　）位移到（　　）位；在串行输入数据时，数据从（　　）位开始依次输入。

18. 左移寄存器是将数据从寄存器的（　　）位移到（　　）位；在串行输入数据时，数据从（　　）位开始依次输入。

19. 可用来暂时存放数据的器件叫作（　　）。

20. N 位环形计数器的计数长度是（　　）；N 位扭环形计数器的计数长度是（　　）。

二、选择题

1. 异步时序逻辑电路和同步时序逻辑电路比较，其差异在于（　　）。

A. 没有触发器　　B. 没有统一的时钟脉冲控制

C. 没有稳定状态　　D. 输出只与内部状态有关

2. 下列电路中不是时序逻辑电路的是（　　）。

A. 计数器　　B. 触发器　　C. 寄存器　　D. 译码器

3. 有4个触发器的二进制计数器，它的计数状态有（　　）种。

A. 8　　B. 16　　C. 256　　D. 64

4. 题图5.9所示时序逻辑电路的逻辑功能是（　　）。

A. 模8同步加法计数器　　B. 模8异步减法计数器

C. 模8异步加法计数器　　D. 模8异步可逆计数器

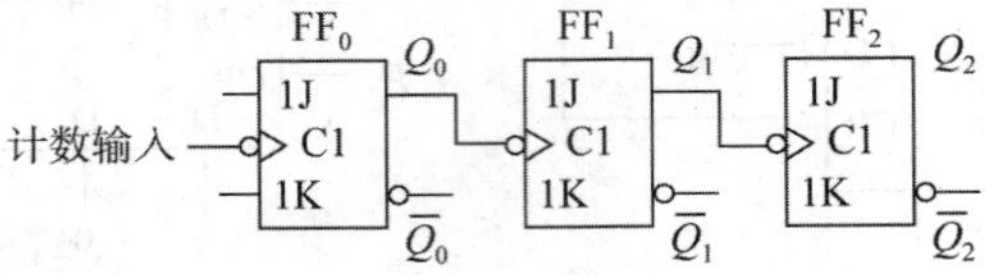

题图5.9

5. 题图5.10所示时序逻辑电路的起始状态 $Q_4\,Q_3\,Q_2\,Q_1=0001$，经过4个时钟脉冲 CP 作用后，其状态 $Q_4\,Q_3\,Q_2\,Q_1$ 为（　　）。

A. 0001　　B. 0010　　C. 0101　　D. 1000

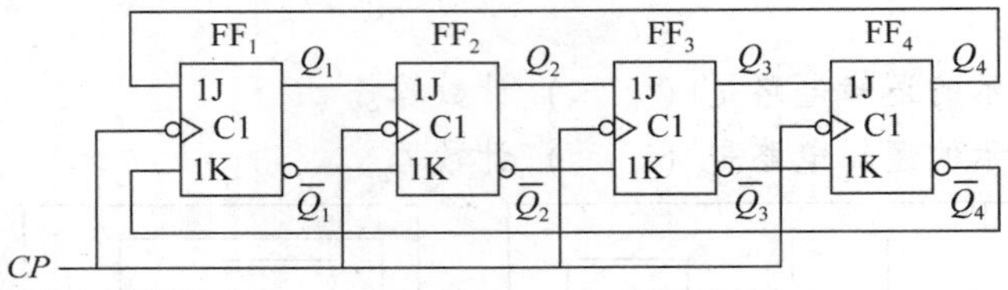

题图5.10

6. 1位8421BCD码计数器至少需要触发器的数目是（　　）。

A. 3个　　B. 4个　　C. 5个　　D. 10个

7. 设计模值为36的计数器至少需要（　　）个触发器。

A. 3　　B. 4　　C. 5　　D. 6

8. 一个4位移位寄存器原来的状态为0000，如果串行输入始终为1，则经过4个移位脉冲后寄存器的内容为（　　）。

A. 0001　　B. 1110　　C. 0111　　D. 1111

9. 同步计数器是指（　　）的计数器。

A. 由同类型的触发器构成的计数器

B. 各触发器时钟连在一起，统一由系统时钟控制

C. 可用前级的输出作后级触发器的时钟

D. 可用后级的输出作前级触发器的时钟

10. 由10个触发器构成的二进制计数器，其模为（　　）。

A. 1024　　B. 20　　C. 1000　　D. 10

11. 用 n 个触发器组成计数器，其最大计数模是（　　）。

A. n　　B. $2n$　　C. 2^n　　D. n^2

12. 若4位二进制加法计数器正常工作时，由0000状态开始计数，则经过43个输入计

数脉冲后，计数器的状态应是（　　）。

A. 0011　　B. 1011　　C. 1101　　D. 1110

13. 用 4 个触发器组成十进制计数器，其无效状态数为（　　）。

A. 不能确定　　B. 10 个　　C. 8 个　　D. 6 个

14. 用 n 个移位寄存器组成扭环形计数器，其进位模为（　　）。

A. n　　B. $2n$　　C. n^2　　D. 2^n

15. 用清零法来改变 8 位二进制加法计数器的模，可以实现（　　）模值范围的计数器。

A. 1 ~ 15　　B. 1 ~ 16　　C. 1 ~ 32　　D. 1 ~ 255

16. 由 3 个触发器构成的环形和扭环形计数器的模依次为（　　）。

A. 8 和 8　　B. 6 和 3　　C. 6 和 8　　D. 3 和 6

17. 要求采用触发器构成计数器，计数器的输入、输出波形如题图 5.11 所示，则至少需要（　　）个触发器。

A. 4　　B. 3　　C. 1　　D. 2

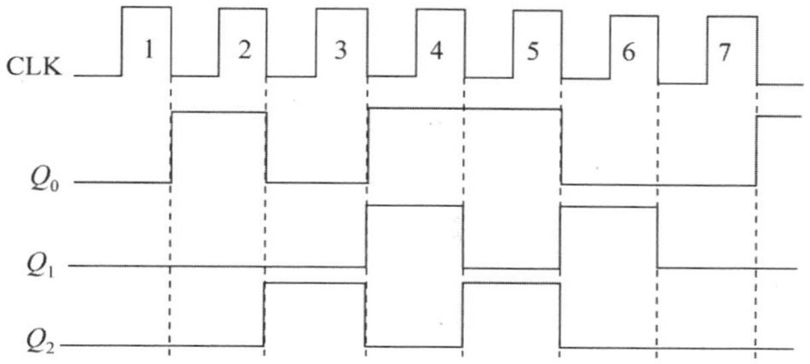

CLK 1 2 3 4 5 6 7
Q_0
Q_1
Q_2

题图 5.11

18. 若 4 位二进制同步加法计数器当前的状态是 0111，经过下一个输入时钟脉冲后，其内容变为（　　）。

A. 0111　　B. 0110　　C. 1000　　D. 0011

19. 若 4 位二进制同步减法计数器当前的状态是 0111，经过下一个输入时钟脉冲后，其内容变为（　　）。

A. 0111　　B. 0110　　C. 1000　　D. 0011

20. 设计一个能存放 8 位二进制代码的寄存器，需要（　　）个触发器。

A. 8　　B. 4　　C. 3　　D. 2

三、判断题

1. 译码器、计数器、全加器、寄存器都是组合逻辑电路。（　　）
2. 同步时序逻辑电路由统一的时钟脉冲 CP 控制。（　　）
3. 异步时序逻辑电路各个触发器类型不同。（　　）
4. 有 8 个触发器的二进制计数器，它具有 256 个计数状态。（　　）
5. 同步时序逻辑电路由组合电路和存储电路两部分组成。（　　）
6. 时序逻辑电路包含记忆器件。（　　）

7. N 进制计数器可以实现 N 分频。(　　)

8. 环形计数器在每个时钟脉冲 CP 作用时，仅有一位触发器发生状态更新。(　　)

9. 计数器的模是指构成计数器的触发器的个数。(　　)

10. 计数器的模是指有效循环中有效状态的个数。(　　)

11. 模 16 加法计数器的初始状态为 $Q_3Q_2Q_1Q_0=1010$，经过 8 个时钟脉冲后，它的状态为 0010。(　　)

12. D 触发器的特征方程为 $Q^{n+1}=D$，与 Q^n 无关，所以 D 触发器不是时序逻辑电路。(　　)

四、综合题

1. 如题图 5.12 所示逻辑电路。

(1) 写出驱动方程、状态方程、输出方程；

(2) 写出状态转换表，并说明其能否自启动。

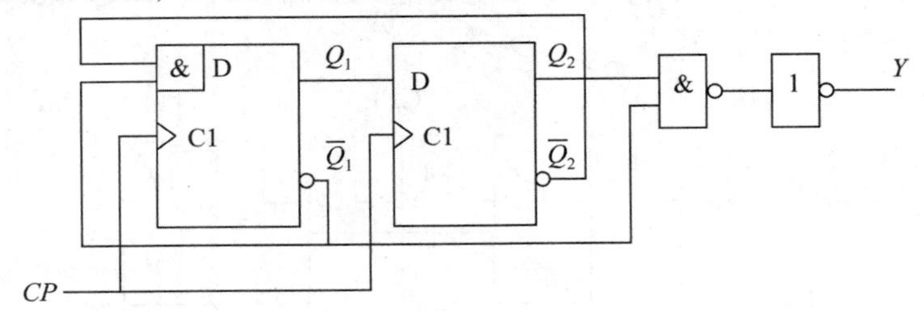

题图 5.12

2. 如题图 5.13 所示逻辑电路。

(1) 写出驱动方程、状态方程、输出方程；

(2) 写出状态转换表，并说明其能否自启动。

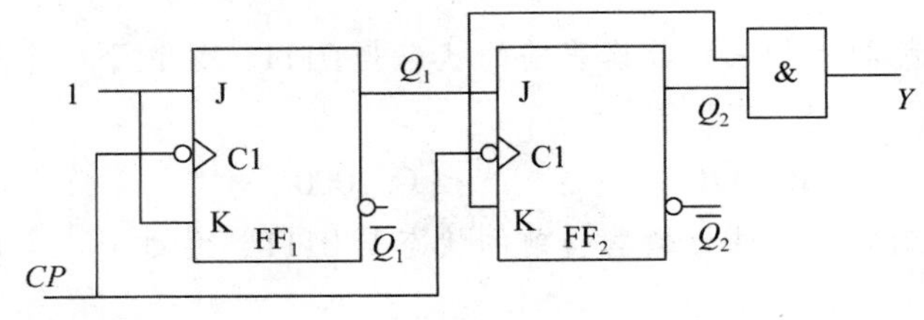

题图 5.13

3. 如题图 5.14 所示逻辑电路。

(1) 写出驱动方程、状态方程、输出方程；

(2) 写出状态转换表，并说明其能否自启动。

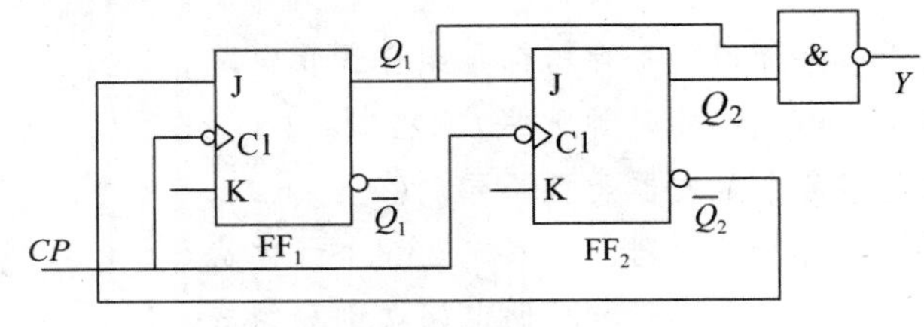

题图 5.14

4. 试分析如题图 5.15 所示逻辑电路，写出时钟方程、驱动方程、状态方程。

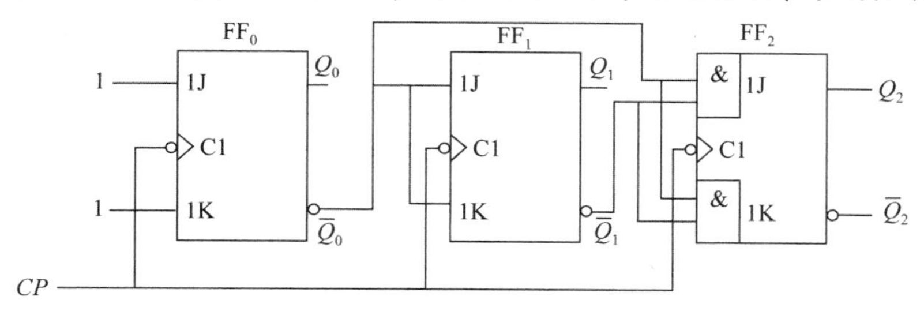

题图 5.15

5. 试分析如题图 5.16 所示逻辑电路，写出时钟方程、驱动方程、状态方程。

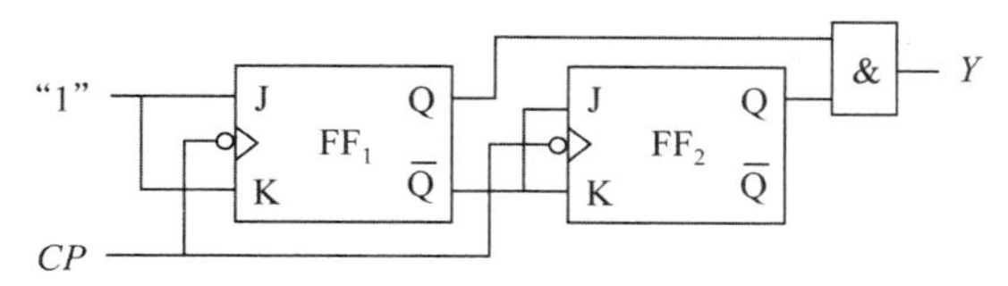

题图 5.16

6. 某一时序逻辑电路如题图 5.17 所示。

(1) 写出驱动方程、状态方程、输出方程；

(2) 该电路是同步电路还是异步电路？

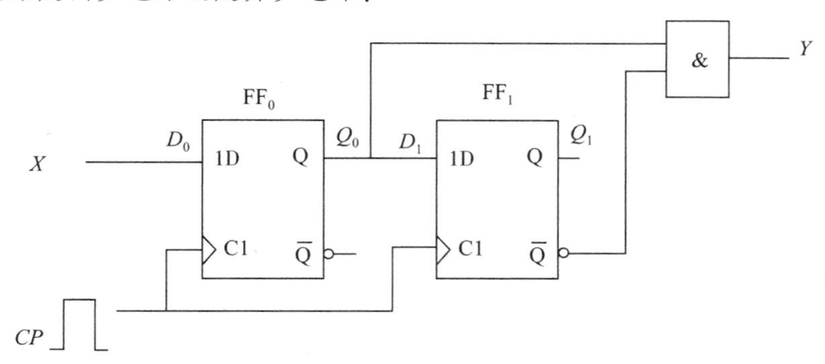

题图 5.17

7. 如题图 5.18 所示逻辑电路。

(1) 写出驱动方程、状态方程、输出方程；

(2) 写出状态转换表，并说明其能否自启动。

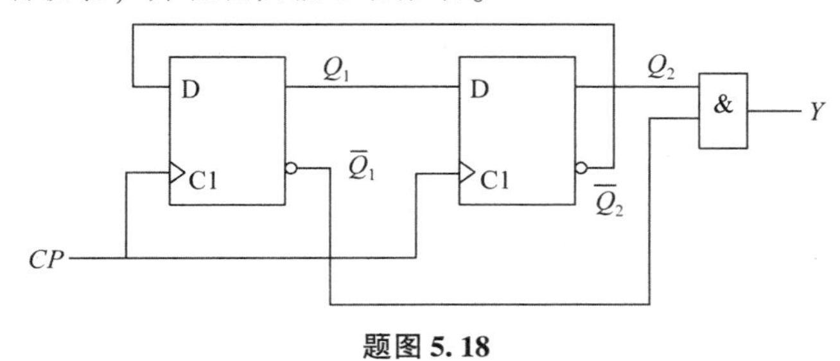

题图 5.18

8. 如题图 5.19 所示时序逻辑电路，写出时钟方程、驱动方程、状态方程及输出方程。

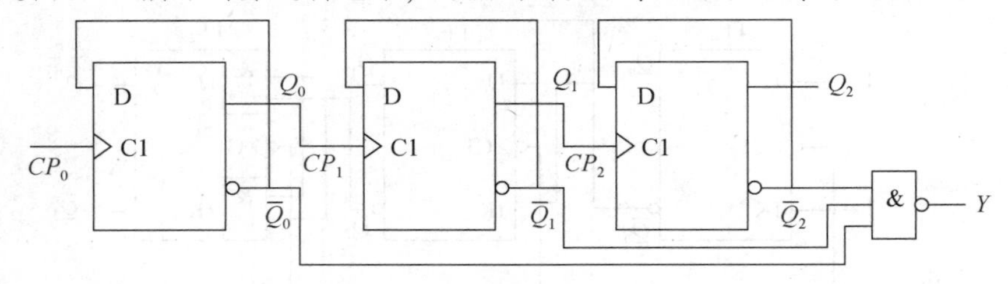

题图 5.19

9. 如题图 5.20 所示时序逻辑电路，写出时钟方程、驱动方程、状态方程及输出方程。

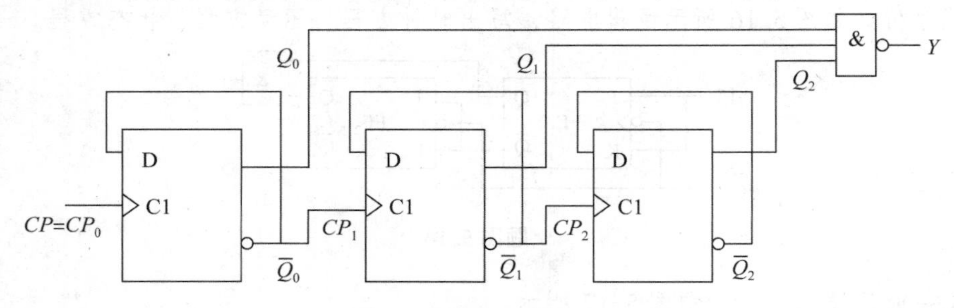

题图 5.20

10. 如题图 5.21 所示时序逻辑电路，写出时钟方程、驱动方程、状态方程及输出方程。

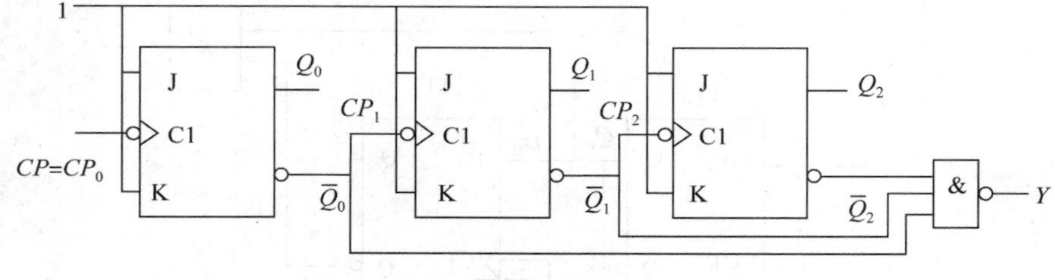

题图 5.21

11. 如题图 5.22 所示时序逻辑电路，写出时钟方程、驱动方程、状态方程及输出方程。

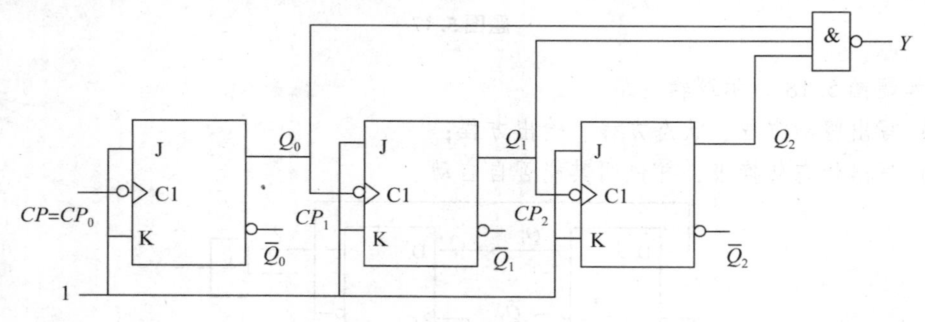

题图 5.22

12. 如题图 5.23 所示时序逻辑电路，写出时钟方程、驱动方程、状态方程及状态转换表，并说明其功能。

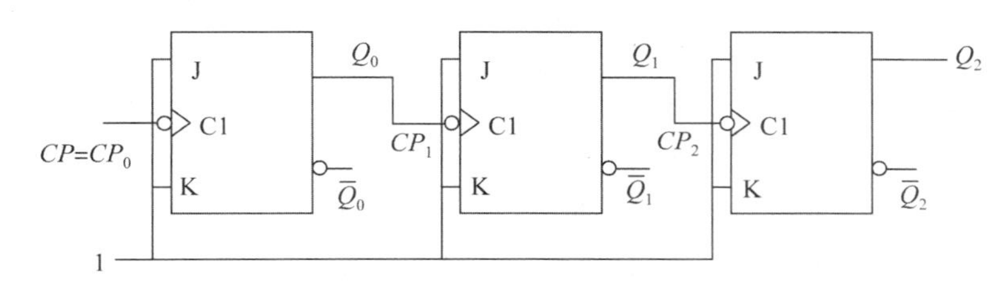

题图 5.23

13. 如题图 5.24 所示时序逻辑电路，写出时钟方程、驱动方程、状态方程及状态转换表，并说明其功能。

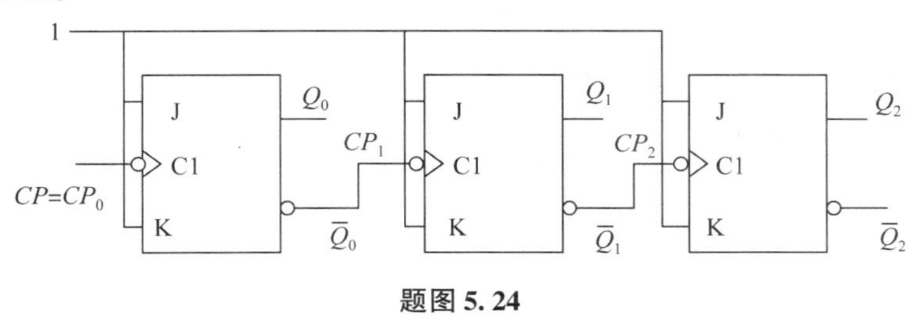

题图 5.24

14. 如题图 5.25 所示时序逻辑电路，写出时钟方程、驱动方程、状态方程及状态转换表，并说明其功能。

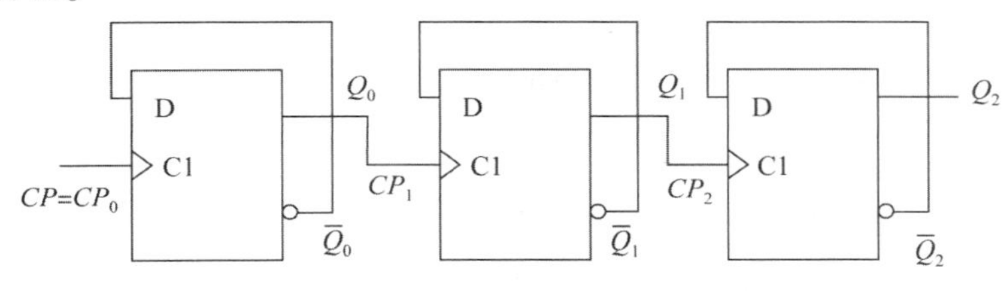

题图 5.25

15. 如题图 5.26 所示时序逻辑电路，写出时钟方程、驱动方程、状态方程及状态转换表，并说明其功能。

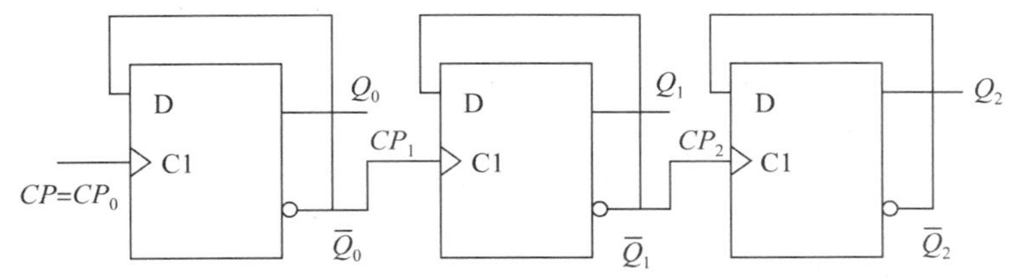

题图 5.26

16. 如题图 5.27 所示时序逻辑电路，写出其驱动方程、状态方程、输出方程，并说明该电路为摩尔型还是米里型?

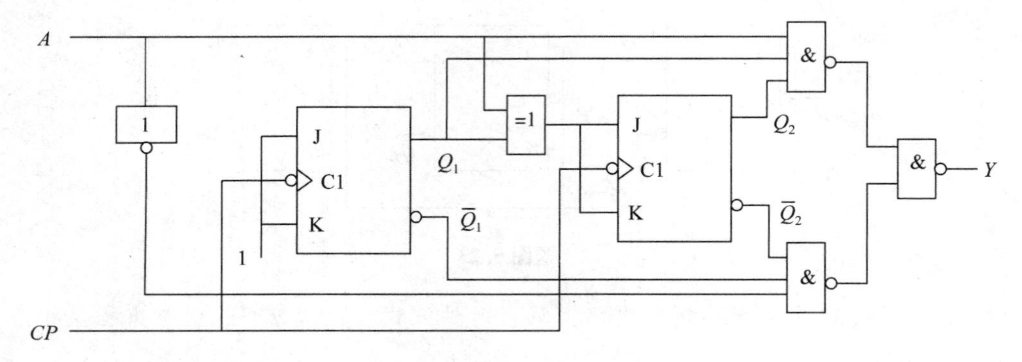

题图 5.27

17. 如题图 5.28 所示时序逻辑电路，写出驱动方程、状态方程、输出方程，并说明该时序逻辑电路是同步还是异步？

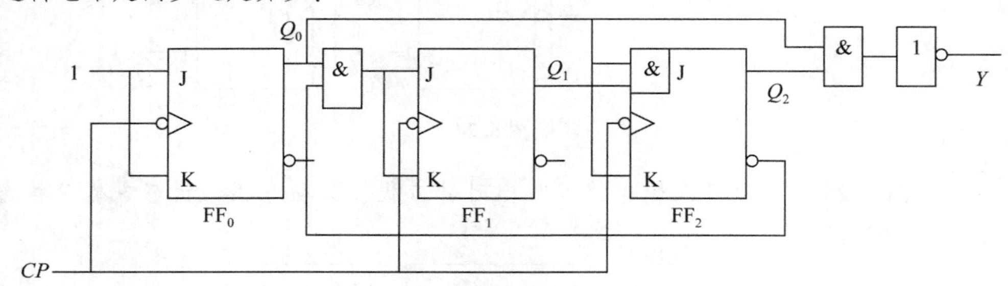

题图 5.28

18. 如题图 5.29 所示时序逻辑电路。

(1) 写出驱动方程、状态方程、输出方程；

(2) 写出状态转换表，并说明其能否自启动。

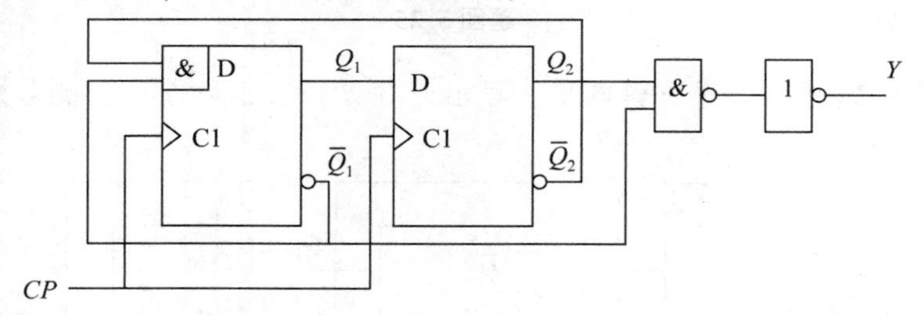

题图 5.29

19. 如题图 5.30 所示时序逻辑电路。

(1) 写出电路的驱动方程、状态方程和输出方程；

(2) 填写状态转换表，并说明其逻辑功能；

(3) 该电路能否自启动？

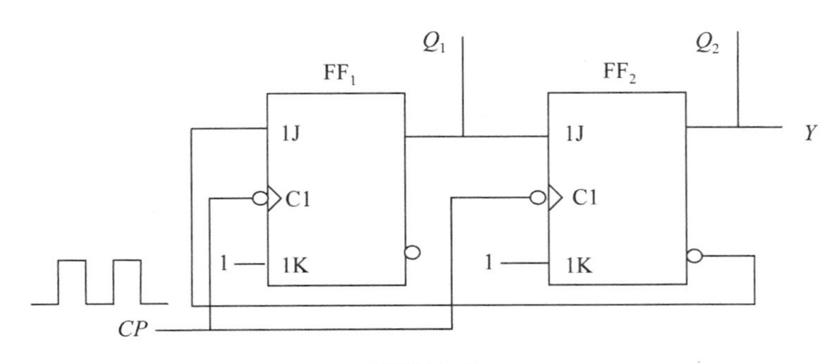

题图 5.30

题表 5.1 状态转换表

Q_2^n	Q_1^n	Q_2^{n+1}	Q_1^{n+1}

20. 如题图 5.31 所示时序逻辑电路，要求：写出电路的驱动方程、状态方程和输出方程，并说明该时序逻辑电路是同步还是异步？

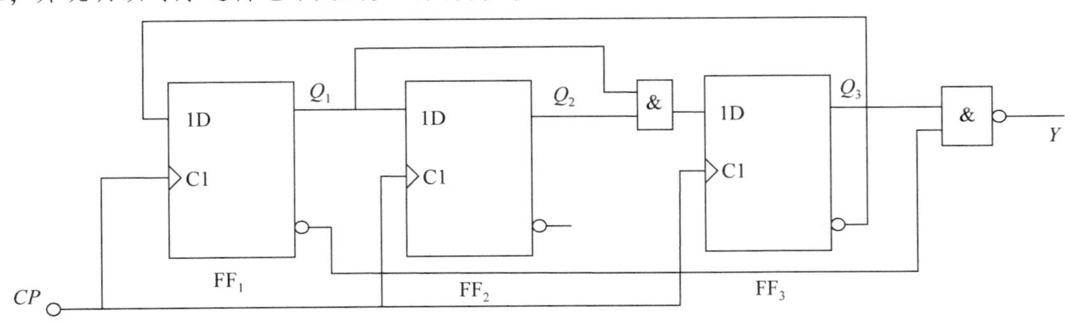

题图 5.31

21. 利用两片 4 位二进制同步计数器 74LS161，用清零法、置数法两种方法，接成不同进制的计数器（可以附加任何门电路）。

22. 利用 74LS161 及相关门电路设计一个可控计数器，控制信号为 M，要求 $M=1$ 时为六进制计数器，$M=0$ 时为八进制计数器。要求画出电路连线图，并给出与电路相符的六进制和八进制状态转换图。

23. 利用 74LS161 及相关门电路设计一个可控计数器，控制信号为 M，要求 $M=1$ 时为八进制计数器，$M=0$ 时为六进制计数器。要求画出电路连线图，并给出与电路相符的六进制和八进制状态转换图。

24. 利用 74LS161 及相关门电路设计一个可控计数器，控制信号为 M，要求 $M=1$ 时为七进制计数器，$M=0$ 时为九进制计数器。要求画出电路连线图，并给出与电路相符的七进制和九进制状态转换图。

25. 利用74LS161及相关门电路设计一个可控计数器，控制信号为M，要求$M=0$时为七进制计数器，$M=1$时为九进制计数器。要求画出电路连线图，并给出与电路相符的七进制和九进制状态转换图。

26. 利用74LS161及相关门电路设计一个可控计数器，控制信号为M，要求$M=1$时为七进制计数器，$M=0$时为八进制计数器。要求画出电路连线图，并给出与电路相符的七进制和八进制状态转换图。

27. 利用74LS161及相关门电路设计一个可控计数器，控制信号为M，要求$M=0$时为七进制计数器，$M=1$时为八进制计数器。要求画出电路连线图，并给出与电路相符的七进制和八进制状态转换图。

28. 利用74LS161及相关门电路设计一个可控计数器，控制信号为M，要求$M=0$时为十二进制计数器，$M=1$时为十进制计数器。要求画出电路连线图，并给出与电路相符的十二进制和十进制状态转换图。

29. 利用74LS161及相关门电路设计一个可控计数器，控制信号为M，要求$M=1$时为十二进制计数器，$M=0$时为十进制计数器。要求画出电路连线图，并给出与电路相符的十二进制和十进制状态转换图。

30. 利用74LS161及相关门电路设计一个可控计数器，控制信号为M，要求$M=1$时为五进制计数器，$M=0$时为九进制计数器。要求画出电路连线图，并给出与电路相符的五进制和九进制状态转换图。

第6章

脉冲信号的产生和变换

内容提要

在数字电路或数字系统中，常常需要各种波形的脉冲信号，例如时钟脉冲、控制过程中的定时信号等。通常采用两种方法来获得这些脉冲信号：一种是利用脉冲信号发生器直接产生；一种是对已有的信号进行变换整形，使之满足系统的要求。本章主要研究获得脉冲信号的途径，可以利用振荡电路产生脉冲信号或通过整形电路将其他周期的信号转变为周期信号。本章首先介绍555定时器的结构与逻辑功能，然后重点介绍由555定时器组成的施密特触发器、单稳态触发器和多谐振荡器的电路结构、工作原理和应用。

学习目标

◆熟悉555定时器的电路结构，理解其工作原理

◆掌握由555定时器构成的施密特触发器、单稳态触发器和多谐振荡器，及其与电路相关参数的计算

◆熟悉施密特触发器、单稳态触发器和多谐振荡器的典型应用

学习要点

◆施密特触发器

◆单稳态触发器

◆多谐振荡器

6.1 概述

数字电路中，基本工作信号是二进制的数字信号或两种状态的逻辑信号，二进制数字信号只有0、1两个数字信号符号，两种状态的逻辑信号只有0、1两种值，都具有二值特点，用波形图表示为矩形脉冲。脉冲信号的波形图如图6.1所示，为了说明脉冲信号的波形好

坏，对脉冲波形定义了下列参数。

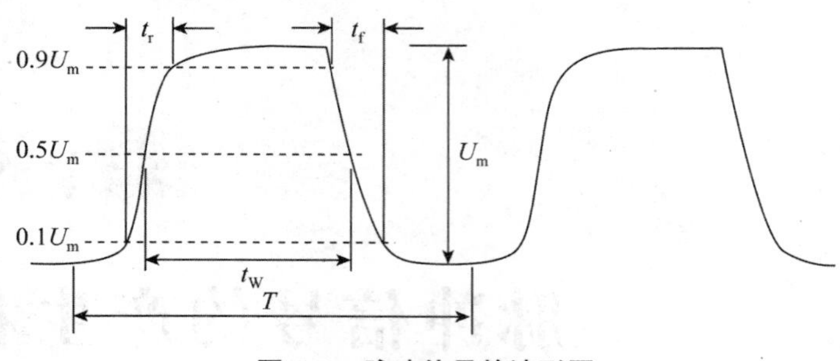

图 6.1　脉冲信号的波形图

(1) 脉冲幅度 U_m：脉冲波形变化时，电压幅度变化的最大值，单位为 V。

(2) 脉冲上升时间 t_r：脉冲波形的上升沿，从 $0.1U_m$ 上升到 $0.9U_m$ 所需的时间。

(3) 脉冲下降时间 t_f：脉冲波形的下降沿，从 $0.9U_m$ 下降到 $0.1U_m$ 所需的时间。

脉冲上升时间 t_r 和下降时间 t_f 越短，越接近于理想的矩形脉冲，它们的单位为 s、ms、μs、ns。

(4) 脉冲宽度 t_W：从脉冲上升沿上升到 $0.5U_m$ 至下降沿下降到 $0.5U_m$ 时的时间间隔，单位与 t_r、t_f 相同。

(5) 脉冲周期 T：在周期性脉冲中，相邻两个脉冲波形重复出现的时间间隔，单位与 t_r、t_f 相同。

(6) 脉冲频率 f：单位时间内脉冲出现的次数，有 $f = 1/T$，单位为 Hz、kHz、MHz。

(7) 占空比 q：脉冲宽度 t_W 与脉冲周期 T 的比值，即

$$q = \frac{t_W}{T} \tag{6.1}$$

最常用产生脉冲波形的电路是多谐振荡器，整形电路有施密特触发器和单稳态触发器。施密特触发器和单稳态触发器是两种作用不同的整形电路，施密特触发器主要用以将变化缓慢的或快速的非矩形脉冲变换成上升沿和下降沿都很陡峭的矩形脉冲，而单稳态触发器则主要用以将宽度不符合要求的脉冲变换成符合要求的矩形脉冲。

思考题

1. 获得脉冲信号的方法有哪几种？
2. 产生脉冲信号最常用的电路是什么电路？
3. 脉冲信号的参数有哪些？方波的占空比怎么求？

6.2　555 定时器的电路结构及其逻辑功能

555 定时器是一种使用方便灵活、应用十分广泛的多功能电路，只要在外部配上适当的阻容元件，就可以方便地构成脉冲产生和整形电路，在工业控制、定时、仿声、电子乐器及防盗报警等方面应用广泛。利用它可方便地组成脉冲产生、整形、延时和定时电路。它具有

如下特点。

（1）555 定时器在电路结构上是由模拟电路和数字电路组合而成，它拓展了模拟集成电路的应用范围。

（2）该电路采用单电源，双极型 555 定时器的电源电压范围为 4.5 ~ 15 V；CMOS 型 7555 定时器的电源适应范围更宽，为 3 ~ 18 V。这样，它就可以和模拟运算放大器、TTL 或 CMOS 数字电路共用一个电源。

（3）555 定时器可以独立构成一个定时电路，且定时精度高。

（4）555 定时器最大负载电流可达 200 mA，带负载能力强，可直接驱动继电器、发光二极管、喇叭等负载。

双极型单定时器型号的最后 3 位数字为 555，双极型双定时器型号的最后 3 位数字为 556；CMOS 型单定时器型号的最后 4 位数字为 7555，CMOS 型双定时器型号的最后 4 位数字为 7556，它们的逻辑功能和外部引脚排列完全相同。

6.2.1　555 定时器的电路结构

图 6.2（a）所示为 555 定时器的电路结构图，它主要由电阻分压器、比较器、基本 *RS* 触发器、集电极开路的放电三极管和输出缓冲级组成；图 6.2（b）为其逻辑功能示意图；图 6.2（c）为其引脚图；图 6.2（d）为其实物封装图。以下介绍一下 555 定时器的内部结构。

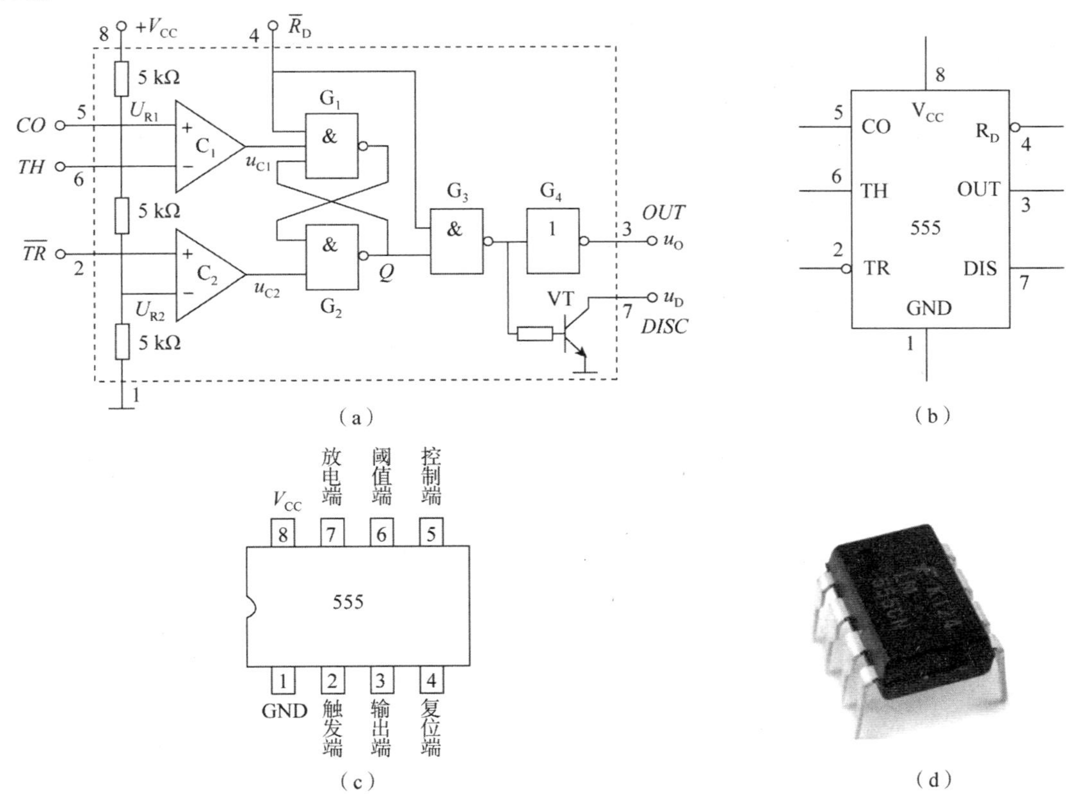

图 6.2　555 定时器

1. 电阻分压器

电阻分压器由 3 个阻值相同的电阻 R 串联而成，为 C_1 和 C_2 两个比较器提供基准电压。引脚 5 CO 为控制端，当引脚 5 悬空时，比较器 C_1 的基准电压 $U_{R1}=2V_{CC}/3$，比较器 C_2 的基准电压 $U_{R2}=V_{CC}/3$。当 CO 端的电压为 U_{CO} 时，可改变电压比较器的基准电压，这时 $U_{R1}=U_{CO}$，$U_{R2}=U_{CO}/2$。CO 端不用时，通常对地接 0.01 μF 的电容，以消除高频干扰。

2. 比较器

比较器 C_1 和 C_2 是两个结构完全相同的高精度电压比较器。比较器 C_1 的输入端为引脚 6，称为阈值端，用 TH 标记。当 $U_{TH}>2V_{CC}/3$ 时，C_1 输出低电平；当 $U_{TH}<2V_{CC}/3$ 时，C_1 输出高电平。比较器 C_2 的输入端为引脚 2，称为触发端，用 $\overline{TR}$ 标记。当 $U_{TR}>V_{CC}/3$ 时，C_2 输出高电平；当 $U_{TR}<V_{CC}/3$ 时，C_2 输出低电平。

3. 基本 RS 触发器

G_1 和 G_2 组成基本 RS 触发器。$\overline{R}_D$ 为清零端。当 $u_{R_D}=0$ 时，G_1 输出为 1，基本 RS 触发器置 0，$Q=0$，输出 u_O 为低电平 0，即 $u_O=u_{OL}$，它与阈值端 TH 和触发端 $\overline{TR}$ 有无信号输入没有关系。正常工作时，$\overline{R}_D$ 端接高电平 1。

正常工作时，当 RS 触发器的输入端 $u_{C1}=1$，$u_{C2}=1$ 时，RS 触发器处于保持状态；当 $u_{C1}=1$，$u_{C2}=0$ 时，RS 触发器处于置 1 状态；当 $u_{C1}=0$，$u_{C2}=1$ 时，RS 触发器处于置 0 状态；当 $u_{C1}=0$，$u_{C2}=0$ 时，RS 触发器处于不定态，此种状态正常情况下不允许出现。

4. 集电极开路的放电三极管 VT

集电极开路的放电三极管 VT 为 NPN 型三极管，当基极电位为高电平时，VT 导通；当基极电位为低电平时，VT 截止。

5. 输出缓冲级

为了提高电路的带负载能力，在电路的输出端设置了缓冲级 G_4，它有较强的电流驱动能力。G_4 除了可以提高电路的带负载能力外，还可以隔离外接负载对定时器工作的影响。

6.2.2 555 定时器的逻辑功能

下面根据图 6.2（a）所示电路分析 555 定时器的逻辑功能。设比较器 C_1 反相端输入电压为 U_{R1}，C_2 同相端输入电压为 U_{R2}。555 定时器的工作情况如下。

1. 定时器输出低电平

当 TH 端电压大于 $U_{R1}=2V_{CC}/3$，$\overline{TR}$ 端电压小于 $U_{R2}=V_{CC}/3$ 时，电压比较器 C_1 和 C_2 分别输出 $u_{C1}=0$，$u_{C2}=1$，RS 触发器置 0，$Q=0$、$\overline{Q}=1$，输出 $u_O=0$。这时放电三极管 VT 饱和，引脚 7 $u_D=0$。

2. 定时器输出高电平

当 TH 端电压小于 $U_{R1}=2V_{CC}/3$，$\overline{TR}$ 端电压小于 $U_{R2}=V_{CC}/3$ 时，电压比较器 C_1 和 C_2 分

别输出 $u_{C1}=1$，$u_{C2}=0$，RS 触发器置1，$Q=1$、$\overline{Q}=0$，输出 $u_O=1$。这时放电三极管VT截止，引脚7 $u_D=1$。

3. 定时器输出状态保持

当 TH 端电压小于 $U_{R1}=2V_{CC}/3$，$\overline{TR}$ 端电压大于 $U_{R2}=V_{CC}/3$ 时，电压比较器 C_1 和 C_2 分别输出 $u_{C1}=1$，$u_{C2}=1$，RS 触发器保持原状态不变，输出 u_O 保持不变。

根据以上讨论可知，555定时器的功能表如表6.1所示。

表6.1　555定时器的功能表

输入			输出	
TH	$\overline{TR}$	$\overline{R}_D$	OUT（u_O）	VT状态
×	×	0	0	饱和
$>\frac{2}{3}V_{CC}$	$>\frac{1}{3}V_{CC}$	1	0	饱和
$<\frac{2}{3}V_{CC}$	$<\frac{1}{3}V_{CC}$	1	1	截止
$<\frac{2}{3}V_{CC}$	$>\frac{1}{3}V_{CC}$	1	保持原状态	保持原状态

由以上分析得到如下结论。

（1）555定时器有两个阈值，分别是 $V_{CC}/3$ 和 $2V_{CC}/3$。

（2）输出端引脚3和放电端引脚7的状态一致。当输出端为低电平时，对应放电三极管饱和，如在引脚7经上拉电阻外接电源时，引脚7为低电平；当输出端为高电平时，对应放电三极管截止，经上拉电阻外接电源时，引脚7为高电平。

（3）输入变化与输出状态的改变有回差现象，回差电压为 $V_{CC}/3$。

（4）输出和触发输入之间的关系与反相器相似。

如图6.2（d）所示，555定时器一般采用双列直插式8脚封装形式，各引脚的功能描述如表6.2所示。

表6.2　555定时器引脚功能

引脚	名称	功能
1	GND（地）	接地，作为低电平（0 V）
2	$\overline{TR}$（触发端）	引脚电压降至 $V_{CC}/3$（或由控制端决定的阈值电压）时输出端给出高电平
3	OUT（输出端）	输出高电平（$+V_{CC}$）或低电平
4	$\overline{R}_D$（复位端）	此引脚接高电平时定时器工作，当此引脚接地时芯片复位，输出低电平
5	CO（控制端）	控制芯片的阈值电压，当此管脚接空时默认两阈值电压为 $V_{CC}/3$ 与 $2V_{CC}/3$
6	TH（阈值端）	引脚电压升至 $2V_{CC}/3$ 或由控制端决定的阈值电压时输出端给出低电平
7	DIS（放电端）	内接OC门，用于给电容放电
8	V_{CC}（电源）	提供高电平，并给芯片供电

6.2.3 555 定时器的应用举例

用 555 定时器构成的逻辑电平分析仪如图 6.3 所示。

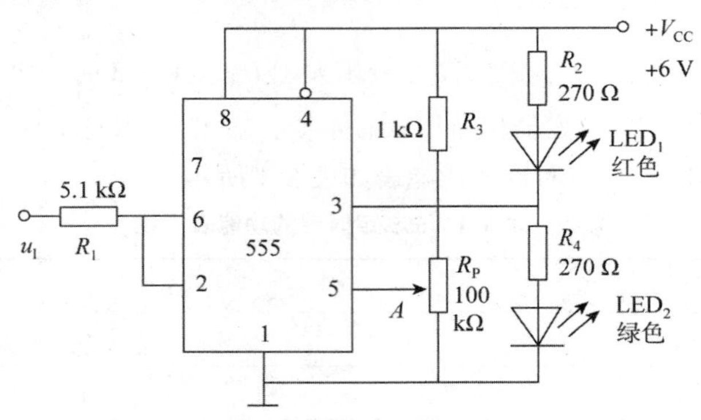

图 6.3 逻辑电平分析仪

该逻辑电平分析仪用于测量某个电平的逻辑值。电位器 R_P 用于设定高低电平标准值。假设调整电位器 R_P，使 $U_A = 3$ V，逻辑高电平标准值 $U_{T+} = U_A = 3$ V，逻辑低电平标准值 $U_{T-} = U_A/2 = 1.5$ V。当被检测电平 u_I 大于 3 V 时，红灯亮；当被检测电平 u_I 小于 1.5 V 时，绿灯亮。

逻辑电平分析仪的工作原理是：555 定时器有两个阈值电压，当电压控制端引脚 5 外接电源时，改变了两个阈值电压值，分别为 U_A 和 $U_A/2$；555 定时器的两个输入端接到一起，接被检测电平 u_I。当 $u_I > U_A$ 时，555 定时器的输出端引脚 3 为低电平，发光二极管 LED$_1$ 导通点亮；当 $u_I < U_A/2$ 时，555 定时器的输出端引脚 3 为高电平，发光二极管 LED$_2$ 导通点亮。因此实现了逻辑电平检测。

思考题

1. 555 定时器的主要组成有哪些？
2. 555 定时器的阈值电压为多少？
3. 555 定时器的逻辑功能有哪些？

6.3 施密特触发器

施密特触发器具有类似于磁滞回线形状的电压传输特性，它属于电平触发，对于缓慢变化的信号仍然适用，当输入信号达到某一定电压值时输出电压会发生突变。施密特触发器是脉冲波形变化中经常使用的一种电路，它在性能上有以下两个重要的特点。

（1）施密特触发器有两个阈值电压 U_{T+} 和 U_{T-}，U_{T+} 称为正向阈值电压，U_{T-} 称为负向阈值电压，$U_{T+} > U_{T-}$。在输入信号从低电平上升的过程中，只有当 $u_I > U_{T+}$ 时，电路的输出状态才发生转换；在输入信号从高电平下降的过程中，只有当 $u_I < U_{T-}$ 时，电路的输出状态才发生转换，即输入信号上升和下降过程中，引起输出状态转换的输入电平的幅值不同。

（2）在电路输出状态转换时，通过电路内部的正反馈过程使输出电压波形的边沿变得很陡峭，可以得到边沿陡峭的矩形脉冲。因此，可以有效地消除叠加在输入信号上的噪声干扰。

6.3.1　用555定时器构成的施密特触发器

1. 电路组成

将555定时器的阈值端 TH 端和触发端 $\overline{TR}$ 端连接在一起作为输入端，即可得到施密特触发器，如图6.4所示。

为了提高比较器参考电压 U_{R1} 和 U_{R2} 的稳定性，通常在CO端接有0.01 μF左右的滤波电容。

由于比较器 C_1、C_2 的参考电压不同，因而 RS 触发器的置0信号和置1信号必然发生在输入信号的不同电平。因此，输出电压 u_O 由高电平变为低电平和由低电平变为高电平所对应的 u_I 值也不相同，这样就形成了施密特触发电压传输特性。

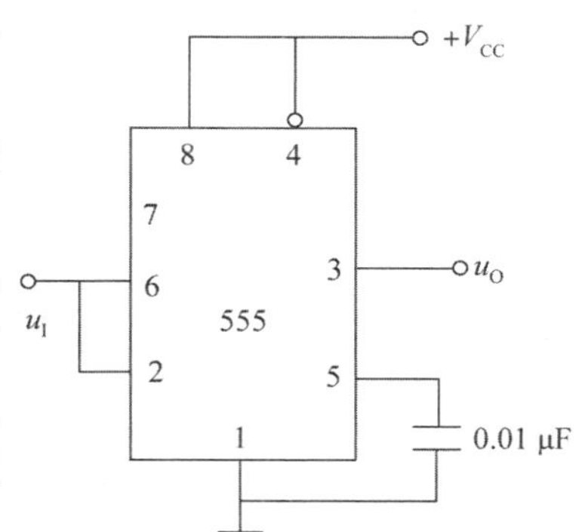

图6.4　用555定时器构成的施密特触发器

2. 工作原理

1）分析 u_I 从0逐渐升高的过程

当 $u_I < V_{CC}/3$ 时，比较器 C_1 输出为1，比较器 C_2 输出为0，RS 触发器置1，$Q=1$，故 $u_O=u_{OH}$。

当 $V_{CC}/3 < u_I < 2V_{CC}/3$ 时，比较器 C_1、C_2 均输出为1，RS 触发器保持1状态，故 $u_O=u_{OH}$ 保持不变。

当 $u_I > 2V_{CC}/3$ 时，比较器 C_1 输出为0，比较器 C_2 输出为1，RS 触发器置0，$Q=0$，故 $u_O=u_{OL}$。

因此，在 u_I 从0逐渐升高的过程中，阈值电压为 $U_{T+}=2V_{CC}/3$。

2）分析 u_I 从高于 $2V_{CC}/3$ 开始下降的过程

当 $u_I > 2V_{CC}/3$ 时，比较器 C_1 输出为0，比较器 C_2 输出为1，RS 触发器置0，$Q=0$，故 $u_O=u_{OL}$。

当 $V_{CC}/3 < u_I < 2V_{CC}/3$ 时，比较器 C_1、C_2 均输出为1，RS 触发器保持0状态，故 $u_O=u_{OL}$ 保持不变；

当 $u_I < V_{CC}/3$ 时，比较器 C_1 输出为1，比较器 C_2 输出为0，RS 触发器置1，$Q=1$，故 $u_O=u_{OH}$。

因此，在 u_I 逐渐下降的过程中，阈值电压为 $U_{T-}=V_{CC}/3$。

3. 回差特性

由以上分析可知，在 u_I 逐渐升高的过程中，阈值电压为 $U_{T+}=2V_{CC}/3$，称为上限阈值电压；在 u_I 逐渐下降的过程中，阈值电压为 $U_{T-}=V_{CC}/3$，称为下限阈值电压。因此，施密特触发器具有回差特性，施密特触发器的电压传输特性如图6.5所示。

其回差电压为

$$\Delta U_T = U_{T+} - U_{T-} = \frac{1}{3}V_{CC} \tag{6.2}$$

施密特触发器的输入、输出电压波形如图 6.6 所示。

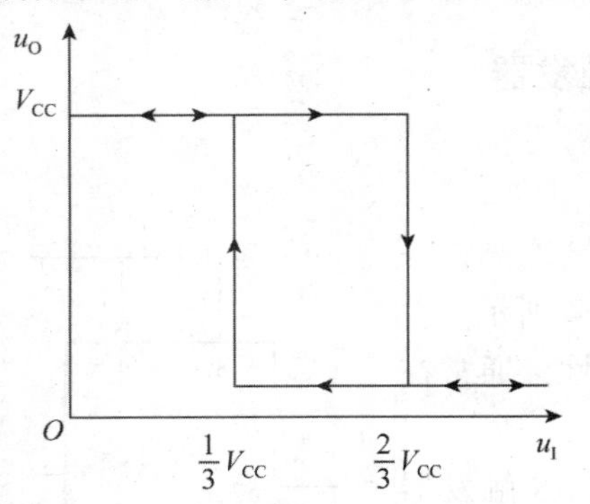

图 6.5　施密特触发器的电压传输特性

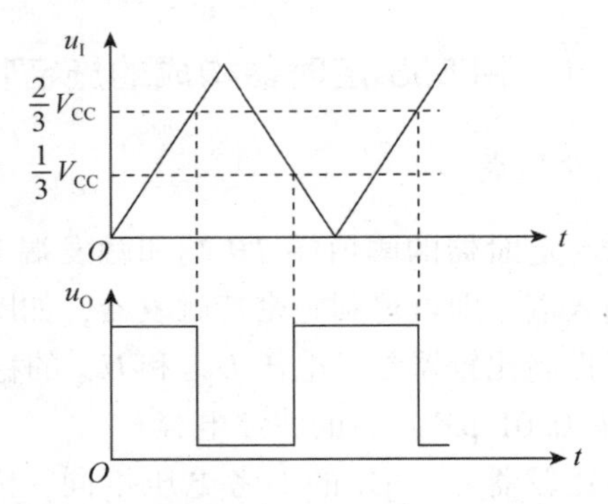

图 6.6　施密特触发器的输入、输出电压波形

若在控制端 CO 外加电压 V_S，则阈值电压、回差电压都随之改变，有

$$U_{T+} = V_S\ ,\ U_{T-} = \frac{1}{2}V_S\ ,\ \Delta U_T = \frac{1}{2}V_S \tag{6.3}$$

改变阈值电压、增大回差电压可以提高电路的抗干扰能力。

4. 施密特触发器的应用举例

图 6.7 为 555 定时器构成的施密特触发器用作光控路灯开关的电路。

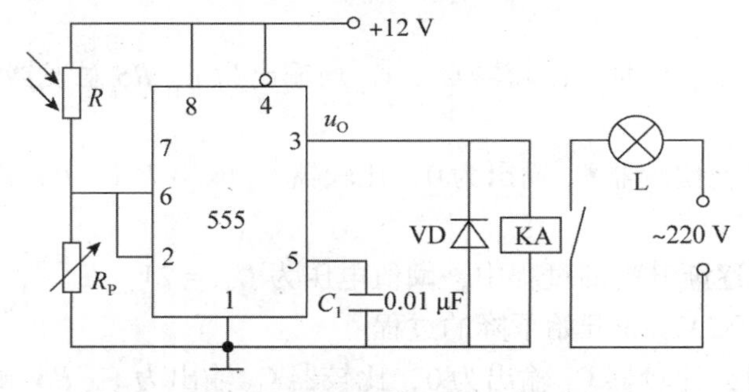

图 6.7　施密特触发器用作光控路灯开关的电路

图中 R 是光敏电阻，有光照时阻值为几十千欧；无光照时阻值为几十兆欧。KA 为继电器，线圈中有电流时，继电器吸合，否则不吸合。VD 是续流二极管，起保护 555 定时器的作用。

由图 6.7 可见，555 定时器构成了施密特触发器。白天光照比较强，光敏电阻 R 的阻值比较小，远小于 R_P，使得触发器输入端电平较高，大于上限阈值电压 8 V，定时器输出低电平，继电器线圈中没有电流流过，继电器不吸合，路灯不亮；随着夜幕的降临，光照逐渐减弱，光敏电阻 R 的阻值逐渐增大，触发器输入端的电平也随之降低，当触发器输入端的电平小于下限阈值电压 4 V 时，定时器输出变为高电平，线圈中有电流流过，继电器吸合，路灯点亮，从而实现了光控路灯开关的作用。

6.3.2　集成施密特触发器

集成施密特触发器具有上限阈值电压 U_{T+} 和下限阈值电压 U_{T-} 稳定、抗干扰能力强、使用方便等特点，应用十分广泛，TTL 和 CMOS 数字集成电路中都有施密特触发器。

1. TTL 集成施密特触发器

TTL 集成施密特触发器有六反相器 74LS14，四 2 输入与非门 74LS132，双 4 输入与非门 74LS13 等。它们的主要特性如表 6.3 所示。它们的逻辑符号是在原有门电路符号中加上表示回差特性的符号，如图 6.8 所示。

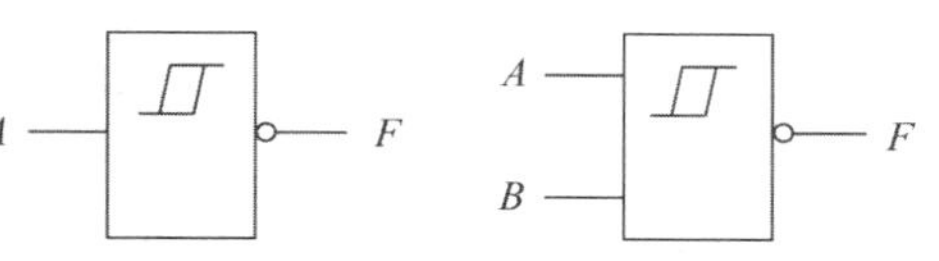

图 6.8　施密特触发器的逻辑符号

表 6.3　TTL 施密特触发器门电路特性表

电路名称	型号	延迟时间/ns	功耗/mW	U_{T+} /V	U_{T-} /V	ΔU_T /V
六反相器	7414	15	25.5	1.7	0.9	0.8
	74LS14	15	8.6	1.6	0.8	0.8
四 2 输入与非门	74132	15	25.5	1.7	0.9	0.8
	74LS132	15	8.8	1.6	0.8	0.8
双 4 输入与非门	7413	16.5	42.5	1.7	0.7	0.8
	74LS13	16.5	8.75	1.6	0.8	0.8

TTL 施密特触发器有如下特点：

（1）可将变化缓慢的信号变换成上升沿和下降沿都很陡峭的脉冲信号；

（2）具有阈值电压和回差电压温度补偿，因此，其电路性能一致性好；

（3）具有很强的抗干扰能力。

2. CMOS 集成施密特触发器

CMOS 集成施密特触发器有六反相器 CC40106、四 2 输入与非门 CC4093 等。它们的主要参数如表 6.4 所示。CMOS 集成施密特触发器的性能参数与电源电压有关，通常 V_{DD} 增大时，上限阈值电压 U_{T+} 和回差电压 ΔU_T 也会相应增大；反之，则会减小。因此，参数也有较大的离散性。

表 6.4　CC40106 和 CC4093 的主要参数

电压参考名称	符号	测试条件	参数	
		V_{DD}/V	最小值/V	最大值/V
上限阈值电压	U_{T+}	5	2.2	3.6
		10	4.6	7.1
		15	6.8	10.8
下限阈值电压	U_{T-}	5	0.9	2.8
		10	2.5	5.2
		15	4	7.4

续表

电压参考名称	符号	测试条件	参数	
		V_{DD}/V	最小值/V	最大值/V
回差电压	ΔU_T	5	0.3	1.6
		10	1.2	3.4
		15	1.6	5

CMOS 集成施密特触发器具有如下特点：

(1) 可将变化非常缓慢的信号变换为上升沿和下降沿都很陡峭的脉冲信号；

(2) 在电源电压 V_{DD} 一定时，触发阈值电压稳定，但其值会随 V_{DD} 变化；

(3) 电源电压 V_{DD} 变化范围宽，输入阻抗高，功耗极小；

(4) 抗干扰能力很强。

集成施密特触发器的缺点是阈值固定，不可调节，使用上略显不便。

6.3.3 施密特触发器的应用

施密特触发器的用途广泛，常用于波形的变换、整形、幅度鉴别等。

1. 脉冲波形变换

施密特触发器常用于将三角波、正弦波及变化缓慢的波形变换成矩形脉冲，这时将需变换的波形送到施密特触发器的输入端，输出即得到很好的矩形脉冲，如图 6.9 所示。输出波形与输入波形的周期、频率相同。

2. 脉冲整形

脉冲信号经传输线传输受到干扰后，其上升沿和下降沿都将明显变坏，甚至波形发生畸变。这时可用施密特触发器进行整形，将受到干扰的信号作为施密特触发器的输入信号，输出整形为矩形脉冲，如图 6.10 所示。

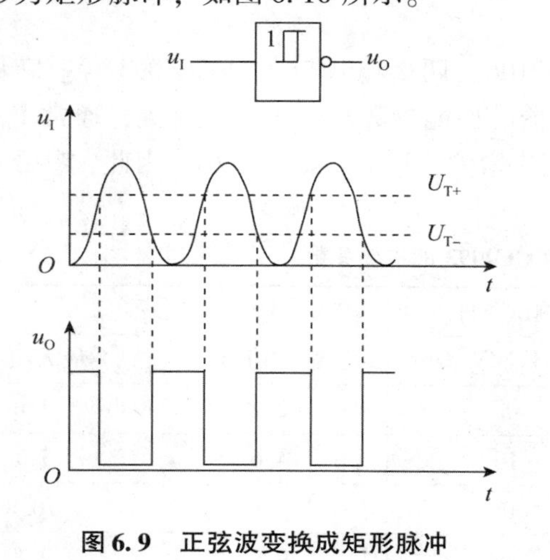

图 6.9 正弦波变换成矩形脉冲

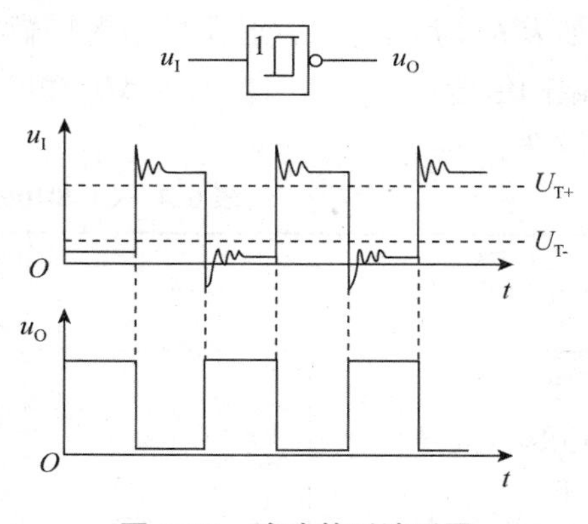

图 6.10 脉冲整形波形图

3. 脉冲幅度鉴别

当输入为一组幅度不等的脉冲而要求去掉幅度较小的脉冲时，可将这些脉冲送到施密特触发器的输入端进行幅度鉴别，从中选出幅度大于 U_{T+} 的脉冲输出，如图 6.11 所示。

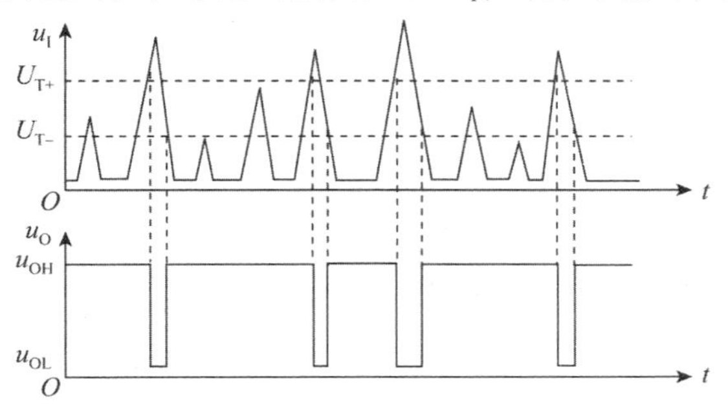

图 6.11　用施密特触发器鉴别脉冲幅度

思考题

1. 施密特触发器的重要特点有哪些?

2. 施密特触发器的主要应用有哪些?

3. 施密特触发器具有什么特性? 555 定时器构成施密特触发器不外加控制电压时，其回差电压是多少?

6.4　单稳态触发器

单稳态触发器的工作特点如下：第一，它有一个稳态和一个暂稳态两个不同的工作状态；第二，在外界触发脉冲作用下，能从稳态翻转到暂稳态，在暂稳态维持一段时间以后，再自动返回稳态；第三，暂稳态维持时间的长短取决于电路本身的参数，与触发脉冲的宽度和幅度无关。

鉴于以上这些特点，单稳态触发器被广泛应用于脉冲整形（把不规则的波形转换成宽度、幅度都相等的脉冲）、延时（将输入信号延迟一定的时间后输出）以及定时（产生一定宽度的方波）等。

6.4.1　用 555 定时器构成的单稳态触发器

1. 电路组成

将 555 定时器的触发端 $\overline{TR}$ 作为触发信号 u_I 的输入端，同时将放电端 *DIS* 和阈值端 *TH* 相连后和定时元件 *R*、*C* 相连，通过 *R* 接电源 V_{CC}，通过 *C* 接地，便组成了单稳态触发器，如图 6.12（a）所示。

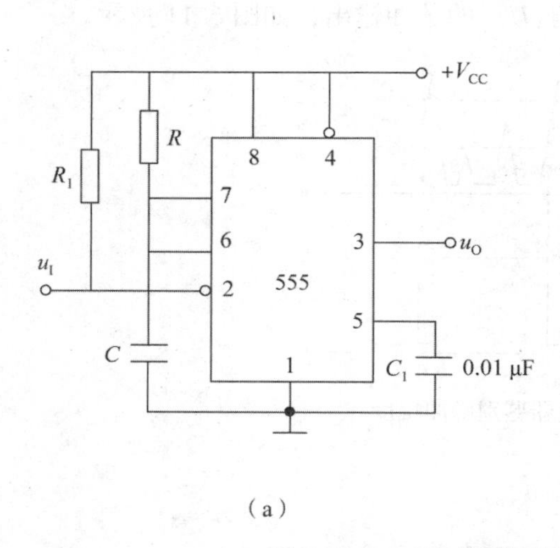

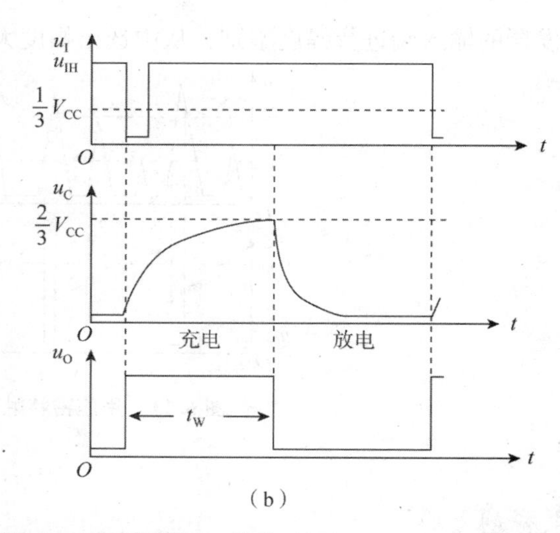

图 6.12　由 555 定时器组成的单稳态触发器及工作波形图

(a) 电路图；(b) 工作波形

2. 工作原理

单稳态触发器的工作波形图如图 6.12 (b) 所示。

1）稳态

刚接通电源 V_{CC} 时，电路有一个进入稳态的过程。如果触发负脉冲还没到来，则触发端 $\overline{TR}$ 处于高电平，电容 C 上的初始电压 $u_C \approx 0$。

如果 RS 触发器的初态 $Q=0$，输出 $u_O = u_{OL}$，则放电三极管导通，电容 C 上的电压保持在零电平，电路稳定在此状态。

如果 RS 触发器的初态 $Q=1$，放电三极管截止，电源 V_{CC} 经电阻 R 对电容 C 进行充电，其电压 u_C 随之上升，使阈值端 TH 的电压逐渐升高，当达到 $2V_{CC}/3$ 时，RS 触发器置 0，$Q=0$，放电三极管导通，电容 C 经 VT 迅速放电完毕，$u_C \approx 0$，这时输出 $u_O = u_{OL}$。

综上分析，电路处于稳定状态，RS 触发器为 $Q=0$，$\overline{Q}=1$，电容电压 $u_C \approx 0$，输出 $u_O = u_{OL}$。

2）触发翻转进入暂稳态

当输入 u_I 的负脉冲到来时，当负脉冲小于 $V_{CC}/3$ 时，555 定时器两个输入端满足 $u_{TH} < 2V_{CC}/3$，$u_{TR} < V_{CC}/3$，RS 触发器置 1，$Q=1$，输出发生翻转，由低电平 u_{OL} 跳变到高电平 u_{OH}。与此同时，放电三极管 VT 截止，电路进入暂稳态。同时电源 V_{CC} 经电阻 R 开始对电容 C 进行充电，充电时间常数 $\tau = RC$。

电路处于暂稳态，RS 触发器的 $Q=1$，$\overline{Q}=0$，输出 $u_O = u_{OH}$。

3）自动返回稳态

随着电容 C 的充电，u_C 随之升高，当 $u_C > 2V_{CC}/3$ 时，定时器满足 $u_{TH} > 2V_{CC}/3$，由于触发负脉冲早已撤掉，同时满足 $u_{TR} > V_{CC}/3$，RS 触发器置 0，$Q=0$，输出发生翻转，由高电平 u_{OH} 跳变到低电平 u_{OL}，结束暂稳态，自动返回稳态。与此同时，VT 导通，电容 C 经 VT

迅速放电，$u_C \approx 0$，电路恢复到初始状态。

综上所述，单稳态触发器的工作过程为：单稳态触发器通常处于稳态，当输入端的触发负脉冲到来时，触发翻转进入暂稳态，在暂稳态持续一段时间后自动返回到稳态，电路恢复到电容电压为0的初始状态，等待下一次触发负脉冲到来。

3. 输出脉冲宽度

单稳态触发器输出脉冲宽度 t_W 就是电路处于暂稳态持续的时间，即为电容 C 由 0 V 充电达到 $2V_{CC}/3$ 所需要的时间。显然这取决于电容的充电电路中 R 和 C 的数值。可以利用 RC 电路的三要素法计算脉冲宽度。电容充电过程中电容电压的三要素公式为

$$u_C(t) = u_C(\infty) + [u_C(0_+) - u_C(\infty)]e^{-\frac{t}{\tau}}$$

由图6.12（b）电容充电波形图可知：$u_C(\infty) = V_{CC}$、$u_C(0_+) \approx 0$ V、$u_C(t_W) = 2V_{CC}/3$，$\tau = RC$。将上述参数代入计算三要素法公式得

$$t_W = RC\ln 3 \approx 1.1RC \tag{6.4}$$

调节 R、C 的值可改变脉冲宽度 t_W，其调节范围从几微秒到几十分钟。

如果触发信号是周期信号，单稳态触发器输出产生对脉冲信号，输出脉冲信号的周期和频率与触发信号的周期和频率相同。

需要特别说明的是，单稳态触发器对输入触发脉冲有一定要求。首先触发负脉冲的低电平小于 $V_{CC}/3$，高电平大于 $2V_{CC}/3$，其低电平宽度要小于脉冲宽度（暂稳态时间）t_W，即触发负脉冲为窄负脉冲，一旦触发使单稳态触发器触发翻转进入暂稳态后，触发负脉冲必须及时撤销，否则可能使单稳态触发器无法正常工作。

试分析如果单稳态触发器的触发负脉冲低电平宽度大于脉冲宽度 t_W，会出现什么问题？如何解决？

分析：当触发脉冲的下降沿到来时，单稳态触发器触发翻转到暂稳态，输出为高电平。电源 V_{CC} 经电阻 R 开始对电容 C 进行充电，电容充电电压达到 $2V_{CC}/3$ 时，定时器的阈值端电压满足 $u_{TH} > 2V_{CC}/3$，由于触发负脉冲低电平宽度大于暂稳态时间 t_W，触发负脉冲还处于低电平，定时器的触发端电压 $u_{TR} = 0$，不满足 $u_{TR} > V_{CC}/3$，单稳态触发器不能自动返回到稳态，还是处于暂稳态，输出继续保持高电平。只有输入触发脉冲上升沿到来时，输出才返回到稳态，输出为低电平。这样完全破坏了单稳态触发器的特性，成为反相器，输入为高电平，输出为低电平；输入为低电平，输出为高电平。

解决办法是将触发负宽脉冲变换为触发负窄脉冲，使触发脉冲的低电平宽度小于脉冲宽度 t_W。方案是用 RC 微分电路将矩形脉冲变换为尖脉冲，然后用负尖脉冲作为单稳态触发器的触发脉冲，电路如图6.13（a）所示，变换后的尖脉冲波形图如图6.13（b）所示。

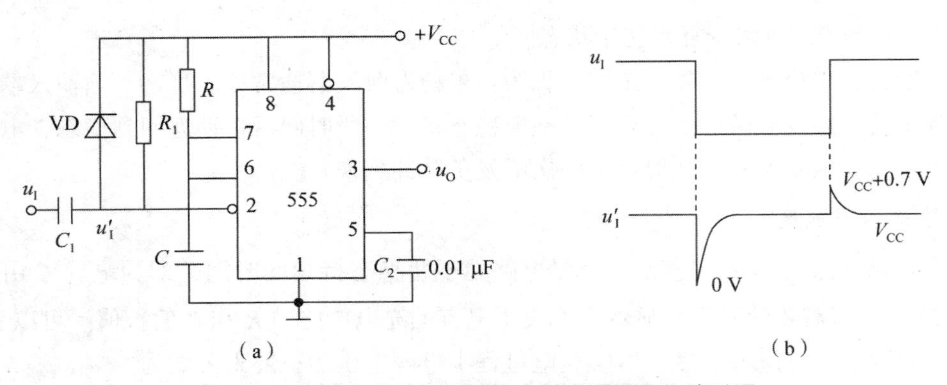

图 6.13　可输入宽脉冲的单稳态触发器及工作波形图

(a) 电路图；(b) 工作波形

由图 6.13（a）可知，在单稳态触发器的输入端增加一个由 R_1C_1 组成的微分电路，选取微分电路的时间常数远远小于脉冲宽度 t_W。由图 6.13（b）的波形图看到微分前的负宽脉冲，经过微分电路变换为负尖脉冲。

波形变换原理为：初始 u_I 为高电平，u'_I 也为高电平。当 u_I 的下降沿到来时，由于电容电压不能突变，u_I 由高电平变为 0 V，u'_I 也由高电平变为 0 V，电源 V_{CC} 通过 R_1 对电容 C_1 充电，使 u'_I 迅速升高，形成了负尖脉冲。当 u_I 的上升沿到来时，u_I 变为高电平，同样由于电容电压不能突变，u'_I 变为 $2V_{CC}$，此时二极管 VD 导通，u'_I 被钳位在 V_{CC}+0.7 V，二极管保护 555 定时器，防止电压过高被击穿，电容 C_1 放电迅速降为 V_{CC}，形成很小的正尖脉冲。转换后的负尖脉冲成为单稳态触发器的触发脉冲。

【例 6.1】 用 555 定时器组成的单稳态触发器如图 6.14 所示，已知 $R = 56\ \text{k}\Omega$，$C = 4.7\ \mu\text{F}$，触发脉冲为频率 2 Hz 的负窄脉冲。试求输出脉冲的脉冲宽度 t_W、频率 f_0 和占空比 q。

解： 输出脉冲的脉冲宽度：

$$t_W \approx 1.1RC = 1.1 \times 56 \times 10^3 \times 4.7 \times 10^{-6}\ \text{s} \approx 290\ \text{ms}$$

输出脉冲的频率等于输入触发脉冲的频率：

$$f_0 = 2\ \text{Hz}$$

输出脉冲的占空比：

$$T = 1/f_0 = 1/2 = 0.5\ \text{s} = 500\ \text{ms}$$

$$q = \frac{t_W}{T} = \frac{290}{500} = 58\%$$

4. 单稳态触发器的应用

用 555 定时器构成的单稳态触发器组成触摸式延时开关灯控电路如图 6.15 所示。

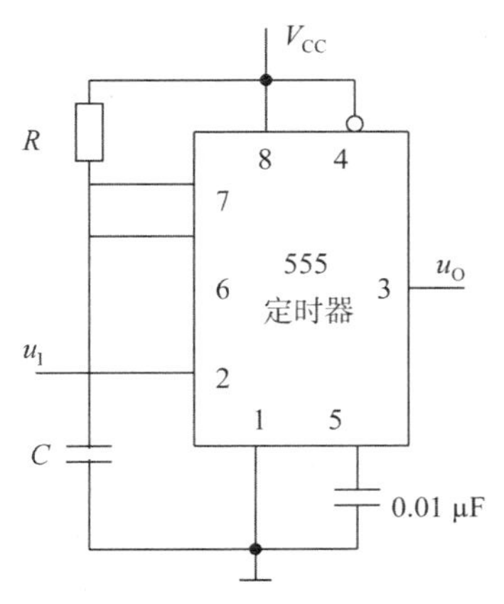

图6.14　例6.1单稳态触发器

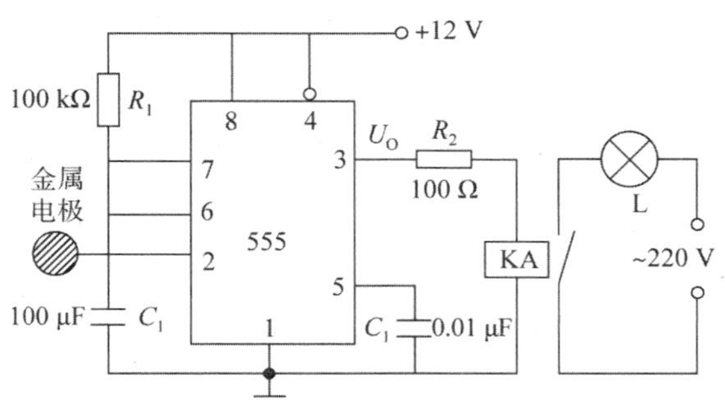

图6.15　触摸式延时开关灯控电路

将555定时器组成单稳态触发器，单稳态触发器的触发输入端接一块金属片，作为触摸式开关。单稳态触发器的输出端接继电器，继电器的常开触点作为照明灯的开关。

当单稳态触发器处于稳态时，输出为低电平，继电器没有电流流过，灯不亮；手触摸金属板后，单稳态触发器被触发，进入暂稳态，输出为高电平，继电器有电流流过，吸合使常开触点闭合，照明灯点亮。暂稳态的维持时间由 R_1、C_1 决定，也就是灯点亮的时间（脉冲宽度），当单稳态电路自动返回稳态时，单稳态触发器输出又变为低电平，继电器没有电流流过，常开触点断开，灯熄灭。

灯点亮的时间为

$$t_W \approx 1.1R_1C_1 = 1.1 \times 100 \times 10^3 \times 100 \times 10^{-6}\ \text{s} = 11\ \text{s}$$

改变电阻 R_1 和电容 C_1 的数值，可调整照明灯点亮的时间。

6.4.2　用集成施密特触发器组成的单稳态触发器

用集成施密特触发器组成的单稳态触发器的电路如图6.16（a）所示，其工作波形图如图6.16（b）所示。

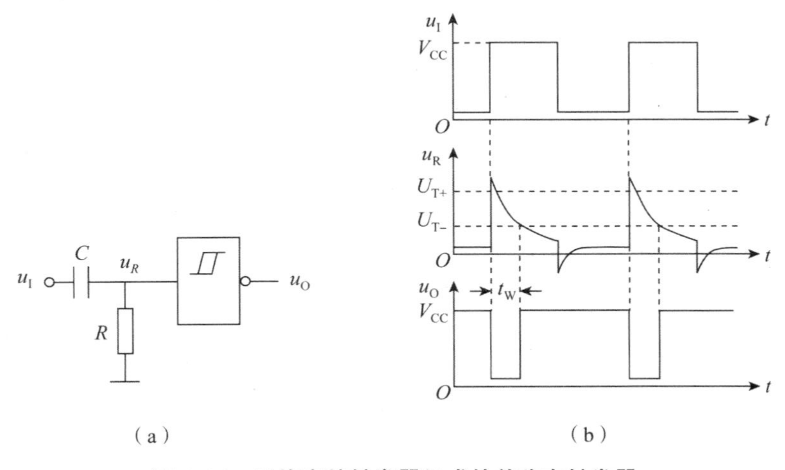

图6.16　用施密特触发器组成的单稳态触发器

（a）电路图；（b）工作波形图

触发信号 u_I 经 RC 微分电路后接到施密特触发器的输入端，上升沿触发。当 u_I 为低电平时，u_R 为0，输出 u_O 为高电平 V_{CC}，电路处于稳态。当 u_I 的上升沿到来时，由于电容 C 上的电压不能突变，所以 u_R 随 u_I 上跳至高电平 V_{CC}，大于施密特触发器的上限阈值电压 U_{T+}，输出 u_O 由高电平翻转为低电平，电路进入暂稳态。之后，u_I 通过电阻 R 对电容 C 充电，u_R 逐渐下降，当 u_R 下降到下限阈值电压 U_{T-} 时，电路翻转，u_O 恢复到高电平 V_{CC}，电路回到稳态。

输出脉冲宽度 t_W 是 u_R 由 V_{CC} 下降到 U_{T-} 的时间，为

$$t_W = RC\ln\frac{V_{CC}}{U_{T-}} \tag{6.4}$$

6.4.3 单稳态触发器的应用

单稳态触发器的应用非常广泛，可以实现对信号的整形、延时、定时等。

1. 信号整形

假设现有一列宽度和幅度不规则的脉冲信号，将这一列信号直接加至单稳态触发器的触发端，在电路的输出端就可以得到一组规则的矩形脉冲信号，如图6.17所示。

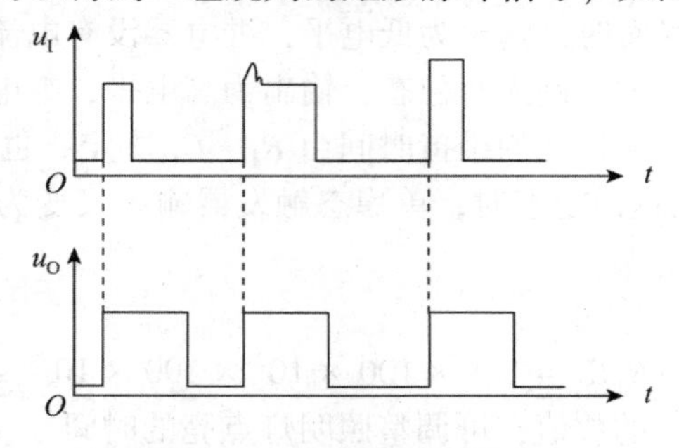

图6.17 单稳态触发器的整形作用

2. 信号延时

将两个单稳态触发器首尾连接，被延时信号作为第1级的触发输入，第1级的反向输出作为第2级的触发输入。根据需要，分别调整两级的外接电阻和外接电容，就可以相应调整延时时间，以及调整第2级输出脉冲信号的宽度，如图6.18所示。

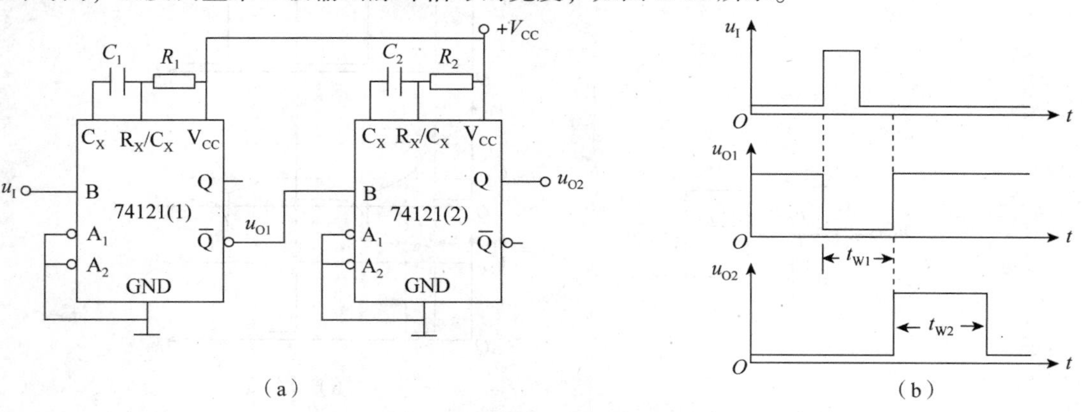

图6.18 单稳态触发器的延时作用

(a) 电路；(b) 波形

3. 信号定时

由于单稳态触发器产生一定宽度的矩形输出脉冲，如利用这个矩形脉冲作为定时信号去控制电路，可使其在 t_W 时间内动作或不动作。例如，利用单稳态输出的矩形脉冲作为与门输入的控制信号，如图 6.19（a）所示，则只有在这个矩形波的 t_W 时间内，信号 u_A 才有可能通过与门。工作波形图如图 6.19（b）所示。

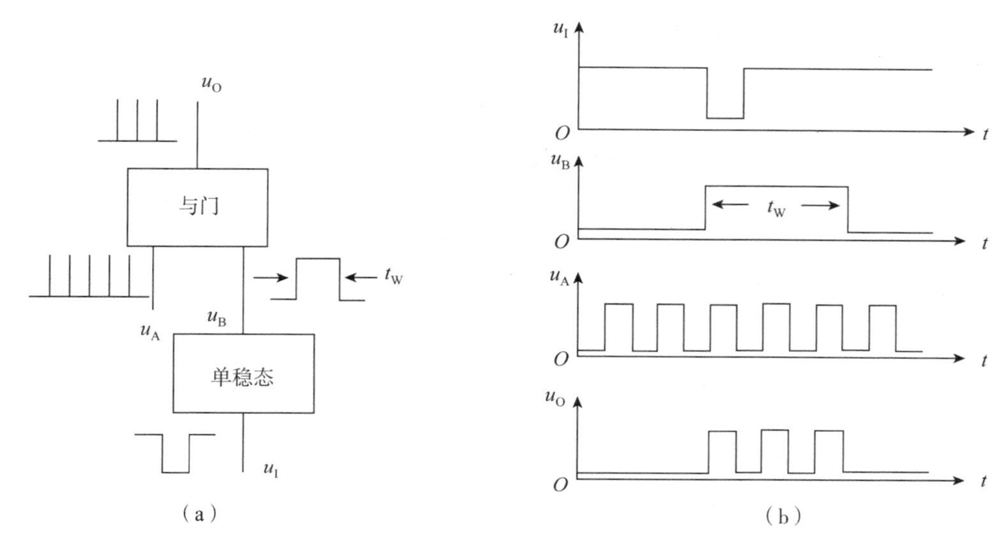

图 6.19　单稳态触发器作定时电路

（a）逻辑电路；（b）工作波形

思考题

1. 单稳态触发器的工作状态有哪些？
2. 单稳态触发器对触发信号的要求是什么？
3. 单稳态触发器的主要应用有哪些？
4. 若单稳态触发器的触发负脉冲低电平宽度大于脉冲宽度 t_W，会出现什么问题？如何解决？

6.5　多谐振荡器

多谐振荡器是一种自激振荡电路，当电路连接好之后，只要接上电源，在其输出端便可获得矩形脉冲，由于矩形脉冲中除基波外还含有极丰富的高次谐波，所以人们把这种电路叫作多谐振荡器。

多谐振荡器具有两个特点：

（1）电路没有稳定状态，电路的两个状态均为暂稳态；

（2）电路状态的变化无须触发信号的作用。

6.5.1 用555定时器构成的多谐振荡器

1. 电路组成

用555定时器构成的多谐振荡器如图6.20所示。电阻R_1、R_2和电容C_1串联，接在电源V_{CC}和地之间。将555定时器的阈值端TH和触发端$\overline{TR}$相连为一个输入端，与电阻R_2、电容C_1连接，放电端DIS和R_1、R_2相连，外加电压控制端连接电容C_2接地。电阻R_1和R_2为电容C_1的充电电阻，电阻R_2为电容C_1的放电电阻，这样便构成了多谐振荡器，R_1、R_2和C_1为定时元件。

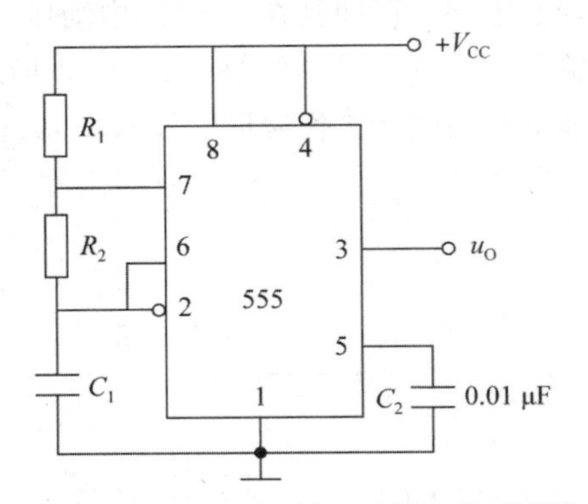

图6.20 由555定时器构成的多谐振荡器

2. 工作原理

图6.21为多谐振荡器的工作波形图。

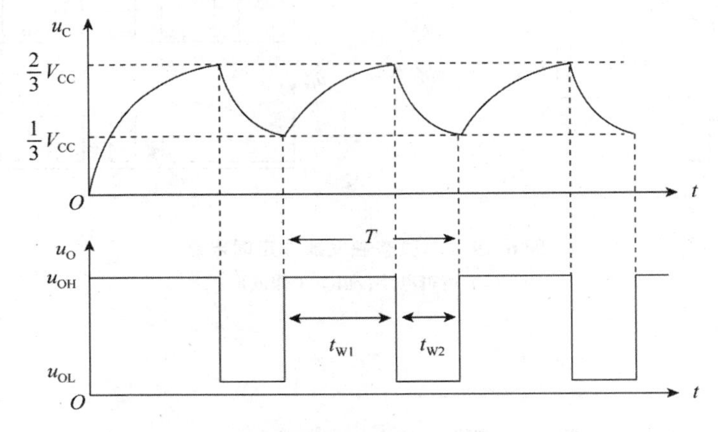

图6.21 由555定时器构成的多谐振荡器的工作波形

(1) 起始状态：接通电源前，电容C_1上的电压$u_C=0$。接通电源后，由于电容电压不能突变，电容C_1上的电压仍然为0，电容C_1的电压就是加在555定时器阈值端和触发端的电压，满足$U_{TH}<2V_{CC}/3$，$U_{TR}<V_{CC}/3$，输出为高电平，$u_O=u_{OH}$，把这个状态称为多谐振荡器的暂稳态Ⅰ。

(2) 处于暂稳态Ⅰ：V_{CC}经电阻R_1和R_2对电容C_1充电，u_C随之上升，在上升到$2V_{CC}/3$前，电路一直处在暂稳态Ⅰ，输出保持高电平。

(3) 自动翻转到暂稳态Ⅱ：当电容C_1充电使电压为$u_C>2V_{CC}/3$时，满足$U_{TH}>2V_{CC}/3$，$U_{TR}>V_{CC}/3$，输出u_O由高电平翻转为低电平，$u_O=u_{OL}$，把这个状态称为多谐振荡器的暂稳态Ⅱ。

(4) 处于暂稳态Ⅱ：当输出翻转为低电平的同时，放电三极管VT导通，电容C_1经R_2和VT放电，u_C随之减小。在减小到当$V_{CC}/3$前，电路一直处在暂稳态Ⅱ，输出保持低电平。

(5) 自动翻转回暂稳态Ⅰ：当电容C_1放电使电压为$u_C<V_{CC}/3$时，满足$U_{TH}<2V_{CC}/3$，输出发生翻转，由低电平变为高电平，$u_O=u_{OH}$。电路又返回到暂稳态Ⅰ，振荡电路完成了

一个循环的变化。之后，由于输出变为了高电平，放电三极管 VT 截止，V_{CC} 经电阻 R_1 和 R_2 对电容 C_1 又开始充电，u_C 随之上升……电容 C_1 如此周而复始地充电和放电，使电路不停地在暂稳态Ⅰ和暂稳态Ⅱ之间翻转，输出持续产生脉冲波形，即产生了振荡。

3. 多谐振荡器的主要参数

由图 6.21 可得多谐振荡器的振荡周期 T 为

$$T = t_{W1} + t_{W2} \tag{6.5}$$

t_{W1} 为电容 C_1 电压 u_C 由 $V_{CC}/3$ 充到 $2V_{CC}/3$ 所需的时间。充电电源电压为 V_{CC}，充电时间常数为 $(R_1+R_2)C$。将 $u_C(\infty)=V_{CC}$、$u_C(0_+)=V_{CC}/3$、$u_C(t_{W1})=2V_{CC}/3$，$\tau=(R_1+R_2)C_1$ 代入 RC 电路三要素法公式中：

$$u_C(t) = u_C(\infty) + [u_C(0_+) - u_C(\infty)]e^{-\frac{t}{\tau}}$$

$$\frac{2}{3}V_{CC} = V_{CC} + [\frac{1}{3}V_{CC} - V_{CC}]e^{-\frac{t_{W1}}{\tau}}$$

计算得到

$$t_{W1} = 0.7(R_1 + R_2)C_1 \tag{6.6}$$

t_{W2} 为电容 C_1 电压 u_C 由 $2V_{CC}/3$ 放电到 $V_{CC}/3$ 所需的时间。$u_C(\infty)=0$、$u_C(0_+)=2V_{CC}/3$、$u_C(t_{W2})=V_{CC}/3$、$\tau=R_2C$，代入三要素法公式得到

$$t_{W2} = 0.7R_2C \tag{6.7}$$

所以，多谐振荡器的振荡周期 T 为

$$T = t_{W1} + t_{W2} = 0.7(R_1 + 2R_2)C_1 \tag{6.8}$$

多谐振荡器的振荡频率 f 为

$$f = \frac{1}{T} = \frac{1}{0.7(R_1 + 2R_2)C_1} = \frac{1.43}{(R_1 + 2R_2)C_1} \tag{6.9}$$

多谐振荡器矩形波形的占空比 q 为

$$q = \frac{t_{W1}}{T} = \frac{t_{W1}}{t_{W1} + t_{W2}} = \frac{0.7(R_1 + R_2)C_1}{0.7(R_1 + 2R_2)C_1} = \frac{R_1 + R_2}{R_1 + 2R_2} \tag{6.10}$$

【例 6.2】 用 555 定时器构成的多谐振荡器如图 6.20 所示。已知 $R_1=51\ \text{k}\Omega$，$R_2=100\ \text{k}\Omega$，$C_1=0.01\ \mu\text{F}$。试求多谐振荡器的输出波形的脉冲宽度、振荡周期、振荡频率、占空比。

解： 输出波形的脉冲宽度为

$$t_{W1} = 0.7(R_1 + R_2)C_1 = 0.7(51 + 100) \times 10^3 \times 0.01 \times 10^{-6}\ \text{s} = 1.057\ \text{ms}$$

振荡周期为

$$T = 0.7(R_1 + 2R_2)C_1 = 0.7 \times (51 + 2 \times 100) \times 10^3 \times 0.01 \times 10^{-6}\ \text{s} = 1.757\ \text{ms}$$

振荡频率为

$$f = \frac{1}{T} = \frac{1}{1.757 \times 10^{-3}}\ \text{Hz} = 569\ \text{Hz}$$

占空比为

$$q = \frac{t_{W1}}{T} = \frac{1.057}{1.757} = 60.2\%$$

4. 占空比可调的多谐振荡器

在实际应用中，有时需要矩形波的脉冲宽度可变，图 6.22 所示为用 555 定时器组成的占空比可调的多谐振荡器。

由图可知，充电回路为 V_{CC} 经 R_1、VD_2 对 C_1 充电，时间常数为 R_1C_1；放电回路为 C_1 经 VD_1、R_2 放电，时间常数为 R_2C_1。充电时间 t_{W1} 与放电时间 t_{W2} 为

$$t_{W1} = 0.7R_1C_1$$
$$t_{W2} = 0.7R_2C_1$$

因此，占空比 q 为

$$q = \frac{t_{W1}}{T} = \frac{t_{W1}}{t_{W1} + t_{W2}} = \frac{0.7R_1C_1}{0.7R_1C_1 + 0.7R_2C_1} = \frac{R_1}{R_1 + R_2} \tag{6.11}$$

由上式可知，调节电位器 R_P 可改变 R_1 和 R_2 的比值，改变了占空比。

【例 6.3】 试用 555 定时器设计一个多谐振荡器，要求振荡周期为 1 s，输出脉冲幅度大于 3 V 而小于 5 V，输出脉冲的占空比为 $q = 2/3$。

解： 设计时采用图 6.20 所示电路，由 555 定时器的特性参数可知，当电源电压取 5 V 时，在 100 mA 的输出电流下输出电压的典型值为 3.3 V，所以取 $V_{CC} = 5$ V 可以满足对输出脉冲幅度的要求，根据多谐振荡器占空比公式可知

$$q = \frac{R_1 + R_1}{R_1 + 2R_2} = \frac{2}{3}$$

故得到 $R_1 = R_2$。

多谐振荡器的振荡周期为

$$T = 0.7(R_1 + 2R_2)C_1$$

若取 $C_1 = 10\ \mu F$，代入上式得

$$R_1 = \frac{1}{3 \times 0.7 \times C_1} = \frac{1}{3 \times 0.7 \times 10 \times 10^{-6}}\ \Omega = 48\ k\Omega$$
$$R_2 = R_1 = 48\ k\Omega$$

电阻 R_1、R_2 用两只 47 kΩ 电阻和一个 2 kΩ 的电位器串联，设计的多谐振荡器如图 6.23 所示。

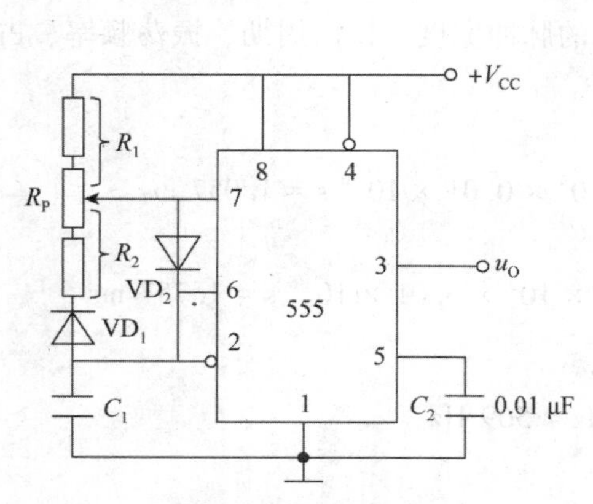

图 6.22 用 555 定时器组成的占空比可调的多谐振荡器

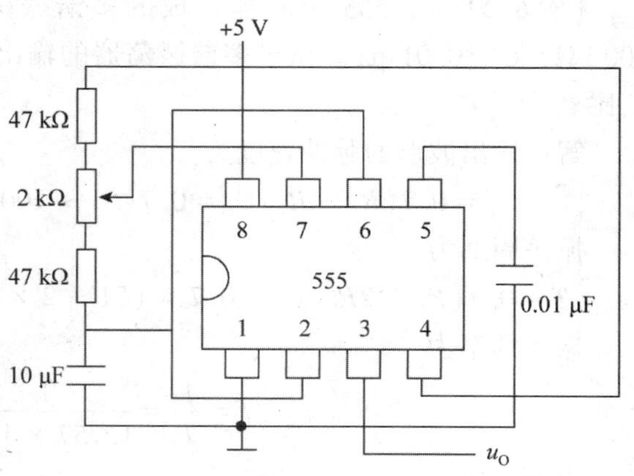

图 6.23 例 6.3 设计的多谐振荡器

6.5.2　用施密特触发器构成的多谐振荡器

利用施密特触发器可以构成多谐振荡器，电路图如图6.24（a）所示。

接通电源瞬间，电容 C 上的电压为0，输出 u_O 为高电平。u_O 通过电阻 R 对电容 C 充电，u_C 上升，当 u_C 值达到 U_{T+} 时，施密特触发器翻转，u_O 变成低电平。电容 C 通过电阻 R 放电而使 u_C 下降，当 u_C 下降到 U_{T-} 时，触发器再次翻转，又输出高电平，对电容 C 充电……如此周而复始地形成振荡，在输出端形成矩形波。其波形如图6.24（b）所示。

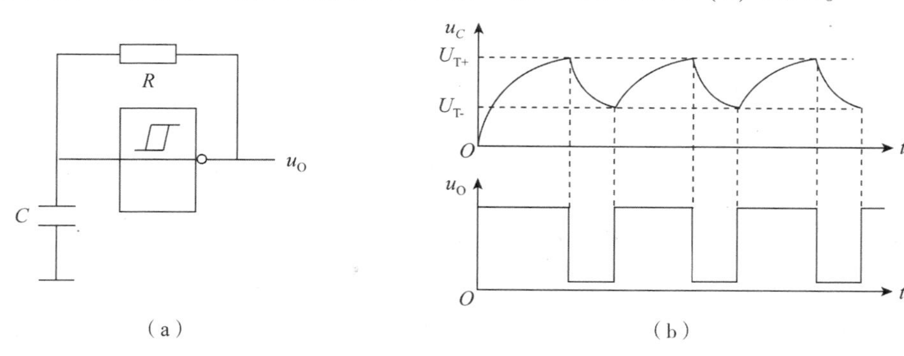

图6.24　施密特触发器构成的多谐振荡器及工作波形

（a）电路图；（b）波形图

6.5.3　多谐振荡器的应用

1. 模拟声响电路

图6.25（a）所示是用两个多谐振荡器（以下简称振荡器）构成的模拟声响电路。设计定时元件 R_1、R_2、C_1，使振荡器Ⅰ的频率 f = 1 Hz；设计定时元件 R_3、R_4、C_2，使振荡器Ⅱ的频率 f = 1 000 Hz，那么扬声器就会发出“呜……呜”的间歇声响。因为振荡器Ⅰ的输出电压 u_{O1} 接到振荡器Ⅱ中555定时器的复位端，当 u_{O1} 为高电平时振荡器Ⅱ振荡，为低电平时使振荡器Ⅱ的555定时器复位，振荡器Ⅱ停止振荡。图6.25（b）所示是电路的工作波形。

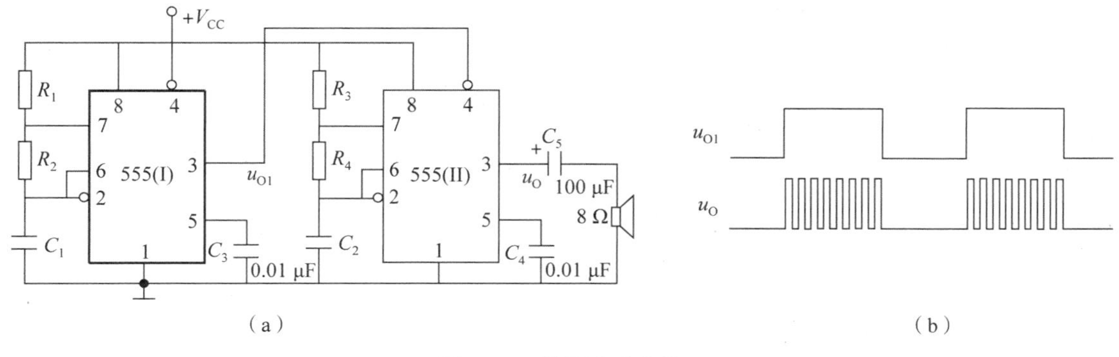

图6.25　模拟声响电路

（a）电路图；（b）工作波形

2. 用555定时器构成的压控振荡器

在用555定时器构成的多谐振荡器中，将电压控制端 CO(引脚5)接一个可变电压 U_{CT}，如图6.26所示，称为用555定时器构成的压控振荡器。

压控振荡器的工作原理与多谐振荡器基本相同，区别是外加控制电压 U_{CT} 不同，555定时器的阈值随之改变。同时改变了回差电压，使电容 C 的充电、放电时间发生变化，改变了输出信号的振荡周期和频率。因此，改变控制电压，振荡器的振荡周期和频率也随之变化。

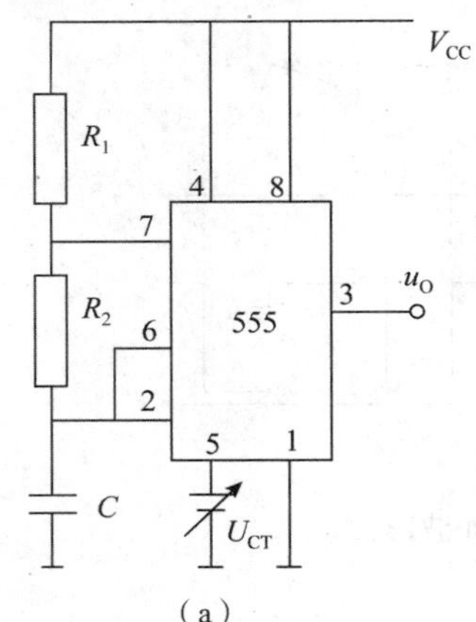

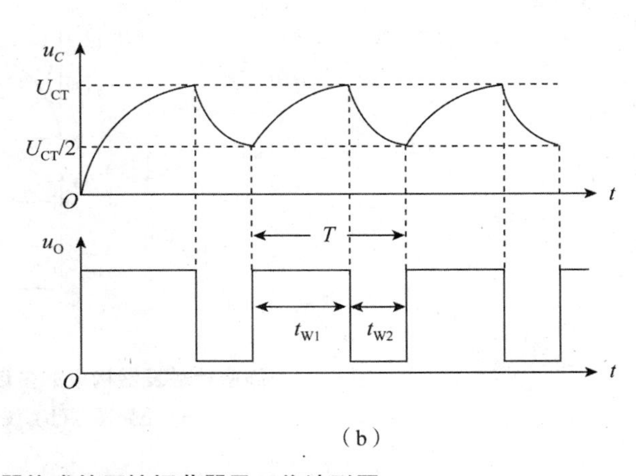

图6.26 用555定时器构成的压控振荡器及工作波形图

(a) 电路图；(b) 工作波形

用555定时器构成的压控振荡器的振荡周期为

$$T = t_{W1} + t_{W2}$$

t_{W1} 为电容电压 u_C 由 $U_{CT}/2$ 充电到 U_{CT} 所需的时间，充电时间常数为 $\tau = (R_1 + R_2)C$ 。将 $u_C(0_+) = U_{CT}/2, u_C(\infty) = V_{CC}$ ，$\tau = (R_1 + R_2)C$ ，$u_C(t_{W1}) = U_{CT}$ 代入电路三要素法公式中，得到

$$t_{W1} = (R_1 + R_2)C\ln\frac{V_{CC} - U_{CT}/2}{V_{CC} - U_{CT}}$$

t_{W2} 为电容电压 u_C 由 U_{CT} 放电到 $U_{CT}/2$ 所需的时间。将 $u_C(\infty) = 0$、$u_C(0_+) = U_{CT}$、$u_C(t_{W2}) = U_{CT}/2$、$\tau = R_2C$ 代入三要素法公式得到

$$t_{W2} = 0.7R_2C$$

用555定时器构成的压控振荡器的振荡周期为

$$T = t_{W1} + t_{W2} = (R_1 + 2R_2)C\ln\frac{V_{CC} - U_{CT}/2}{V_{CC} - U_{CT}} + 0.7R_2C \tag{6.12}$$

思考题

1. 救护车响着“嘀—咚—嘀—咚”的笛声从你身边驶过时，你是否想过“嘀—咚”的笛声是怎么产生的？

2. 多谐振荡器的特点有哪些？

3. 多谐振荡器的周期、频率、占空比怎么计算？

本章小结

1. 555定时器是一种用途很广的多功能电路，只需要外接少量的阻容元件就可以很方便地组成施密特触发器、单稳态触发器和多谐振荡器等，使用方便灵活，有较强的驱动负载的能力，获得了广泛的应用。

2. 施密特触发器有两个稳定状态（简称稳态），而每个稳定状态都是依靠输入电平来维持的。当输入电压大于上限阈值电压 U_{T+} 时，输出状态转换到另一个稳定状态；而当输入电压小于下限阈值电压 U_{T-} 时，输出状态又返回到原来的稳定状态。利用这个特性可将输入的非矩形脉冲波形变换成矩形脉冲输出，特别是可将边沿变化比较缓慢的信号变换成边沿陡峭的矩形脉冲。

施密特触发器具有回差特性，调节回差电压的大小，可改变电路的抗干扰能力。回差电压越大，抗干扰能力越强。

施密特触发器主要用于波形变换、脉冲整形、脉冲鉴幅等。

3. 单稳态触发器有一个稳定状态和一个暂稳态，在没有触发脉冲作用时，电路处于稳定状态。在输入触发脉冲作用下，电路进入暂稳态，经一段时间后，自动返回到稳定状态，从而输出宽度和幅度都符合要求的矩形脉冲。输出脉冲宽度取决于定时元件 R、C 值的大小，与输入触发脉冲没有关系。调节 R、C 值的大小，可改变输出脉冲的宽度。

集成单稳态触发器有非重复触发和可重复触发两类，由于其具有工作稳定性好、脉冲宽度调节范围大、使用方便灵活等优点，是一种较为理想的脉冲整形电路。

单稳态触发器主要用于脉冲整形、定时、延时和展宽等。

4. 多谐振荡器没有稳定状态，只有两个暂稳态。依靠电容的充电和放电，使两个暂稳态相互自动交换。因此，多谐振荡器接通电源后便可输出周期性的矩形脉冲。改变电容充、放电回路中的 R、C 值的大小，便可调节振荡频率。

一、填空题

1. 555定时器组成的多谐振荡器的电路如题图6.1所示，其振荡周期公式为（　　）。

2. 555定时器组成的多谐振荡器的电路如题图6.2所示，其振荡频率为（　　）Hz。

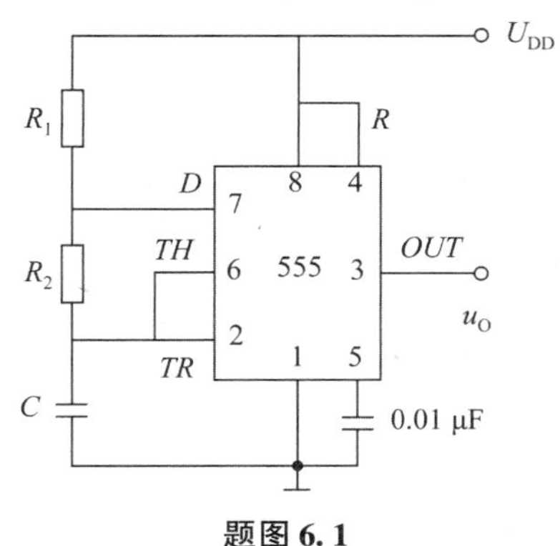

题图6.1

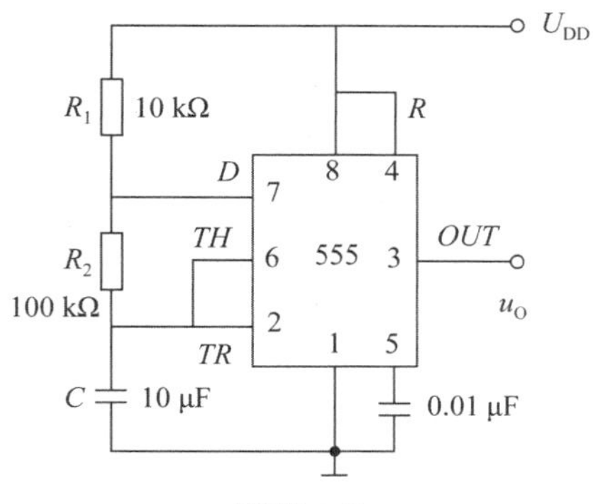

题图6.2

3. 施密特触发器可以用来实现波形变换、幅度鉴别和（　　）。

4. 单稳态触发器具有一个稳态和（　　）暂稳态。

5. 单稳态触发器可以用于信号整形、信号延时和信号（　　）。

6. 常见的脉冲产生电路有多谐振荡器，常见的脉冲整形电路有施密特触发器和（　　）。

7. 多谐振荡器具有（　　）稳态和两个暂态。

8. 欲把输入的正弦波信号转换成同频的矩形波信号，可采用（　　）电路。

9. 施密特触发器有（　　）个阈值电压，分别称为 U_{T+} 和 U_{T-}。

10. （　　　　）是一种能自动反复输出矩形脉冲的自激振荡电路。

11. 由555定时器构成的单稳态触发器，若已知电阻 $R=500\ \text{k}\Omega$，电容 $C=10\ \mu\text{F}$，则该单稳态触发器的脉冲宽度 $t_W \approx$（　　）。

12. 电源电压为+18 V的555定时器，无外接控制电压，接成施密特触发器，则该触发器的上限阈值电压 $U_{T+}=$（　　）。

13. 电源电压为+18 V的555定时器，无外接控制电压，接成施密特触发器，则该触发器的下限阈值电压 $U_{T-}=$（　　）。

14. 多谐振荡器充电时间常数为 T_1，放电时间常数为 T_2，则占空比为（　　）。

二、选择题

1. 为把50 Hz的正弦波变成周期性矩形波，应当选用（　　）。

A. 施密特触发器　B. 单稳态触发器　C. 多谐振荡器　D. 译码器

2. 多谐振荡器可产生（　　）。

A. 正弦波　B. 矩形脉冲　C. 三角波　D. 锯齿波

3. 555定时器不可以组成（　　）。

A. 多谐振荡器　B. 单稳态触发器　C. 施密特触发器　D. *JK*触发器

4. 用555定时器组成施密特触发器，当输入控制端 V_{CO} 外接10 V电压时，回差电压为（　　）。

A. 3.33 V　B. 6.66 V　C. 5 V　D. 10 V

5. 以下各电路中，（　　）可以用于定时。

A. 多谐振荡器　B. 单稳态触发器

C. 施密特触发器　D. 石英晶体多谐振荡器

6. 一个时钟占空比为1∶4，则一个周期内高低电平持续时间之比为（　　）。

A. 1∶3　B. 1∶4　C. 1∶5　D. 1∶6

7. 555定时器构成的单稳态触发器输出脉冲宽度 t_W 为（　　）。

A. 1.3*RC*　B. 1.1*RC*　C. 0.7*RC*　D. *RC*

8. 单稳态触发器有（　　）。

A. 两个稳定状态　B. 一个稳定状态，一个暂稳态

C. 两个暂稳态　D. 记忆二进制数的功能

9. 555定时器构成的单稳态触发器，若电源电压为+6 V，则当暂稳态结束时，定时电容 C 上的电压 U_C 为（　　）。

A. 6 V　B. 0 V　C. 2 V　D. 4 V

10. 多谐振荡器与单稳态触发器的区别之一是（　　）。
A. 前者有 2 个稳态，后者只有 1 个稳态
B. 前者没有稳态，后者有 2 个稳态
C. 前者没有稳态，后者只有 1 个稳态
D. 两者均只有一个稳态，但后者的稳态需要一定的外界信号维持

11. 下列哪些不是单稳态触发器的用途？（　　）。
A. 整形　　B. 延时　　C. 计数　　D. 定时

12. 下面（　　）可以将正弦信号转换成与之频率相同的脉冲信号。
A. T 触发器　　B. 施密特触发器　　C. 优先编码器　　D. 移位寄存器

13. 施密特触发器常用于对脉冲波形的（　　）。
A. 延时和定时　　B. 计数　　C. 整形与变换　　D. 寄存

14. 555 定时器 $\overline{R}_D$ 端不用时，应当（　　）。
A. 接高电平　　B. 通过小于 500 Ω 的电阻接地
C. 接低电平　　C. 通过 0.01 μF 的电容接地

15. 单稳态触发器可用来（　　）。
A. 产生矩形脉冲　　B. 产生延时作用
C. 存储信号　　D. 把缓慢信号变成矩形脉冲

16. 能把三角波转换为矩形脉冲信号的电路为（　　）。
A. 多谐振荡器　　B. ADC　　C. DAC　　D. 施密特触发器

17. 某矩形脉冲信号，脉冲宽度为 0.1 s，占空比为 1∶5，则此信号的频率为（　　）。
A. 0.1 s　　B. 10 Hz　　C. 0.5 s　　D. 2 Hz

18. 某矩形脉冲信号，高低电平持续时间分别为 0.1 s、0.4 s，则此信号的占空比为（　　）。
A. 1∶4　　B. 1∶3　　C. 1∶5　　D. 1∶6

19. 描述矩形脉冲的参数不包括下列哪项？（　　）。
A. 脉冲幅度　　B. 传输延迟时间　　C. 脉冲宽度　　D. 上升时间

20. 如题图 6.3 所示，该电路是（　　）。
A. 施密特触发器
B. 多谐振荡器
C. 单稳态触发器
D. 555 定时器

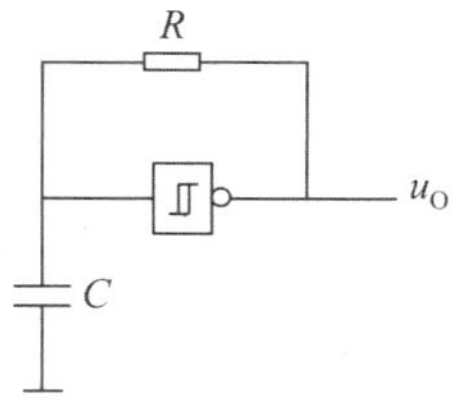

R　u_O　C

题图 6.3

三、判断题

1. 施密特触发器可用于将三角波变换成正弦波。（　　）
2. 施密特触发器有两个稳定状态。（　　）
3. 多谐振荡器输出信号的周期与阻容元件的参数成正比。（　　）
4. 施密特触发器具有记忆功能，因此它也能寄存 1 为二进制数据。（　　）
5. 单稳态触发器的暂稳态时间与输入触发脉冲宽度成正比。（　　）

6. 单稳态触发器的暂稳态维持时间用 t_W 表示，与电路中的 R、C 成正比。(　　)

7. 单稳态触发器不需要触发信号作用就能进入暂稳态。(　　)

8. 施密特触发器的上限阈值电压一定大于下限阈值电压。(　　)

9. 施密特触发器具有两个稳态，而单稳态触发器只具有一个稳态。(　　)

10. 多谐振荡器输出的信号为正弦波。(　　)

11. 多谐振荡器可用来进行脉冲的产生及整形等功能。(　　)

12. 单稳态触发器可用来进行脉冲的整形、延时和定时等。(　　)

四、简答题

1. 如题图 6.4 所示是由 555 定时器接成的多谐振荡器，求：

(1) 充电时间常数 T_1，放电时间常数 T_2；

(2) 周期 T，频率 f；

(3) 占空比。

2. 如题图 6.5 所示为 555 定时器构成的电路，外接电源为 $V_{CC}=12$ V 时，输入信号为 u_I，输出信号为 u_O，试完成下列各题：

(1) 5 脚通过 0.01 μF 的电容接地，写出电路完成的功能，并求 U_{T+}、U_{T-}、ΔU；

(2) 引脚 5 接电源 $V_E=9$ V，写出电路完成的功能，并求 U_{T+}、U_{T-}、ΔU。

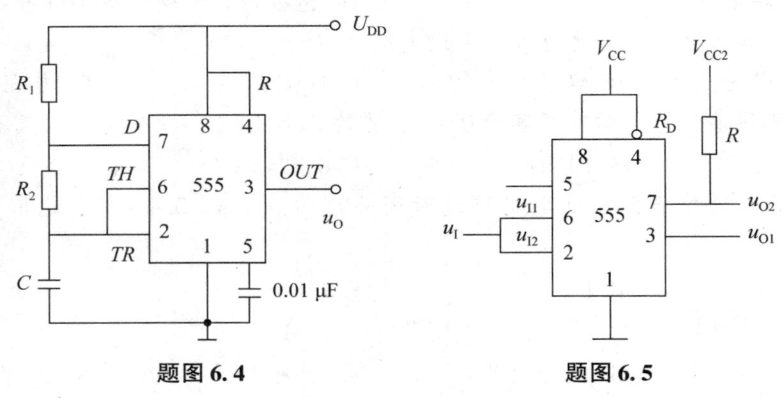

题图 6.4　　　　题图 6.5

3. 555 定时器外接电源为 $V_{CC}=12$ V 时，引脚 5 通过 0.01 μF 的电容接地，输入信号为 u_I，输出信号为 u_O，完成下列各题：

(1) 请将其连接成单稳态触发器；(2) 求脉冲宽度 t_W。

4. 如题图 6.6 所示是用 555 定时器组成的单稳态触发器，已知 $R=56$ kΩ，$C=4.7$ μF，触发脉冲为频率 2 Hz 的负窄脉冲。试求输出脉冲的脉冲宽度 t_W、频率 f、占空比 q。

5. 如题图 6.7 所示是用 555 定时器组成的多谐振荡器，已知 $R_1=51$ kΩ，$R_2=100$ kΩ，$C=0.01$ μF。试求：

(1) 多谐振荡器输出波形脉冲宽度 t_W；

(2) 多谐振荡器输出波形的充电时间常数 T_1、放电时间常数 T_2；

(3) 周期 T、频率 f；

(4) 占空比 q。

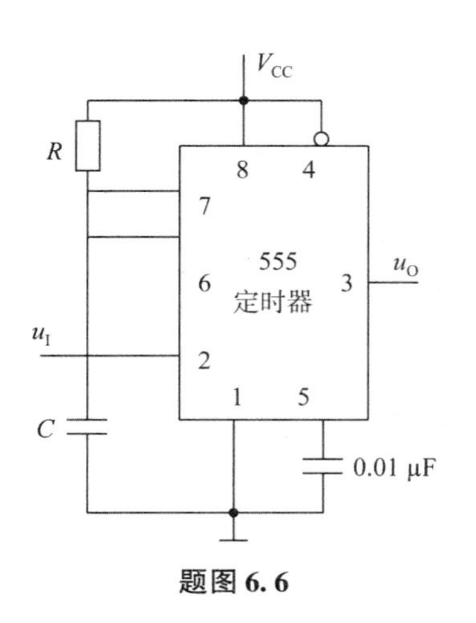

题图 6.6

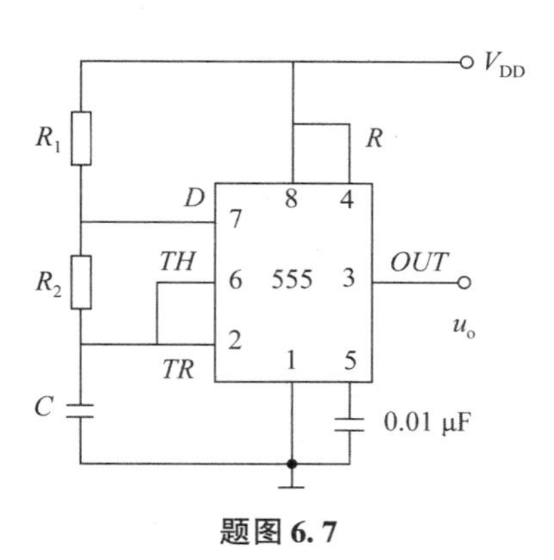

题图 6.7

6. 由 555 定时器构成的电路如题图 6.8（*a*）所示，回答下列问题：

（1）说明由 555 定时器构成的电路功能；

（2）如果输入信号 u_I 如题图 6.8（*b*）所示，试画出电路输出 u_O 的波形。

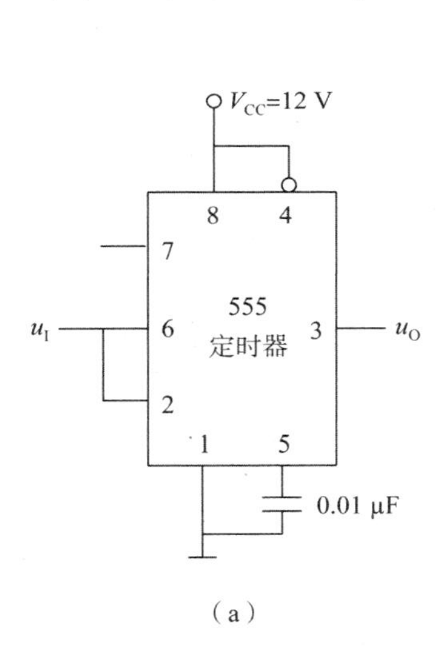

（a）

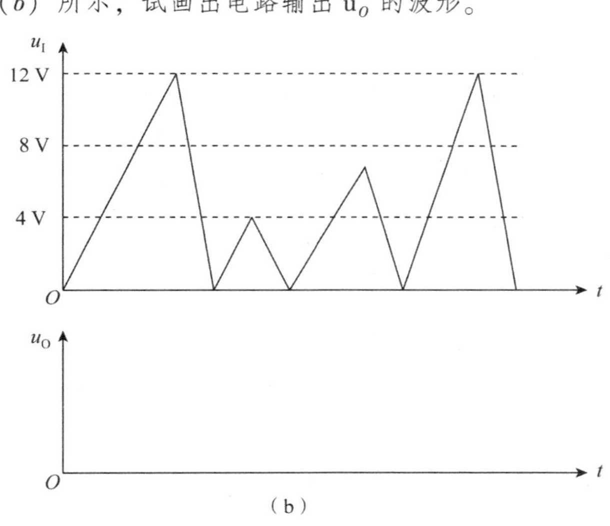

（b）

题图 6.8

第7章

数/模与模/数转换器

内容提要

数/模与模/数转换器是数字电路与模拟电路的连接器件。本章首先介绍数/模转换器（简称为 *D/A* 转换器）的电路结构、工作原理、主要性能指标，重点讲述 *T* 型转换电路；然后介绍模/数转换器（简称为 *A/D* 转换器）的电路结构、工作原理、主要性能指标，重点讲述逐次渐进型转换电路。

学习目标

◆了解数/模与模/数转换的基本概念

◆理解数/模转换器的电路结构、工作原理、主要性能指标

◆理解模/数转换器的电路结构、工作原理、主要性能指标

◆熟悉集成 *ADC* 和 *DAC* 的使用。

学习要点

◆*D/A* 转换器

◆*A/D* 转换器

7.1 概述

1. 数/模、模/数转换的作用

随着电子技术的不断发展，特别是计算机在自动控制和检测领域中的广泛应用，为提高控制系统的性能指标，在对信号的处理技术中越来越广泛地采用数字计算机技术。而在生产的各个领域中，自动控制系统及检测系统的实际对象往往是一些模拟信号，如图像、温度、压力等，这些变化的物理量都是模拟量，计算机操作系统只能识别处理数字信号，模拟信号是计算机系统不能直接受理操作的。因此在用计算机操作这些模拟量时，必须先将模拟信号

转换成数字信号，这些数字信号被计算机系统识别处理后输出新的数字信号，还要再转换回模拟信号去控制所需控制的模拟量，所以说计算机控制系统与实际的操控对象之间还应该具有能将数字信号和模拟信号转换的电路，这个电路就是模/数转换器和数/模转换器。图 7.1 所示为控制系统的工作示意图。

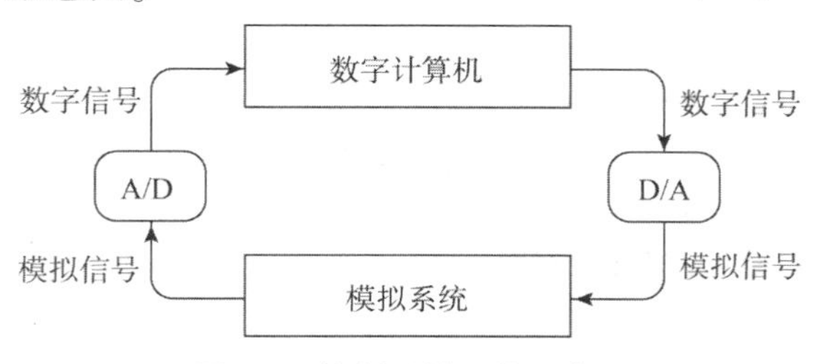

图 7.1　控制系统工作示意图

2. D/A 转换器

把数字信号转换成模拟信号的过程称为数/模转换，简称 *D/A* 转换。能够实现 *D/A* 转换的电路称为 *D/A* 转换器，简称 *DAC*。

3. A/D 转换器

把模拟信号转换成数字信号的过程称为模/数转换，简称 *A/D* 转换。能够实现 *A/D* 转换的电路称为 *A/D* 转换器，简称 *ADC*。

7.2　DAC

数字量是用代码按照数位组合起来表示的，有权码的每位代码都有一定的权，只有将每一位的代码按其权的大小转换成相应的模拟量，然后再将这些模拟量进行相加，才能实现数字量到模拟量的转换，这是 *DAC* 的基本指导思想。

7.2.1　DAC 的转换原理

例如有一个 n 位二进制数 D，转换为十进制数有

$$D = d_{n-1} \times 2^{n-1} + d_{n-2} \times 2^{n-2} + \cdots + d_i \times 2^i + \cdots + d_0 \times 2^0 = \sum_{i=0}^{n-1} d_i 2^i$$

如果向 *DAC* 中输入此二进制数 D，输出是与数字量成正比的电压 U_O 或 I_O，则有

$$U_0(\text{或 } I_0) = K \cdot \sum_{i=0}^{n-1} d_i 2^i \tag{7.1}$$

式中，K 为转换比例系数，由 *DAC* 的元件参数决定。

图 7.2 所示为 *DAC* 输入、输出关系图。当 n=3 时，*DAC* 的输入数字量与输出模拟量的转换关系如图 7.3 所示，输出为阶梯形。

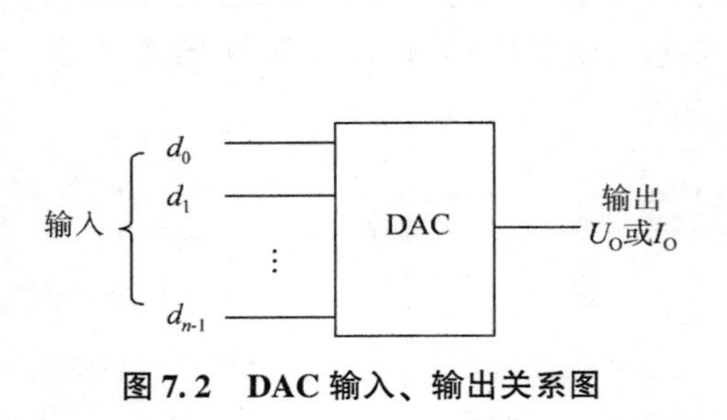

图 7.2　DAC 输入、输出关系图

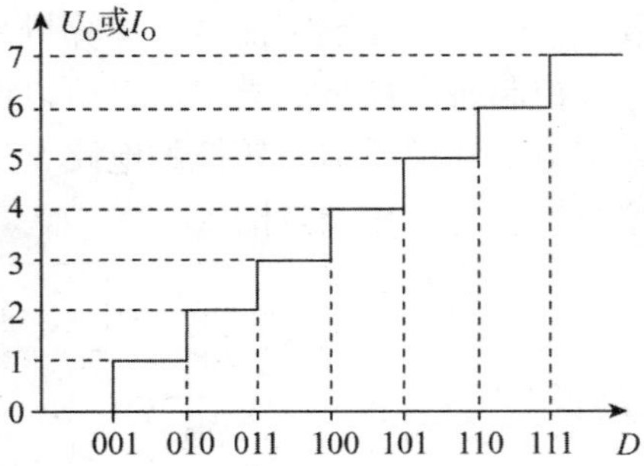

图 7.3　DAC 转换关系

7.2.2　DAC 的主要技术指标

DAC 的主要性能指标有转换精度和转换速度。

1. 转换精度

转换精度表示转换的准确程度，用以保证处理结果的准确性。

在集成 *DAC* 中，一般用分辨率和转换误差来描述转换精度。

1）分辨率

分辨率是指 *DAC* 模拟的输出电压可能被分离的等级，一个 n 位的 *DAC* 中，输出的电压共 2^n 个状态等级，所以输入数字量的位数越多，其分辨率也越高。在实际电路中，经常用输入数字量的位数表示 *DAC* 的分辨率。也可以用输出模拟电压的最小值与最大值的比值来表示转换器的分辨率，例如一个 n 位的 *DAC*，其分辨率可以表示为 $\dfrac{1}{2^n-1}$。

2）转换误差

在实际的 *DAC* 中，由于各个元件的参数及性能存在差异，基准电压的稳定性和放大器零点漂移的存在，都会对电路产生影响，电路中还会存在转换误差，这些误差会影响电路的转换精度。常见的转换误差有比例系数误差、漂移误差（失调误差）及非线性误差等。

在 *DAC* 中，实际转换特性曲线的斜率与理想特性曲线斜率的偏差称为比例系数误差。以 n 位 *T* 型电阻网络 *DAC* 为例，当基准电压偏离值为 ΔV_{REF} 时，就会在输出端产生误差电压 Δu_O：

$$\Delta u_O = \frac{\Delta V_{REF}}{2^n}(d_{n-1}\times 2^{n-1} + d_{n-2}\times 2^{n-2} + \cdots + d_1\times 2^1 + d_0\times 2^0)$$

漂移误差是指由于运算放大器的零点漂移引起的误差，误差的大小与输入端的数字量信号的大小有关，误差使得输出电压转换特性曲线发生平移，这种误差也叫平移误差或者失调误差。

还有一种误差是没有变化规律的，这种误差既非常数也不和输入的数字量成比例，称这种误差为非线性误差，非线性误差一般用偏离理想转移特性的最大值来表示。引起非线性误差的原因很多，其中一个重要的原因就是电路中模拟开关存在导通电阻和导通电压，而且各个模拟开关的导通电阻和电压都不相同。产生非线性误差的另外一个重要的原因是 *T* 型网络中电阻阻值的差别，不仅每个支路上的电阻阻值不同，而且不同位置上的电阻偏差对输出电压的影响也不一样。因此，输出端上产生的误差电压与输入数字量之间不可能是线性关系。

以上几种误差之间也不存在固定的函数关系，所以一个 *DAC* 最差的情况就是输出端的误差电压等于上述几种误差绝对值之和。

2. 转换速度

在 *DAC* 中，为了定量描述转换器的转换速度，通常选用建立时间和转换速率两个参数。

所谓的建立时间，是指当输入的数字量发生变化时，输出的电压从变化到稳定所需要的时间。一般我们选取最大的建立时间，最大的建立时间就是输入端一组数字量由全 0 态变为全 1 态输出稳定电压的时间。一般单片集成的 *DAC*，建立时间最短可到 0.1 μs 以内，即使在包含参考电压源及运算放大器的集成 *DAC* 中，建立时间最短也可以在 1.5 μs 以内。

所谓的转换速率，是指在大信号工作状态下输出模拟电压的变化率。一般的集成 *DAC* 转换速度都是比较高的，在需求高转换速度的 *DAC* 时，还应该选配转换速度较高的运算放大器。

7.2.3　常见的 DAC

常见 *DAC* 主要有权电阻网络、*T* 型电阻网络、权电流型等几种类型。下面以 *T* 型电阻网络 *DAC* 为例，分析数字量转换为模拟量的过程。

1. T 型电阻网络 DAC

DAC 可分为电压型和电流型两大类。电压型 *DAC* 主要有权电阻网络、*T* 型电阻网络和树型开关网络等；电流型 *DAC* 主要有权电流型、*T* 型电阻网络等。

T 型电阻网络 *DAC* 是目前使用最为广泛的一种，其特点是转换速度较高，电阻种类少，只有 R 和 2R 两种。因此制作精度较高，在动态转换过程中，输出不易产生尖峰脉冲干扰，能有效地提高转换速度。*T* 型电阻网络 *DAC* 的结构如图 7.4 所示。

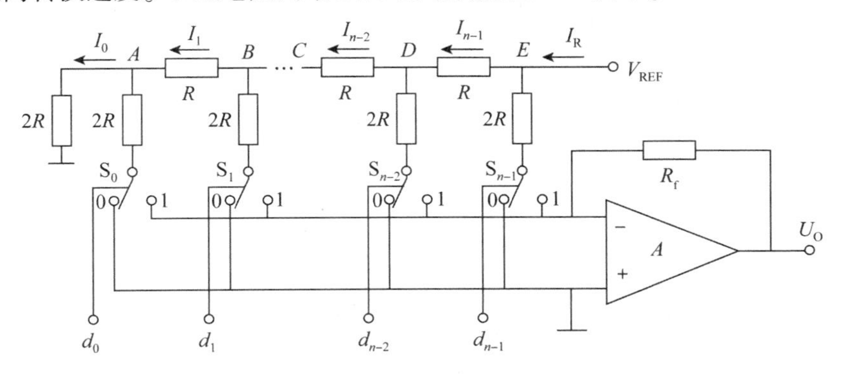

图 7.4　T 型电阻网络 DAC

图中，R−2R 电阻网络呈 *T* 型，$S_0 \sim S_{n-1}$ 为电子开关，运算放大器组成求和电路。

电子开关受输入二进制数第 i 位数码 d_i 的控制。当 $d_i=1$ 时，S_i 接运算放大器反相输入端，电流 I_i 流入求和电路；当 $d_i=0$ 时，S_i 将电阻 2R 接地。

根据理想运放线性运用时虚地的特点，无论电子开关 S_i 处于何种位置，*T* 型电阻网络

的电阻2R总是接地，电路中各支路电流不随开关的位置变化而变化，为固定值。*T*型电阻网络每一节的等效电阻都为R，即

$$R_A = 2R//2R = R$$
$$R_B = (R_A + R)//2R = R$$
$$\vdots$$
$$R_C = (R_B + R)//2R = R$$
$$R_D = (R_C + R)//2R = R$$
$$R_E = (R_D + R)//2R = R$$

*T*型电阻网络是一个等分电流电路，电流从高位到低位依次减半，为

$$I_{\mathrm{R}} = \frac{V_{\mathrm{REF}}}{R_E} = \frac{V_{\mathrm{REF}}}{R}$$

$$I_{n-1} = \frac{1}{2}I_{\mathrm{R}} = \frac{1}{2}\frac{V_{\mathrm{REF}}}{R}$$

$$I_{n-2} = \frac{1}{2}I_{n-1} = \frac{1}{4}I_{\mathrm{R}} = \frac{1}{4}\frac{V_{\mathrm{REF}}}{R}$$

$$\vdots$$

$$I_1 = \frac{1}{2^{n-1}}I_{\mathrm{R}} = \frac{1}{2^{n-1}}\frac{V_{\mathrm{REF}}}{R}$$

$$I_0 = \frac{1}{2^n}I_{\mathrm{R}} = \frac{1}{2^n}\frac{V_{\mathrm{REF}}}{R}$$

流入运算放大器的总电流为

$$\begin{aligned} I_{\Sigma} &= d_{n-1} \cdot \frac{1}{2}I_{\mathrm{R}} + d_{n-2} \cdot \frac{1}{2^2}I_{\mathrm{R}} + \cdots + d_1 \cdot \frac{1}{2^{n-1}}I_{\mathrm{R}} + d_0 \cdot \frac{1}{2^n}I_{\mathrm{R}} \\ &= \frac{1}{2^n}I_{\mathrm{R}} \cdot \sum_{i=0}^{n-1} d_i 2^i \end{aligned} \tag{7.2}$$

则输出电压为

$$U_{\mathrm{O}} = -I_{\Sigma} \cdot R_{\mathrm{f}} = -\frac{V_{\mathrm{REF}} \cdot R_{\mathrm{f}}}{2^n R} \cdot \sum_{i=0}^{n-1} d_i 2^i \tag{7.3}$$

当R_f=R时，有

$$U_{\mathrm{O}} = -\frac{V_{\mathrm{REF}}}{2^n} \cdot \sum_{i=0}^{n-1} d_i 2^i = K_{\mathrm{u}} \cdot D \tag{7.4}$$

式中，K_u为转换比例系数，$K_u = -V_{REF}/2^n$。

由上式可以看出，此电路完成了从数字量到模拟量的转换，输出的模拟电压正比于输入的数字量。

【例7.1】 在图7.4所示的*T*型电阻网络*DAC*中，若n=4，基准电压$V_{REF}=-8\ V$，R=5 *kΩ*，试计算：

（1）由基准电源流入芯片的电流I_R；

（2）输出电压U_O的范围；

（3）当 $d_3d_2d_1d_0=1110$ 时，U_O 的值。

解：（1）易知

$$I_R = \frac{V_{REF}}{R} = 1.6\ \text{mA}$$

（2）输出电压为

$$U_O = -\frac{V_{REF}}{2^4} \cdot \sum_{i=0}^{3} d_i 2^i$$

当 $d_3d_2d_1d_0=1111$ 时，有

$$U_{Omax} = -\frac{-8}{2^4} \cdot (2^3 + 2^2 + 2^1 + 2^0)\ \text{V} = 7.5\ \text{V}$$

故输出电压 U_O 的范围为 0～7.5 *V*。

（3）当 $d_3d_2d_1d_0=1110$ 时，有

$$U_O = -\frac{-8}{2^4} \cdot (2^3 + 2^2 + 2^1)\ \text{V} = 7\ \text{V}$$

2. 集成 DAC

*DAC*0832 就是一种集成 *DAC*，它是用 *CMOS* 工艺制成的 8 位 *DAC* 转换芯片。其内部结构为 *T* 型电阻解码网络，数字输入端具有双重缓冲功能，可根据需要接成不同的工作方式，特别适合于要求几个模拟量同时输出的场合，它与微处理器接口很方便。

1）*DAC*0832 的主要技术指标

*DAC*0832 的主要技术指标如下。

分辨率：8 位。

转换时间：≤1 *μs*。

单电源：5～15 *V*。

线性误差：≤±0.2% *LSB*。

温度灵敏度：20×10^{-6}/℃。

功耗：200 *mW*。

2）*DAC*0832 的引脚功能

*DAC*0832 的引脚排列如图 7.5 所示。

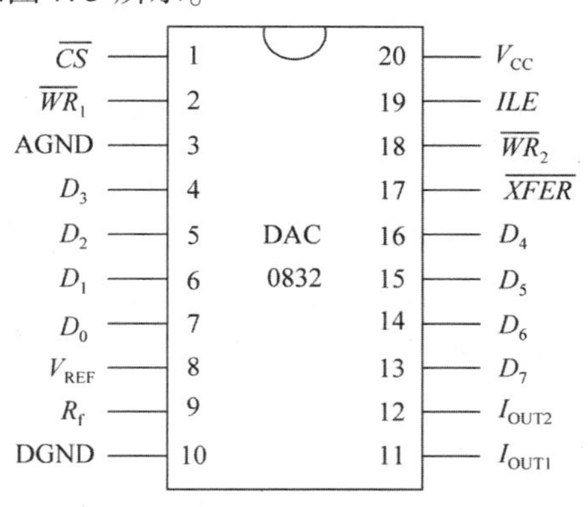

图 7.5　DAC0832 引脚排列

各引脚的功能定义如下：

(1) *ILE* ——输入锁存允许信号，输入高电平有效。

(2) $\overline{CS}$ ——片选信号，输入低电平有效。它与 *ILE* 结合起来可以控制 $\overline{WR_1}$ 是否起作用。

(3) $\overline{WR_1}$——写信号 1，输入低电平有效。在 $\overline{CS}$ 和 *ILE* 为有效电平时，用它将数据输入并锁存在输入寄存器中。

(4) $\overline{WR_2}$——写信号 2，输入低电平有效。在 $\overline{XFER}$ 为有效电平时，用它将输入寄存器中的数据传送到 8 位 *DAC* 寄存器中。

(5) $\overline{XFER}$ ——传输控制信号，输入低电平有效。用它来控制 $\overline{WR_2}$ 是否起作用，在控制多个 *DAC*0832 同时输出时特别有用。

(6) $D_7 \sim D_0$——8 位数字量输入端。

(7) V_{REF} ——基准电压输入端。一般此端外接一个精确、稳定的电压基准源。V_{REF} 可在 $-10 \sim +10$ *V* 范围内选择。

(8) R_{f} ——反馈电阻接出端，反馈电阻被制作在芯片内，用作外接运算放大器的反馈电阻。

(9) I_{OUT1}——模拟电流输出 1，接运算放大器反相输入端。其大小与输入的数字量 $D_7 \sim D_0$ 成正比。

(10) I_{OUT2}——模拟电流输出 2，接地。其大小与输入的数字量取反后的数字量 $D_7 \sim D_0$ 成正比，$I_{\mathrm{OUT1}} + I_{\mathrm{OUT2}} =$ 常数 。

(11) V_{CC} ——电源输入端，一般为 $5 \sim 15$ *V*。

(12) *DGND*——数字地。

(13) *AGND*——模拟地。

3) *DAC*0832 的工作方式

*DAC*0832 内部有两个寄存器，所以它可以有双缓冲、单缓冲和直通等几种工作方式。如果工作在直通方式，则没有锁存功能；如果工作在缓冲方式，则有一级或二级锁存能力。

(1) 双缓冲方式。*DAC*0832 内部有两个 8 位寄存器，可以进行双缓冲操作，即在对某数据转换的同时，又可以进行下一数据的采集，故转换速度较高。这一特点特别适用于要求多片 *DAC*0832 的多个模拟量同时输出的场合。在各片的 *ILE* 置为高电平、$\overline{WR_2}$ 和 $\overline{CS}$ 为低电平的控制下，有关数据分别被输入各个相应的 *DAC*0832 的 8 位输入寄存器。当需要进行同时模拟输出时，在 $\overline{XFER}$ 和 $\overline{WR_2}$ 均为低电平的作用下，把各输入寄存器中的数据同时传送给各自的 *DAC*0832 寄存器。各个 *DAC*0832 同时转换，同时给出模拟输出。

(2) 单缓冲方式。在不要求多片 *DAC*0832 同时输出时，可以采用单缓冲方式，使两个寄存器之一始终处于直通状态，这时只需一次操作，因而可以提高 *DAC*0832 的数据吞吐量。

(3) 直通方式。如果两级寄存器都处于常通状态，这时 *DAC*0832 的输出将跟随数字输入随时变化，这就是直通方式。这种情况是将 *DAC*0832 直接应用于连续反馈控制系统中，作为数字增量控制器使用。

4) *DAC*0832 与微处理器的连接

如图 7.6 所示为 *DAC*0832 与 80×86 微处理器连接的典型电路，它属于单缓冲方式。图中的电位器用于满量程调整。

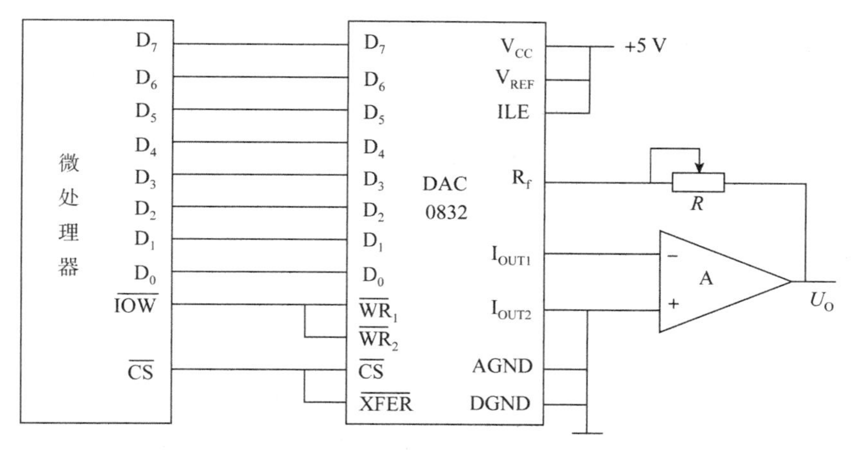

图 7.6　DAC0832 与 80×86 微处理器连接的典型电路

*DAC*0832 在输入数字量为单极性数字时，输出电路可接成单极性工作方式；在输入数字量为双极性数字时，输出电路可接成双极性工作方式。所谓单极性输出是指微处理器输出到 *DAC*0832 的代码为 00*H*～*FFH*，经 *DAC*0832 输出的模拟电压要么全为负值，要么全为正值。输出极性总与基准电压的极性相反。所谓双极性输出是指微处理器输出到 *DAC*0832 的数字量有正负之分，经 *DAC*0832 输出的模拟电压也有正负极性之分。如控制系统中对电动机的控制，正转和反转对应正电压和负电压。

思考题

1. *T* 型电阻网络 *DAC* 有哪些特点？
2. *DAC* 的位数有什么意义？它与分辨率、转换精度有什么关系？

7.3　ADC

在 *ADC* 中，输入信号是模拟信号，而输出信号是数字信号，模拟信号是随时间连续变化的，而数字信号是离散的，所以对模拟信号进行转换时只能在一定规律的时间内瞬间对模拟信号进行采样，再把这些采样的数值转换成数字信号。

7.3.1　ADC 基本概述

一般 *A/D* 转换包括四个过程，分别是采样、保持、量化和编码，如图 7.7 所示。在实际电路中，采样和保持是一个电路完成的，而量化和编码又可以同时完成，因此可以将四个过程合并为：采样与保持、量化与编码。

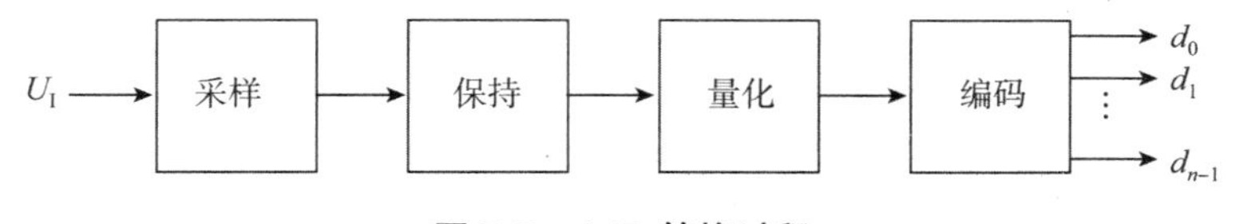

图 7.7　A/D 转换过程

7.3.2 ADC 的工作原理

ADC 的工作过程是首先对输入端模拟电压信号采样，采样后进入保持时间，在保持时间内将采样的电压量转化为数字量，并按一定的编码形式进行编码。然后，进入下一次采样。

1. 采样和保持

1）采样

为了把输入的模拟信号转换为与之成正比的数字信号，首先要对输入的模拟信号采样，就是按一定的时间间隔，周期性地提取输入的模拟信号的幅值的过程。这样就把在时间上连续变化的信号转换为在时间上离散的信号。其过程如图 7.8 所示。其中 U_I 是输入的模拟信号，U_S 是采样信号。

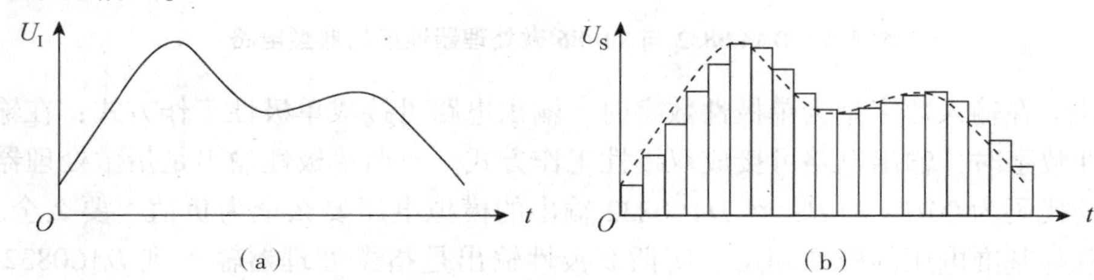

图 7.8　对输入模拟信号的采样并保持

(a) 输入信号；(b) 采样信号

为了使采样以后的信号不失真地代表输入的模拟信号，根据采样定理，采样频率 f_s 必须大于等于输入模拟信号包含的最高频率 f_{max} 的两倍，即采样频率必须满足

$$f_s \geqslant 2f_{max} \tag{7.5}$$

采样频率越高，还原后的模拟信号失真越小。但采样频率提高后，每次进行转换的时间也相应缩短，要求加快转换电路工作速度。因此，通常取 $f_s=(3\sim5)f_{max}$ 便能满足要求。

2）保持

模拟信号采样后，得到一系列样值脉冲，样值脉冲宽度很窄，在下一个样值脉冲到来前，应暂时保持所得到的样值脉冲幅度，以便进行转换。因此，在采样后，必须加保持电路。采样-保持电路的原理电路如图 7.9 所示。

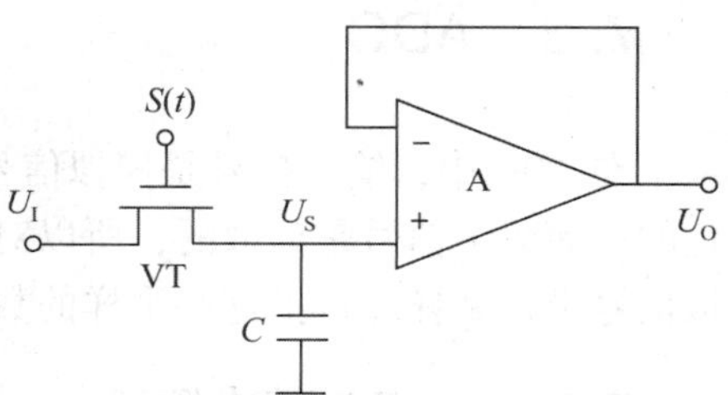

图 7.9　采样-保持电路的原理电路

电路中的场效应管 *VT* 为采样开关，受控于样值脉冲 S（t），C 是保持电容，集成运放为跟随器，起缓冲隔离的作用。当样值脉冲到来时，场效应管 *VT* 导通，模拟信号经过场效应管 *VT* 向电容 C 充电，电容 C 上的电压跟随输入信号变化。当样值脉冲消失时，场效应管 *VT* 截止，模拟开关断开，电容 C 上的电压会保持到下一个样值脉冲到来。

2. 量化和编码

1）量化

输入的模拟电压经过采样保持后，得到的是阶梯波，阶梯波的幅度是任意的。而任何一个数字量的大小都是以某个规定的最小数量单位的整倍数来表示的。因此，在用数字量表示采样电压时，必须把采样电压转化成这个最小数量单位的整数倍，这个转化过程就叫作量化。所规定的最小数量单位叫作量化单位，用 Δ 表示。显然，数字信号最低有效位（*LSB*）中的 1 表示的数量大小就等于 Δ。

2）编码

把量化得到的数值用二进制代码表示，称为编码。这个二进制代码就是 *A/D* 转换的输出信号。

3）量化的方法

模拟信号是连续的，它不一定能被 Δ 整除，必然会产生误差，我们把这种误差称为量化误差。用不同的方法进行量化，会得到不同的量化误差。量化方法一般有以下两种。

（1）舍尾取整法。取最小量化单位 $\Delta = U_m/2^n$，其中 U_m 为模拟电压最大值，n 为数字代码位数。将 0 ~ Δ 之间的模拟电压归并到 0 · Δ，把 Δ ~ 2Δ 之间的模拟电压归并到 1 · Δ……以此类推，最大量化误差为 Δ。

例如把 0 ~ 1 *V* 之间的模拟电压信号转换为 3 位二进制代码，取量化单位 Δ =（1/8）*V*，那么数值在 0 ~（1/8）*V* 之间的电压归并为 0 · Δ，用二进制数 000 表示；数值在（1/8）~（2/8）*V* 之间的电压归并为 1 · Δ，用二进制数 001 表示，以此类推，如图 7. 10（*a*）所示。

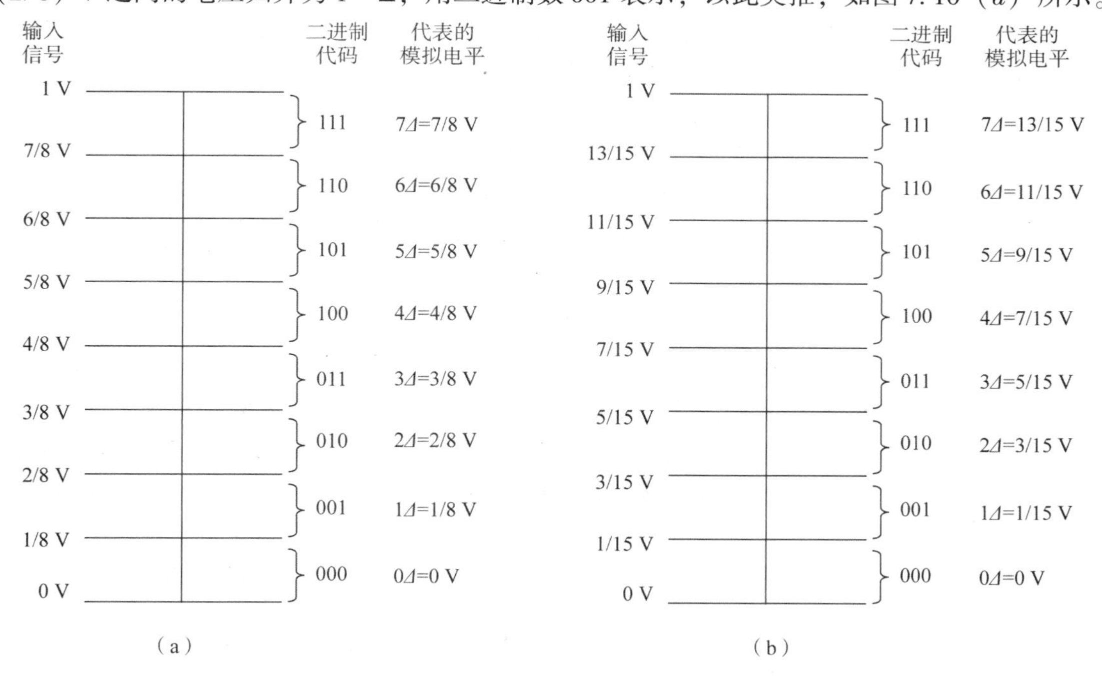

图 7. 10　划分量化电平的两种方法

（a）舍尾取整法；（b）四舍五入法

（2）四舍五入法。取最小量化单位 $\Delta = 2U_m/(2^{n-1}-1)$，量化时将 0 ~ Δ/2 之间的模拟电压归并到 0 · Δ，把 Δ/2 ~ 3Δ/2 之间的模拟电压归并到 1 · Δ……以此类推。最大量化误差为 Δ/2。

例如把 0 ~ 1 *V* 之间的模拟电压信号转换为 3 位二进制代码，取量化单位 Δ =（2/15）*V*，那么数值在 0 ~（1/15）*V* 之间的电压归并为 0 · Δ，用二进制数 000 表示；数值在（1/15）~

(3/15) V之间的电压归并为$1\cdot\Delta$，用二进制数001表示，以此类推，如图7.10（b）所示。

【例7.2】 3位ADC输入满量程为10 V，求输入模拟电压$U_I=3\ V$时，电路数字量的输出为多少？(用舍尾取整法量化)。

解：用舍尾取整法，有

$$\Delta=\frac{U_m}{2^3}=\frac{10}{8}\ \mathrm{V}=1.25\ \mathrm{V}$$

$$2\cdot\Delta=2.5\ V$$

$$3\cdot\Delta=3.75\ V$$

$$2\cdot\Delta<U_I=3\ V<3\cdot\Delta$$

取U_I电平归并到$2\cdot\Delta$，输出数字量为010。

7.3.3 ADC的主要技术指标

ADC的主要性能指标有转换精度和转换速度。

1. 转换精度

在单片集成的ADC中经常用分辨率和转换误差来描述其转换精度。

分辨率以输出的二进制或十进制数的位数来表示，用以说明ADC对输入信号的分辨能力，一个n位的二进制输出的ADC能够区分输入模拟信号的2^n个不同等级，能区分输入信号的最小值为满量程输入的$1/2^n$。

转换误差通常是以相对误差形式给出的，其表示ADC的实际输出数字量和理论输出数字量之间的误差，且用最低位的有效倍数表示。例如相对误差$\leqslant\pm LSB/2$，这表明实际的输出数字量和理论上的数字输出量之间的误差应该不大于最低位的1/2，也就是不大于最低位的半个字。

2. 转换速度

ADC的转换速度是指从转换控制信号开始，到输出端有稳定数字信号的快慢。ADC的转换速度主要取决于转换电路的类型，不同类型ADC之间的转换速度差别是很大的。一般来讲，转换速度较高的是直接ADC，间接ADC的转换速度一般较慢，并联比较型的ADC的速度是最快的，8位输出的单片机集成ADC的转换时间可以缩至50 ns以内，逐次渐进型ADC次之，同样8位输出的单片集成ADC的转换时间一般在10～50 μs之间，双积分型ADC的转换时间大都在几十毫秒到几百毫秒之间。在实际的应用中，要根据具体的工作需求综合考虑ADC的选用。

7.3.4 常见的ADC

在常见的ADC中，按其工作原理不同分直接ADC和间接ADC。直接ADC直接将模拟信号转换为数字信号，典型电路有逐次渐进型ADC、并联比较型ADC。间接ADC则是将模拟信号首先转换成某一中间变量，然后再将中间变量转换为数字信号输出，典型电路有双积分型ADC。

1. 逐次渐进型ADC

逐次渐进型ADC的原理框图如图7.11所示。该电路由比较器、控制电路、DAC、逐次渐进寄存器、输出缓冲寄存器等部分组成。

逐次渐进型 *ADC* 将模拟量转换成数字量的过程为：首先，逐次渐进寄存器产生一个数字量送给 *DAC*，*DAC* 输出的模拟量与输入的模拟量进行比较，如果两者不匹配，调整逐次渐进寄存器产生的数字量，再送给 *DAC*，*DAC* 输出的模拟量与输入的模拟量再进行比较……直到两者相匹配，最后逐次渐进寄存器中的数字量就是输入的模拟量对应的数字量，从输出缓冲寄存器输出，完成了将模拟量转换成数字量。

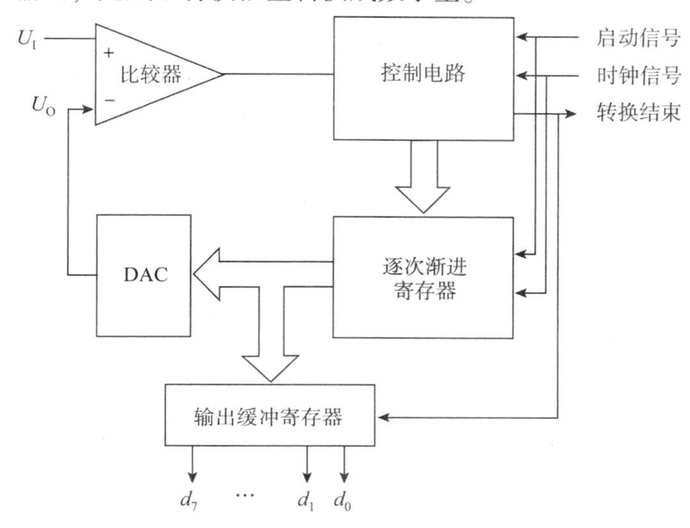

图 7.11 逐次渐进型 ADC 原理框图

逐次渐进型 *ADC* 采用自高位到低位逐次比较计数的方法。下面以 8 位 *ADC* 为例说明比较过程。开始转换后，首先将逐次渐进寄存器的最高位置“1”，产生数字量 10000000，送到 *DAC* 转换成模拟量 U_O，再将其送到比较器与采样-保持电路输出的模拟电压 U_I 比较，如果 $U_O>U_I$，说明该数字量过大，故将最高位的“1”清除；如果 $U_O<U_I$，说明该数字量还不够大，应将这一位的“1”保留。然后再按同样的方法把次高位置“1”，并且经过比较 U_O 和 U_I，确定这一位的“1”是保留还是清除，这样逐次比较下去，直到最低位比较完为止。这时逐次渐进寄存器中的二进制数就是所转换的数字输出量。

逐次渐进型 *ADC* 完成一次转换所需时间与其位数和时钟频率有关，位数越少，时钟频率越高，转换所需时间越短。对于 n 位输出的 *ADC*，由于逐次渐进型 *ADC* 采用自高位到低位逐次比较方法，每比较 1 位，需要一个时钟周期，比较 n 位需要 n 个时钟周期，同时还要加上给寄存器预置初始值和读出二进制数所需的 2 个时钟周期的时间，因此，完成一次转换所需的时间为 n+2 个时钟信号周期的时间。

逐次渐进型 *ADC* 的优点是电路结构简单，转换速度快，转换精度高，是目前应用最广泛的集成 *ADC*。逐次渐进型 *ADC* 的缺点是抗干扰能力不是很强。

【例 7.3】 对于 10 位逐次渐进型 *ADC*，如果时钟频率为 500 *kHz*，求完成一次转换需要多长时间？

解： 逐次渐进型 *ADC* 完成一次转换需要的时间为 n+2 个时钟周期，故转换时间为

$$t=\frac{n+2}{f_{CP}}=\frac{10+2}{5\times 10^{5}}\ \text{s}=24\ \mu\text{s}$$

2. 并联比较型 ADC

在所有的 *ADC* 中，并联比较型 *ADC* 是转换速度最快的一种转换器，其转换几乎是在瞬间完成的。

3 位并联比较型 *ADC* 的原理如图 7. 12 所示，其由分压电路、比较电路和优先编码器三部分组成。

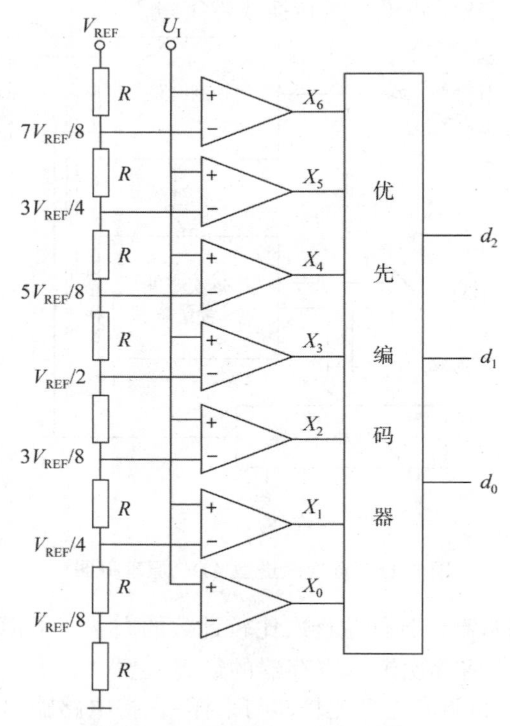

图 7. 12　3 位并联比较型 ADC

1）分压电路

分压电路由 8 个相同的电阻组成，它把基准电压 V_{REF} 分为 8 层，每层电平可用一个二进制数码表示。例如 000 代表 0 *V*，001 代表 $V_{REF}/8$，010 代表 $V_{REF}/4$，…，111 代表 $7V_{REF}/8$。显然，这里采用了舍尾取整量化法，输入电压范围为 0 ~ V_{REF}。

如果采用四舍五入量化法，可以把分压电路最上端的电阻改为 3R/2，最下端的电阻改为 R/2。输入电压范围为 0 ~ $15V_{REF}/16$。

2）比较电路

比较电路由 7 个比较器组成。模拟输入电压 U_I 同时接到比较器的同相输入端，而比较器的反相输入端分别接到分压电路的各层电平上。这样，输入的模拟电压就可以与 7 个基准电压同时进行比较。在各比较器中，若模拟电压 U_I 低于基准电压，则比较器输出为 0；反之，若模拟电压 U_I 高于基准电压，则比较器输出为 1。模拟电压、各比较器输出逻辑电平和输出代码之间的关系如表 7. 1 所示。

表 7.1　模拟电压、各比较器输出逻辑电平和输出代码之间的关系

U_I/V_{REF}	X_6	X_5	X_4	X_3	X_2	X_1	X_0	d_2	d_1	d_0
0 ~ 1/8	0	0	0	0	0	0	0	0	0	0
1/8 ~ 2/8	0	0	0	0	0	0	1	0	0	1
2/8 ~ 3/8	0	0	0	0	0	1	1	0	1	0
3/8 ~ 4/8	0	0	0	0	1	1	1	0	1	1
4/8 ~ 5/8	0	0	0	1	1	1	1	1	0	0
5/8 ~ 6/8	0	0	1	1	1	1	1	1	0	1
6/8 ~ 7/8	0	1	1	1	1	1	1	1	1	0
7/8 ~ 1	1	1	1	1	1	1	1	1	1	1

3）优先编码器

优先编码器是一个多输入多输出的组合电路，它的作用是将比较器的输出逻辑电平转换成二进制代码。

并联比较型 ADC 最大的优点是转换速度非常快，转换时间只取决于比较器的响应时间和编码器的延时，典型值为 100 ns 左右。

并联比较型 ADC 的缺点是随着分辨率的提高和位数的增加，比较器成指数级增加，n 位 ADC 需要 2^n-1 个比较器，使成本大大提高。因此并联比较型 ADC 大多分辨率不高。

并联比较型 ADC 一般应用于转换速度高而精度要求不太高的场合。

3. 双积分型 ADC

双积分型 ADC 的基本原理是对输入模拟电压和参考电压各进行一次积分，首先变换成与输入模拟电压平均值成正比的时间间隔，然后利用时钟脉冲和计数器将此时间间隔转换成数字量。

图 7.13 所示为双积分型 ADC 的原理框图，它由积分器、比较器、计数器、时钟信号和逻辑控制等几部分组成。

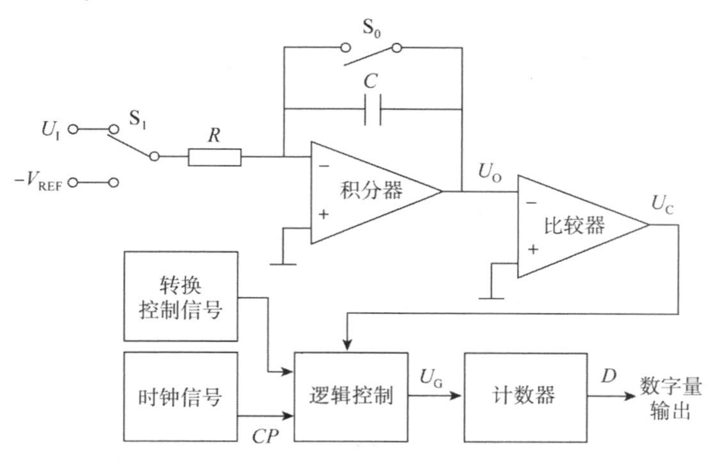

图 7.13　双积分型 ADC 的原理框图

1）采样阶段

采样前，接通开关 S_0，使积分电容 C 放电，同时使计数器清零。

在转换过程开始时（$t=0$），开关 S_1 连通输入模拟信号 U_I，同时断开 S_0，则积分器从原始状态 0 V 开始对 U_I 进行固定时间（$0\sim T$）的积分。若 U_I 为正电压，积分器的输出电压以与 U_I 大小相应的斜率从 0 开始下降，其波形如图 7.14 所示。当 $t=T$ 时，积分器的输出电压 U_O 为

$$U_O=-\frac{1}{RC}\int_0^T U_I\mathrm{d}t=-\frac{T}{RC}\overline{U_I}=U_P \tag{7.6}$$

式中，$\overline{U_I}$ 为输入电压 U_I 的平均值，积分器的输出电压 U_O 的绝对值与 $\overline{U_I}$ 成正比。

在 $U_O<0$ 期间，比较器输出为 1，逻辑控制电路允许周期为 T_C 的时钟信号 U_G 进入计数器进行计数，计数长度为 2^n，因此，可以推算出采样的时间 $T=2^n\times T_C$。

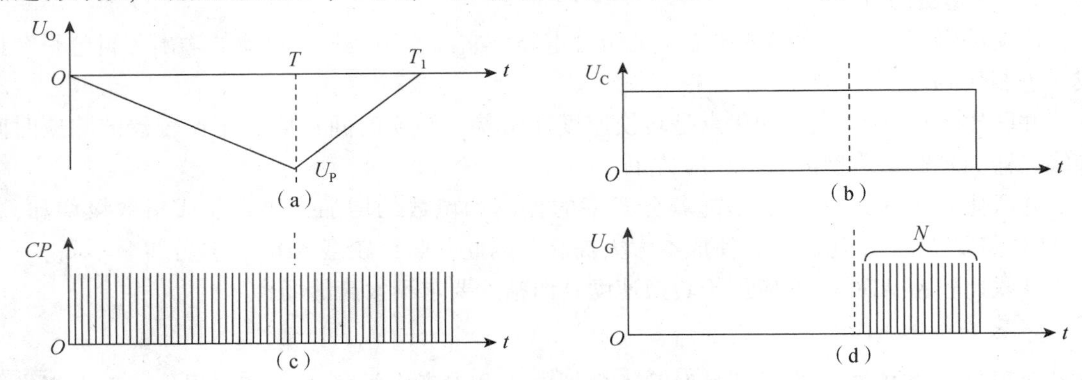

图 7.14　双积分型 ADC 的工作波形

（a）积分器输出波形；（b）比较器输出波形；（c）CP 波形；（d）计数器累计脉冲数

2）比较阶段

当 $t=T$ 时，采样结束，计数器清零。由逻辑控制电路使开关 S_1 接参考电压 $-U_R$，积分器开始对基准电压 $-V_{REF}$ 积分，积分波形从幅值 U_P 开始，以固定斜率往正方向回升，见图 7.14，直至 T_1 时刻，积分器输出电压 U_O 为 0，于是得到

$$U_O=U_P-\frac{1}{RC}\int_T^{T_1}(-V_{REF})\mathrm{d}t=0$$

即

$$-\frac{T}{RC}\overline{U_I}=-\frac{T_1-T}{RC}V_{REF}$$

$$T_1-T=\frac{T}{V_{REF}}\overline{U_I} \tag{7.7}$$

由上式可以看出，第二次积分的时间间隔（T_1-T）与输入电压在 T 时间间隔内的平均值 $\overline{U_I}$ 成正比，即将输入电压的平均值转变成时间间隔。在此时间间隔内，由于 $U_O<0$，比较器输出为 1，因此可让周期为 T_C 的时钟信号 U_G 进入计数器计数，直到 T_1，U_O 正好过 0，使比较器输出为 0，CP 方才停止进入计数器。则计数器在 $T\sim T_1$ 期间所累计的时间脉冲个

数将正比于 $\overline{U_I}$，其累计脉冲数 N 为

$$N = \frac{T_1 - T}{T_C} = \frac{T\overline{U_I}}{T_C V_{REF}} \tag{7.8}$$

式中，T、T_C、V_{REF} 均为已知，故计数器计得的数字量正比于输入模拟电压 U_I。

由于双积分型 ADC 采用了测量输入电压在采样时间 T 内的平均值的原理，因此具有很强的抗工频干扰的能力；但其工作速度较低，所以通常用于数字电压表等对转换速度要求不高的场合。

4. 几种 ADC 的性能比较

直接 ADC 主要有并联比较型、反馈比较型、逐次渐进型和计数型等。间接 ADC 主要有双积分型、电压-时间变换型等。其中应用广泛的有并联比较型 ADC、逐次渐进型 ADC 和双积分型 ADC。这三种类型的 ADC 的性能比较如表 7.2 所示。

表 7.2　几种常用 ADC 性能比较

类型	优点	缺点
并联比较型	转换速度快	转换精度低
逐次渐进型	分辨率高、误差小、转换速度较快	
双积分型	性能稳定、转换精度高、抗干扰能力强	转换速度慢

7.3.5　集成 ADC

集成 ADC 产品型号繁多，性能各异，集成并联比较型 ADC 有 AD9002（8 位）、AD9012（8 位）、AD9020（10 位）等，集成逐次渐进型 ADC 有 ADC0801～0804、ADC0808/0809、LTC1290 等，集成双积分型 ADC 有 ICL7107、7109、5G14433 等。其中以逐次渐进型 ADC 应用最为广泛，下面介绍 ADC0809 的使用。

1. ADC0809 的引脚功能

ADC0809 是具有 8 位分辨率、能与微机兼容的 ADC。它采用 CMOS 工艺，逐次渐进方案；带有锁存控制逻辑的 8 通道多路选择器；具有三态锁存输出，其输出逻辑电平与 TTL、CMOS 电路兼容；采用 28 脚双列直插式封装。ADC0809 的引脚排列如图 7.15 所示。

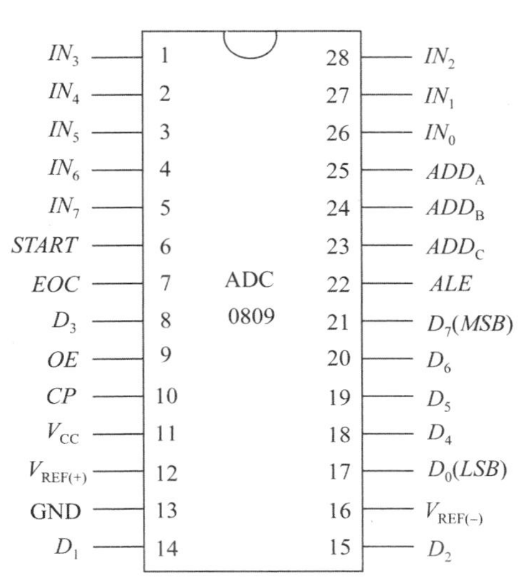

图 7.15　ADC0809 的引脚排列

ADC0809 各引脚的含义如下：

IN_0～IN_7 为 8 路模拟量输入端，模拟电压输入范围为 0～5 V。

ADD_A～ADD_C 为三位地址输入端，经译码后选择模拟量中的一路进行 A/D 转换。

ALE 为地址锁存允许端，上升沿有效。将输入地

址锁存到多路开关地址寄存器中，并启动译码电路，选中模拟量输入。

START 为启动转换信号端，正脉冲有效。该信号上升沿复位逐次渐进寄存器；下降沿启动控制逻辑，使 A/D 开始转换工作。

EOC 为转换结束信号端。该信号平时为高电平，在 *START* 上升沿之后的 0 ~ 8 个时钟周期内变低，以指示转换工作正在进行中，当转换完成时，再变为高电平。

OE 为输出允许端，高电平有效。当该信号有效时，打开芯片的三态门使转换结束送至总线。

$D_0 \sim D_7$ 为 8 位数字量输出端。

CP 为外部时钟输入端。要求时钟频率不能高于 640 kHz；当频率为 640 kHz 时，转换时间约为 100 μs。

$V_{REF(+)}$、$V_{REF(-)}$ 为基准电压输入端，提供模拟信号的基准电压。一般单极性输入时，$V_{REF(+)}$ 接+5 V，$V_{REF(-)}$ 接地。

V_{CC} 为工作电源端，接+5 V。

GND 为信号地。

2. ADC0809 的工作过程

ADC0809 的转换过程大致是首先选择模拟量输入通道，输入地址选择信号，将 3 位地址码送到地址输入端 ADD_A、ADD_B、ADD_C。在 *ALE* 信号作用下，地址信号被锁存，经 3 线-8 线译码器产生译码信号，选中一路模拟量输入，送入比较器。然后输入启动转换信号 *START*（不少于 100 μs）启动转换，其上升沿通过控制逻辑将数码寄存器清零。转换结束，数据送三态缓冲锁存器，同时发出 *EOC* 信号。在输出允许信号 *OE* 的控制下，最后将转换结果输出到外部数据总线。

3. ADC0809 与系统总线的连接

由于 ADC0809 芯片具有三态输出缓冲锁存器，因此它可以直接与系统总线连接。

ADC0809 与系统总线的连接如图 7.16 所示。连接方法为：

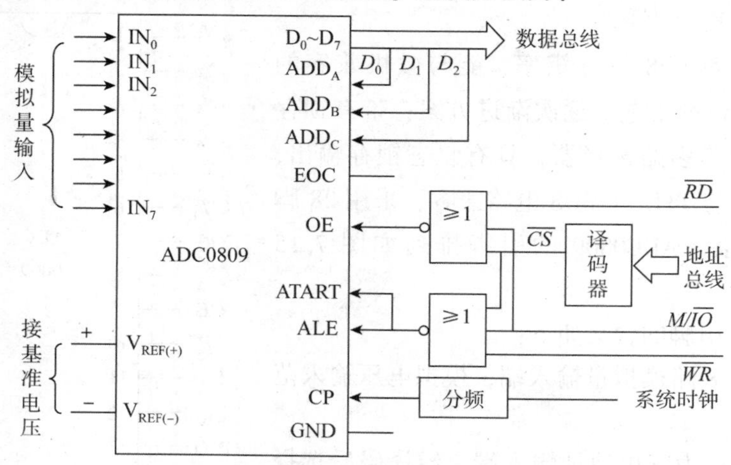

图 7.16　ADC0809 与系统总线的连接

（1）将微机的系统时钟分频后连接 ADC0809 芯片的 *CP* 输入端；

（2）将系统数据总线连到ADC0809的数据输出端，数据总线的低位D_2、D_1、D_0依次接ADC0809的ADD_C、ADD_B、ADD_A；

（3）将系统地址译码输出信号$\overline{CS}$与$M/\overline{IO}$、$\overline{WR}$信号组合后作为ADC0809的启动转换信号*START*和地址锁存允许信号*ALE*；

（4）将系统地址译码输出信号$\overline{CS}$与$M/\overline{IO}$、$\overline{WR}$信号组合后作为ADC0809的输出允许信号*OE*。

4. ADC0809的主要技术指标

ADC0809的主要技术指标如下。

分辨率：8位。

转换时间：100 μs。

转换误差：±0.5。

功耗：15 mW。

输入电压范围：0～5 V。

工作温度：-40～+50 ℃。

思考题

1. A/D转换包括哪些过程？
2. 逐次渐进型A/D转换器有哪些特点？

本章小结

1. 由于微处理器和计算机等数字系统在控制系统和各种仪表中的广泛应用，促进了ADC和DAC的发展。ADC和DAC的两个重要的技术指标——转换精度和转换速度往往决定了整个系统的精度和工作速度。

2. DAC可以将输入的数字量转换为模拟量。常见的DAC中，重点分析了T型电阻网络DAC将数字量转换为模拟量的过程。由于所用的电阻种类少，容易保证转换精度。电路的特点是流入每一个节点的电流经过两个等效值都为$2R$的电阻等分分流，模拟开关无论接地，还是接参考电压，各支路电流保持不变。模拟开关受输入数字量控制，经过模拟开关输出的总模拟电流与输入数字量成正比，实现把数字量转换为模拟量。DAC的转换精度主要取决于允许输入数字量的位数，位数越多，转换精度也越高。

3. ADC的转换步骤一般分为采样、保持、量化和编码四个过程。常见的ADC主要有并联比较型ADC、双积分型ADC、逐次渐进型ADC。并联比较型ADC具有转换速度最快的特点，但转换精度不高，只适用于精度要求不高、需要很高的转换速度的场合；双积分型ADC可获得较高的转换精度，并具有较强的抗干扰能力，但它的转换速度最慢，适用于对转换速度要求不高，而对转换精度要求高的场合，例如各种数字仪表中；逐次渐进型ADC具有很高的转换精度，又具有较高的转换速度，同时性价比高，因此在各种控制系统和工业场合大多采用此种ADC，逐次渐进型ADC成为应用最广泛的ADC。

综合练习题

一、填空题

1. 8 位 DAC 当输入数字量只有最高位为高电平时输出电压为 5 V，若只有最低位为高电平，则输出电压为（　　）。若输入为 10001000，则输出电压为（　　）。

2. 已知被转换信号的上限频率为 10 kHz，则 ADC 的采样频率应高于（　　），完成一次转换所用时间应小于（　　）。

3. ADC 中把时间连续变化的信号变换为时间离散的信号的过程，称为（　　）。

4. ADC 的量化过程称为（　　）。

5. 就逐次渐进型和双积分型两种 ADC 而言，（　　）抗干扰能力强，（　　）转换速度快。

6. 双积分型 ADC 属于（　　）型模拟数字转换器，它的第一次积分是通过（　　）将输入电压 U_I 转换成与之成比例的输出电压，第二次积分再将电压转换成与之成比例的（　　）信号。

二、选择题

1. 下列 ADC 速度最慢的是（　　）。

A. 逐次渐进型 ADC　　B. 双积分型 ADC

C. 并联比较型 ADC　　D. 计数器型 ADC

2. 有一个 8 位 ADC，其参考电压为 5 V，则 1*LSB* 大约等于（　　）。

A. 200 mV　　B. 100 mV　　C. 40 mV　　D. 20 mV

3. AD7524 的电路如题图 7.1 所示。图中 $D_0 \sim D_7$ 为数据输入，$\overline{CS}$ 为片选信号，$\overline{WR}$ 为写入命令，电源 $V_{DD}=V_{REF}=+5$ V，其输出电压和分辨率分别为（　　）。

A. −6.37 V 和 20.53 mV　　B. −4.00 V 和 17.36 mV

C. −4.37 V 和 19.53 mV　　D. −2.35 V 和 49.53 mV

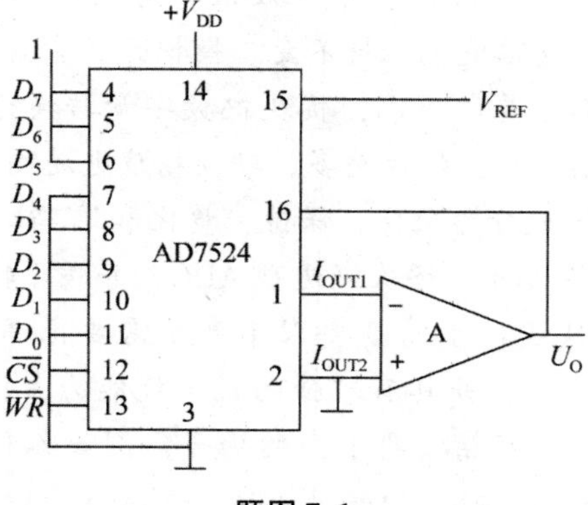

题图 7.1

4. DAC 的最小分辨电压 $U_{LSB}=4$ mV，最大满刻度输出模拟电压 $U_{om}=10$ V，该转换器输入数字量的位数为（ ）。

A. 13 位 B. 12 位 C. 10 位 D. 8 位

5. 有一个逐次渐进型 8 位 ADC，如果时钟频率为 250 kHz，则完成一次转换需要（ ）。

A. 3.2 μs B. 4 μs C. 32 μs D. 40 μs

三、综合题

1. 在 10 位二进制数 DAC 中，已知其最大满刻度输出模拟电压 $U_{om}=5$ V，求最小分辨电压 U_{LSB} 和分辨率。

2. 有一个 4 位 T 型电阻网络 DAC，如果 $V_{REF}=5$ V，运算放大器的反馈电阻 $R_f=R$，试求输入代码为全 1、全 0 和 1000 时，对应输出电压的值。

3. 某一控制系统中，要求所用 DAC 的精度小于 0.25%，试问应选用多少位的 DAC？

4. 如图 7.4 所示的 T 型电阻网络 DAC 中，如果 $R=10$ kΩ，$V_{REF}=-10$ V，输入二进制数为 $d_9d_8d_7\cdots d_0=1100001100$，试计算：（1）由基准电源 V_{REF} 流入芯片的电流 I_R 为多少？（2）由芯片输出的总电流 I_Σ 为多少？（3）如果运算放大器的反馈电阻 $R_f=R$，输出电压 U_O 为多少？

5. 如果要将一个最大幅值为 5.1 V 的模拟信号转换为数字信号，要求模拟信号每变化 20 mV 能使数字信号最低位发生变化，所用的 ADC 至少要为多少位？

6. 有一个逐次渐进型 8 位 ADC，如果时钟频率为 500 kHz，求完成一次转换需要多长时间？如果要求转换时间不大于 10 μs，那么时钟频率应选多少？

7. 8 位逐次渐进型 ADC，如果输入电压最大幅值为 $U_{max}=10$ V，当输入电压 $U_I=7.36$ V 时，试求输出 $d_7\sim d_0$。

8. 如果输入电压的最高次谐波的频率为 100 kHz，请选择最小采样周期，计算采样频率，应选择哪种类型的 ADC？

9. 若一个 8 位 ADC 的最小量化电压为 17.6 mV，当输入电压为 2.2 V 和 4.0 V 时，输出数字量为多少？

10. 如题图 7.2 所示电路是用 4 位二进制计数器和 4 位 DAC 组成的波形发生电路。DAC 的输出电压 $U_O=0.3D$ V，D 为 DAC 输入的二进制数。试画出输出电压 U_O 的波形，并标出波形图上各阶梯的电压值。

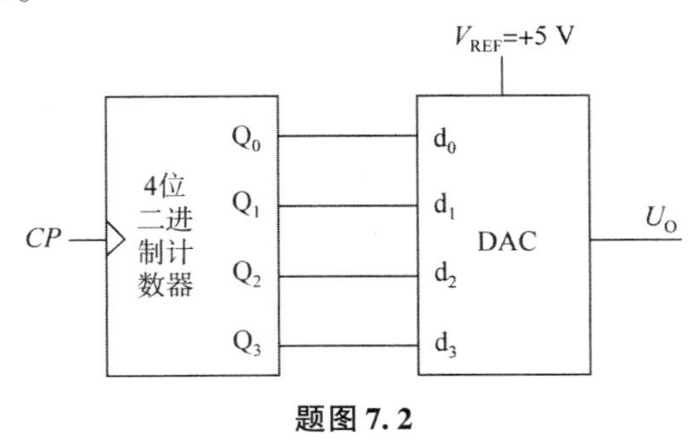

题图 7.2

参考文献

[1] 阎石. 数字电子技术基础 [M]. 6 版. 北京：高等教育出版社，2016.
[2] 童诗白. 数字电子技术基础简明教程 [M]. 3 版. 北京：高等教育出版社，2006.
[3] 张俊涛. 数字电子技术基础 [M]. 西安：西安电子科技大学出版社，2017.
[4] 江晓安. 数字电子技术 [M]. 4 版. 西安：西安电子科技大学出版社，2014.
[5] 唐朝仁. 数字电子技术基础 [M]. 北京：清华大学出版社，2014.
[6] 康华光. 电子技术基础——数字部分 [M]. 5 版. 北京：高等教育出版社，2016.
[7] 杨颂华. 数字电子技术基础 [M]. 3 版. 西安：西安电子科技大学出版社，2016.
[8] 孙利华. 数字电子技术应用教程 [M]. 武汉：华中科技大学出版社，2018.
[9] 段艳艳. 数字电子技术项目教程 [M]. 北京：机械工业出版社，2018.
[10] 刘芳，邵雅斌，张永志，等. 数字电子技术基础 [M]. 北京：北京邮电大学出版社，2018.
[11] 王义军，韩学军. 数字电子技术基础 [M]. 2 版. 北京：中国电力出版社，2014.
[12] 谢志远. 数字电子技术基础 [M]. 北京：清华大学出版社，2014.
[13] 杨志忠，卫桦林，郭顺华. 数字电子技术基础 [M]. 北京：高等教育出版社，2018.
[14] 刘悦音. 数字电子技术应用 [M]. 长沙：中南大学出版社，2012.
[15] 罗杰，彭荣修. 数字电子技术基础 [M]. 3 版. 北京：高等教育出版社，2014.

附录　数字电路常用的文字符号

一、电压符号

u	电压
U_{m}	脉冲电压幅值
u_{I}	输入电压
U_{IL}	输入低电平
U_{IH}	输入高电平
U_{ILMAX}	输入低电平最大值
U_{IHMIN}	输入高电平最小值
u_{O}	输出电压
U_{OL}	输出低电平
U_{OH}	输出高电平
U_{OLMAX}	输出低电平最大值
U_{OHMIN}	输出高电平最小值
u_{CE}	三极管集电极-发射极电压
U_{CES}	三极管集电极-发射极饱和压降
u_{BE}	三极管基极-发射极电压
U_{T}	阈值电压
U_{OFF}	关门电平
U_{ON}	开门电平
U_{NH}	高电平噪声容限
U_{NL}	低电平噪声容限
u_{DS}	MOS 管漏极-源极电压
u_{GS}	MOS 管栅极-源极电压
U_{TP}	PMOS 管开启电压
U_{TN}	NMOS 管开启电压
V_{CC}	三极管集电极电源电压
V_{DD}	场效应管漏极电源电压
V_{SS}	地
V_{REF}	基准电压

二、电流符号

i	电流
i_{I}	输入电流
I_{IL}	输入低电平电流
I_{IH}	输入高电平电流
I_{IS}	输入短路电流
I_{ILMAX}	输入低电平最大电流
I_{IHMAX}	输入高电平最大电流
i_{O}	输出电流
I_{OL}	输出低电平电流
I_{OH}	输出高电平电流
I_{OLMAX}	输出低电平最大电流
I_{OHMAX}	输出高电平最大电流
i_{C}	集电极电流
I_{CS}	集电极临界饱和电流
i_{B}	基极电流
I_{BS}	基极临界饱和电流
i_{L}	负载电流

三、时间和频率符号

t	时间
t_{re}	恢复时间
t_{on}	开通时间
t_{off}	关断时间
t_{PHL}	输出从高电平到低电平的传输延迟时间
t_{PLH}	输出从低电平到高电平的传输延迟时间
t_{pd}	平均传输延迟时间
t_W	脉冲宽度
T	脉冲周期
q	占空比
f	频率
f_{max}	最高频率
f_0	石英晶体的固有频率

四、电阻和电容符号

R	电阻
R_C	集电极电阻
R_B	基极电阻
R_I	输入电阻
R_O	输出电阻
R_L	负载电阻
R_{off}	关门电阻
R_{on}	开门电阻
R_{ds}	MOS 管导通时的沟道电阻
C	电容

五、器件及参数符号

VD	二极管
VT	三极管
VT_P	PMOS 管
VT_N	NMOS 管
G	逻辑门
OC	集电极开路输出门
OD	漏极开路输出门
TSL	三态门
TG	传输门
FF	触发器
N_O	扇出系数
N_{OL}	输出低电平扇出系数
N_{OH}	输出高电平扇出系数

六、其他符号

EN	使能控制端
Q、$\overline{Q}$	触发器输出端
Q^n	触发器现态
Q^{n+1}	触发器次态
J、K	JK 触发器输入端
T	T 触发器输入端
D	D 触发器输入端
R、S	RS 触发器输入端
R_D	触发器复位端
S_D	触发器置位端
CP	时钟脉冲
CO	进位输出端
BO	借位输出端
CR	清零控制端
LD	置数控制端
D_{SL}	左移串行输入端
D_{SH}	右移串行输入端
P	功率